中国工程院　国家开发银行重大咨询项目

中国海洋工程与科技发展战略研究

海洋能源卷

主　编　周守为

海洋出版社

2014年·北京

内 容 简 介

中国工程院"中国海洋工程与科技发展战略研究"重大咨询项目研究成果形成了海洋工程与科技发展战略研究系列丛书,包括综合研究卷、海洋探测与装备卷、海洋运载卷、海洋能源卷、海洋生物资源卷、海洋环境与生态卷和海陆关联卷,共七卷。本书是海洋能源卷,分为两部分:第一部分是海洋能源工程与科技领域的综合研究成果,包括国家战略需求、国内发展现状、国际发展趋势和经验、主要差距和问题、发展战略和任务、保障措施和政策建议、推进发展的重大建议等;第二部分是海洋能源工程与科技,包括海洋资源勘查与评价、海洋能源工程装备发展战略两个专业领域的发展战略和对策建议研究。

本书对海洋工程与科技相关的各级政府部门具有重要参考价值,同时可供科技界、教育界、企业界及社会公众等作参考。

图书在版编目(CIP)数据

中国海洋工程与科技发展战略研究. 海洋能源卷/周守为主编. —北京:海洋出版社, 2014.12

ISBN 978-7-5027-9027-1

Ⅰ. ①中… Ⅱ. ①周… Ⅲ. ①海洋工程–科技发展–发展战略–研究–中国 ②海洋动力资源–科技发展–发展战略–研究–中国 Ⅳ. ①P75 ②P743

中国版本图书馆 CIP 数据核字(2014)第 295143 号

责任编辑:方　菁
责任印制:赵麟苏

海洋出版社　出版发行

http://www.oceanpress.com.cn

北京市海淀区大慧寺路 8 号　邮编:100081
北京画中画印刷有限公司印刷　新华书店北京发行所经销
2014 年 12 月第 1 版　2014 年 12 月第 1 次印刷
开本:787mm×1092mm 1/16　印张:26
字数:430 千字　定价:120.00 元
发行部:62132549　邮购部:68038093　总编室:62114335

海洋版图书印、装错误可随时退换

编辑委员会

主　　　任	潘云鹤				
副　主　任	唐启升	金翔龙	吴有生	周守为	孟　伟
	管华诗	白玉良			
编　　　委	潘云鹤	唐启升	金翔龙	吴有生	周守为
	孟　伟	管华诗	白玉良	沈国舫	刘保华
	陶春辉	刘少军	曾恒一	金东寒	罗平亚
	丁　健	麦康森	李杰人	于志刚	马德毅
	卢耀如	谢世楞	王振海		
编委会办公室	阮宝君	刘世禄	张元兴	陶春辉	张信学
	李清平	仝　龄	雷　坤	李大海	潘　刚
	郑召霞				
本卷主编	周守为				
副　主　编	曾恒一	罗平亚			

中国海洋工程与科技发展战略研究项目组主要成员

顾　问	宋　健	第九届全国政协副主席，中国工程院原院长、院士
	徐匡迪	第十届全国政协副主席，中国工程院原院长、院士
	周　济	中国工程院院长、院士
组　长	潘云鹤	中国工程院常务副院长、院士
副组长	唐启升	中国科协副主席，中国水产科学研究院黄海水产研究所，中国工程院院士，项目常务副组长，综合研究组和生物资源课题组组长
	金翔龙	国家海洋局第二海洋研究所，中国工程院院士，海洋探测课题组组长
	吴有生	中国船舶重工集团公司第702研究所，中国工程院院士，海洋运载课题组组长
	周守为	中国海洋石油总公司，中国工程院院士，海洋能源课题组组长
	孟　伟	中国环境科学研究院，中国工程院院士，海洋环境课题组组长
	管华诗	中国海洋大学，中国工程院院士，海陆关联课题组组长
	白玉良	中国工程院秘书长
成　员	沈国舫	中国工程院原副院长、院士，项目综合组顾问

丁　健	中国科学院上海药物研究所，中国工程院院士，生物资源课题组副组长
丁德文	国家海洋局第一海洋研究所，中国工程院院士
马伟明	海军工程大学，中国工程院院士
王文兴	中国环境科学研究院，中国工程院院士
卢耀如	中国地质科学院，中国工程院院士，海陆关联课题组副组长
石玉林	中国科学院地理科学与资源研究所，中国工程院院士
冯士筰	中国海洋大学，中国科学院院士
刘鸿亮	中国环境科学研究院，中国工程院院士
孙铁珩	中国科学院应用生态研究所，中国工程院院士
林浩然	中山大学，中国工程院院士
麦康森	中国海洋大学，中国工程院院士，生物资源课题组副组长
李德仁	武汉大学，中国工程院院士
李廷栋	中国地质科学院，中国科学院院士
金东寒	中国船舶重工集团公司第711研究所，中国工程院院士，海洋运载课题组副组长
罗平亚	西南石油大学，中国工程院院士，海洋能源课题组副组长
杨胜利	中国科学院上海生物工程中心，中国工程院院士
赵法箴	中国水产科学研究院黄海水产研究所，中国工程院院士
张炳炎	中国船舶工业集团公司第708研究所，中国工程院院士
张福绥	中国科学院海洋研究所，中国工程院院士

封锡盛	中国科学院沈阳自动化研究所，中国工程院院士
宫先仪	中国船舶重工集团公司第715研究所，中国工程院院士
钟 掘	中南大学，中国工程院院士
闻雪友	中国船舶重工集团公司第703研究所，中国工程院院士
徐 洵	国家海洋局第三海洋研究所，中国工程院院士
徐玉如	哈尔滨工程大学，中国工程院院士
徐德民	西北工业大学，中国工程院院士
高从堦	国家海洋局杭州水处理技术研究开发中心，中国工程院院士
顾心怿	胜利石油管理局钻井工艺研究院，中国工程院院士
侯保荣	中国科学院海洋研究所，中国工程院院士
袁业立	国家海洋局第一海洋研究所，中国工程院院士
曾恒一	中国海洋石油总公司，中国工程院院士，海洋运载课题组副组长和海洋能源课题组副组长
谢世楞	中交第一航务工程勘察设计院，中国工程院院士，海陆关联课题组副组长
雷霁霖	中国水产科学研究院黄海水产研究所，中国工程院院士
潘德炉	国家海洋局第二海洋研究所，中国工程院院士
刘保华	国家深海基地管理中心，研究员，海洋探测课题组副组长
陶春辉	国家海洋局第二海洋研究所，研究员，海洋探测课题组副组长
刘少军	中南大学，教授，海洋探测课题组副组长

李杰人　中华人民共和国渔业船舶检验局局长，生物资源课题组副组长
于志刚　中国海洋大学校长，教授，海洋环境课题组副组长
马德毅　国家海洋局第一海洋研究所所长，研究员，海洋环境课题组副组长
王振海　中国工程院一局副局长，海陆关联课题组副组长

项目办公室
主　任　阮宝君　中国工程院二局副局长
　　　　　　安耀辉　中国工程院三局副局长
成　员　张　松　中国工程院办公厅院办
　　　　　　潘　刚　中国工程院二局农业学部办公室
　　　　　　刘　玮　中国工程院一局综合处
　　　　　　黄　琳　中国工程院一局咨询工作办公室
　　　　　　郑召霞　中国工程院二局农业学部办公室
　　　　　　位　鑫　中国工程院二局农业学部办公室

中国海洋工程与科技发展战略研究
海洋能源工程与科技发展战略研究课题组
主要成员及执笔人

组　长	周守为	中国海洋石油总公司	中国工程院院士
副组长	曾恒一	中国海洋石油总公司	中国工程院院士
	罗平亚	西南石油大学	中国工程院院士
成　员	李新仲	中海油研究总院	教授级高工
	金晓剑	中国海洋石油总公司	教授级高工
	邓运华	中海油研究总院	教授级高工
	谢　彬	中海油研究总院	教授级高工
	李清平	中海油研究总院	教授级高工
	张厚和	中海油研究总院	教授级高工
	吴景福	中海油研究总院	教授级高工
	李志刚	中国海洋工程股份有限公司	教授级高工
	孙福街	中国海洋石油总公司	教授级高工
	周洋瑞	中海油服物探事业部	教授级高工
	李迅科	中海油研究总院	高　工
	黄　鑫	中国海洋石油总公司	高　工
	付　强	中国海洋石油总公司	高　工
	王　凯	中海油研究总院	高　工
	赵志刚	中海油研究总院	高　工
	赫栓柱	中海油研究总院	高　工
	廖宗宝	中海油研究总院	高　工
	杨小椿	中海油研究总院	高　工

刘　健	中海油研究总院	高　工
陈国龙	中海油研究总院	高　工
张　健	中海油研究总院	教授级高工
冯　玮	中海油研究总院	高　工
姚海元	中海油研究总院	高　工
郑利军	中海油研究总院	工程师
秦　蕊	中海油研究总院	工程师
刘永飞	中海油研究总院	工程师
殷志明	中海油研究总院	高　工

主要执笔人　周守为　李清平　张厚和　谢　彬　李志刚
　　　　　　　刘　健

丛书序言

海洋是宝贵的"国土"资源，蕴藏着丰富的生物资源、油气资源、矿产资源、动力资源、化学资源和旅游资源等，是人类生存和发展的战略空间和物质基础。海洋也是人类生存环境的重要支持系统，影响地球环境的变化。海洋生态系统的供给功能、调节功能、支持功能和文化功能具有不可估量的价值。进入 21 世纪，党和国家高度重视海洋的发展及其对中国可持续发展的战略意义。中共中央总书记、国家主席、中央军委主席习近平同志指出，海洋在国家经济发展格局和对外开放中的作用更加重要，在维护国家主权、安全、发展利益中的地位更加突出，在国家生态文明建设中的角色更加显著，在国际政治、经济、军事、科技竞争中的战略地位也明显上升。因此，海洋工程与科技的发展受到广泛关注。

2011 年 7 月，中国工程院在反复酝酿和准备的基础上，按照时任国务院总理温家宝的要求，启动了"中国海洋工程与科技发展战略研究"重大咨询项目。项目设立综合研究组和 6 个课题组：海洋探测与装备工程发展战略研究组、海洋运载工程发展战略研究组、海洋能源工程发展战略研究组、海洋生物资源工程发展战略研究组、海洋环境与生态工程发展战略研究组和海陆关联工程发展战略研究组。第九届全国政协副主席宋健院士、第十届全国政协副主席徐匡迪院士、中国工程院院长周济院士担任项目顾问，中国工程院常务副院长潘云鹤院士担任项目组长，45 位院士、300 多位多学科多部门的一线专家教授、企业工程技术人员和政府管理者参与研讨。经过两年多的紧张工作，如期完成项目和课题各项研究任务，取得多项具有重要影响的重大成果。

项目在各课题研究的基础上，对海洋工程与科技的国内发展现状、主要差距和问题、国家战略需求、国际发展趋势和启示等方面进行了系统、综合的研究，形成了一些基本认识：一是海洋工程与科技成为推动我国海洋经济持续发展的重要因素，海洋探测、海洋运载、海洋能源、海洋生物资源、海洋环境和海陆关联等重要工程技术领域呈现快速发展的局面；二是海洋6个重要工程技术领域50个关键技术方向差距雷达图分析表明，我国海洋工程与科技整体水平落后于发达国家10年左右，差距主要体现在关键技术的现代化水平和产业化程度上；三是为了实现"建设海洋强国"宏伟目标，国家从开发海洋资源、发展海洋产业、建设海洋文明和维护海洋权益等多个方面对海洋工程与科技发展有了更加迫切的需求；四是在全球科技进入新一轮的密集创新时代，海洋工程与科技向着大科学、高技术方向发展，呈现出绿色化、集成化、智能化、深远化的发展趋势，主要的国际启示是：强化全民海洋意识、强化海洋科技创新、推进海洋高技术的产业化、加强资源和环境保护、加强海洋综合管理。

基于上述基本认识，项目提出了中国海洋工程与科技发展战略思路，包括"陆海统筹、超前部署、创新驱动、生态文明、军民融合"的发展原则，"认知海洋、使用海洋、保护海洋、管理海洋"的发展方向和"构建创新驱动的海洋工程技术体系，全面推进现代海洋产业发展进程"的发展路线；项目提出了"以建设海洋工程技术强国为核心，支撑现代海洋产业快速发展"的总体目标和"2020年进入海洋工程与科技创新国家行列，2030年实现海洋工程技术强国建设基本目标"的阶段目标。项目提出了"四大战略任务"：一是加快发展深远海及大洋的观测与探测的设施装备与技术，提高"知海"的能力与水平；二是加快发展海洋和极地资源开发工程装备与技术，提高"用海"的能力与水平；三是统筹协调陆海经济与生态文明建设，提高"护海"的能力与水平；四是以全球视野积极规划海洋事业的发展，提高"管海"的能力与水平。为了实现上述目标和任务，项目明确提出"建设海洋强国，科技必须先行，必须首先建设海洋工程技术强国"。为此，国家应加大海洋工程技术发展力度，建议近期实施加快发展"两大计划"：海洋工程科技创新重大专项，即选择海洋工程科技发展的关键方向，设置海洋工程科技重大专项，动员和组织全国优势力量，突破一批具有重大支撑和引领作用的海洋工程前沿技术和关键技术，实现创新驱动发展，抢占国际竞争的制高点；现代海洋产业发展推进计划，即在推进海洋工程科技创新重大专项的同时，实施现代海洋产业发展推进计划（包括海洋生物产业、海洋能源及矿产产业、海水综合利用产业、海洋装备制造与工程产业、海洋物流产业和海洋旅游产业），推动海洋经济向质量效益型转变，提高海洋产业对经济增长的贡献率，使海洋产业成为国民经济的支柱产业。

项目在实施过程中，边研究边咨询，及时向党中央和国务院提交了6项建议，包括"大力发展海洋工程与科技，全面推进海洋强国战略实施的建议"、"把海洋渔业提升为战略产业和加快推进渔业装备升级更新的建议"、"实施海洋大开发战略，构建国家经济社会可持续发展新格局"、"南极磷虾资源规模化开发的建议"、"南海深水油气勘探开发的建议"、"深海空间站重大工程的建议"等。这些建议获得高度重视，被采纳和实施，如渔业装备升级更新的建议，在2013年初已使相关领域和产业得到国家近百亿元的支持，国务院还先后颁发了《国务院关于促进海洋渔业持续健康发展的若干意见》文件，召开了全国现代渔业建设工作电视电话会议。刘延东副总理称该建议是中国工程院500多个咨询项目中4个最具代表性的重大成果之一。另外，项目还边研究边服务，注重咨询研究与区域发展相结合，先后在舟山、青岛、广州和海口等地召开"中国海洋工程与科技发展研讨暨区域海洋发展战略咨询会"，为浙江、山东、广东、海南等省海洋经济发展建言献策。事实上，这种服务于区域发展的咨询活动，也推动了项目自身研究的深入发展。

在上述战略咨询研究的基础上，项目组和各课题组进一步凝练研究成果，编撰形成了《中国海洋工程与科技发展战略研究》系列丛书，包括综合研究卷、海洋探测与装备卷、海洋运载卷、海洋能源卷、海洋生物资源卷、海洋环境与生态卷和海陆关联卷，共7卷。无疑，海洋工程与科技发展战略研究系列丛书的产生是众多院士和几百名多学科多部门专家教授、企业工程技术人员及政府管理者辛勤劳动和共同努力的结果，在此向他们表示衷心的感谢，还需要特别向项目的顾问们表示由衷的感谢和敬意，他们高度重视项目研究，宋健和徐匡迪二位老院长直接参与项目的调研，在重大建议提出和定位上发挥关键作用，周济院长先后4次在各省市举办的研讨会上讲话，指导项目深入发展。

希望本丛书的出版，对推动海洋强国建设，对加快海洋工程技术强国建设，对实现"海洋经济向质量效益型转变，海洋开发方式向循环利用型转变，海洋科技向创新引领型转变，海洋维权向统筹兼顾型转变"发挥重要作用，希望对关注我国海洋工程与科技发展的各界人士具有重要参考价值。

编辑委员会
2014年4月

本卷前言

深海是人类至今仍难涉足的神秘领域，这一资源丰富、有待开发的空间，将成为人类未来重要的能源基地。对深海的探测和太空探测一样，具有很强的吸引力和挑战性。积极发展海洋高新技术，占领深海能源勘探开发技术的制高点，开发海洋空间及资源，从深海获得更大的利益是世界各国的重点发展战略，也是我国必须面对的历史使命。

2011年7月，中国海洋石油总公司根据中国工程院"中国海洋工程与科技发展战略研究"重大咨询项目（编号2011-ZD-16）的总体安排，启动了"海洋能源工程科技发展战略研究"。设立3个研究方向：海洋能源勘查与资源评价技术、海洋能源工程技术、海洋能源工程装备。中国海洋石油总公司技术顾问、中国工程院周守为院士担任课题组组长，3位院士、30多位多学科的一线科技工作者、工程技术人员参与研讨。经过两年多的紧张工作，如期完成项目和课题各项研究任务，取得多项具有重要影响的重大成果。

课题在各子课题研究的基础上，对海洋能源工程与科技的国内发展现状、主要差距和问题、国家战略需求、国际发展趋势和启示等方面进行了系统、综合的研究，形成了一些基本认识：一是海洋能源工程与科技，特别是深水能源工程与科技是我国海洋经济可持续发展的重要因素，我国近海勘探、稠油高效开发等技术处于世界领先水平；二是我国海洋能源工程与科技整体水平落后于发达国家10~15年左右，主要体现在深水油气田勘探开发工程技术、天然气水合物勘探与试采工程、深水边际油气田开发等关键技术上；三是为了"建设海洋强国"、实现我国能源工业可持续发展的宏伟目标，国家从海洋资源勘探与资源评价、海洋工程技术、海洋工程重大装备、维护海洋权益、能源安全和国家安全等多个方面对海洋能源工程与科技发展有了更加迫切的需求；主要的国际启示是：强化全民海洋意识、强化海洋科技创新、推进海洋高技术的产业化、加强资源和环境保护、加强海洋能源的综合利用。

课题在实施过程中,边研究边咨询,及时向党中央和国务院提交了两项建议,包括"南海深水油气勘探开发的建议"等。这些建议获得高度重视,并被采纳,目前正在实施。课题研究报告分为:海洋能源工程科技发展战略总报告、海洋能源勘查与资源评价、海洋工程重大装备专题报告。希望本卷的出版对关注我国海洋能源工程与科技发展的各界人士具有重要参考价值。

本专题研究工作得到中国工程院项目组,国土资源部油气资源战略研究中心,中国海洋石油总公司等各级领导的大力支持,同时也得到中海石油(中国)有限公司勘探部,中海油研究总院等各级领导以及社会各界专家们的帮助。在此一并谨致谢忱!

海洋能源工程与科技发展战略研究课题组
2014 年 4 月

目 录

第一部分 中国海洋能源工程与科技发展战略研究综合报告

第一章 我国海洋能源工程战略需求 …………………………………… (3)

一、国家安全的需求 ………………………………………………………… (3)

（一）我国的海洋权益正在遭受侵犯，保护国家利益迫在眉睫 … (3)

（二）我国海上生命线面临巨大的安全挑战 ……………………… (4)

（三）南海周边国家资源争夺态势日趋严峻 ……………………… (5)

二、能源安全的需求 ……………………………………………………… (10)

（一）人均资源量不足 ………………………………………………… (10)

（二）能源供需矛盾突出 ……………………………………………… (11)

（三）海洋石油已经成为我国石油工业的主要增长点 …………… (12)

三、海洋能源自主开发迫切需要创新技术 …………………………… (12)

（一）深水是未来世界石油主要增长点，我国与世界先进技术
差距大 …………………………………………………………… (12)

（二）近海边际油气田和稠油油田需要高效、低成本创新技术
………………………………………………………………………… (14)

（三）天然气水合物勘探开发为世界前沿技术领域 ……………… (15)

（四）海上应急救援装备和技术体系 ……………………………… (15)

第二章 我国海洋能源工程与科技发展现状 ……………………… (17)

一、我国海洋能源资源分布特征 ……………………………………… (17)

（一）我国海域油气资源潜力………………………………………………（17）
　　（二）我国海域天然气水合物远景资源………………………………………（20）
二、海上油气资源勘探技术研究现状……………………………………………（20）
　　（一）"三低"油气藏……………………………………………………………（20）
　　（二）深层油气勘探技术尚有差距……………………………………………（21）
　　（三）高温高压天然气勘探技术现状…………………………………………（21）
　　（四）地球物理勘探技术现状…………………………………………………（21）
　　（五）勘探井筒作业技术现状…………………………………………………（21）
三、我国海洋油气资源开发工程技术发展现状…………………………………（23）
　　（一）初步形成了十大技术系列………………………………………………（23）
　　（二）用6年时间实现由对外合作向自主经营的转变………………………（24）
　　（三）具备国际先进的海上大型FPSO设计和建造能力……………………（24）
　　（四）形成了近海稠油高效开发技术体系……………………………………（24）
　　（五）形成了以"三一模式"、"蜜蜂模式"为主的近海边际油气
　　　　　田开发工程技术体系……………………………………………………（29）
　　（六）深水油气田开发已迈出可喜的一步……………………………………（31）
　　（七）我国深水油气田开发工程关键技术研发取得初步进展………………（33）
四、我国天然气水合物勘探开发技术现状………………………………………（44）
五、我国海洋能源工程装备发展现状……………………………………………（46）
　　（一）我国海域油气资源潜力海上勘探装备的发展现状……………………（46）
　　（二）海上施工作业装备的发展现状…………………………………………（48）
　　（三）海上油气田生产装备的发展现状………………………………………（60）
六、海上应急救援装备的发展现状………………………………………………（70）
　　（一）载人潜水器………………………………………………………………（70）
　　（二）单人常压潜水服…………………………………………………………（70）
　　（三）遥控水下机器人…………………………………………………………（71）
　　（四）智能作业机器人…………………………………………………………（72）
　　（五）应急救援装备以及生命维持系统………………………………………（75）

第三章　世界海洋能源工程与科技发展趋势……………………………………（77）
一、世界海洋能源工程与科技发展的主要特点…………………………………（77）

（一）深水是 21 世纪世界石油工业油气储量和产量的
重要接替区 ………………………………………………………（77）
（二）海洋工程技术和重大装备成为海洋能源开发的必备手段
……………………………………………………………………（77）
（三）边际油田开发新技术出现简易平台和小型 FPSO …………（85）
（四）海上稠油油田高效开发新技术逐步成熟……………………（85）
（五）天然气水合物试采已有 3 个计划……………………………（86）
（六）海上应急救援装备发展迅速…………………………………（91）
二、面向 2030 年的世界海洋能源工程与科技发展趋势 …………（95）
（一）深水能源成为世界能源主要增长点…………………………（95）
（二）海上稠油采收率进一步提高，有望建成海上稠油大庆……（96）
（三）世界深水工程重大装备作业水深、综合性能不断完善……（98）
（四）建立海洋能源开发工程安全保障与紧急救援技术体系 …（100）
（五）探索出经济、安全、有效的水合物开采技术 ……………（100）
（六）海上应急救援与重大事故快速处理技术 …………………（100）

第四章　我国海洋能源工程与科技面临的主要问题与挑战 ………（103）

一、挑战 ………………………………………………………………（103）
（一）海洋资源勘查与评价技术面临的挑战 ……………………（103）
（二）海洋能源开发工程技术面临的挑战 ………………………（105）
二、存在的主要问题 …………………………………………………（108）
（一）技术差距大 …………………………………………………（108）
（二）深水油气开发存在的问题：中远程补给 …………………（110）
（三）海上稠油和边际油气田开发面临许多新问题 ……………（111）
（四）我国天然气水合物开发面临的问题 ………………………（113）
（五）海洋能源工程战略装备面临的主要问题 …………………（114）
（六）海洋能源开发应急事故处理技术能力 ……………………（127）
（七）我国与世界总体差距 ………………………………………（127）

第五章　我国海洋能源工程的战略定位、目标与重点 ……………（128）

一、战略定位与发展思路 ……………………………………………（128）

3

（一）战略定位 …………………………………………………………（128）
　　（二）发展思路 …………………………………………………………（128）

二、战略目标 …………………………………………………………………（129）
　　（一）海上能源勘探技术战略目标 ……………………………………（129）
　　（二）海上稠油开发技术战略目标 ……………………………………（129）
　　（三）深水工程技术战略目标 …………………………………………（129）
　　（四）深水工程重大装备战略目标 ……………………………………（130）
　　（五）应急救援装备战略目标 …………………………………………（130）
　　（六）天然气水合物战略目标 …………………………………………（131）

三、战略任务与发展重点 ……………………………………………………（132）
　　（一）深水勘探与评价技术 ……………………………………………（132）
　　（二）近海复杂油气藏勘探技术 ………………………………………（132）
　　（三）海洋能源工程技术 ………………………………………………（133）
　　（四）深水工程重大装备 ………………………………………………（133）
　　（五）深水应急救援装备和技术 ………………………………………（133）
　　（六）天然气水合物目标勘探与试验开采技术 ………………………（133）

四、发展路线图 ………………………………………………………………（134）

第六章　海洋能源工程与科技发展战略任务 …………………………（135）

一、突破深水能源勘探开发核心技术 ………………………………………（135）
　　（一）深水环境荷载和风险评估 ………………………………………（136）
　　（二）深水钻完井工程技术 ……………………………………………（136）
　　（三）深水平台及系泊技术 ……………………………………………（137）
　　（四）水下生产技术 ……………………………………………………（137）
　　（五）深水流动安全保障技术 …………………………………………（137）
　　（六）深水海底管道和立管技术 ………………………………………（137）
　　（七）深水施工安装及施工技术 ………………………………………（138）

二、形成经济高效海上边际油田开发工程技术 ……………………………（138）

三、建立海上稠油油田高效开发技术体系 …………………………………（138）

四、建立深水工程作业船队 …………………………………………………（138）

五、军民融合建立深远海补给基地 …………………………………………（139）

  六、稳步推进海域天然气水合物目标勘探和试采 ……………… (142)
    （一）海域天然气水合物探测与资源评价 …………………… (143)
    （二）海上天然气水合物试采工程 ……………………………… (143)
    （三）天然气水合物环境效应 …………………………………… (143)
  七、逐步建立海上应急救援技术装备 ……………………………… (143)

第七章　保障措施与政策建议 ……………………………………… (144)

  一、保障措施 ………………………………………………………… (144)
    （一）加大海洋科技投入 ………………………………………… (144)
    （二）建立科技资源共享机制 …………………………………… (144)
    （三）扩大海洋领域的国际合作 ………………………………… (144)
    （四）营造科技成果转化和产业化环境 ………………………… (145)
    （五）培育高水平高技术人才队伍 ……………………………… (145)
    （六）发展海洋文化和培育海洋意识 …………………………… (145)
    （七）健全科研管理体制 ………………………………………… (145)
  二、政策建议 ………………………………………………………… (145)
    （一）成立海洋工程战略研究机构 ……………………………… (145)
    （二）建立国家级深水开发研究基地 …………………………… (145)
    （三）出台海洋能源开发的优惠政策 …………………………… (146)
    （四）建设有利于我国海洋工程与科技发展的海洋国际环境 … (146)

第八章　重大海洋工程和科技专项 ………………………………… (147)

  一、重点领域和科技专项 …………………………………………… (147)
    （一）海洋能源科技战略将围绕三大核心技术领域 …………… (147)
    （二）开展七大科技专项攻关 …………………………………… (147)
  二、重大海洋工程 …………………………………………………… (148)
    （一）1 支深海船队 ……………………………………………… (148)
    （二）3 个示范工程 ……………………………………………… (148)
    （三）3 个深远海基地——深海远程军民共建基地 …………… (148)

第二部分　中国海洋能源工程与科技发展战略研究专业领域报告

专业领域一　我国海洋资源勘查与评价技术发展战略……（153）

第一章　我国海洋资源勘查与评价技术战略需求……（153）

第二章　我国海洋资源勘查与评价技术发展现状……（155）

　一、我国海洋油气资源勘探现状与资源潜力……（155）
　　（一）沉积盆地发育，类型多样……（155）
　　（二）油气勘查作业集中在近海，勘查程度总体较低……（156）
　　（三）油气资源潜力巨大，发现程度相对较低……（157）

　二、我国海洋资源勘查与技术发展现状……（159）
　　（一）地质勘探研究技术现状……（159）
　　（二）深水勘探关键技术现状……（160）
　　（三）"三低"油气层和深层油气勘探技术现状……（160）
　　（四）高温高压天然气勘探技术现状……（161）
　　（五）地球物理勘探技术现状……（161）
　　（六）勘探井筒作业技术现状……（162）
　　（七）非常规天然气勘查技术现状……（163）

第三章　世界海洋资源勘查与评价技术发展趋势……（164）

　一、世界海洋资源勘查与评价技术发展的主要特点……（164）
　　（一）地质勘查理论及其应用研究……（164）
　　（二）深水油气勘查与评价技术……（166）
　　（三）隐蔽油气藏勘探技术……（166）
　　（四）深层油气藏勘探技术……（166）

（五）地球物理勘探技术 …………………………………………（167）
　　（六）勘探井筒作业技术 …………………………………………（167）
　　（七）页岩气勘探技术 ……………………………………………（168）
二、面向 2030 年的世界海洋资源勘查与评价技术发展趋势 …………（168）
　　（一）总体发展趋势是不断适应技术难度加大、作业条件变差的
　　　　　勘探领域 ………………………………………………………（168）
　　（二）深水油气资源勘探技术发展趋势 …………………………（169）
　　（三）地球物理勘探技术发展趋势 ………………………………（170）
　　（四）天然气水合物勘探技术发展趋势 …………………………（171）

第四章　我国海洋资源勘查与评价技术面临的主要问题与挑战 ……（173）

一、海洋资源勘查与评价技术面临的挑战 ……………………………（173）
　　（一）近海油气勘探亟待大突破、大发现 ………………………（173）
　　（二）近海储量商业探明率和动用率有待提高 …………………（173）
二、存在的主要问题 ……………………………………………………（174）
　　（一）近海富烃凹陷资源潜力再评价技术 ………………………（174）
　　（二）近海复杂油气藏高效勘探技术 ……………………………（174）
　　（三）近海浅水区天然气勘探综合评价技术 ……………………（174）
　　（四）南海深水区油气勘探关键技术 ……………………………（174）
　　（五）近海"三低"油气层和深层油气勘探技术 ………………（175）
　　（六）隐蔽油气藏识别及勘探技术 ………………………………（175）
　　（七）高温高压天然气勘探技术 …………………………………（176）
　　（八）近海中、古生界残留盆地特征及油气潜力评价技术 ……（176）
　　（九）海洋高精度地震采集处理和解释一体化技术集成与应用
　　　　　………………………………………………………………（176）
　　（十）海洋油气勘探井筒作业关键技术 …………………………（177）
　　（十一）非常规天然气勘探技术 …………………………………（177）

第五章　我国海洋能源工程与科技发展的战略定位、目标与重点 …（178）

一、战略定位与发展思路 ………………………………………………（178）
　　（一）战略定位 ……………………………………………………（178）

(二) 发展思路 ……………………………………………………… (178)

二、战略目标 …………………………………………………………… (179)
    (一) 近期战略目标 ……………………………………………… (179)
    (二) 中期战略目标 ……………………………………………… (179)
    (三) 长期战略目标 ……………………………………………… (179)

三、战略任务与重点 …………………………………………………… (180)
    (一) 中国近海富烃凹陷（洼陷）优选评价技术 ……………… (180)
    (二) 中国近海复杂油气藏高效勘探技术 ……………………… (180)
    (三) 中国近海浅水区天然气勘探综合评价技术 ……………… (180)
    (四) 中国南海深水区油气勘探关键技术 ……………………… (180)
    (五) 中国近海"三低"油气层和深层油气勘探技术 ………… (181)
    (六) 隐蔽油气藏识别及勘探技术 ……………………………… (181)
    (七) 高温高压天然气勘探技术 ………………………………… (181)
    (八) 中国近海中、古生界残留盆地特征及油气潜力评价技术
        ……………………………………………………………… (182)
    (九) 中国海域地球物理勘探关键技术 ………………………… (182)
    (十) 中国海域油气勘探井筒作业关键技术 …………………… (183)
    (十一) 页岩气勘探技术 ………………………………………… (184)
    (十二) 发展路线图 ……………………………………………… (184)

第六章 保障措施与政策建议 …………………………………… (188)

一、科技创新机构建设 ………………………………………………… (188)
    (一) 成立科技战略研究机构 …………………………………… (188)
    (二) 建设3个重点创新基地 …………………………………… (188)

二、科技队伍建设 ……………………………………………………… (192)

三、加大科技投入具体措施 …………………………………………… (192)

四、科技管理创新与机制创新具体措施 ……………………………… (192)
    (一) 完善科技管理制度 ………………………………………… (192)
    (二) 完善科技管理组织 ………………………………………… (193)
    (三) 促进成果转化 ……………………………………………… (193)

专业领域二：我国海洋能源工程装备发展战略 (202)

第一章 我国海洋能源工程战略装备的现状与需求 (202)

一、我国海洋能源工程战略装备的现状 (202)
（一）海上勘探装备的发展现状 (202)
（二）海上施工作业装备的发展现状 (206)
（三）海上油气田生产装备的发展现状 (219)
（四）海上应急救援装备的发展现状 (233)

二、我国海洋能源工程发展对战略装备的需求 (241)
（一）海上勘探装备的战略需求 (243)
（二）海上施工作业装备的战略需求 (244)
（三）海上油气田生产装备的战略需求 (248)
（四）海上应急救援装备的战略需求 (253)

第二章 我国海洋能源工程战略装备面临的主要问题 (255)

一、我国海洋能源工程战略装备面临的主要问题 (255)
（一）海上勘探装备的国内外水平比较 (255)
（二）海上施工作业装备的国内外水平比较 (265)
（三）海上油气田生产装备的国内外水平比较 (273)
（四）海上应急救援装备的国内外水平比较 (276)

二、我国"十二五"末所处的水平以及与国际水平的差距 (281)
（一）海上勘探装备"十二五"的预期水平 (281)
（二）海上施工作业装备"十二五"的预期水平 (282)
（三）海上油气田生产装备"十二五"的预期水平 (284)
（四）海上应急救援装备"十二五"的预期水平 (286)
（五）雷达图 (288)

第三章 世界海洋能源工程战略装备的发展现状与趋势 (290)

一、世界海洋能源工程战略装备发展现状与主要特点 (290)
（一）世界海上勘探装备的现状与特点 (290)

（二）世界海上施工作业装备的现状与特点 …………………… (294)
　　（三）世界海上油气田生产装备的现状与特点 …………………… (307)
　　（四）世界海上应急救援装备的现状与特点 ……………………… (316)
二、面向 2030 年的世界海洋能源工程战略装备发展趋势 ……………… (327)
　　（一）世界海上勘探装备的发展趋势 ……………………………… (327)
　　（二）世界海上施工作业装备的发展趋势 ………………………… (337)
　　（三）世界海上油气田生产装备的发展趋势 ……………………… (345)
　　（四）世界海上应急救援装备的发展趋势 ………………………… (346)
三、国内外经验教训（典型案例分析） …………………………………… (349)
　　（一）典型事故分析 ………………………………………………… (349)
　　（二）国外典型经验 ………………………………………………… (355)

第四章　我国海洋能源工程战略装备的定位、目标与重点 ………… (360)

一、定位 ………………………………………………………………………… (360)
　　（一）海上勘探施工作业装备 ……………………………………… (360)
　　（二）海上油气田生产装备 ………………………………………… (360)
　　（三）应急救援装备 ………………………………………………… (360)
二、发展思路 …………………………………………………………………… (360)
　　（一）海上勘探施工作业装备 ……………………………………… (360)
　　（二）海上油气田生产装备 ………………………………………… (361)
　　（三）应急救援装备 ………………………………………………… (361)
三、发展目标 …………………………………………………………………… (361)
　　（一）2020 年目标 …………………………………………………… (361)
　　（二）2030 年目标 …………………………………………………… (362)
　　（三）2050 年目标 …………………………………………………… (362)
四、重点任务与关键技术 ……………………………………………………… (363)
　　（一）重点任务 ……………………………………………………… (363)
　　（二）关键技术 ……………………………………………………… (363)
五、发展路线图 ………………………………………………………………… (364)
　　（一）发展路线图 …………………………………………………… (364)
　　（二）不同装备的发展路线图 ……………………………………… (364)

第五章 我国海洋能源工程战略装备领域的相关建议 (367)

一、重大工程领域相关建议 (367)
- （一）深水物探作业船队建造工程 (367)
- （二）深远海支持服务船及综合补给技术 (368)

二、重大科技专项相关建议 (375)
- （一）深水高效专业 S 型铺管船舶自主研发科技专项 (375)
- （二）深水多功能海管及结构物安装船舶自主研发科技专项 (376)
- （三）深水高精度地震勘探设备研制与应用科技专项 (377)
- （四）深水水下应急维修作业设备研发科技专项 (380)
- （五）海洋石油工程支持服务体系科技专项 (381)
- （六）FLNG 科技专项 (383)
- （七）FDPSO 科技专项 (384)

三、其他相关建议 (385)
- （一）把建设海洋工程科技强国列为国家战略 (385)
- （二）建立健全海洋工程与科技管理体制 (385)
- （三）加强海洋工程与科技的资金投入 (385)
- （四）加强海洋工程与科技的人才队伍建设 (386)
- （五）发展海洋文化和培育海洋意识 (386)
- （六）建设有利于我国海洋工程与科技发展的海洋国际环境 (386)

第一部分
中国海洋能源工程与科技
发展战略研究
综合报告

第一章　我国海洋能源工程战略需求

深海是人类至今较难涉足的神秘领域，这一资源丰富、有待开发的空间，将成为人类未来重要的能源基地。对深海的探测和太空探测一样，具有很强的吸引力和挑战性。积极发展海洋高新技术，占领深海能源勘探开发技术的制高点，开发海洋空间及资源，从深海获得更大的利益是世界各国的重点发展战略，也是我国必须肩负的历史使命。

一、国家安全的需要

（一）我国的海洋权益正在遭受侵犯，保护国家利益迫在眉睫

我国是海洋大国，海域面积约 300 余万平方千米。以 300 米水深为界，浅水区面积约 146 万平方千米、深水区面积约 154 万平方千米。其中，南海、东海、黄海与周边国家争议区面积达 187 万平方千米，态势不容乐观。

特别是南海战略位置十分重要，既是太平洋和印度洋海运的要冲，又是优良的渔场，并蕴藏着丰富的油气资源和天然气水合物资源，在我国海上丝绸之路、国防和资源开发上都具有十分重要的地位。

南海呈不规则的菱形，其长轴方向为北东 30°，长约 2 380 千米，短轴北西向，宽约 1 380 千米，总面积约 287 万平方千米（不含泰国湾）。其中，我国传统疆界内面积约为 201 万平方千米，从海南岛南端的三亚市到我国传统疆界线最南端距离约 1 670 千米，包括数百个由珊瑚礁构成的岛、礁、滩、沙和暗沙，依位置不同分为：西沙群岛、东沙群岛、中沙群岛、南沙群岛。其中南沙群岛中的曾母暗沙是中国领土最南端。南海周边国家包括中国、越南、柬埔寨、泰国、马来西亚、印度尼西亚、文莱和菲律宾等。

早在汉代，中国人民在航海和生产中就发现了南海诸岛，当时称为"万里长沙"和"千里石塘"（即今南沙群岛）并已列入中国版图。宋代已对它实施行政管辖。第二次世界大战后，根据《开罗宣言》和《波茨坦公告》，中国政府于 1946 年收复了南沙群岛中最大的岛屿——太平岛，以后

一直由台湾当局直接管辖；1947年初，内政部方域司编制出版了《南海诸岛位置略图》，并首次以九段弧形断续线的形式表示中国南海的海疆线（简称"传统疆界线"或"九段线"）。1949年中华人民共和国政府成立后，曾多次重申中国对南海诸岛屿及其周围海域的领土主权，并以传统疆界线的形式明确标示出中国南海的主权范围。自1968年起，特别是从20世纪70年代以来，一些周边国家开始针对南海提出主权要求，纷纷抛出各自声称的边界，而且其声称的疆界范围部分重合，争议区面积达141.9万平方千米，占我国在南海传统疆界面积的71%；无争议区面积仅59.0万平方千米，占我国在南海传统疆界面积的29%。

周边国家竞相蚕食我国传统海区，不断采取实际行动侵占我南沙岛礁。据不完全统计，我国南沙海域共有180多个岛、礁、滩及暗沙，我国仅控制8个，包括台湾所管辖的太平岛。而越南侵占32个，马来西亚侵占9个，菲律宾侵占10个，文莱宣称拥有南沙群岛中南通礁之主权，但未驻军。印度尼西亚未宣称拥有任何南沙群岛的岛礁，但印度尼西亚最大油田位于纳土纳群岛200海里经济专属区的东北部，与南沙群岛的200海里经济专属区有重叠之处；他们加紧寻求侵占的法理依据和政治支持，抛出各种否定中国主权的解决方案，并企图使美、日等大国卷入以遏制中国的行动，妄想使南沙问题国际化，企图迫使我放弃主权和合法权益。更有甚者，它们纷纷引进外资大肆掠夺南海油气资源。在东海，日本正在上演一出公然侵占我国钓鱼岛的闹剧。

（二）我国海上生命线面临巨大的安全挑战

我国出海口天生不足（图1-1-1），因此我国目前约有总量70%的进口石油经过美、印控制的波斯湾—马六甲航线，每天过马六甲海峡的船只60%是中国船，使我国石油海运安全面临巨大挑战。我国进出太平洋的海上通道也处于美、日联盟的封锁之中（图1-1-2）。

海洋能源开发利用的程度，体现了一个国家的可持续发展能力和综合国力。海洋工程技术已成为可与航空航天技术相比拟的、各海洋国家争相投入的极具挑战性的前沿技术领域。对我国这样一个正处于高速发展的国家而言，海洋能源是我国能源领域的重要发展空间和战略性资源宝库，大力发展海洋能源工程技术与装备对于维护我国海洋主权与权益、可持续利用海洋能源，扩展生存和发展空间，具有重大而深远的战略意义。

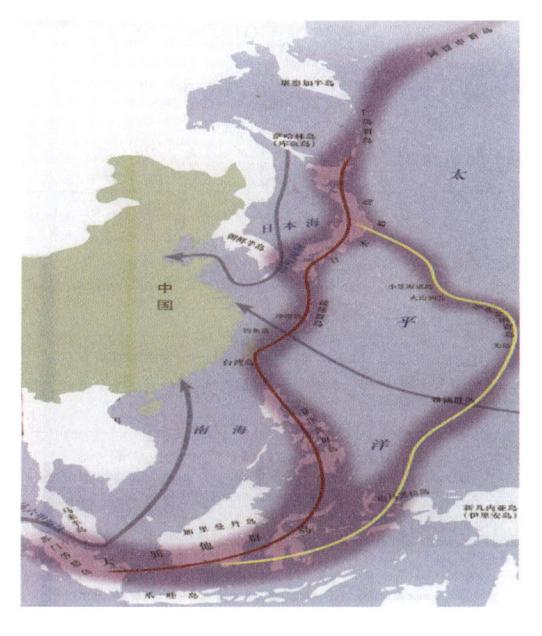

图 1-1-1　我国出海口

图 1-1-2　我国进出太平洋的海上
通道处于美、日封锁中

注：红色虚线为第一岛链，第二岛链由关岛等
组成，第三岛链由夏威夷等组成

(三) 南海周边国家资源争夺态势日趋严峻

南海油气资源丰富，与我国传统疆界相关的新生代沉积盆地主要有18个，总面积111.4万平方千米，根据国土资源部新一轮资源评价结果，石油地质资源量累计164.4亿吨，其中浅水区81.4亿吨，深水区83.0亿吨；天然气地质资源量累计140.3千亿立方米，其中浅水区65.4千亿立方米，深水区74.9千亿立方米。

南海北部有4个盆地，即珠江口、琼东南、莺歌海、北部湾盆地，石油地质资源量累计33.5亿立方米，其中浅水区27.8亿立方米，深水区5.7亿立方米；天然气地质资源量累计51.4千亿立方米，其中浅水区21.1千亿立方米，深水区30.3千亿立方米。

南海中南部有14个盆地，分别为曾母、文莱-沙巴、万安、礼乐、中建南、北康、南薇西、西北巴拉望、南沙海槽、安渡北、南薇东、笔架南、九章、永暑盆地，几乎都位于争议区内，这是我国在南海中南部开展油气勘探开发活动的主要障碍。盆地总面积为75万平方千米，其中我国传统疆界内约58.1万平方千米，界内深水区43.3万平方千米（表1-1-1）。特别是南部曾母、万安、文莱-沙巴等三大盆地总面积为30.9万平方千米，其中在我国传统疆界内面积为20.1万平方千米，占其总面积的65%。在我国传统疆界内，14个盆地石油地质资源量累计130.9亿吨，是北部的3.91倍（表1-1-2）；天然气地质资源量88.9千亿立方米，是北部的1.73倍（表1-1-3）。

表1-1-1 南海中南部新生代沉积盆地面积统计

盆地	面积/千米²	"九段线"内面积/千米²		
		合计	浅水	深水
曾母	167 054	119 239	96 203	23 036
文莱-沙巴	63 678	26 524	7 447	19 077
中建南	134 239	110 826	0	110 826
万安	78 253	55 152	38 402	16 750
北康	59 223	59 223	3 653	55 570
南薇西	48 038	48 038	0	48 038
礼乐	58 772	58 772	0	58 772
西北巴拉望	17 328	3 772	0	3 772
笔架南	40 050	40 050	0	40 050
南沙海槽	47 056	23 100	0	23 100
安渡北	13 801	13 801	0	13 801
南薇东	5 762	5 762	0	5 762
九章	14 651	14 651	0	14 651
永暑	2 287	2 287	0	2 287

表1-1-2 南海中南部诸盆地石油资源量（"九段线"内）

盆地	地理环境（水深）	传统疆界内面积/千米²	地质资源/亿吨				可采资源/亿吨			
			95%	50%	5%	期望值	95%	50%	5%	期望值
万安	浅水	38 402	4.78	11.63	18.46	11.63	1.72	4.18	6.63	4.17
	深水	16 750	2.07	4.86	7.70	4.87	0.75	1.76	2.79	1.77
	小计	55 152	6.85	16.49	26.15	16.50	2.47	5.94	9.42	5.94
曾母	浅水	96 203	13.90	29.50	46.11	29.80	5.00	10.62	16.60	10.73
	深水	23 036	1.79	4.15	6.96	4.29	0.64	1.50	2.50	1.54
	小计	119 239	15.69	33.65	53.06	34.08	5.65	12.11	19.10	12.27

续表

盆地	地理环境（水深）	传统疆界内面积/千米²	地质资源/亿吨 95%	地质资源/亿吨 50%	地质资源/亿吨 5%	地质资源/亿吨 期望值	可采资源/亿吨 95%	可采资源/亿吨 50%	可采资源/亿吨 5%	可采资源/亿吨 期望值
北康	浅水	3 653	0.45	1.10	1.76	1.10	0.12	0.29	0.46	0.29
北康	深水	55 570	5.15	12.69	20.38	12.74	1.34	3.30	5.30	3.31
北康	小计	59 223	5.60	13.79	22.14	13.84	1.46	3.59	5.76	3.60
南薇西	浅水	0	0.18	0.37	0.59	0.38	0.05	0.10	0.15	0.10
南薇西	深水	48 038	3.81	7.81	12.62	8.05	0.99	2.03	3.28	2.09
南薇西	小计	48 038	3.99	8.18	13.21	8.43	1.04	2.13	3.44	2.19
中建南	浅水	0	0.00	0.00	0.00	0.00	0.00	0.00	0.00	0.00
中建南	深水	110 826	9.10	18.61	29.79	19.11	2.80	5.73	9.15	5.88
中建南	小计	110 826	9.10	18.61	29.79	19.11	2.80	5.73	9.15	5.88
礼乐	浅水	0	0.88	2.17	3.46	2.17	0.30	0.75	1.19	0.74
礼乐	深水	58 772	1.28	3.19	4.70	3.07	0.36	0.89	1.32	0.86
礼乐	小计	58 772	2.16	5.36	8.16	5.24	0.66	1.64	2.51	1.61
笔架南	深水	40 050	1.75	4.16	6.60	4.17	0.45	1.08	1.72	1.08
永暑	深水	2 287	0.11	0.27	0.42	0.27	0.03	0.07	0.11	0.07
南薇东	深水	5 762	0.29	0.69	1.09	0.69	0.08	0.18	0.28	0.18
安渡北	深水	13 801	0.33	0.72	1.15	0.73	0.08	0.19	0.30	0.19
九章	深水	14 651	0.13	0.28	0.45	0.28	0.03	0.07	0.12	0.07
南沙海槽	深水	23100	0.47	1.59	2.51	1.53	0.12	0.41	0.65	0.40
文莱-沙巴	浅水	7 447	3.95	8.42	12.84	8.50	1.57	2.00	2.39	2.76
文莱-沙巴	深水	19 077	7.33	12.91	19.53	13.13	2.68	3.25	3.86	4.49
文莱-沙巴	小计	26 524	11.28	21.33	32.37	21.63	4.25	5.25	6.25	7.25
西北巴拉望	浅水	0	0.00	0.00	0.00	0.00	0.00	0.00	0.00	0.00
西北巴拉望	深水	3 772	2.31	4.15	6.81	4.40	0.83	1.49	2.45	1.58
西北巴拉望	小计	3 772	2.31	4.15	6.81	4.40	0.83	1.49	2.45	1.58
合计	浅水	145 705	24.14	53.19	83.22	53.57	8.75	17.93	27.42	18.79
合计	深水	435 492	35.92	76.07	120.70	77.33	11.20	21.95	33.84	23.52
合计	合计	581 197	60.06	129.25	203.92	130.90	19.95	39.87	61.26	42.31

表1-1-3 南海中南部诸盆地天然气资源量（"九段线"内）

盆地	地理环境（水深）	传统疆界内面积/千米²	地质资源/亿米³ 95%	地质资源/亿米³ 50%	地质资源/亿米³ 5%	地质资源/亿米³ 期望值	可采资源/亿米³ 95%	可采资源/亿米³ 50%	可采资源/亿米³ 5%	可采资源/亿米³ 期望值
万安	浅水	38 402	2 486	6 666	11 399	6 832	1 560	4 180	7 135	4 281
万安	深水	16 750	1 021	2 816	4 652	2 828	640	1765	2 917	1 773
万安	小计	55 152	3 507	9 482	16 051	9 660	2 200	5 945	10 051	6 053
曾母	浅水	96 203	12 925	33 730	55 725	34 087	8 128	21 200	35 023	21 425
曾母	深水	23 036	3 527	9 351	15 798	9 538	2221	5 888	9 947	6 006
曾母	小计	119 239	16 453	43 081	71 523	43 625	10 349	27 087	44 970	27 431
北康	浅水	3 653	274	775	1 274	774	159	449	739	449
北康	深水	55 570	3 407	8 937	14 816	9 042	1 976	5 183	8 593	5 244
北康	小计	59 223	3 681	9 711	16 090	9 816	2 135	5 633	9 332	5 693
南薇西	浅水	0	75	155	242	157	43	90	140	91
南薇西	深水	48 038	1 351	2 826	4 439	2 867	784	1 639	2 575	1 663
南薇西	小计	48 038	1 426	2 981	4 680	3 024	827	1 729	2 715	1 754
中建南	浅水	0	0	0	0	0	0	0	0	0
中建南	深水	110 826	3 335	7 067	11 333	7 227	2 018	4 271	6 845	4 367
中建南	小计	110 826	3 335	7 067	11 333	7 227	2 018	4 271	6 845	4 367
礼乐	浅水	0	356	998	1 660	1 004	221	619	1 029	622
礼乐	深水	58 772	833	2 393	3 947	2 391	488	1 402	2 313	1 401
礼乐	小计	58 772	1 188	3 391	5 607	3 395	708	2 021	3 342	2 023
笔架南	深水	40 050	885	2 410	3 822	2 376	513	1 398	2 217	1 378
永暑	深水	2 287	56	141	254	149	33	82	147	87
南薇东	深水	5 762	94	242	404	246	55	140	234	143
安渡北	深水	13 801	108	271	452	276	63	157	262	160
九章	深水	14 651	50	125	200	125	29	73	116	73
南沙海槽	深水	23 100	302	905	1509	905	175	525	875	525
文莱-沙巴	浅水	7 447	697	1 395	2 092	1 395	446	893	1 339	893
文莱-沙巴	深水	19 077	1 294	2 588	3 881	2 588	828	1 656	2 484	1 656
文莱-沙巴	小计	26 524	1 991	3 983	5 974	3 983	1 274	2 549	3 823	2 549

第一部分　中国海洋能源工程与科技发展战略研究综合报告

续表

盆地	地理环境（水深）	传统疆界内面积/千米²	地质资源/亿米³				可采资源/亿米³			
			95%	50%	5%	期望值	95%	50%	5%	期望值
西北巴拉望	浅水	0	0	0	0	0	0	0	0	0
	深水	3 772	1 399	4 023	6 773	4 061	881	2 534	4 267	2 558
	小计	3 772	1 399	4 023	6 773	4 061	881	2 534	4 267	2 558
合计	浅水	145 705	16 814	43 719	72 391	44 249	10 558	27 430	45 405	27 761
	深水	435 492	17 663	44 095	72 280	44 621	10 703	26 713	43 792	27 034
	合计	581 197	34 476	87 814	144 671	88 870	21 261	54 144	89 196	54 795

目前，我国油气勘探开发主要集中于南海北部浅水；维护我国海洋权益，加快南海中南部开发迫在眉睫，但中、菲、越合作前景不乐观。

周边国家竞争态势日益严重（图1-1-3和图1-1-4）。

越南：南海浅水油气勘探如火如荼，收益可观，正大步向深水进军，近期异常活跃，拉拢多国伙伴，自营合作并举，在九段线内，钻井94口、发现油气田17个、建设骨干管网5条、共208千米。累计地质储量分别为石油21亿吨、天然气9 903亿立方米，其中"九段线"内石油1.4亿吨、天然气2 921亿立方米。2010年，在我国九段线内的产量分别为石油50万吨、天然气51.92亿立方米。

马来西亚：最早引入西方石油公司参与合作开发南海海上油气田，"不动声色"，早已走向深水，投入惊人，勘探成果丰富，开发势头迅猛。勘探与开发并重，成为九段线内掠夺资源最早、最多的国家，目前深水技术居世界前十位。2010年，在我国"九段线"内的产量分别为石油564万吨，天然气364.5亿立方米。

周边国家在南海的合同区和招标区39万平方千米，占"九段线"中南部盆地总面积的62%。目前钻井652口；发现油气田120个；储量：石油12.5亿吨，天然气4.13万亿立方米；2010年产量：石油701万吨，天然气453.42亿立方米。周边国家在南海每年开采的石油资源相当于1个大庆。

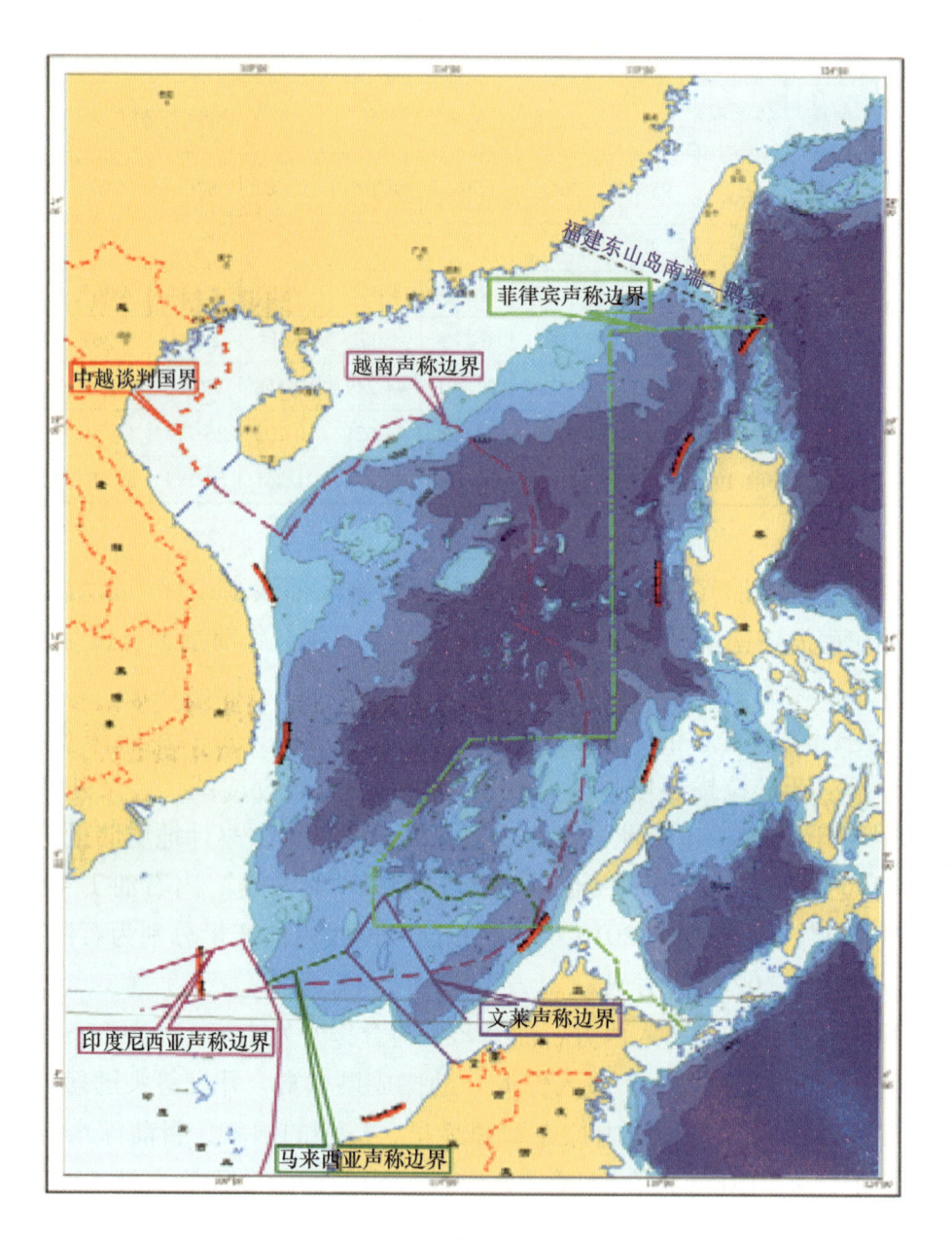

图 1-1-3 南海争议区态势

二、能源安全的需求

(一) 人均资源量不足

虽然我国油气资源比较丰富，但人均占有资源量严重不足。

图 1-1-4 "九段线"内中南部盆地被蚕食近 2/3

石油资源量占世界的 3.6%，天然气资源量占世界的 2.8%，人口占世界的 20%。

全球石油可采资源量 4 138 亿吨；我国石油可采资源量 150 亿吨。全球天然气可采资源量 436 万亿立方米；我国天然气可采资源量 12 万亿立方米。世界人均占有石油可采资源 68 吨；我国人均占有石油可采资源 12 吨。世界人均占有天然气可采资源 7 万立方米；我国人均占有天然气可采资源 1 万立方米。

(二) 能源供需矛盾突出

我国经济的持续快速增长，使能源供需矛盾日益突出，国内石油产量已难以满足国民经济发展的需求。我国油、气可采资源量仅占全世界的 3.6% 和 2.8%，而我国的油气消耗量占到世界第二位，2011 年我国原油净进口量达到 2.537 8 亿吨，而当年全国石油产量为 2.028 7 亿吨，2011 年石油对外依存度达 55.6%，进口量远超过产量。

据中国工程院《中国可持续发展油气资源战略研究报告》，到 2020 年我国石油需求将达 4.3 亿~4.5 亿吨，对外依存度将进一步提高。但在油气严重依赖进口的形势下，国内油气生产还表现出后备资源储量不足的矛盾。

石油供应安全被提高到非常重要的高度，已经成为国家三大经济安全问题之一。目前我国海洋油气资源开发主要集中在近海，因此在加大现有资源开发力度的同时，开辟新的海洋资源勘探开发领域尤其是深海海域是当前面临的主要任务。2050年石油天然气将占能源结构的40%，保障我国石油供应，实现能源与环境的和谐发展，已经成为保障国家能源安全的重要战略。

据预测，全球资源需求的高峰将出现在2020年，在此前将发生第三次能源危机。我国资源需求的高峰也将出现在2020—2030年。这就要求我国加快实施包括海洋强国战略在内的综合对策，遵照党的十八大提出的"实施海洋开发"的重大决策和国务院2003年5月批准的《全国海洋经济发展规划纲要》，我国必须拓展我国经济发展的战略空间，"大力发展深海技术，努力提高深海资源勘探和开发技术能力，维护我国在国际海底区域的权益"。

（三）海洋石油已经成为我国石油工业的主要增长点

我国管辖海域面积约300余万平方千米，已圈定大中型油气盆地26个，石油地质资源量为350亿~400亿吨。"十一五"期间石油增量70%来自海洋，加大海洋能源开发力度对缓解能源供需矛盾具有重要意义。

海域划界是主权之争，主权的背后是资源问题。海洋是世界各国在未来争相瓜分的现实地理空间，在瓜分海洋这一人类最后一块共同领域的争斗中，"下五洋捉鳖"具有不亚于"上九天揽月"的重要战略意义。

三、海洋能源自主开发迫切需要创新技术

（一）深水是未来世界石油主要增长点，我国与世界先进技术差距大

深水区域面临着崎岖海底、隐蔽油气藏等难题，勘查难度、风险进一步增加，勘查形势不容乐观。迫切需要高精度的地震采集、处理等油气勘探的新技术，促进勘探工作良性循环，进一步提高勘探经济效益、降低勘探风险；同时，目前深水油气田开发工程技术和装备主要为国外公司所垄断，而我国在深水工程重大装备和深水油气田勘探开发技术研究才刚刚起步，远远落后于发达国家，成为制约我国深水油气勘探开发的技术"瓶颈"。所以，开展南海深水区域勘探和生产作业受到技术、装备和人才的严

重制约。我国面临的主要问题包括：深水油气勘探和开发技术能力和手段的缺乏、海洋深水钻井装备和工程设施的缺乏、深水油气工程设施的设计和建设能力的缺乏。

经过30年多发展，我国已经形成了近海300米以内海上油气田开发技术体系，并于2011年和2012年逐步建成具备3 000米水深作业能力的12缆深水物探船、"海洋石油981"深水钻井平台、"海洋石油708"深水勘查船等重大深水作业装备，但我国深水工程装备水平与国外差距还很大（表1-1-4）。

表1-1-4 国内外海洋油气开发能力比较

名　　称	国外水深/米	国内水深/米
深水完钻井	3 052	1 500
深水油气田开发	2 743	333
深水工程装备	3 000	3 000

以"海洋石油981"深水半潜式钻井平台为例，设计能力达3 000米水深，在钻LW6-1-1井之前（LW6-1-1井的作业水深1 500米，设计钻深为2 371米，使用我国第一座深水半潜式钻井平台"海洋石油981"钻井），我国自营井的海洋钻井作业的最大水深为540米，与国际先进水平（3 052米）有较大差距。在钻LW6-1-1井之前，我国南海海域作业水深超过1 000米的深水井作业者均为国外公司，且均为租用国外深水钻井平台/钻井船。2008—2020年中海油计划钻150口深水井，其中每年合作钻井8口，自营井数量将由2010年平均每年3口增加到7口。如此大的钻井工作量只依靠"海洋石油981"钻井平台显然不足，因此有必要增加深水钻井装备。

深水工程技术差距更为巨大，国外已经开发海上油气田最大水深2 743米，我国目前的开发水深记录为333米，目前围绕深水油气田勘探开发工程的深水地球物理勘探技术、深水钻完井技术、深水平台、深水水下设施、深水流动安全保障、深水海底管道和立管以及深水动力环境研究工作刚刚起步，远远赶不上我国深水油气田开发的实际需求，已经成为制约我国深水油气资源开发的"瓶颈"。一方面，目前深水核心技术仅掌握在少数几个发达国家手中，引进中存在技术壁垒；另一方面南海特有的强热带风暴、内波等灾害环境以及我国复杂原油物性及油气藏特性本身就是世界石油领域面临的难题，这就决定了我国深水油气田勘探开发工程将面临更多的挑战，只有通过核心技术自主研发、尽快突破深水油气田勘探开发关键技术，我国才能获得深水油气资源勘探开发的主动权。

（二）近海边际油气田和稠油油田需要高效、低成本创新技术

我国近海探明的原油储量中，有13亿吨属于边际油田；同时海上油田已经成为国内原油增长的主力军之一，其中海上稠油产量增加最为明显，2010年稠油产量约2 400万立方米，占中国海上原油产量一半以上（图1-1-5）。

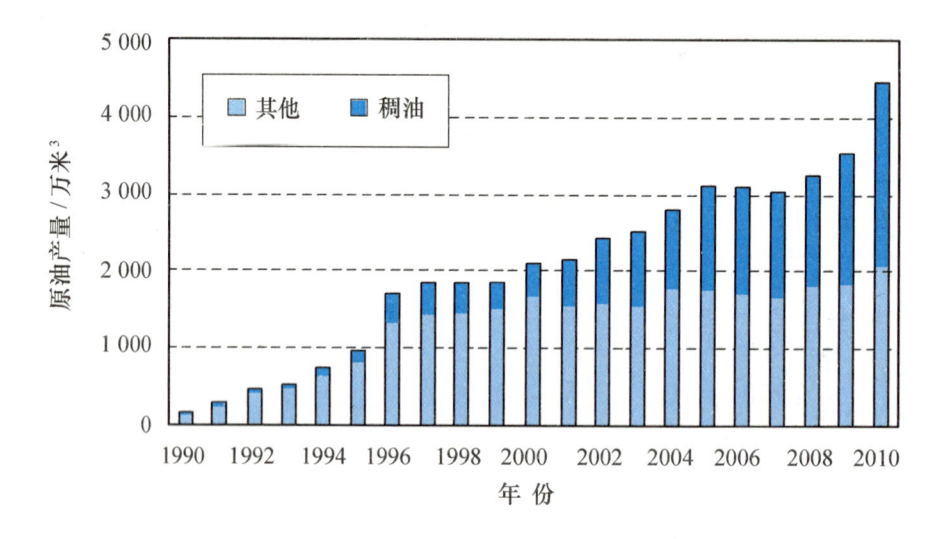

图1-1-5　海上历年原油产量构成

至2009年年底，中国海上已发现原油地质储量约49亿吨，其中稠油约34亿吨，占69%（图1-1-6）。2010年，中国海油海上稠油产量约占全球海上稠油产量的44.1%。

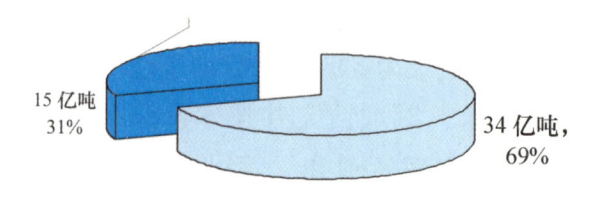

图1-1-6　中国海上油田已发现储量

海上稠油采收率每增加1%，就相当于发现了一个亿吨级地质储量的大

油田。目前我国海上稠油油田采收率为 18%~22%，意味着在平台寿命期内绝大部分储量仍然留在地下，提高采收率潜力很大。通过新技术的研究和应用，将海上稠油油田采收率提高 5%~10%，相当于发现一个 10 亿吨级大油田，增加的可采储量相当于我国 1~2 年的石油产量，因此，海上油田提高原油采收率潜力巨大。高效、大幅度地提高海上稠油采收率对于缓解国家石油供需矛盾具有重大的战略意义。

（三）天然气水合物勘探开发为世界前沿技术领域

由于埋深浅、成藏机理还在研究中，天然气水合物分解将引起环境灾害等，天然气水合物这一潜在资源开发目前是世界关注的热点、难点和焦点。

天然气水合物主要分布在极地冻土和深海陆坡区。2002 年、2007 年和 2013 年，围绕加拿大阿更歇、美国阿拉斯加冻土水合物成功试采。2013 年，日本在其近海进行了海域水合物试采，现我国于 2007 年和 2013 年分别获取海域天然气水合物样品。2009 年获取冻土水合物样品。但目前为止，天然水合物安全、高效、经济开发还未根本突破。安全、经济、高效的开发技术是世界创新技术前沿。

（四）海上应急救援装备和技术体系

海上重大原油泄漏事故不仅造成了巨大的经济损失，而且带来了巨大的环境和生态灾难，2010 年墨西哥湾 BP 公司重大原油泄漏事故导致的灾难性影响，使得人们对海洋石油开发的安全问题提出了一些质疑。因此，针对深海石油设施溢油事故研究及其解决方案和措施，研制海上油气田水下设施应急维修作业保障装备就显得非常迫切。

用于海上应急救援的设备主要包括：载人潜水器（HOV）、无人遥控潜水器（ROV）、无缆的自治水下机器人（AUV）、单人常压潜水服作业系统、饱和潜水作业系统。我国在潜水装备技术方面有了突破性的进展，特别是在 7 000 米载人潜水器、6 000 米自治潜水器和 4 500 米级深海作业系统的成功研制。然而，与世界先进国家相比，我国的深海技术和装备目前还处于起步阶段，服务于深水油气资源开发的深海装备技术水平尚有较大差距，且大量关键核心装备与技术依然依赖进口，缺少国家级的公共试验平台，工程化和实用化的进程缓慢，产业化举步维艰。研制具有自主知识产权、实用化的潜水装备作业系统，实现装备研制的国产化，初步形成服务于南海的深水油气资源开发的深海探查和作业装备体系，同时提高我国在潜水、高气压作业方面的产业技术水平及自主创新能力和综合竞争实力，对于我国在21世纪开发深海资源具有重要的战略意义和历史意义。

第二章　我国海洋能源工程与科技发展现状

一、我国海洋能源资源分布特征

（一）我国海域油气资源潜力

我国海域管辖面积约 300 余万平方千米，已圈定大中型新生代油气盆地 26 个，盆地面积约 153.7 万平方千米。针对这些含油气盆地的油气资源，前人进行了多次资源评价，2003 年中国海洋石油总公司内部进行了第三次油气资源评价；2004 进行新一轮全国油气资源评价；2005—2010 年对北黄海盆地、东海盆地西湖凹陷、渤海海域、南海北部深水区以及北部湾盆地等进行油气资源动态评价。综合以上评价成果，认为这些盆地石油地质资源量为 268.36 亿吨，天然气地质资源量为 16.735 万亿立方米。

中国近海总面积约 130 万平方千米，发育 10 个主要盆地，即渤海、东海、珠江口、琼东南、莺歌海、北部湾、北黄海、南黄海、台西—台西南盆地，盆地总面积约 90 万平方千米；按 300 米水深分，其中浅水区（水深小于 300 米）盆地面积 77 万平方千米，深水区（水深大于 300 米）盆地面积 13 万平方千米。目前，可供勘探的盆地有 7 个，总面积约 74 万平方千米。

我国近海石油资源主要分布于 9 个盆地。石油地质资源量 137.47 亿吨，其中两大盆地渤海 82.66 亿吨、珠江口 23.27 亿吨，共占 77%。

我国近海天然气资源亦主要分布于 9 个盆地。天然气地质资源量达 78.465 千亿立方米，其中东海、莺歌海、珠江口、琼东南四大盆地均在 10 万亿立方米以上，累计 64.422 千亿立方米，共占 82%（表 1-2-1）。

在南海中南部我国传统疆界内石油地质资源量 130.9 亿吨、天然气地质资源量 8.887 万亿立方米，油当量资源量约占我国海域总资源量的 50%，油气资源潜力巨大；其中 300 米以深深水区盆地面积 43.55 万平方千米，石油地质资源量 77.33 亿吨、天然气地质资源量 7.228 万亿立方米。

目前，我国南海油气勘探主要集中在南海北部的珠江口、琼东南、北部湾和莺歌海4个盆地，面积约36.4万平方千米。石油地质储量为38.91亿吨、天然气地质资源量为5.214万亿立方米。我国"九段线"内——总面积200万平方千米，总地质资源量达350亿吨油当量，其中，中南部的资源量是北部的2.6倍。

表1-2-1 中国海域主要盆地石油、天然气资源量

海区	盆地	地理环境（水深）	评价面积/千米²	石油地质资源/亿吨				天然气地质资源/亿米³			
				95%	50%	5%	期望值	95%	50%	5%	期望值
近海	渤海	浅水	41 585	66.80	80.57	99.93	82.66	5 722	8 225	12 926	6 821
	北黄海	浅水	30 692	0.56	1.92	4.54	2.16				
	南黄海	浅水	151 089	1.64	2.86	4.44	2.98	575	1 534	4 163	1 847
	东海	浅水	241 001	2.19	8.19	17.59	8.90	4 888	12 801	24 682	13 604
	台西-台西南	浅水	103 779	0.52	1.53	3.96	1.85	984	1 855	3 638	2 052
	珠江口	浅水	115 525	11.47	17.65	24.49	17.56	1 840	3 162	4 640	3 192
		深水	85 063	0.32	5.50	13.33	5.71	6 936	15 786	27 670	16 419
		小计	200 588	11.79	23.15	37.82	23.27	8 776	18 948	32 311	19 611
	琼东南	浅水	21 772	0.78	1.66	2.64	1.69	2 434	3 749	6 962	4 251
		深水	61 221					4 616	11 163	26 861	13 888
		小计	82 993	0.78	1.66	2.64	1.69	7 050	14 912	33 823	18 139
	北部湾	浅水	34 348	11.29	13.50	18.12	13.95	938	1 249	1 904	1 323
	莺歌海	浅水	46 056					4 495	12 161	22 800	13 068
	小计	浅水	785 847	95.25	127.88	175.72	131.76	21 876	44 736	81 715	48 158
		深水	146 284	0.32	5.50	13.33	5.71	11 552	26 949	54 532	30 307
		合计	932 131	95.57	133.38	189.04	137.47	33 428	71 685	136 247	78 465
南海中南部	万安	浅水	38 402	4.78	11.63	18.46	11.63	2 486	6 666	11 399	6 832
		深水	16 750	2.07	4.86	7.70	4.87	1 021	2 816	4 652	2 828
		小计	55 152	6.85	16.49	26.15	16.50	3 507	9 482	16 051	9 660
	曾母	浅水	96 203	13.90	29.50	46.11	29.80	12 925	33 730	55 725	34 087
		深水	23 036	1.79	4.15	6.96	4.29	3 527	9 351	15 798	9 538
		小计	119 239	15.69	33.65	53.06	34.08	16 453	43 081	71 523	43 625
	北康	浅水	3 653	0.45	1.10	1.76	1.10	274	775	1 274	774
		深水	55 570	5.15	12.69	20.38	12.74	3 407	8 937	14 816	9 042
		小计	59 223	5.60	13.79	22.14	13.84	3 681	9 711	16 090	9 816

续表

海区	盆地	地理环境（水深）	评价面积/千米^2	石油地质资源/亿吨 95%	50%	5%	期望值	天然气地质资源/亿米^3 95%	50%	5%	期望值
南海中南部	南薇西	浅水	0	0.18	0.37	0.59	0.38	75	155	242	157
		深水	48 038	3.81	7.81	12.62	8.05	1 351	2 826	4 439	2 867
		小计	48 038	3.99	8.18	13.21	8.43	1 426	2 981	4 680	3 024
	中建南	浅水	0	0.00	0.00	0.00	0.00	0	0	0	0
		深水	110 826	9.10	18.61	29.79	19.11	3 335	7 067	11 333	7 227
		小计	110 826	9.10	18.61	29.79	19.11	3 335	7 067	11 333	7 227
	礼乐	浅水	0	0.88	2.17	3.46	2.17	356	998	1 660	1 004
		深水	58 772	1.28	3.19	4.70	3.07	833	2 393	3 947	2 391
		小计	58 772	2.16	5.36	8.16	5.24	1 188	3 391	5 607	3 395
	笔架南	深水	40 050	1.75	4.16	6.60	4.17	885	2 410	3 822	2 376
	永暑	深水	2 287	0.11	0.27	0.42	0.27	56	141	254	149
	南薇东	深水	5 762	0.29	0.69	1.09	0.69	94	242	404	246
	安渡北	深水	13 801	0.33	0.72	1.15	0.73	108	271	452	276
	九章	深水	14 651	0.13	0.28	0.45	0.28	50	125	200	125
	南沙海槽	深水	47 005	0.47	1.59	2.51	1.53	302	905	1 509	905
	文莱-沙巴	浅水	7 447	3.95	8.42	12.84	8.50	697	1 395	2 092	1 395
		深水	19 077	7.33	12.91	19.53	13.13	1 294	2 588	3 881	2 588
		小计	26 524	11.28	21.33	32.37	21.63	1 991	3 983	5 974	3 983
	西北巴拉望	浅水	0	0.00	0.00	0.00	0.00	0	0	0	0
		深水	3 772	2.31	4.15	6.81	4.40	1 399	4 023	6 773	4 061
		小计	3 772	2.31	4.15	6.81	4.40	1 399	4 023	6 773	4 061
	小计	浅水	145 705	24.14	53.19	83.22	53.57	16 814	43 719	72 391	44 249
		深水	459 397	35.92	76.07	120.70	77.33	17 663	44 095	72 280	44 621
		合计	605 102	60.06	129.25	203.92	130.90	34 476	87 814	144 671	88 870
	总计	浅水	931 552	119.39	181.06	258.93	185.33	38 690	88 454	154 106	92 407
		深水	605 681	36.24	81.57	134.03	83.04	29 214	71 044	126 812	74 927
		总计	1 537 233	155.63	262.63	392.96	268.36	67 904	159 499	280 918	167 335

(二) 我国海域天然气水合物远景资源

我国海域具有广阔的天然气水合物资源前景，目前资源勘查、地质调查、开采机理研究方面已取得初步成果，并于2007年成功地在南海钻探取得天然气水合物样品，2009年取得冻土岩心。在我国南海陆坡已圈定11个天然气水合物资源远景区，资源量达185亿吨油当量。南海远景资源量680亿吨油当量，约相当于我国陆上和近海石油和天然气总资源量的1/2。目前，还处于海域天然气水合物初勘和评价初期。

尽早开发利用天然气水合物是解决我国后续能源供给的有效途径，直接关系到我国经济、社会的可持续发展，战略意义重大。

二、海上油气资源勘探技术研究现状

我国海洋石油地质科技工作者，在油气勘探方面，把石油地质理论、勘探技术、计算机技术和勘探目标的综合研究紧密地结合在一起，在中国海油的实践中逐渐形成了一系列新理论、新认识，主要包括含油气盆地古湖泊学及油气成藏体系理论、渤海新构造运动控制油气晚期成藏理论和优质油气藏形成与富集模式。初步形成了以潜在富烃凹陷（洼陷）为代表的新区新领域评价技术。

(一) "三低"油气藏

基本建立了"三低"油气藏的测井识别和评价方法体系及产能分类评价标准。针对"三低"油气藏的测试，研发且成功应用了螺杆泵测试井口补偿配套系统，扭转了半潜式钻井平台上测试期间排液手段匮乏的不利局面。针对低阻油气层的录井，在渤海初步成功应用了岩石热解技术、气相色谱技术和轻烃分析技术；在全海域成功推广应用了电缆测试流体取样以及核磁共振油气层识别和评价技术，建立了以多极子阵列声波和核磁共振技术为核心的凝晰油气藏测井技术识别和评价系列，开发研制成功了油气藏测井产能预测技术，成功总结出了"内外科"结合的低阻油气层识别和评价技术流程，并在"十一五"期间使海域低阻油气藏的测井解释符合率提高到了95%以上；基本上建立了"三低"油气藏的测井识别和评价方法体系以及产能分类评价标准。但是，尚未对"三低"油气藏勘探过程中的钻井工程技术、钻井液选择及其储层保护技术、录井对油气层的识别、测试技术及储层改造技术等因素统筹考虑，没有形成系统化的"三低"油气层勘探技术体系及技术规范。

(二) 深层油气勘探技术尚有差距

尽管已在珠一坳陷深层发现了"惠州19-2/3"等油田，在渤中凹陷深层获得了领域性突破（"渤中2-1"和"秦皇岛36-3"等含油气构造），并实现"金县1-1"构造区亿吨级油气藏的勘探新突破。但高分辨率地震勘探技术、成像与核磁测井技术的深度应用、储层改造技术尚有差距。

(三) 高温高压天然气勘探技术现状

高温高压层勘探技术难度大、风险高，对钻井和测试施工设计及安全控制提出了更高的要求。目前，中国海油高温高压天然气勘探技术仍是薄弱环节。

(四) 地球物理勘探技术现状

地球物理勘探现有技术基础主要表现在以下7方面：①具有国内领先、国际先进的海上地震资料采集技术；②通过引进消化吸收，具有业界国际领先的地球物理综合解释技术；③形成了国内领先的海洋二维和三维地震资料处理技术体系；④初步建立了适合中国近海勘探储层研究岩石物理分析技术及数据库；⑤形成了国内领先的地震储层预测和油气检测技术体系；⑥建立了世界一流的三维虚拟现实系统；⑦建立了具有国内国际领先的测井处理技术体系。

地球物理勘探技术差距主要表现在以下5方面：①与国际技术对比，海上缺少高精度地震采集技术，如宽方位（WAZ）拖缆数据采集技术、多方位（MAZ）拖缆采集技术、富方位（RAZ）海洋拖缆数据采集、Q-Marine圆形激发全方位（FAZ）数据采集技术、双传感器海洋拖缆（Geostreamer）数据采集技术、上/下拖缆地震数据采集技术、多波多分量地震数据采集技术、OBC地震数据采集；②深水崎岖海底和深部复杂地质条件下的地震处理与成像技术有待提高；③复杂储层预测描述技术不足；④特殊/复杂油气藏处理解释技术仍需要攻关；⑤烃类直接检测方法技术也不够成熟。

(五) 勘探井筒作业技术现状

1. 录井技术基础与差距

海上录井技术在国内外较为成熟、较为先进，整体水平处于跟进的国际先进水平现状。

录井技术差距主要表现在以下 5 方面：①中深层录井技术难题（发展"瓶颈"），主要包括复杂岩性识别问题、随钻地层压力预测与井场实时监控问题、潜山、碳酸盐岩、盐膏层等复杂地层录井技术；深层井下工程实时监控；②气体检测设备问题（行业发展方向），主要包括非烃类气体检测（CO_2、H_2S）、烃类气体快速定量检测分析；③井场油气水快速识别与评价；④特殊钻井工艺条件下配套录井技术（发展"瓶颈"），主要包括特殊井型（水平井、分支井、侧钻井等）录井技术系列、海上压力控制钻井技术条件下录井技术、PDC 钻头应用条件下的录井难点与对策、特殊钻井液体系（水包油、油基泥浆）条件下录井技术、小井眼钻井技术；⑤录井资料处理与定量综合解释问题。

2. 测井设备差距

现有测井设备主要以进口贝克—阿特拉斯公司的设备为主，以自主研制开发仪器为辅。目前，已建立了基本满足成像测井要求的技术体系，并开发了主要针对海上作业服务的 ELIS（Enhanced Logging & Imaging System——增强型测井成像系统），在常规 3 组合电缆测井（电阻率、声波、放射性测井）上达到国内领先、接近国际先进水平。同时在成像测井的部分高端技术方面进行了重点开发并取得了一定成果，例如电缆地层测试与取样、阵列感应测井、阵列声波测井等技术。

3. 测井技术差距

测井技术差距主要表现在以下 5 方面：①自主研发的设备和仪器目前只能跟随外国服务公司的设计理念来实现其功能，无法完全创新，所以总比国际水平低；②高端功能上距国外先进水平还有一定差距，主要缺陷在于其电缆数据传输率较低，不利于系统功效的提高和新型测井仪的开发使用；③随钻测井仪器研制刚刚起步，国际油田技术服务公司已经大规模应用，中石油在该领域加大研发力度，并取得突破性进展；④尚无法满足水平井、稠油等困难条件的生产测井仪器和技术；⑤测井解释技术近几年在全海域陆续开展了海域低阻油气层的识别和评价方法研究以及低孔渗油气层的识别和评价方法研究项目，使我们在"三低"油气藏的识别评价方面取得了明显的应用效果，但由于受到没有高分辨率和高精度测井设备的限制还难以应对特低孔、特低渗、特低对比度油气层以及复杂岩性油气藏和薄互层砂岩油气藏的挑战。大斜度井和水平井的测井解释技术尚处于初步研究和使用阶段，环井周各项异性地层的测井解释技术尚处于探索阶段。

4. 测试技术差距

测试技术日趋完善，近几年成功应用了潜山座套裸眼测试技术、复合射孔深穿透测试技术、射流泵机采技术、过螺杆泵电加热降黏技术、防砂技术等。

测试技术差距主要表现在以下 10 方面：①智能工具新型技术和关键设备相对落后；②地面常规试油技术的一些关键设备如分离器和燃烧系统等还有差距；③高温高压气层测试力量不足，在一些关键领域缺乏理论支持；④尚未完全拥有快速反应的深水水下树系统等装备和技术；⑤稠油油层测试、低孔低渗油气层以及潜山油气层裸眼测试工艺有待改进；⑥尚未采用多相流量计技术；⑦测试井下数据无线传输与录取技术有待进一步研发和完善；⑧螺杆泵热采技术尚未研发；⑨复合化、数字化、智能化射孔技术有待提高；⑩连续油管测试技术仍是空白。

三、我国海洋油气资源开发工程技术发展现状

成立于1982年的中国海洋石油总公司（以下简称"中海油"）用 6 年时间实现了对外合作到自主经营的转变，用 30 年的时间实现了国外公司 50 年的跨越，2010 年产量达 5 185 万吨，成功建成海上大庆。

（一）初步形成了十大技术系列

- 近海油气田勘探技术：地球物理、地质以及处理解释技术；
- 近海油气田油藏模拟以及开发方案设计技术；
- 近海油气田钻完井技术：大位移井、优快钻井、多底井等；
- 海洋平台设计建造技术：导管架平台、筒形基础平台等设计建造技术；
- 大型 FPSO 设计建造技术：特别是冰区 FPSO 设计建造技术；
- 海底管道设计、建造、铺设技术；
- 海上油气田工艺设备设计、建造、安装调试技术；
- LNG 以及新能源开发技术；

- 海上油气田开发所需的海上作业支持和施工技术；
- 环境评价以及安全保障。

由浅水向深水进军是中海油一次巨大的跨越，LW3-1深水天然气田的发现揭开了南海深水油气勘探的序幕。与浅水区油气勘探相比，深水油气具有特有的成藏和勘探开发特点，深水油气储层类型与产能研究、圈闭规模与经济性研究等是其勘探开发潜力评价的关键。我国深水油气勘探开发方面的理论与技术相对滞后，为此开展南海深水区油气勘探关键技术攻关，以推动和加速南海深水油气勘探和大发现，使之成为我国油气储量和产量增长的重要领域，这对保障我国能源供给和可持续发展意义重大。

（二）用6年时间实现由对外合作向自主经营的转变

1986年中国海洋石油总公司与日本石油公司合作开发埕北油田，1992年自主开发锦州20-2，并建成46千米海底混输管线，实现了从对外合作向自主经营的转变。

（三）具备国际先进的海上大型FPSO设计和建造能力

中海油最早采用FPSO方案是从1986年改造"南海希望"号FPSO开始的。1987年在开发"渤中28-1"油田时，首次自行研制了5万吨级的"渤海友谊"号FPSO，该船获得过国家科技进步一等奖和"十大名船"称号。在海洋油气开发的实践中，中海油不断地进行FPSO探索，先后与国内有关科研机构和造船企业合作，使FPSO作业水深从10多米提高到300多米；服务海域从渤海冰区到南海台风高发区；储油能力从5万吨级发展到30万吨级。掌握了FPSO总体选型、原油输送、系泊系统、油气处理设施、技术经济评价等关键技术，目前是世界上拥有FPSO数量最多的公司之一。

目前，中海油拥有FPSO 19艘，自主建造FPSO 17艘，并租用了南海"睦宁"号海外AKOP 1艘（图1-2-1和图1-2-2），其中，创新技术包括"大型浮式装置浅水效应"设计、浮式生产储油系统抗冰设计、抗强台风永久性系泊系统、应用于稠油开发的FPSO，2007年投运"海洋石油117"为世界最大的FPSO，船长323米，型宽63米，型深32.5米，可抵御百年一遇的海况，30万吨储油能力，处理能力3万吨/日，造价16亿美元。

（四）形成了近海稠油高效开发技术体系

经过几十年的发展，我国已建立了达到世界先进水平的近海大型稠油

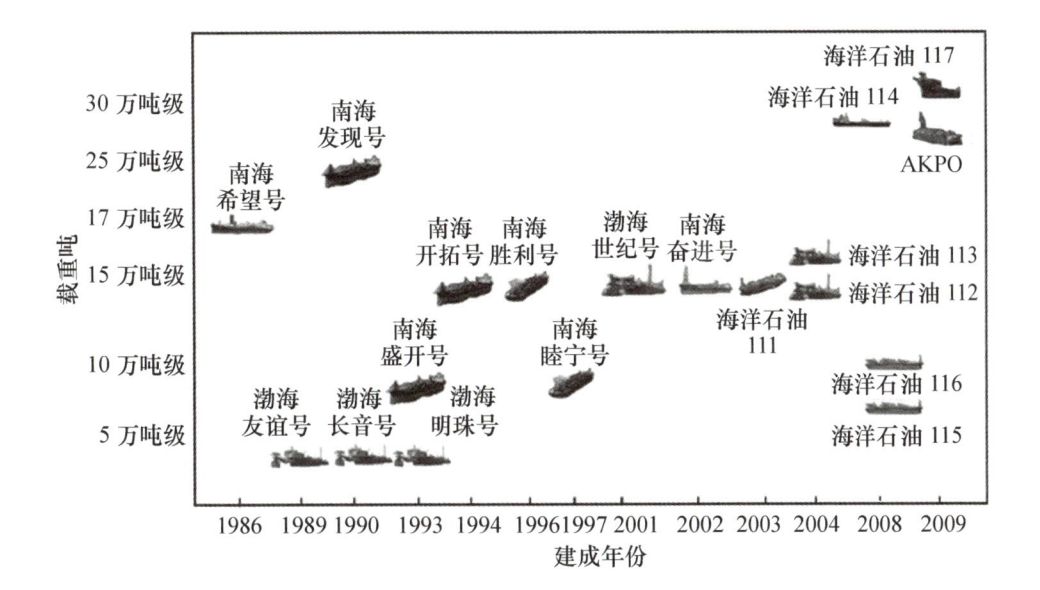

图 1-2-1 中国海洋石油 FPSO 的发展示意图

图 1-2-2 中海油已有的 FPSO 装置

油田开发技术体系。"绥中36-1"油田是我国近海海域迄今为止所发现并开发的最大的自营油田,该油田于1993年正式投入开发。为了成功开发该海上大型稠油油田,建成世界最长稠油水混输管线(70千米),所形成并应用的系列开发技术包括注海水强采技术、海底稠油长距离混输管线技术、优快钻完井技术、多枝导流、适度出砂技术、电潜螺杆泵技术。

"十五"期间,我国近海主要产油区之一的渤海油田开展了海上聚合物驱技术攻关,在抗盐驱油剂、自动化撬装设备、在线熟化室内模拟等方面取得了突破进展,并开展了我国近海油田首次聚驱现场试验,实现了3个首次突破:①疏水缔合聚合物首次用于海上油田并初步成功;②首次实施海上稠油聚合物驱油单井先导试验,增油降水效果显著;③首次研制成功一体化自动控制移动式撬装注聚装置,排量大,长期运行稳定。

目前,在海上油田化学驱油技术方面,已初步形成了包括海上稠油多功能高效驱油体系、海上油田化学驱效果改善技术、海上稠油化学驱油藏综合评价技术、海上油田化学驱油藏数值模拟技术、化学驱高效配注系统及工艺技术和海上稠油化学驱采出液处理技术在内的海上稠油化学驱油技术体系,并在海上油田成功开展矿场试验。截至2011年10月,在渤海3个油田开展的化学驱矿场试验,累计增油161万立方米。

"十一五"期间,取得的显著成果表现在:在海上稠油油藏开发地震、化学驱油、多枝导流适度出砂和丛式井整体井网加密及综合调整等关键技术方面都取得明显突破,并初步开展了现场的试验和示范油田实际应用。所取得的重大进展和突破具体如下。

(1) 初步建立海上稠油油田开发地震、海上油田丛式井网整体加密及综合调整技术、多枝导流适度出砂、化学驱油和热采5套技术体系。

(2) 研发出适合海上稠油的改进型缔合聚合物,基于渤海"绥中36-1"油藏条件研发的聚合物驱油剂溶解时间小于40分钟;聚合物浓度1 750毫克/升时,溶液黏度大于50毫帕斯卡秒,且剪切黏度保留率大于50%;90天除氧老化后聚合物黏度保留率大于80%;实现聚合物溶液分层注入井段2~3层。

(3) 在多枝导流适度出砂技术提高产能机理、出砂物理模拟实验、控砂理论及设计、多枝导流配套钻井技术、适度出砂配套完井技术、大排量螺杆泵携砂采油技术、含砂油井处理工艺、多枝导流适度出砂技术集成及现场应用等方面取得了一系列成果，初步完成了多枝导流适度出砂技术体系的构建。2008—2011年上半年间，渤海稠油油田共钻5口多枝导流适度出砂井和113口适度出砂井，累积增产34.7万立方米，取得了良好的经济效益。

（4）完成大排量电潜螺杆泵样机6口井现场试验，完成轻型可搬迁钻机基本设计并提交样机，完成大斜度定向井注采工艺矿场试验。

（5）研制出1套聚合物快速溶解装置样机，试制了两台模块钻机，研制出定向井防碰地面监测与预警系统装置并开展21口监测井预警监测。

（6）通过海上稠油高效开发新技术在示范油田试验与应用，已实现增油245.8万立方米。

2008—2011年上半年间，渤海稠油油田共钻5口多枝导流适度出砂井和113口适度出砂井，累积增产34.7万立方米。

海上油田丛式井网整体加密及综合调整技术：形成了海上复杂河流相稠油油藏高含水期剩余油定量描述技术（如海上大井距多层合采稠油油藏剩余油定量描述技术）、海上稠油油田综合调整油藏工程关键技术（包括海上大井距多层合采油藏整体加密调整优化技术（图1-2-3）和海上油田开发生产系统整体实时优化决策技术（图1-2-4），海上大斜度定向井分段注水技术（图1-2-5）以及海上油田丛式井网整体加密调整钻采配套技术等。目前，"绥中36-1"油田已实施方案设计调整井20口，其中油井16口：定向井7口，水平井9口；注水井4口。"秦皇岛32-6"油田已实施方案设计调整井10口，其中定向井两口，水平井8口。

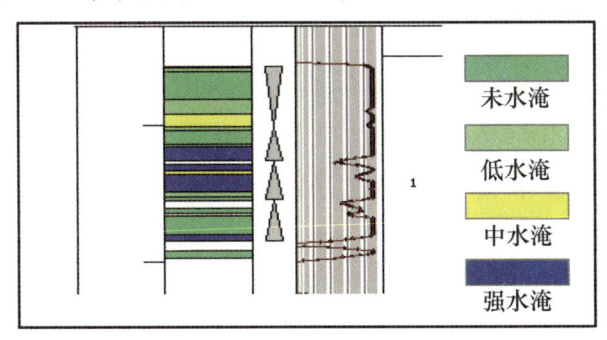

图1-2-3　海上大井距多层合采油藏整体加密调整优化技术

多枝导流适度出砂技术：建立"多枝导流适度出砂井井筒模拟实验装

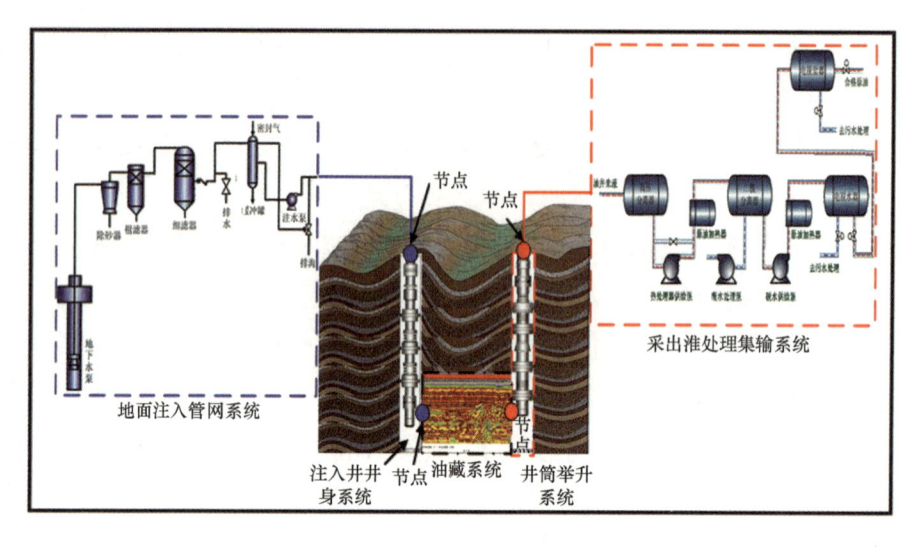

图 1-2-4　海上油田开发生产系统整体实时优化决策技术

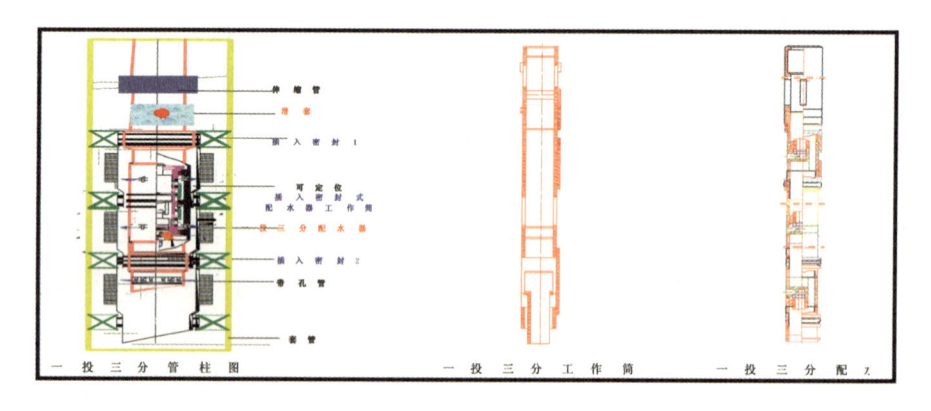

图 1-2-5　海上大斜度定向井分段注水技术

置"、完成长寿命高耐磨专用金刚石轴承、高扭矩长寿命钛合金传动轴、万向轴的设计，生产出与高扭矩马达配套的专用 PDC 钻头样机（图 1-2-6）、初步编制了海上油套管完整性评价软件，正在开展井下定向动力钻具工具面动态控制系统研制。

海上稠油化学驱油技术：建立了海上油田提高采收率方法潜力预测模、初步定型了稳定的长效抗剪切聚合物、微支化缔合聚合物和两亲聚合物，研制出了近井地带剪切模拟实验装置和强制拉伸水渗速溶装置（图 1-2-7 和图 1-2-8）、建立海上油田化学驱油藏监测技术、获得海上化学驱油田改善技术、初步获得聚合物驱采出液处理技术（图 1-2-9）。

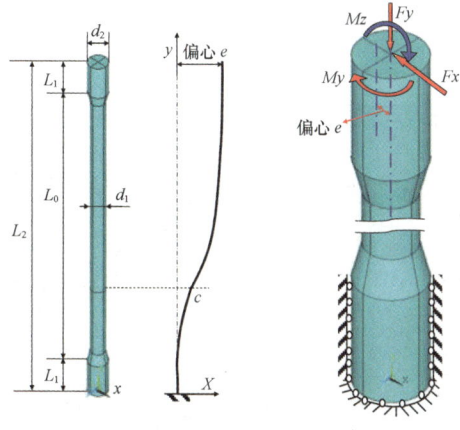

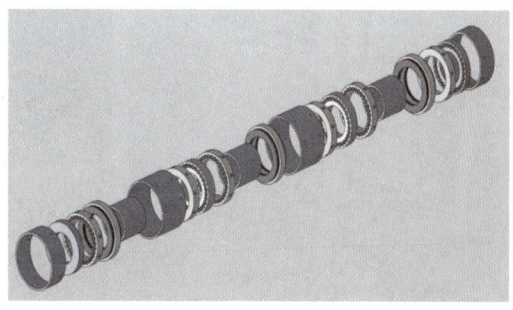

(a) 挠轴有限元实体力学模型　　　(b) PDC 金刚石止推轴承图示—爆炸图

图 1-2-6　高扭矩马达技术

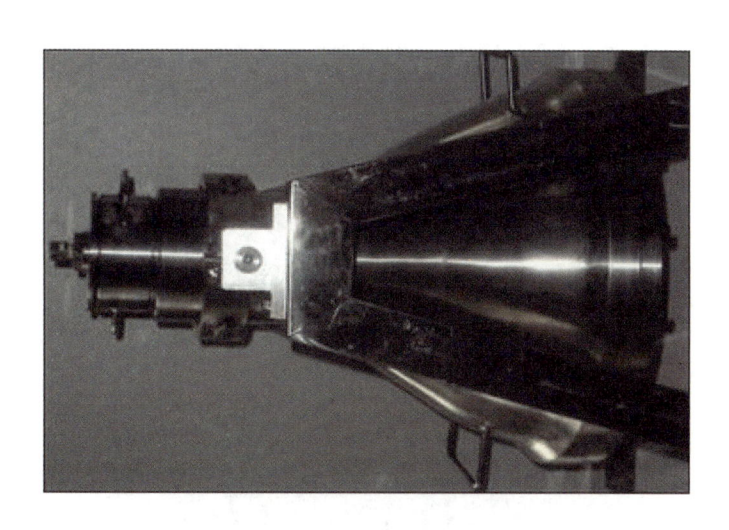

图 1-2-7　近井地带剪切模拟实验装置

海上稠油热采技术：完成新型小型化螺旋式炉管小型化蒸汽发生技术（图 1-2-10）、高温封隔器、高温安全阀试制（图 1-2-11）、建立了多介质组合热采相似理论、并在"南堡 35-2"油田进行了热采试验，至 2012 年共实施多元热流体吞吐 10 余井次，取得了较好的应用效果。

(五) 形成了以"三一模式"、"蜜蜂模式"为主的近海边际油气田开发工程技术体系

"三一模式"和"蜜蜂模式"见图 1-2-12 和图 1-2-13。

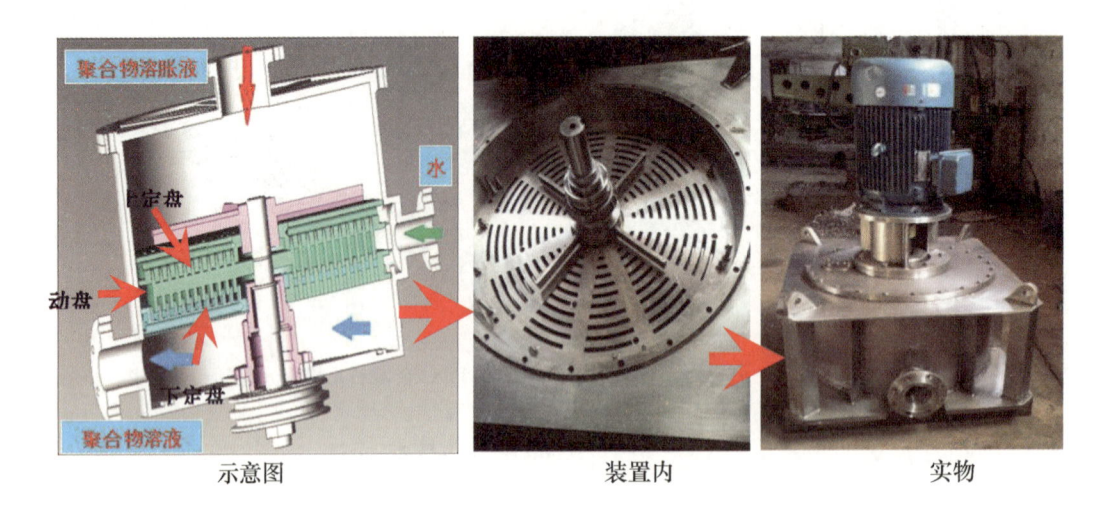

图 1-2-8　聚合物强制拉伸水渗速溶装置

图 1-2-9　多功能含聚污水处理装置

图 1-2-10　小型化蒸汽发生系统

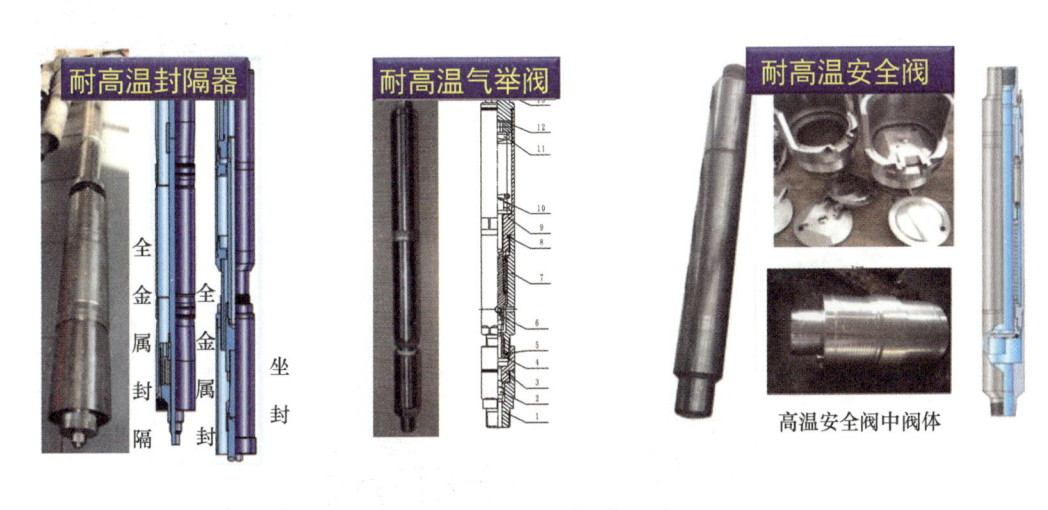

图 1-2-11　热采工具

（六）深水油气田开发已迈出可喜的一步

1996 年与 AMOCO 合作开发了"流花 11-1"，采用当时 7 项世界第一的技术，被誉为世界海洋石油皇冠上的一颗明珠（图 1-2-14）；

1997 年，与 STATOIL 合作开发了"陆丰 22-1"（图 1-2-15）；

1998 年，采用水下生产系统开发了"惠州 32-5"；

2000 年，采用水下生产系统开发了"惠州 26-1N"；

2005 年，与越南、菲律宾签署了联合海洋地震工作的协议；

2007 年，实现"流花 11-1"自主维修，仅用 10 个月时间恢复生产；

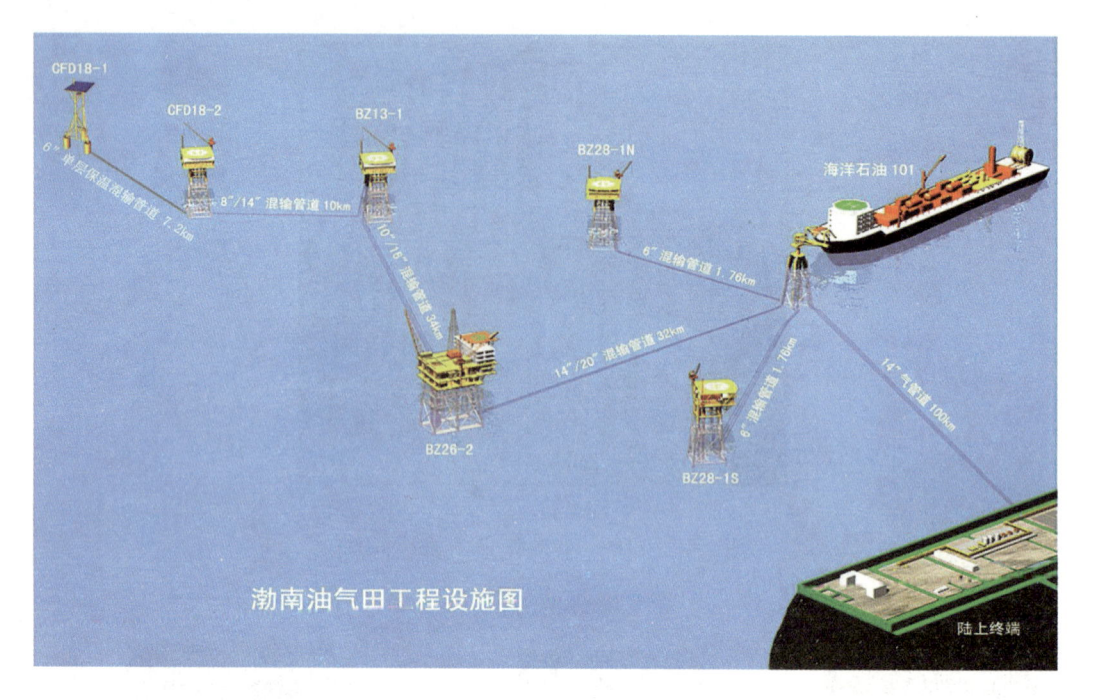

图 1-2-12 "三一模式"工程实例

图 1-2-13 可移动自安装平台实现了"蜜蜂模式"开采海上边际油田

2009 年，我国海外深水区块 AKOP 进入生产阶段；

2011 年，我国第一个深水气田"荔湾 3-1"进入建造阶段；

2012 年，我国南海第一个采用水下技术开发的"崖城 13-4"气田建成投产，同年"流花 4-1"油田投产；

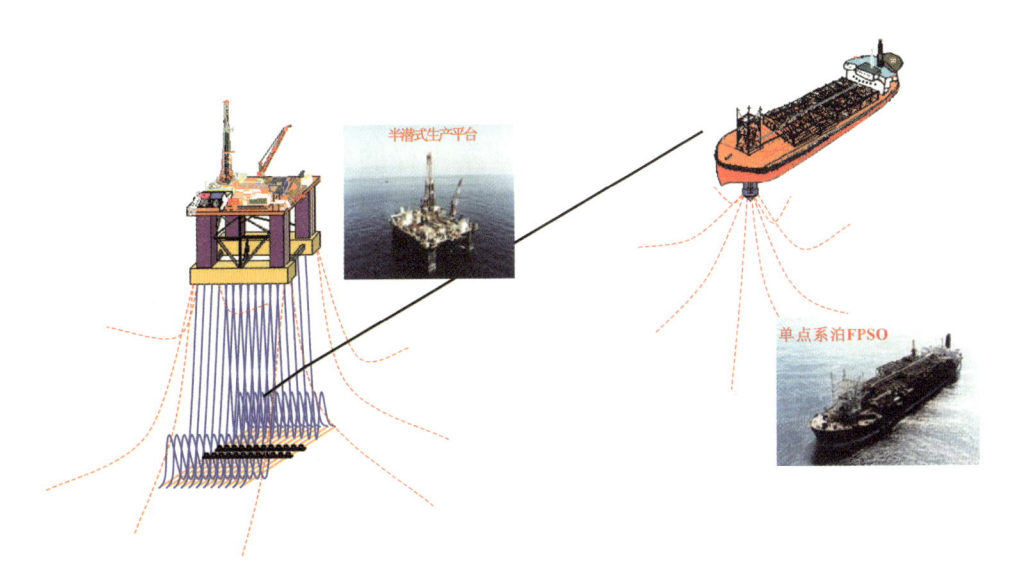

图1-2-14 我国"流花11-1"深水油田开发模式

图1-2-15 我国"陆丰22-1"深水油田开发模式

2012年,"海洋石油981"开钻、深水物探、勘察船等开始海上作业。

(七)我国深水油气田开发工程关键技术研发取得初步进展

依托国家863计划深水油气田勘探开发技术"重大项目、国家科技重大专项"深水油气田开发工程技术"以及南海深水示范工程等重大科技项目，我国已初步建立了深水工程技术所需要的试验模拟系统、并开展了深水工程关键技术的研发，研制了一批深水油气田开发工程所需装备、设备样机和产品，研制了用于深水油气田开发工程的监测、检测系统，部分研究成果已成功应用于我国乃至海外的深水油气田开发工程项目中，取得了显著的经济效益。目前，正在结合我国南海海域深水油气田开发的具体特点继续开展深水油气田工程六大关键技术研发。

1. 我国深水钻完井工程技术研究现状分析

国外深水勘探开发最活跃海域墨西哥湾、西非、巴西和北海，其钻井作业水深已达3 000米，因此各大专业公司都建立了成熟的深水钻井技术体系，成功完成超过1 500米水深的井超过200口。我国从1987年南海东部"BY7-1-1"井开始，中海油以对外合作的方式进入深水领域，水深超过300米的海域已钻井54口；水深超过450米的海域已钻井超过10口（其中，2006年完钻的"LW3-1-1"井，水深1 480米）；已开发两个300米水深的油田（南海东部的"流花11-1"、"陆丰22-1"），值得注意的是在南海，超过1 000米水深的井都是由国外公司承担作业者主导完成的，我国自主深水钻完井技术与国际先进水平差距仍然较大。

中海油在海洋石油的勘探开发中积累了丰富的钻完井作业经验，并形成了五大海上钻井的特色技术：优快钻完井技术、丛式井钻井技术、分支井钻井技术、水平井与大位移井钻井技术和高温高压井钻井技术。中海油从2000年就开始跟踪国外深水钻井技术，2004年出版了国内第一部《深水钻井译丛》，2006年出版《深水双梯度钻井技术进展》，开展了"深水勘探钻井技术"和"深水钻井隔水管"技术研究，并建立了模拟低温条件的实验室，开展了深水钻井液和深水固井技术方面的科研工作。国内有关石油大学和科研机构在海洋钻井工艺、海洋钻井设备、钻井井控模拟和井下测控技术等方面开展了相关研究，并建立了钻井井控模拟实验室、井控与油气工程安全技术实验室和井下测控技术研究室。国内各大油田均建有钻井工艺、钻井工程技术、钻井设备方面的实验室，可以进行全尺寸模拟井试验、钻井液试验、井下工具试验等，但这些研究设施大都局限于浅海领域的研究，难以满足深水钻井采油的需要。

"十一五"期间，中海油及其合作伙伴通过国家重大专项课题对深水钻井技术进行了初步的技术探索和理论研究，奠定了良好的技术基础，中海油深圳分公司在非洲赤几承担作业者钻成了 S-1（水深超过 1 000 米）等两口深水井，积累了一定的实践经验。

"十一五"期间，中海油联合国内著名科研院所开展联合攻关，初步形成了一套包括深水钻完井工艺技术、深水钻完井设备应用技术、深水钻完井监测技术以及深水钻完井实验平台技术在内的深水钻完井技术体系，完成中海油第一口超深水井设计，低温水泥浆体系在南海深水 497 米井中应用、钻井液和水泥浆体系在 LH16-1-1 井中成功应用。完成了包括井涌监测系统样机、随钻地层压力测试地面模拟实验装置（图 1-2-16）、海底泥浆举升钻井（Subsea Mudlift Drilling，简称 SMD）系统样机（图 1-2-17）、智能完井——井下流量测量样机、智能完井——井下流量控制样机等 5 套工具/样机研制。

图 1-2-16 随钻地层压力测量室内模拟试验装置实物

2. 我国深水浮式平台工程技术研究现状分析

在"十一五"期间，由中海油牵头并联合上海交通大学、中国科学院等国内在海洋工程领域著名的科研院所进行联合攻关，建成了一个世界最大、最深，模拟水深达 4 000 米的深水试验水池，为我国深水工程技术的研究提供了重要的试验基地。目前已初步搭建了深水平台工程技术框架体系，具备了深水浮式平台概念设计能力，具备自主开发新船型的能力，初步具备了深水平台建造、运输、安装过程的设计能力，自主研制了用于深水平台现场监测装置，对南海海域内台风、内波、海流等对深水平台的影响研

图 1-2-17　SMD 试验装置

究，提供了宝贵的现场数据（图 1-2-18）。国内已经投产的浮式生产设施主要包括 LH11-1 的 FPS 半潜式平台（水深 300 米），（图 1-2-19）。

图 1-2-18　应用于 LH1-1FPS 浮式平台的现场监测系统

同时我国已经开展了大型浮式液化天然气船 FLNG（Floating Liquid Natural Gas）、浮式液化石油气船 FLPG（Floating Liquid Petroleum Gas）和浮式钻井生产储油卸油轮 FDPSO（Floating Drilling Production Storage and Offload-

图 1-2-19　LH11-1 的 FPS 半潜式平台

ing）的概念设计，以便服务于南沙海上油气田的开发，即将天然气在船上进行液化后储存在船上，生产一定时间后再通过 LNG 运输船运到国内。"十一五"期间中海油牵头设计的 FLNG/FLPG 和 FDPSO 总体布置图见图 1-2-20 和图 1-2-21。

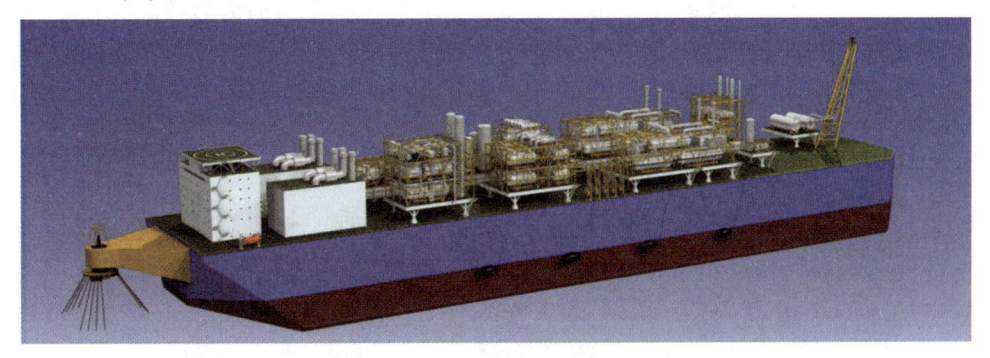

图 1-2-20　"十一五"期间中海油牵头设计的 FLNG/FLPG 总体布置

3. 我国水下生产技术现状分析

在"十一五"期间，中海油联合国内外科研院所，借助国家科技重大专项和国家"863"等课题，开展了水下管汇原理样机、脐带缆相关技术研究，自主研制国内首台水下管汇原理样机（图 1-2-22），为打破国外设备垄断迈出了水下生产系统国产化的第一步。

4. 我国深水流动安全保障技术现状分析

由于深水环境恶劣，高压低温环境、加上我国海上油气具有高黏、高

图 1-2-21 "十一五"期间中海油牵头设计的 FDPSO 总体方案

图 1-2-22 自主研制国内首台水下管汇原理样机

凝、油气比变化大等特点，同时深水管道回接距离长，因此水合物、蜡、段塞以及多相流腐蚀等一系列流动安全问题成为制约深水油气开发的关键。

目前，我国已经建立了达到世界先进水平的室内水合物、蜡沉积试验系统、高压35百帕、400米长的多相管流和混输立管试验系统；具备1 500米深水流动安全基本设计能力，部分产品已经服务油田现场（图1-2-23）。

图1-2-23 深水流动安全室内模拟系统

研制的国内首台多相增压泵已服务于油气田生产实践，并通过采取以控制段塞流和防沙为主的多相增压工艺优化设计思路，有效减少了我国海上平台第一台双螺杆式多相泵的停机时间。

国内首次自主开展 LW3-1 气田 79 千米天然气凝析液多相混输系统流动安全保障概念设计，研究成果为采用全水下生产设施开发 LW31-1 气田以及周边区域提供强有力的技术支持；合成 LW3-1 气田水合物，应用于 LW3-1 气田水合物防控。

自主研制了海上立管段塞监控系统，成功应用于文昌油田 FPSO，有效控制 90% 立管段塞、保障油田稳定运行，提高产量 15%（图 1-2-24）。

自主研制管道流型分离与旋流分离相结合的高效分离器，应用于 QK17-2 平台，比常规分离器体积缩小 2/3，并有效控制段塞，达到国际先进水平（图 1-2-25）。

基于流动模拟的虚拟计量技术得以应用，国内首次开展基于流动模拟技术的虚拟计量技术研究，应用于 YCH13-4 水下生产系统油气田开发，节省了 3 套水下多相计量装置费用，为今后流动管理研究奠定了基础（图 1-2-26）。

5. 我国深水海底管道和立管技术现状分析

目前我国具备自主开发深水大型油气田海底管道和立管工程设计、建造、安装、涂敷、预制能力，具备深水海底管道和立管关键性能实验室试

图1-2-24　成功应用于文昌油田FPSO的智能节流段塞控制系统

图1-2-25　自主研制的高效分离器现场应用

验能力,掌握深水立管动力响应实时监测和海底管道检测主要技术,为我国深水油气田的开发和安全运行提供技术支撑和必要的技术储备。

通过自主研发,基本掌握了顶张紧式立管、钢悬链式立管和塔式立管的设计、建造和安装铺设技术,在立管涡激振动及抑制措施、抑制效率方

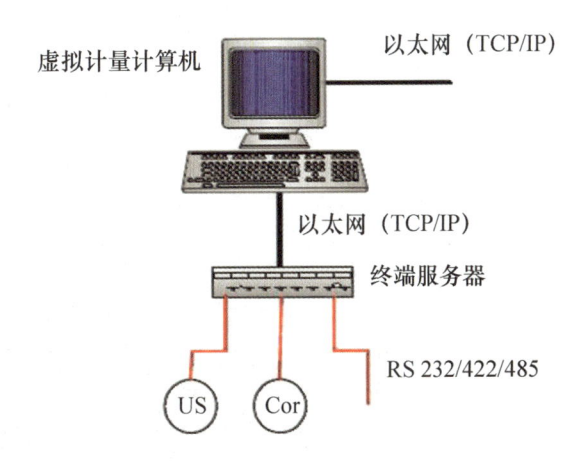

图1-2-26　基于流动模拟技术的虚拟计量技术

面通过大量的水池试验取得了突破性的认识和进展，同时依靠国内自己的力量，我国首次成功研制了可模拟4 300米水深高压环境的深水海底管道屈曲试验技术研究的专用试验装置（图1-2-27）。首次成功研制了具有国际领先的可模拟均匀和剪切来流的立管涡激振动响应试验装置（图1-2-28），首次成功研制了既能实现刚性立管加载，也能实现柔性立管加载的卧式深水立管疲劳试验装置（图1-2-29）。

图1-2-27　深水海底管道屈曲试验装置

图 1-2-28　首次成功研制具有国际领先的立管涡激振动响应试验装置

图 1-2-29　自主研制立管疲劳特性试验装置

6. 深水井控及应急救援技术现状分析

海上钻井具有高技术、高风险、高投入的特点。近些年来，世界石油行业发生多起重大事故。据 SINTEF 统计，1980—2008 年海上井喷事故中，80.4% 是在钻井工程施工过程中发生的。

2010年4月20日，BP在墨西哥湾的Macondo井发生井喷爆炸，36小时后钻井平台"深水地平线"沉没，地层油气通过井筒和防喷器持续喷出87天。事故造成11人失踪、17人受伤，泄漏到墨西哥湾中的原油超过了400万桶，成为美国历史上最严重的漏油事件，给墨西哥湾沿岸造成严重环境污染，引起重大经济损失、政治危机和社会危机，成为一场生态灾难。事故后，埃克森美孚（Exxon Mobil Corp.）、雪佛龙公司（Chevron Corp.）、荷兰皇家壳牌有限公司（Royal Dutch Shell PLC）和康菲石油公司（ConocoPhillips），组建一家合资企业来设计、建造、运营一个快速反应系统。系统包括数艘漏油收集船和一整套水下防泄漏设备，可以收集并控制海面以下1万英尺深处每日至多10万桶石油的泄漏。

在过去石油工业历史上，在陆地、海上发生过上百口井井喷失控案例，尤其是海湾战争，以及墨西哥湾、北海、西非等深水海域的井喷失控事故，积累了大量应急救援技术，包括封盖灭火技术、带压开孔作业技术、水力切割、救援井技术等，在BP墨西哥湾事故中，采用了ROV关闭防喷器、隔水管插入式回收溢油、LMRP盖帽、控油罩、顶部压井、泵入水泥浆固井以及钻救援井等。国外有专门从事井控及应急救援的专业公司，包括Halliburton Boots & Coots，Wild Well Control，John Wripht CO，Helix等公司，其中在2010年墨西哥湾井喷爆炸事故中，Wild Well Control公司制造了控油罩，John Wright CO负责灭火、救援井设计等工作，Helix实施了顶部压井施工。目前在总结现场作业技术和经验的基础上，已形成了一些深水井控及应急救援标准规范：IADC深水井控指南，API、ISO、NORSOK已制定相关的标准和规范，油公司、服务公司都有井控手册、应急救援指南。形成了SPT公司DrillBench、OLGA ABC等井控及压井作业软件，用于模拟救援井压井。另外IADC、IWCF、井控公司也制定了标准的井控计算指南。我国刚刚进入深水油气田开发领域，开始进行深水井控及应急救援技术研究，还未形成相关技术标准。

南海是台风活动最频繁和路径最复杂的海区之一，频发的台风无疑是海上石油勘探开发作业装置的巨大威胁。2006年8月，"DISCOVERER 534"在抗击台风"派比安"过程中隔水管从转盘面处折断，52根隔水管以及防喷器组全部落海，损失惨重。以"海洋石油981"平台为例，其在BY13-2-1井钻井作业期间遭遇4个台风影响，共影响作业12天。南海台风严重影响钻井作业失效，台风来临时既要保证井口、隔水管和平台安全，还要将钻井平台安全驶离台风路径，转移到安全海域，然后回收隔水管躲避台风。对于深水钻井平台撤台需悬挂隔水管撤离。

目前我国针对深海，特别是南海领域的重大石油事故的应急救援方案和装置基本处于空白，发生钻井井喷漏油事故后寻求类似的海外帮助难度很大。因此，有必要建立一套具有自主知识产权的、本土化的深海应急救援技术体系。

四、我国天然气水合物勘探开发技术现状

我国对天然气水合物的调查研究起步较晚，大约落后西方 30 年。从 1996 年原地质矿产部设立天然气水合物调研项目开始，至今大致经历了 3 个阶段：①1996—1998 年预研究、②1999—2001 年前期调查；③2002 年至今的 118 专项调查和石油企业开始相关研究。至今取得了一系列重要进展。

2004 年，中海油初步提出了深水浅地层水合物和深层油气联合开发的思路，在游离气、油与水合物的共生区域实施水合物与油气资源联合开发。

2005 年 6 月，中德联合考察发现香港九龙甲烷礁，自生碳酸盐岩分布面积约 430 平方千米。

2006 年 12 月，国家 863 计划启动"天然气水合物勘探开发关键技术研究"重大专项。

2007 年 5 月，首次在南海北部实施天然气水合物钻探，成功获取实物样品；2008 年 11 月，我国首艘自行研制的天然气水合物综合调查船"海洋六号"在武昌造船厂建成下水。

2009 年 6 月，"气密性孔隙水原位采样系统"在南海中央海盆水深 4 000 米海底采样成功。

2008 年 11 月，国土资源部在青海省祁连山南缘永久冻土带（青海省天峻县木里镇，海拔 4 062 米）成功钻获天然气水合物实物样品；2009 年 6 月继续钻探，获得宝贵的实物样品。

2009 年，中海油研究总院及中国科学院广州能源研究所等合作建立达到世界先进水平的天然气水合物开采模拟试验系统。

2013 年，中国地质调查局在南海北部海域第二次获取水合物样品。

第一部分 中国海洋能源工程与科技发展战略研究综合报告

这些成果的取得，拓展了我国天然气水合物研究的空间和领域，提高了我国对南海天然气水合物成藏环境和开采机理的认识，部分成果已经达到国际先进水平。历经近10年的调查，我国在南海北部陆坡东沙、神狐、西沙、琼东南4个海区开展了区域性的天然气水合物资源调查，在南海陆坡区共圈定11个有利的天然气水合物远景区，具有天然气水合物地球物理特征的分布区域面积32 750平方千米，资源量达185亿吨油当量，整个南海远景资源量680亿吨油当量。南海北部陆坡4个调查区天然气水合物远景资源量分别如下。

西沙海槽：具有6个有利的天然气水合物资源远景区，资源量约45 500亿立方米天然气，相当于45.5亿吨油当量。

东沙海域：具有7个有利的天然气水合物资源远景区，资源量约47 540亿立方米天然气，相当于47.5亿吨油当量。

神狐海域：具有4个有利的天然气水合物资源远景区，资源量约33 280亿立方米天然气，相当于33.28亿吨油当量。

琼东南海域：具有5个有利的天然气水合物资源远景区，资源量约为58.3亿吨油当量。

目前我国天然气水合物开采技术研究还处于室内模拟系统和模拟分析方法的建立阶段，初步建立了天然气水合物声波、电阻率、相平衡等基础物性测试系统、MIR核磁成像系统、X光衍射等水合物微观结构分析系统，天然气水合物一维、二维、三维成藏模拟和开采模拟实验系统，同时开发了三维、四相渗流天然气水合物开采数值模拟方法，开展了基于石英沙等为模拟沉积物、填沙模型实验对象的注热、注剂、降压等单原理开采过程实验研究。

然而，南海北部陆坡整体调查研究程度仍较低，除神狐海域局部地区实施钻探外，其他均未钻探，且4个调查区的调查程度差异较大，对天然气水合物藏地质认识仍属不足，距摸清资源状况、预测地质储量相差甚远，天然气水合物开采技术还仅在基础研究阶段。另外，受政治、外交等客观原因，未能按计划开展南海西部陆坡区、南海南部和东海冲绳海槽西部天然气水合物资源调查。因此，这些地区天然气水合物资源调查研究几近空白。

五、我国海洋能源工程装备发展现状

我国具备 300 米水深以浅的地球物理勘探、工程地质调查、钻完井作业、海上起重铺管、作业支持船以及配套作业装备体系，2012 年初步建成"海洋石油 981"、"海洋石油 201"、"海洋石油 708"等 3 000 米深水作业装备，但与国外相比还有很大差距。

（一）我国海域油气资源潜力海上勘探装备的发展现状

1. 物探船

目前，国内从事海上地震勘探作业的主要有中海油田服务股份有限公司物探事业部所属的 14 艘物探船和广州海洋地质调查局所属的 4 艘物探船，主要进行常规海上二维、三维地震数据采集。这些物探船配备的拖缆地震采集系统主要购买自法国 Sercel 公司和美国 ION 公司，其中以 Sercel 公司的产品居多。

中海油田服务股份有限公司物探事业部拥有二维地震船（NH502）、三维地震船 6 艘（"BH511"、"BH512"、"东方明珠"、"海洋石油 718"、"海洋石油 719"、"海洋石油 720"（图 1-2-30））以及两支海底电缆队。"NH502"、"BH517"、"BH511"（3 缆）、"BH512"（4 缆）、"东方明珠"（4 缆）、"海洋石油 718"（6 缆）、"海洋石油 719"（8 缆）、"海洋石油

图 1-2-30 "海洋石油 720"

720"（12 缆）都装备了目前最先进的海洋拖缆地震采集系统（SEAL）。海底电缆队配备的是比较先进的 SeaRay 300 四分量海底电缆采集系统。

中海油服物探事业部能完成以下海洋地震采集作业：常规二维地震作业、二维长缆地震作业、二维高分辨率地震作业、二维上下源、上下缆地震作业、常规三维地震作业、三维高分辨率地震作业、三维准高密度地震作业、三维双船作业和海底电缆采集作业。

"海洋石油720"是我国乃至东南亚物探作业船舶最先进的一艘。"海洋石油720"船于2011年4月22日交船，迄今为止，"海洋石油720"（12缆）船创造了物探历史日航行160.825千米，日采集面积96.495平方千米的好成绩，开创了我国物探史上的新篇章。

2. 勘探作业装备

从20世纪90年代起，国际地震勘探仪器装备厂商经过激烈的竞争、兼并、联合，基本上形成了以法国Sercel公司和美国ION公司占据世界主要市场的新格局。目前，我国尚未形成自己的海上地震勘探及工程勘探的装备技术体系，绝大部分的海上物探装备仍然依靠进口。进口地震勘探采集装备方面的主要劣势有以下几方面。

（1）国外地震勘探仪器厂商对我国进口仪器设备进行技术限制，小于12.5米道距的拖缆地震采集系统禁止向中国出口，妨碍了国内海上高分辨地震勘探的发展，不利于深度精细开发和海上隐蔽油气藏的发现。

（2）海上地震采集设备以及勘探软硬件系统全部依赖进口，进口价格高，备件采办周期长，占生产成本比例较大。

（3）国外地震勘探仪器厂商对我国高精度勘探仪器装备领域技术封锁，不利于真正掌握海上高分辨勘探能力。

（4）总体研究力量和设备生产能力薄弱，未形成自主知识产权的海上地震勘探装备体系。

目前中国海洋正在加快研制具有自主知识产权的海上高精度地震勘探成套化技术及装备。海上物探装备主要包括地震采集系统、导航系统、拖缆控制系统、震源系统等。海上高精度地震勘探仪器装备国产化将提升我国海洋油气藏开发的能力，特别是对复杂地层和隐蔽油气藏的勘探开发能力，全面提升海上油气资源地震勘探技术水平，更有效地解决海上油气开发生产中精细构造解释、储层描述和油气检测的精度问题，提供深水勘探战略强有力的技术支撑，有利于充分开发蓝色国土，缓解我国能源短缺的压力。

3. 工程勘察船

目前世界范围内深水勘察作业主要集中在墨西哥湾、北海、西非和南美等海域。工程勘察作业水深已超过3 000米。但我国除新建造的"海洋石油708"船以外（图1-2-31），国内勘察装备只是具有约300米水深内的浅孔钻探取心作业能力，不能满足深水资源勘探开发实施中的工程勘察作业任务的需求，必须加强建造适合深水海域作业的工程勘察船并配备相应的国际先进的深水勘察专业设备，否则将会影响行业的发展。

图1-2-31 "海洋石油708"

（二）海上施工作业装备的发展现状

1. 钻井装备

我国浅水油田使用的钻井装备包括海洋模块钻机、坐底式钻井平台、自升式钻井平台均已实现国产化，其中自升式钻井平台（"海洋石油941"和"海洋石油942"）作业水深达到122米。

我国目前有8座半潜式钻井平台，包括自行设计建造的"勘探三号"，从国外进口4艘："南海2号"、"南海5号"、"南海6号"和"勘探四号"，设计工作水深最深为457米；我国自行建造的超深水半潜式钻井平台"海洋石油981"，作业水深达3 000米；中海油田服务有限公司还拥有两座

第一部分　中国海洋能源工程与科技发展战略研究综合报告

作业水深 762 米的半潜式钻井平台（COSL Pioneer 和 COSL Innovator）；另外尚有一座作业水深 762 米的半潜式钻井平台（COSLPromoter）和一座作业水深 1 524 米的半潜式钻井平台在建。目前我国已经造、调试深水半潜式钻井平台的能力。我国主要半潜式钻井平台见图 1-2-32。

图 1-2-32　我国主要半潜式钻井平台

我国第一座深水半潜式钻井平台"海洋石油 981"于 2007 年开始在上海外高桥造船厂开工建造，2011 年顺利完成建造调试，其详细设计为国内研究所独立完成，平台建造的生产设计也由国内船厂独立完成，平台的各项技术指标均达到国际上最先进的第六代钻井平台标准。虽然我国"十一五"期间深水钻井设备有了很大的发展，但是和国外石油公司相比，我国半潜式钻井平台数量仍然不足。

2. 修井装备

我国浅水油田使用的修井装备包括平台修井机、自升式修井平台、Lift-boat，其中使用最多的是平台修井机，渤海油田有大量平台修井机，平台修井机大钩载荷范围为 90~225 吨,大部分平台修井机的大钩载荷为 135 吨和 180 吨。以上浅水修井设备均已实现国产化。目前,国内尚无专用的深水修井装备。

3. 铺管起重船

20 世纪 70 年代我国起重铺管船逐步发展起来,至今在用起重铺管船主要有 17 艘,由各打捞局以及中海油、中石油和中石化几家公司所有。我国起重铺管船主要经历了外购改造浅水起重铺管船、自主设计建造浅水起重铺管船到自主建造深水起重铺管船的过程。

表 1-2-2 给出了我国主要起重铺管船的一些主要参数。通过对表 1-2-2 中数据的分析,可以初步总结出我国的起重、铺管船目前具备以下几个基本特点。

表 1-2-2 我国起重、铺管船主要参数

序号	船名	归属公司	类型	投产年份	主尺度总长×型宽×型深(米×米×米)	作业水深/米	主要作业参数
1	滨海 105	中海油	起重船	1974	80×23×5	—	主吊机:200T
2	滨海 106	中海油	起重铺管船	1974	80×23×5	—	主吊机:200 吨 最大铺设管径:30 英寸
3	滨海 108	中海油	起重船	1979	102×35×7.5	—	主吊机:900 吨
4	大力	上海打捞局	起重船	1980	100×38×	—	主吊机:2 500 吨
5	滨海 109	中海油	起重铺管船	1987	93.5×28.4×6.7	—	主吊机:300 吨 最大铺设管径:60 英寸
6	德瀛	烟台打捞局	起重船	1996	115×45	—	主吊机:1 700 吨
7	胜利 901	中石化	起重铺管船	1998	91×28×5.6	—	最大铺设管径:40 英寸 张紧器:2×50 吨 收放绞车:50 吨
8	蓝疆	中海油	起重铺管船	2001	157.5×48×12.5	6~150	主吊机:3 800 吨 最大铺设管径:48 英寸
9	小天鹅	中铁大桥局	起重船	2003	86.8×48×3.5	—	主吊机:2 500 吨
10	四航奋进	第四航务工程局	起重船	2004	100×41×	—	主吊机:2 600 吨
11	天一	中铁大桥局	起重船	2006	93×40×	—	主吊机:3 000 吨

续表

序号	船名	归属公司	类型	投产年份	主尺度总长×型宽×型深（米×米×米）	作业水深/米	主要作业参数
12	华天龙	广州打捞局	起重船	2006	167.5×48×	—	主吊机：4 000 吨
13	蓝鲸	中海油	起重船	2008	239×50×20.4	—	主吊机：7 500 吨
14	海洋石油202	中海油	起重铺管船	2009	168.3×48×12.5	200	主吊机：1 200 吨 最大铺设管径：60 英寸
15	中油海101	中石油	起重铺管船	2011	123.85×32.2×6.5	40	主吊机：400 吨
17	胜利902	中石化	起重铺管船	2011	118×30.4×8.4	5~100	主吊机：400 吨 最大铺设管径：60 英寸
18	海洋石油201	中海油	起重铺管船	2012	204.6×39.2×14	3 000	主吊机：4 000 吨 最大铺设管径：60 英寸

（1）起重船队初具规模。国内在海洋工程起重船设计、制造方面已经有了长足发展。由原先的起重能力几百吨发展到现在的起重能力几千吨。其中，中铁大桥局的"小天鹅"号和"天一"号起重船起重能力分别达到了 2 500 吨和 3 000 吨，主要用于近海工程和桥梁的架设。上海打捞局和烟台打捞局也分别拥有各自的大型起重船舶"大力"号和"德瀛"号。广州打捞局的"华天龙"号起重船起重能力达到了 4 000 吨。中海油海油工程公司作为目前我国最大、实力最强、具备海洋工程设计、制造、安装、调试和维修等能力的大型工程总承包公司，拥有"蓝疆"号和"海洋石油202"号起重铺管船，分别拥有最大 3 800 吨和 1 200 吨的起重能力，"海洋石油201"号深水起重铺管船和"蓝鲸"号起重船更是具备了 4 000 吨和 7 500 吨的单吊最大起重能力。

（2）起重铺管船作业范围从浅水到深水区域。由于我国海上油气田勘探开发范围在近几十年内主要集中在浅水海域，对应的起重铺管船在船型和设备配置上也主要为适应这一需求而构建，并已逐步形成了能适应渤海、东海、南海浅水区域的系列化的起重铺管船队，水深范围从 10 米以下到 100 米。同时，随着近几年起重铺管船建造力度的加大，我国又具备了能适应 100~200 米水深的"蓝疆"和"海洋石油 202"船,而"海洋石油 201"船作为我国的第一艘深水铺管起重船,已经具备了 3 000 米水深的作业能力。

(3) 起重铺管船同时兼备起重和铺管两项功能。我国的铺管船基本上都具备大型起重功能。这一方面拓展了相应海洋工程船舶的作业功能,可以实现一船多用的目的。不过,通过以上数据可以看出我国的起重、铺管船主要适用于浅水常规海域作业需求,深水仅仅有一座深水铺管起重船——"海洋石油 201"(图 1-2-33)。"海洋石油 201"船是世界上第一艘同时具备 3 000 米级深水铺管能力、4 000 吨级重型起重能力和 DP3 级全电力推进的动力定位,并具备自航能力的船型工程作业船,能在除北极外的全球无限航区作业,其总体技术水平和综合作业能力在国际同类工程船舶中处于领先地位,基本代表了国际海洋工程装备制造的最高水平。

图 1-2-33 深水铺管起重船"海洋石油 201"

在"海洋石油 201"建成之前,海洋石油工程股份有限公司建成的铺管船"海洋石油 202"(图 1-2-34)的最大铺管深度能达到 300 米,但不能满足深水海洋石油的开发需求。2000 年建造的"蓝疆"号起重铺管船(图 1-2-35),起重能力达到 3 800 吨,但最大铺管水深仅能达到 150 米。2007 年建成的"华天龙"号起重船(业主为广州打捞局),起重能力为 4 000 吨,不具备铺管作业能力。

4. 油田支持船

深远海油气开发工程支持系统所涉及的高附加值船舶包括:深远海油

图1-2-34 "海洋石油202"

图1-2-35 作业中的"蓝疆"号

气开发大型浮式工程支持船、深水三用工作船、深水油田供应船等。2011年以前，我国海上油田所有储量和产量的来源均为350米水深以内的近海。因此，工程支持船基本以在8 828千瓦（12 000马力）以内的工作船为主，大多数主机推进功率在5 884千瓦（8 000马力）以下，船舶专用配套设备参差不齐，并且船舶大多以外购的二手船为主。随着老油田产能的快速递减，重质稠油油田、边际油田的份额增加，"向海洋深水领域进军、向深水技术挑战"显得越来越迫切的同时,国内船舶装备也取得了一定的发展。

1) 三用工作船与供应船

三用工作船与供应船是最为重要的服务支持船舶,三用工作船提供抛起锚作业、拖曳作业、守护作业、消防作业等服务。随着海上油气开采逐渐走向深海,作业海况越来越恶劣,对平台支持船的功能要求越来越多,性能要求越来越高,兼有供应、拖曳、抛起锚、对外消防灭火作业、救助守护、海面溢油回收、消除海面油污、潜水支援、电缆敷设、水下焊接与切割等功能的多用途海洋工作船是三用工作船的延伸。供应船是往返于供应基地和平台之间的对平台进行物资供给的船舶,应具有优良的靠舶特性。到2012年6月,各类近海平台工程支持船数量达219艘,但服务于深水区域的三用工作船有较大的船舶主尺度、10 000马力及以上;供应船在3 000载重吨、6 000马力及以上,目前国内服务于深水的三用工作船仅有两艘(作业水深可达3 000米)。

国内典型三用工作船如下:

"滨海214":丹麦ARHUS FLYDEDOK A/S建造,主机功率为3 800马力,总长53.10米,型宽11.02米,型深4.00米,系柱拉力35~40吨(图1-2-36)。

图1-2-36 "滨海214"

"滨海292":由丹麦的ODENSE STEEL SHIPYARD LTD. 公司建造,主

机功率为 13 000 马力，总长 67.11 米，型宽 15.50 米，型深 7.50 米，系柱拉力 156 吨（图 1-2-37）。

图 1-2-37　"滨海 292"

"滨海 263"：中国武昌造船厂分别于 1986 年和 1987 年建造，主机功率都为 6 528 马力，总长 58.60 米，型宽 13.00 米，型深 6.50 米，系柱拉力 87 吨（图 1-2-38）。

"南海 222"：中国扬子江造船厂建造，主机功率为 14 150 马力，总长 69.20 米，型宽 16.80 米，型深 7.60 米，甲板面积 500 平方米，载重量 800 吨，系柱拉力为 160 吨（图 1-2-39）。

"海洋石油 681"：采用国际知名设计公司 Rolls-Royce 的 UT788 船型设计，由中国武昌船厂建造，该船型是一型多功能、超深水作业、采用先进的 Hybrid 柴电混合推进技术，并具有动力定位功能（DP2），带冰区加强（图 1-2-40）。世界上最先进的功率达到 30 000 马力的可以服务于深水的三用工作船。

国内典型供应船如下：

"滨海 293"：加拿大的 BURRARD YARROWS CORP. VANCOURVER. B. C.

图 1-2-38 "滨海 263"

图 1-2-39 "南海 222"

公司建造,主机功率为 9 600 马力,总长 82.80 米、型宽 18.00 米,型深 7.50 米,甲板面积 510 平方米,载重量 2 458 吨,该船型同时具备破冰功能(图 1-2-41)。

"滨海 254":中国武昌造船厂建造完成,主机功率都为 5 308 马力,总长 70.31 米,型宽 16.00 米,型深 7.00 米,甲板面积 585 平方米,载重量 2 630 吨(图 1-2-42)。

"滨海 255":中国上海金陵造船厂建造完成,主机功率都为 6 404 马力,总长 78.00 米,型宽 18.00 米,型深 7.40 米,甲板面积 630 平方米,

图 1-2-40 "海洋石油 681"

图 1-2-41 "滨海 293"

图 1-2-42 "滨海 254"

载重量 3 755 吨（图 1-2-43）。

图 1-2-43 "滨海 255"

我国虽然具备了自主建造海洋工程支持船的能力，但新船型开发和船舶概念设计的能力还十分有限，目前新开发的船型依旧以国外的知名公司为主，包括 Rolls-Royce 设计公司、VIK-SANDVIK 设计公司、ULSTEIN 设计公司和 Havyard 设计公司等。我国在进行的海洋工程船舶的设计上基本是以国外母型船展开研究、并加以改进的方式进行。

2）三用工作船与支持船的专用设备

三用工作船与支持船的专用设备主要包括：大型船用低压拖缆机、船用多功能甲板机械手等。

国内 16~50 吨中、小规格拖缆机的生产厂家主要有武汉船用机械有限责任公司和南京绿洲船用机械厂，国内 100 吨以上的低压拖缆机除武汉船用机械有限责任公司生产外，其他基本依赖进口。大型、超大型拖缆机受制于外国少数公司，已成为我国海洋工程装备业发展的"瓶颈"。

2008 年武汉船用机械有限责任公司基于多年生产的低压叶片马达技术基础，结合先进的电液控制技术的应用，联合中海油田服务股份有限公司成功开发了 250 吨低压双滚筒拖缆机，打破了该类产品长期被少数国外厂商垄断的局面（图 1-2-44），从 2011 年起武汉船用机械有限责任公司开始开发集成化和远程遥控的新型低压大扭矩马达，着手开发 350 吨级三滚筒拖缆机，这将加速低压超大型拖缆机国产化的步伐，为深海海洋工程装备的自主研发奠定基础。

图 1-2-44　中海油田服务股份有限公司与武汉船用机械有限责任公司联合开发的 250 吨级低压拖缆机

国内甲板机械手与国外有很大的差距，目前多功能甲板机械手基本依赖进口（主要是 Triplex 公司的产品）。国内武汉船用机械有限责任公司依靠原有船用甲板机械手的技术基础和丰富的海工产品的研发经验，通过联合中海油田服务股份有限公司共同研发，可望在多功能甲板机械手的研发与制造方面达到国际一流水平。

5. 多功能水下作业支持船

多功能水下作业支持船（图 1-2-45）属于高端技术服务船舶，能够为水下作业系统所有设备提供安装及安全作业的空间，动力、水、气、信息等接口，水下作业系统设备操作人员生活和安全保障条件；是整个应急维修系统正常、安全运作的保障体系和不可少的组成部分。

图 1-2-45　多功能水下作业支持船

水下工程支持船（工作母船）作为 ROV 和 HOV 的载体和布放、回收作业主体，是水下检修、维护作业正常实施必不可少的重要装备。多功能水下作业支持船是为了满足水下工程的发展需要，从海洋工程支持船中衍生出的一类特殊的海洋工程支持船。相比普通的平台供应船、锚作业支持船等，这一类支持船更加注重对水下施工作业、水下检查、水下维修等水下高难度以及工程作业的支撑服务。由于目前欧、美国家在水下工程方面具有绝对的领先优势，因此相应的支撑配套船舶的发展也领先于其他国家，且已经形成了较大的规模船队。

(三) 海上油气田生产装备的发展现状

1. 浮式生产平台

浮式生产平台是深水油气开发的主要工程设施之一，主要类型有张力腿平台（TLP）、深吃水立柱式平台（SPAR）、半潜式生产平台（SEMI-FPS）和浮式生产储卸油装置（FPSO）。上述各类型平台的发展历程参见图 1-2-46。

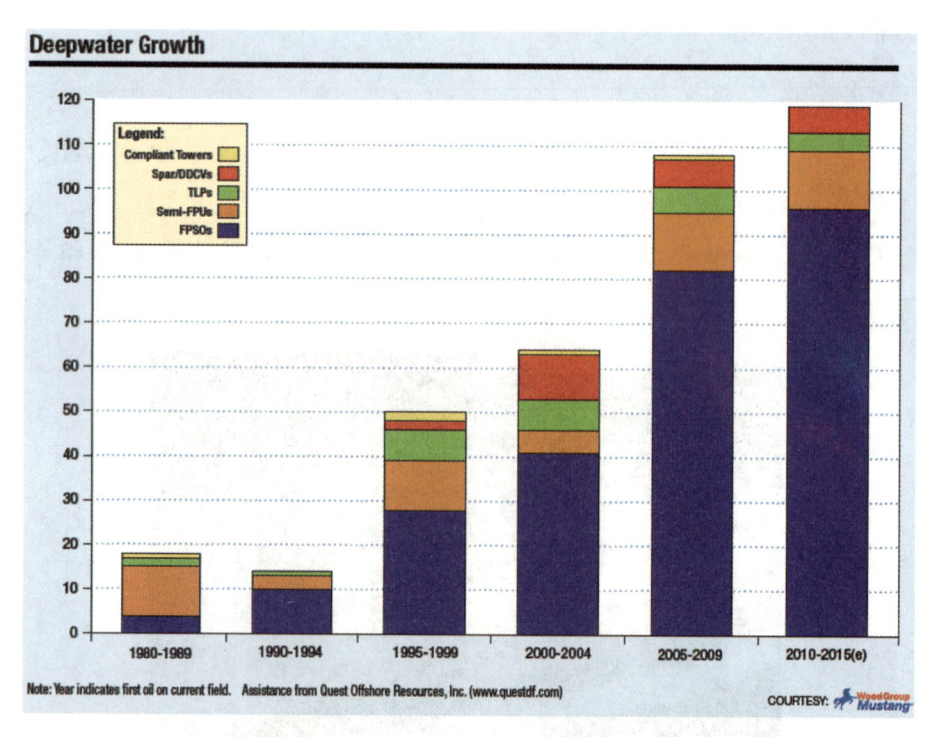

图 1-2-46 深水浮式平台发展历程

1) TLP

如图1-2-47，TLP是由保持稳定的上部平台以及固定到海底的张力腿所组成。

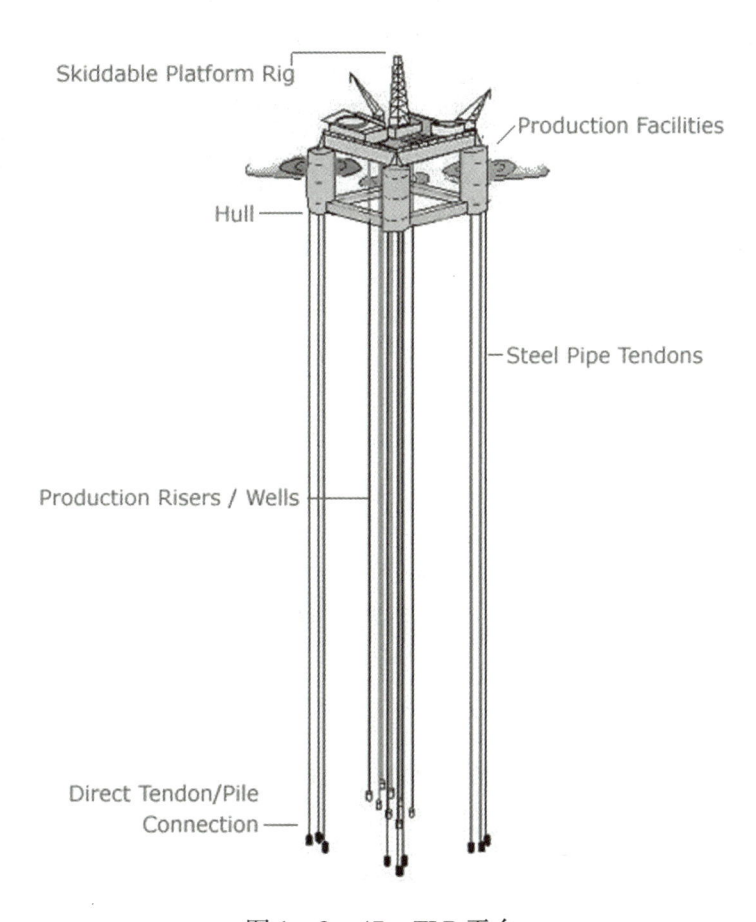

图1-2-47　TLP平台

TLP的类型可分为传统式张力腿平台（TLP）、外伸式张力腿平台（ETLP）、小型张力腿平台（Mini-TLP又叫MOSES TLP）和海星式张力腿平台（SeasTar_ TLP）（图1-2-48）。在传统TLP投资过大的情况下，使用小型TLP开发小型油气田会更经济合理。小型TLP还可作为生活平台、卫星平台和早期生产平台使用。

目前TLP以墨西哥湾居多，它主要通过外输管线或其他的储油设施联合进行油气开发。TLP可用于2 000米水深以内的油气开发。2012年年底已经得到批准建造、安装和作业的TLP共27座，其水深范围在148～1 581米

ETLP　　　　　　　SeaStar_TLP　　　　　　MOSES TLP

图 1-2-48　TLP 类型

之间。

2）SPAR

SPAR 主要由上部甲板结构、一个比较长的垂直浮筒、系泊系统和立管（生产立管、钻井立管、输油立管）4 个部分组成。SPAR 的甲板组块固定在垂直浮筒上部并通过具有张力的系泊系统固定在海底。垂直浮筒的作用是使平台在水中保持稳定。

SPAR 按结构形式主要分为传统式（Classic SPAR）和桁架式（Truss SPAR），第三种为 Cell Spar，但目前仅建造一座。Classic Spar 的壳体是一个深吃水、系泊成垂直状态的圆筒，而 Truss SPAR 的壳体是把传统深吃水圆筒的下部改成桁架结构及一个压载舱。相比较而言，Truss SPAR 重量更轻、成本更低。

SPAR 采用干式采油方式，水深范围在 588～2 383 米之间，位置分布见图 1-2-49。

由于专利的保护，SPAR 的设计技术由 Technip-Coflexip 和 Floa-TEC 这两家公司垄断。Spar 的建造主要集中在芬兰的 Mantyluoto 船厂、阿联酋的 Jebel Ali 船厂和印度尼西亚的 Batam 船厂，后两个船厂为 J. Ray McDemott 公司拥有。

3）SEMI-FPS

SEMI-FPS 是由一个装备有钻井和生产设施的半潜式船体构成，它可以通过锚固定到海底，或通过动力定位系统定位。水下井口产出的油气通过

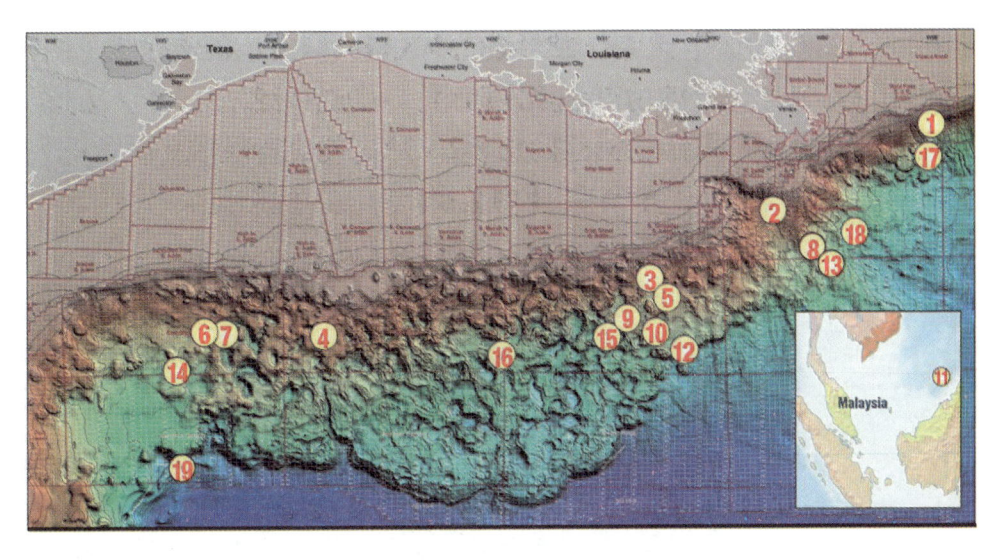

图 1-2-49　SPAR 位置分布

立管输送到半潜式平台上处理，然后通过海底管线或其他设施把处理的油气外运。SEMI-FPS 平台的构成见图 1-2-50。

图 1-2-50　SEMI-FPS 示意图

早期的 SEMI-FPS 由钻井平台改装而成，后来由于其良好的性能而得到广泛接受，逐渐开始出现新造的平台。到目前为止，世界上正在服役的

SEMI-FPS 大约有 50 座，最大作业水深 2 415 米，分布范围和数量见图 1 - 2 - 51，其中作业水深最大的 16 座平台见图 1 - 2 - 52。

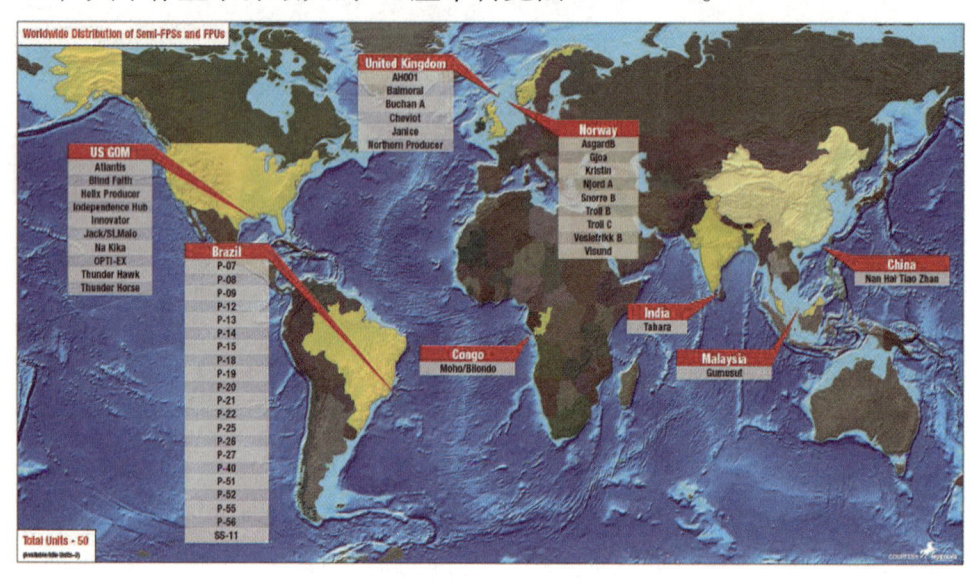

图 1 - 2 - 51 现役 SEMI-FPS 分布情况

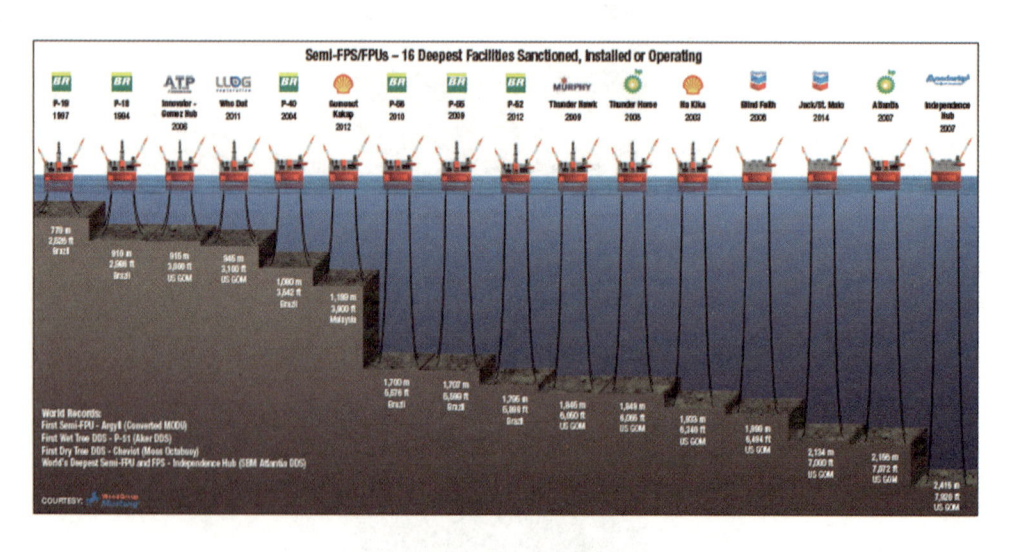

图 1 - 2 - 52 现役作业水深最大的 SEMI-FPS

巴西、挪威和英国北海是使用 SEMI-FPS 较多的海域。美国墨西哥湾是海洋石油资源开发的重要海域，但这里 SEMI-FPS 应用较少，应用实例如 2003 年投产的 Na Kika 平台、2005 年投产的 Thunder Horse 平台、2006 年到位的 Atlantis 平台。

尽管不同油气田的 SEMI-FPS 的基本结构相似，但其生产能力、尺寸、重量等指标变化范围较大。巴西、非洲和东南亚一带早期的 SEMI-FPS 平台日处理能力仅为 10 000~25 000 桶，近几年投产的 SEMI-FPS 平台处理能力大为提高，例如墨西哥湾的 Thunder Horse 平台达到了 25 万桶/日、英国北海的 Asgard B 平台，日处理能力为 13 万桶油和 3 680 万立方米天然气。

从事深水半潜式生产平台设计公司较多，如：ABB Lumus Global 公司、美国的 Friede & Goldman 公司、ATLANTIA OFFSHORE LIMITED 公司、SBM-IMODCO 公司、GVACONSULTANTS AB 公司、挪威的 Aker Kvaerner 公司、荷兰的 Marine Structure Consultance 公司、Keppel 集团等。有能力承建的公司主要有：新加坡的吉宝公司和 SembCorp 海洋公司（Jurong 造船厂和 PPL 造船厂），美国的 Friede & Goldman 公司（FGO），挪威的 Aker Kvaerner 建造公司，中国大连新船重工公司等。

4）FPSO

FPSO 用于海上油田的开发始于 20 世纪 70 年代，主要用于北海、巴西、东南亚/南海、地中海、澳大利亚和非洲西海岸等海域。

FPSO 是建造成类似于（大型）储油轮的形状，通过锚固定到海底的海上生产设施。它主要由船体（用于储存原油）、上部设施（用于处理水下井口产出的原油）和系泊系统组成，并定期通过穿梭油轮（或其他方式）把处理的原油运送到岸上。与常规油船不同，FPSO 无自航能力，通过系泊装置（直接系泊的除外）长期泊于生产区域。FPSO 相对于其他生产平台建造周期短、投资少，可以减少油田的开发时间。除新建外，还可以改装和租用。世界上第一艘单壳 FPSO 是在 1977 用旧油轮改装而成的，用于地中海的一个小油田——Castellon 油田的生产。

FPSO 可分为内转塔、外转塔、悬臂式和直接系泊 4 种形式（图 1-2-53）。目前世界上在服役的 FPSO 有 158 条，最大作业水深达到 2 150 米。其分布区域及数量见图 1-2-54。

FPSO 具有储油量大、移动灵活、安装费用低、便于维修与保养等优点，可回接水下井口实现一条船开发一个海上油田。此外，FPSO 也可以与 TLP、SPAR、SEMI-FPS 等浮式平台联合开发。

2. 水下生产设备

在深海油气田开发中，水下生产设备以其显著的技术优势、可观的经

图 1-2-53 FPSO 类型

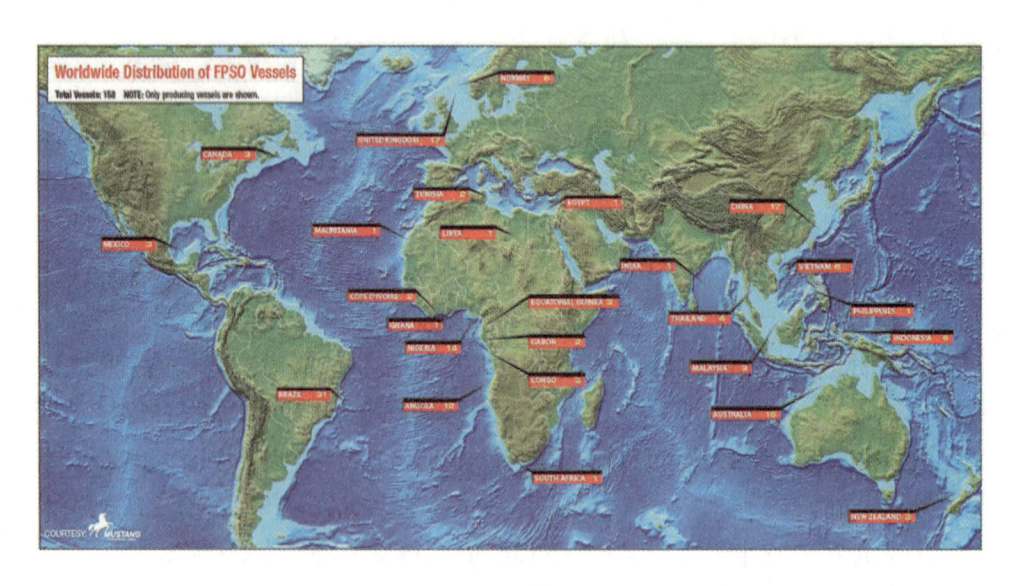

图 1-2-54 世界上正在作业的 FPSO 分布情况

济效益得到各大石油公司的广泛关注和应用,已经成为开采深水油气田的关键设施之一,在世界各地的深水油气田开发中得到了广泛应用。目前我国几乎所有水下生产设备都依赖于进口。

国内生产陆地井口装置和采油树的厂家大大小小超过100家,江苏金石集团、美钻集团（合资企业），宝鸡石油机械厂，也向国外出口井口和采油树（最高压力 10 000 Psi*）。其中实力最强的江苏金石集团和上海美钻公司（合资）都在研制水下采油树，而且都已经生产出水下采油树样机，但是离实际生产应用还有一段距离。

我国也开展了水下管汇样机工程应用方面的尝试，流花 4-1 桥接管汇由 FMC 公司进行设计，整个建造由深圳巨涛海洋石油服务有限公司完成；崖城 13-4 简易管汇由深圳小海工设计并建造完成，该简易管汇，首次使用了国产水下连接器，这些都为我国自主进行管汇设计与建造奠定了良好的基础。我国已着手进行水下管汇工程样机的研制，同时，管汇上的关键部件，如水下连接器和阀门等工程样机也陆续在研制过程中。

3. FLNG/FDPSO

1）FLNG

目前，世界上还没有 LNG FPSO 正式投入运营，但围绕着设计建造世界首艘 FLNG，多家船东、船厂、船级社、关键设备和系统供应商开始了竞争，并进而组成了多个研发联盟。

（1）FLNG 公司 + 三星重工 + 川崎汽船。首先采取行动的是英国 FLEX LNG 公司与韩国三星重工结成的联盟。2007 年 3 月至 2008 年 6 月，FLEX LNG 公司先后与三星重工签订了 4 条 FLNG 的建造合同。每艘 FLNG 的液化天然气年产量为 150 万吨，装载能力为 17 万立方米，具备自航能力，工作水深为 30～2 500 米。FLNG 公司先后与两家石油公司签订了初步协议，该公司建成后的 FLNG 将用于开发尼日利亚和巴布亚新几内亚海域的天然气。

（2）SBM Offshore 公司 + Linde 公司 + 石川岛播磨船厂。2007 年 9 月 19 日，著名海洋工程设计公司和 FPSO 租赁商——SBM Offshore 宣布与德国 Linde 公司、日本石川岛播磨（IHI）船厂在 FLNG 设计建造上达成协议。SBM Offshore 公司具有设计建造和运营 FLPG 的经验，德国 Linde 公司具备丰富的液化技术经验，是目前世界唯一一家成功在驳船上建设 LNG 液化站的公司。日本 IHI 船厂将负责工程的详细设计以及船体建造，液舱将采用 IHI 的 SPB 围护方式。

（3）Höegh LNG 公司 + 大宇造船 + ABB 鲁玛斯公司。2007 年 9 月 19

---

* Psi 为非法定计量单位，1 Psi = 6.89 千帕．

日，挪威航运公司 Höegh LNG 宣布联合阿克尔船厂和 ABB 鲁玛斯公司一起设计建造 FLNG。FLNG 的前端工程设计（FEED）由 Höegh LNG 公司自己负责，阿克尔船厂负责船体和货舱的设计，ABB 鲁玛斯公司负责开发天然气处理和液化装置，但卸载系统和锚泊系统的供应商尚未确定。该联盟设计的 FLNG 每年能够生产 160 万～200 万立方米 LNG 和 40 万吨 LPG，装载能力为 19 万立方米 LNG 和 3 万立方米 LPG。

（4）Teekey 公司 + Gasol 公司 + Mustang 公司 + 美国船级社。2008 年 7 月 14 日，美国主要油气运输公司 Teekey 联合英国 LNG 供应商 Gasol，宣布进军 FLNG 市场，并初步选定韩国三星重工、美国 Mustang 工程公司和美国船级社（ABS）作为合作伙伴，目标是开发西非几内亚湾的天然气。关于这艘 FLNG 的详细设计信息并未披露，但预计装载能力不低于 20 万立方米。

（5）其他准备进入该领域的公司。除以上研发联盟外，成功开发出圆筒式 FPSO 和圆筒式钻井平台的挪威 SEVAN MARINE 公司，以及首先尝试使用 LNG FSRU 的英国 Golar LNG 公司都在考虑进军 FLNG 市场。

（6）我国 FLNG 研究现状。2004 年 12 月，我国首艘 LNG 船正式开始建造。由招商局集团、中远集团和澳大利亚液化天然气有限公司等投资方共同投资，沪东中华造船（集团）有限公司承建的中国首艘 LNG 船舶"大鹏昊"长 292 米，船宽 43.35 米，型深 26.25 米，吃水 11.45 米，设计航速 19.5 节，可以载货 6.5 万吨，装载量为 14.7 万立方米，是世界上最大的薄膜型 LNG 船。"大鹏昊"船于 2008 年 4 月顺利交船，成为广东深圳大鹏湾秤头角的国内第一个进口 LNG 大型基地配套项目。我国制造的第二艘 LNG 船"大鹏月"是中船集团公司所属沪东中华造船（集团）有限公司，为广东大型 LNG 运输项目建造的第二艘 LNG 船。该船同"大鹏昊"属同一级别，货舱类型为 GTT NO.96E-2 薄膜型，是目前世界上最大的薄膜型 LNG 船。

我国的 FLNG 尚处于研发设计阶段。"十一五"期间中海油研究总院针对目标深水气田开展研究，完成了 FLNG 的总体方案和部分关键技术研究。目前将针对目标气田完成 FLNG 的概念设计和基本设计，完成 FLNG 液化中试装置的研制，初步形成具有自主知识产权的 FLNG 关键技术系列。

2）FDPSO

FDPSO 的概念是 20 世纪末在巴西国家石油公司 PROCAP3000 项目中最先被提出的，随后围绕着 FDPSO 还发展出隐藏式立管浮箱、张力腿甲板等新技术，但是直到 2009 年，世界上第一座 FDPSO 才在非洲 Azurite 油田投入使用，且目前世界上投入使用的 FDPSO 仅此一座。该 FDPSO 为旧油轮改造而成。另外，世界上还有一座新建的 FDPSO（MPF-1000）目前在建。

（1）世界仅有的 FDPSO。Azurite 油田选择 FDPSO 最主要的原因是避免深水钻机短缺带来的不利影响、可以早期投产、滚动式开发，经济风险比较小。Azurite 油田的井口数量不多，在前期评价井钻完后，不再动用半潜式钻井平台或者钻井船，采用 FDPSO 钻生产井。Azurite 油田的 FDPSO 采用可搬迁模块钻机，开发初期用于钻完井作业，后期模块钻机可搬迁，大大节约了钻井费用；采用水下生产系统＋FDPSO＋穿梭油轮的开发模式，不需要依托油田和基础设施。

（2）MPF-1000 功能齐全。世界第一座新建的 FDPSO 为 MPF-1000，船体在中国建造，主船体长 297 米，宽 50 米，高 27 米，设计最大工作水深为 3 000 米，最大钻井深度为 10 000 米，设计存储能力为 100 万桶原油。采用动力定位（DP3 等级），可在恶劣海况下作业。MPF-1000 结合了 FPSO 和钻井船的功能，并且可以单独设置为钻井船来使用，或者单独设置为 FPSO 使用。

MPF-1000 的特点如下：具有钻井功能和采油、储卸油功能；采用动力定位（DP3 等级）；MPF-1000 采用湿式采油树、混合立管（站立式立管）；有两个月池：钻井月池和采油月池；船体有 8 个推进器，船首和船尾各 4 个推进器；钻机的升沉补偿采用天车补偿装置；钻机固定，不可搬迁。

目前 MPF-1000 已被定位为一个钻井船使用（附加测试和早期试生产功能），在钻井市场上寻求作业合同。

（3）Sevan：潜在的新船型。Sevan 是一种新船型，为新型圆柱主体浮式结构，具有较大的甲板可变载荷和装载能力，而且 Sevan 船型的水线面积远大于普通半潜式平台和船比较接近，储卸油对平台的吃水影响不是很大，这种船型既可以建成 FPSO，也可以建成钻井平台。Sevan 的船型已经成功用于建造多座 FPSO 和钻井平台，目前还没有用来建造 FDPSO。

（4）我国 FDPSO 研究现状。我国的 FDPSO 尚处于研发设计阶段，虽然 MPF1000 在中国船厂建造，但设计、应用核心技术掌握在国外。在"十一五"期间，中海油研究总院针对目标深水气田，开展研究，完成了 FDPSO 的总体方案和部分关键技术研究。"十二五"期间继续开展深入技术研究，将针对目标油田完成 FDPSO 的概念设计和基本设计，初步形成具有自主知识产权的 FDPSO 关键技术系列。

六、海上应急救援装备的发展现状

用于海洋石油开发和科学考察的水下作业手段和方法主要有：载人潜水器（HOV），单人常压潜水服作业系统（ADS），无人潜水器（UUV），包括带缆的无人遥控潜水器（ROV）和无缆的智能作业机器人（AUV）等。

（一）载人潜水器

大多数载人潜水器属于自航式潜水器，最大下潜深度可达到 11 000 米，机动性好，运载和操作也较方便。但其缺点是，水下有效作业时间和作业能力也有限，且运行和维护成本高、风险大。

我国载人潜水器研制主要目的是三级援潜救生，同时兼顾海洋油气开发的需要。经过 20 多年的努力，在各类潜水器技术的探索、研究、试验、开发做出了卓有成效的工作，主要技术水平已赶上国际先进水平，形成了二所三校一厂（中国科学院沈阳自动化研究所、中国船舶重工集团公司 702 所、哈尔滨工程大学、上海交通大学、华中理工大学及武昌造船厂）为主要的科研格局，已基本具备了研制各种不同类型潜水装具和潜水器的能力。

我国首艘载人潜水器 7103 救生艇是由哈尔滨工程大学、上海交通大学、701 研究所和武昌船厂联合研制的，于 1986 年投入使用；20 世纪 90 年代哈尔滨工程大学作为技术抓总单位完成了"蓝鲸"号沉雷探测与打捞潜水器（双功型：人操或缆控）（图 1-2-55）的设计工作，该艇已经成功地进行了多次水下作业任务。由中国船舶重工集团公司第 702 研究所研制的"蛟龙"号载人潜水器（图 1-2-56）潜深 7 000 米，是我国第一艘大深度载人潜水器，号称是世界下潜最深的载人潜水器，目前该载人潜水器已赶赴太平洋进行 7 000 米潜深试验。哈尔滨工程大学在"十一五"期间完成了深海空间站的关键装备"某某载人潜水器"的方案设计工作。

（二）单人常压潜水服

单人常压潜水服作业由专用吊放系统和脐带进行吊放。单人常压潜水服作业系统配有摄影、录像设备和各种简单的专用机械工具，作业工作深度一般为 200～400 米，最大为 700 米。国内在 ADS 研制方面进行了多年的

图 1-2-55　载人与缆控双工型沉雷探测和打捞潜水器

图 1-2-56　"蛟龙"号载人潜水器

攻关，由于难度较大，进展较为缓慢，但是目前在国家重大专项的支持下已启动最大作业水深为 700 米的 ADS 研制工作。

(三) 遥控水下机器人

无人遥控潜水器，又称遥控水下机器人（ROV）通过脐带缆与水面母船连接，并通过脐带缆遥控操纵 ROV、机械手和配套的作业工具进行水下作业。按功能和规模，ROV 可分为小、中、大型。小型 ROV 主要用于水下观察；中型 ROV 除具有小型 ROV 的观察功能外，还配有简单的机械手和声呐系统，有简单的作业和定位能力，可进行钻井支持作业和管道检测等；大型 ROV 具有较强的推进动力，配有多种水下作业工具和传感定位系统，如水下电视、声呐、工具包及多功能机械手，具有水下观察、定位和复杂的重负荷的水下作业能力，是目前海上油气田开发中应用最多的一类。以水下生产系统为例，最具代表性的有：英国的 Argyll 油田水下站和美国的

Exxon 油田水下生产系统，它们已应用无人遥控潜水器（ROV）进行水下调节、更换部件和维修设备。

我国已具有一定的遥控潜水器技术研发能力，先后研制成功了工作深度从几十米到 6 000 米的多种水下装备，如工作水深为 1 000 米、6 000 米的自治潜水器以及智水军用水下机器人，以及 ML-01 海缆埋设机、自走式海缆埋设机、海潜一号、灭雷潜水器等一系列遥控潜水器和作业装备，7103 深潜救生艇、常压潜水装具和移动式救生钟等载人潜水装备，以及正在研发的 7 000 米载人潜水器、4 500 米级深海作业系统、1 500 米重载作业型 ROV 系统等。

（四）智能作业机器人

智能作业机器人（AUV）为无人无缆潜水器，机动性好。但水下负载作业能力非常弱。因此，AUV 一般多用于海洋科学考察、海底资源调查、海底底质调查、海底工程探测等，用于海上油气田水下作业的作业型 AUV 目前尚未见报道。

我国 AUV 的研究工作始于 20 世纪 80 年代，90 年代中期是我国 AUV 技术发展的重要时期，"探索者"号 AUV 研制成功，首次在南海成功下潜到 1 000 米。标志着我国在 AUV 的研究领域迈出了重要的一步。在积累了大量 AUV 研究与试验的基础上，CR01 下潜 6 000 米的 AUV 研制成功（图 1-2-57），其主要技术指标见表 1-2-3。CR01 于 1995 年和 1997 年两次在东太平洋下潜到 5 270 米的洋底，调查了赋存于大洋底部的锰结核分布与丰度情况，拍摄了大量的照片，获得了洋底地形、地貌和浅地层剖面数据，为我国在东太平洋国际海底管理区成功圈定 7.5 万平方千米的海底专属采矿区提供了重要的科学依据。

表 1-2-3 CR-01 6 000 米 AUV 主要技术指标与配置

主尺度	0.8（宽）米 × 4.4（长）米	空气中重量	1 400 千克
最大工作水深	6 000 米	搭载设备	侧扫声呐、微光摄像机、长基线水声定位系统、计程仪、浅地层剖面仪、照相机
航速	2 节		
动力	银锌电池		

图 1-2-57　CR01 6000 米 AUV

中国科学院沈阳自动化研究所联合国内优势单位研制成功 CR02 6000 米 AUV（图 1-2-58）。该 AUV 的垂直和水平面的调控能力、实时避障能力比 CR01 AUV 有较大提高，并可绘制出海底微地形地貌图。

在"十五"国家 863 计划支持下，我国科研院所开展了深海作业型自治水下机器人总体方案研究（图 1-2-59）。深海作业型自治水下机器人是一种可以连续、大深度、大范围以点、线、剖面、断面的潜航方式执行各种水下或冰层下的科学考察和轻型作业的水下机器人，它集中了遥控水下机器人、自治水下机器人的优点，具有多种功能、并可在多种场合下使用。

图 1-2-58　CR02 6000 米 AUV 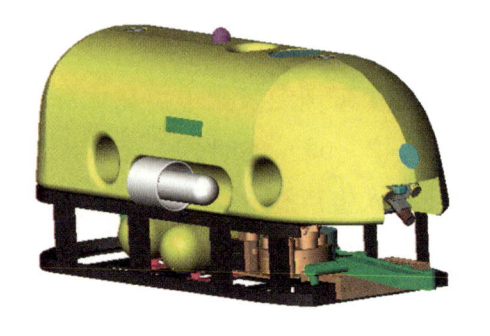　　　图 1-2-59　深海作业型自治水下机器人效果

中国科学院沈阳自动化研究所于 2003 年在国内率先提出了自主-遥控混合型水下机器人（Autonomous & Remotely operated underwater Vehicle，ARV）概念。2005 年和 2006 年分别研制成功 ARV-A 型水下机器人（图 1-

2-60）和 ARV-R 型水下机器人（图 1-2-61 和图 1-2-62），其中 ARV-A 型水下机器人为观测型机器人，而 ARV-R 型水下机器人是一种作业型机器人，通过搭载小型作业工具可以完成轻型作业任务。

图 1-2-60　ARV-A 型水下机器人

图 1-2-61　ARV-R 型水下机器人 　　　图 1-2-62　北极 ARV 水下机器人

近年来国内多家单位在大深度 AUV 技术的基础上，开展了大航程 AUV （图 1-2-63）的研究工作，最大航行距离可达数百千米，目前已作为定型产品投入生产和应用。哈尔滨工程大学从 1994 年先后成功研制了四型"智水"系列的 AUV（图 1-2-64），为我国军用 AUV 的发展奠定了基础。中国船舶重工集团公司第 701 研究所，应用军工技术开发研制了一种缆控水下机器人（图 1-2-65）。该水下机器人配备有前视电子扫描图像声呐和旁扫声呐等探测装置、高清晰度水下电视、高精度跟踪定位装置及机械作业手等装备。

经过近十几年的科技攻关，国内 AUV 技术虽取得了一系列的进展和突破，特别在作业水深和长航程技术方面已达到了国际先进水平。但是，我国现有深海机器人的调查功能比较单一，深海海底调查与测量技术手段尚

图1-2-63　中国科学院沈阳自动化研究所研制的长航程AUV

智水Ⅰ　　　　　　　　　智水Ⅱ　　　　　　　　　智水Ⅲ

图1-2-64　哈尔滨工程大学研制的"智水"系列AUV

HD-1型水下机器人　　　　　　　　　HD-2型水下机器人

图1-2-65　中国船舶重工集团公司第701研究所研制的水下机器人

不够完整，还缺少对深海海底进行大范围、长时间、高精度、多参数测量的综合调查能力，高新技术缺少验证和应用的平台，在水下机器人技术研发与应用结合方面还有待加强。

(五) 应急救援装备以及生命维持系统

我国在对援潜救生能力有显著促进作用的关键技术和共性技术方面取得了一系列重大成果。特别在潜艇脱险、常规潜水、饱和潜水等关键技术方面的突破，使得军用在潜水医学保障技术、潜水装备保障上积累了国内领先、国际先进的技术水平，如模拟480米氦氧饱和潜水载人实验创造了亚洲模拟潜水深度纪录。这些成果不仅在军事潜水方面作出了重要贡献，而且通过参加诸如南京长江大桥建设、"跃进"号的打捞、大庆油田的钻井钻头的打捞等大量的民用工程建设也对国民经济建设起到了显著的促进作用。虽然中国潜水打捞行业协会的成立，体现了国家有关部门对潜水打捞行业发展的关注和扶持，也在行业规范中起到重要作用，但是多年来潜水高气压作业技术主要面向军用，使民用深水潜水作业技术供求矛盾突出，特别是投入少，我国民用潜水技术水平的发展受到一定的限制，导致其对海洋开发等关系国家发展的重大产业的支持力度不够。

第三章　世界海洋能源工程与科技发展趋势

一、世界海洋能源工程与科技发展的主要特点

（一）深水是21世纪世界石油工业油气储量和产量的重要接替区

近20年来，全球深水油气田勘探开发成果层出不穷，截至2012年年底深水区已发现29个超过5亿桶的大型油气田；全球储量超过1亿吨的油气田中有60%位于海上，其中50%位于深水区。

（二）海洋工程技术和重大装备成为海洋能源开发的必备手段

深水油气田的开发规模和水深不断增加，深水海洋工程技术和装备飞速发展，人类开发海洋资源的进程不断加快，深水已经成为世界石油工业的主要增长点，高风险、高投入、高科技是深水油气田开发的主要特点。20世纪80年代以来世界各大石油公司和科研院所投入大量的人力、物力和财力制定了深水技术中长期发展规划，开展了持续的深水工程技术及装备的系统研究，如巴西的PROCAP1000、PROCAP2000、PROCAP3000系列研究计划，欧洲的海神计划、美国的海王星计划。经过多年研究，深水勘探开发和施工装备作业水深不断增加。根据2011年4月最新统计资料，全球共有钻井平台801座，平均利用率为76.4%；其中，深水半潜式钻井平台和深水钻井船约290座，占钻井平台总数的36%（表1-3-1）；半潜式钻井平台约占1/3。现有深水钻井装置主要集中于国外大型钻井公司，其中Transocean公司有深水钻井平台58座，Diamond Offshore公司22座，ENSCO公司20座，Noble Drilling公司18座，深水钻井平台主要活跃于美国墨西哥湾、巴西、北海、西非和澳大利亚海域。

深水油气田的开发模式日渐丰富，深水油气田开发水深和输送距离不断增加，新型的多功能深水浮式设施不断涌现，浮式生产储油装置（FPSO）、张力腿平台（TLP）、深水多功能半潜式平台（SEMI-FPS）、深吃水

立柱式平台（SPAR）等各种类型的深水浮式平台和水下生产设施已经成为深水油气田开发的主要装备。从2001年起，墨西哥湾深水区油气产量已超过浅水区，墨西哥湾、巴西、西非已成为世界深水油气勘探开发的主要区域。据《OFFSHORE》报道，目前已建成240多座深水浮式平台、6 000多套水下井口装置，各国石油公司已把目光投向3 000米以深的海域，深水正在成为世界石油工业可持续发展的重要领域、21世纪重要的能源基地和科技创新的前沿。制约深水油气开发工程技术主要包括深水钻完井、深水平台、水下生产系统、深水海底管线和立管以及深水流动安全等关键技术。

表1-3-1 全球海洋钻井平台近况

地域	钻井平台总数/座	利用率/%
美国墨西哥湾	123	55.3
南美	130	80.0
欧洲/地中海	115	84.3
西非	66	75.8
中东	119	76.5
亚太	143	76.9
世界范围内	801	76.4

资料来源：世界海洋工程资讯，2011，4.

1. 世界各国制订适合本国的深水油气田开发工程计划

以巴西国家石油公司为例，自20世纪80年代末以来，其制订了为期15年分3个阶段的技术发展规划。1986—1991年为第一阶段，实施了PROCAP 1000计划，目标是形成1 000米水深海洋油气田开发技术能力；1992—1999年为第二阶段，实施了PROCAP 2000计划，目标是形成2 000米水深海洋油气田开发技术能力；目前正在进行第三阶段的技术开发计划——PROCAP 3000，目标是形成3 000米水深海洋油气田开发技术能力（图1-3-1）。

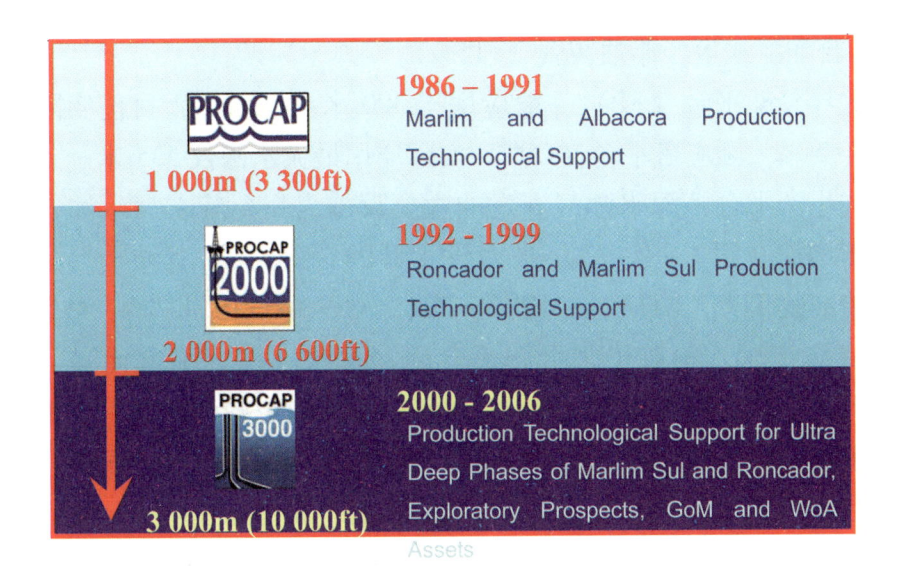

第一部分 中国海洋能源工程与科技发展战略研究综合报告

图1-3-1 巴西深水技术开发计划

2. 深水油气田开发工程技术的发展现状

1) 深水钻完井关键技术研究现状

深水钻井作业水深已达3 000米，各大专业公司都建立了成熟的深水钻井技术体系，成功完成超过1 500米水深的井超过200口。我国从1987年南海东部BY7-1-1井开始，中海油以对外合作的方式进入深水领域，水深超过300米的海域已钻井54口；水深超过450米的海域钻井已超过10口（其中，2006年完钻的LW3-1-1井，水深1 480米）；已开发两个300米水深的油田（南海东部的"流花11-1"、"陆丰22-1"）。值得注意的是，截至2012年年底在南海超过1 000米水深的井都是由国外公司承担作业者主导完成的，我国自主深水钻完井技术与国际先进水平差距仍然较大。"十一五"期间，中海油及其合作伙伴通过国家重大专项课题对深水钻井技术进行了初步的技术探索和理论研究，奠定了良好的技术基础，中海油深圳分公司在赤道几内亚承担作业者钻成了S-1（水深超过1 000米）等两口深水井，积累了一定的实践经验。

2) 深水平台工程技术

目前，深水平台可分为固定式平台和浮式平台两种类型，其中固定式平台主要包括深水导管架平台（FP）和顺应塔平台（CPT），浮式平台主要包括张力腿（TLP）平台、深吃水立柱式（SPAR）平台、半潜式（SEMI-

FPS）平台和浮式生产储油装置（FPSO）。

深水导管架平台（FP）一般应用于 300 米水深以内，目前实际应用最大水深 412 米，顺应塔平台（CPT）实际应用最大水深仅 535 米。

浮式生产平台是深水油气开发的主要设施之一，其在深水油气田的用量也逐年增加（图 1-3-2）。张力腿（TLP）平台按照其结构形状主要类型包括传统式 TLP（CTLP）、MOSES TLP、SeaStar TLP、ETLP，最近又有新的 TLP 概念产生。相对于张力腿平台和深吃水立柱式平台而言，半潜式（SEMI-FPS）平台是一种传统型的深水平台，其应用较为普遍，已成为深海钻井的主要装置，在深水油气田的生产中也得到广泛应用。根据其发展趋势，半潜式平台将成为今后最主要的深海油气田开发和生产装备。目前，全球已经投产运行 TLP 共 26 座（最大水深 1 425 米），SPAR 共 19 座（最大水深 2 383 米），SEMI-FPS 共 50 座（最大水深 2 414 米）。浮式生产储油装置（FPSO）是另一种广泛使用的深、浅海油气田开发设施，FPSO 用于海上油田的开发始于 20 世纪 70 年代，它主要由船体（用于储存原油）、上部生产设施（用于处理水下井口产出的原油）和单点/多点系泊系统组成，通过穿梭油轮（或其他方式）定期把处理后的原油运送到岸上。FPSO 系泊系统大致分为内转塔、外转塔、悬臂式和多点系泊 4 种形式，前 3 种均属单点系泊形式，单点系泊装置下的 FPSO 可绕系泊点作水平面内的 360°旋转，使其在风标效应的作用下处于最小受力状态。1977 年，世界上第一艘单壳 FPSO 由旧油轮改装而成，用于地中海 Castellon 小油田的生产。FPSO 自投入海上油气田开发以来，一直保持持续的发展。相对于其他生产平台 FPSO 建造周期短、投资少，可以减少油田的开发时间；除新建外，还可以改造和租用。目前，世界范围内已建成 FPSO 共 178 座，主要用于北海、巴西、东南亚/南海、地中海、澳大利亚和非洲西海岸等海域（图 1-3-3）。

在深海油气作业中，现场实时监测是保障平台结构及其附属系统安全作业的重要手段，同时还为结构疲劳分析和优化设计方案提供依据。近 20 年来，随着美国墨西哥湾、欧洲北海、巴西海域和西非沿海等海域深水油气田的开发，许多新型的深水平台及其附属的系泊系统、立管系统等装置不断发展。这些新技术的应用，需要进行现场的监测以确保技术的可行性、正确性和安全性。因此，现场监测在深水油气田开发中越来越受到重视。

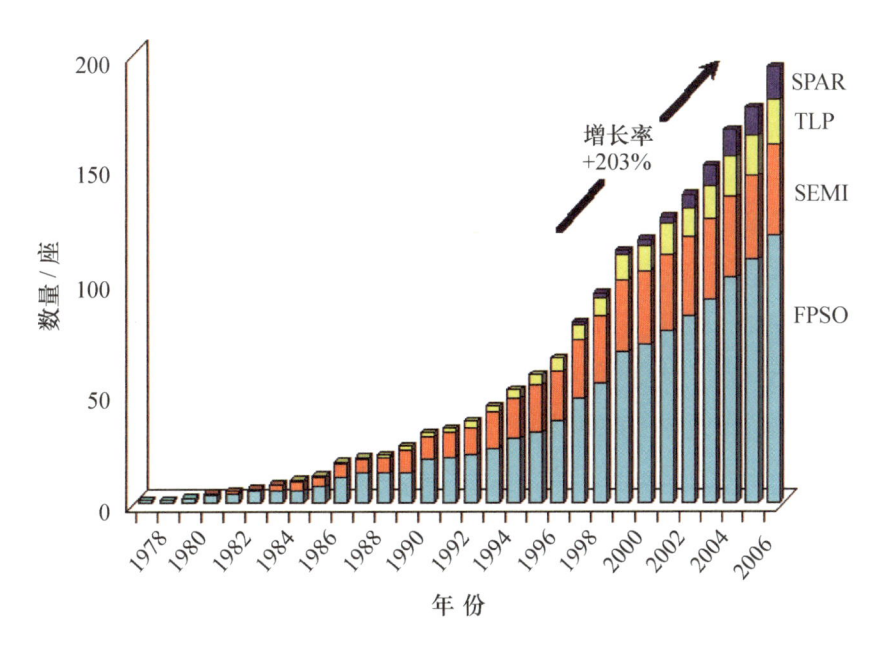

图1-3-2　深水浮式平台历年建成的数量统计

图1-3-3　目前全球已经投产深水浮式平台的分布

3）水下生产技术

自 1961 年美国首次应用水下井口以来，世界上已有近 110 个水下工程项目投产。国外在墨西哥湾、巴西、挪威和西非海域的深水开发活动最为活跃。与此同时，深水水下生产系统也得到了广泛应用。国外水下生产技术已经较为成熟，从设计、建造、安装、调试、运行等方面都积累了丰富的经验，特别是随着技术的不断进步，水下生产系统应用的水深和回接距离也在不断增加，同时 FMC Cameron Aker Solutions 占据主要市场（图 1 - 3 - 4）。全球已投产水深最大的油田为 SHELL 公司的 Fouier 气田，水深为 2 118 米；水深最大的气田为墨西哥湾 MC990 气田，水深为 2 743 米（SHELL 公司作业的 Coulomb 气田，水深为 2 307 米）。全球已投产的回接距离最长的油田为 SHELL 公司的 Penguin A-E 油田，回接距离为 69.8 千米；回接距离最长的凝析气田为 STATOIL 公司作业的 Snohvit 气田，回接距离为 143 千米。

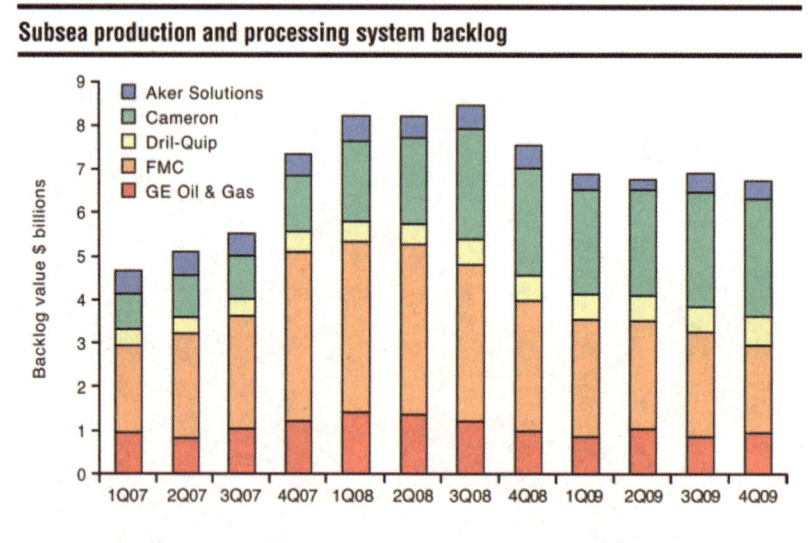

图 1 - 3 - 4　主要厂商水下生产设备市场占有率

1Q 为第一季度；2Q 为第二季度；3Q 为第 3 季度；4Q 为第四季度

资料来源：Douglas-Westwood

4）深水海底管道和立管技术

在深水海底管道和立管设计技术方面，由于水深增加和深层油气高温高压，使深水海底管道和立管设计比浅水更为复杂。高温屈曲和深水压溃是深水海底管道设计中更关注的问题。深水立管由于长度和柔性增加，发生涡激振动和疲劳破坏的概率大大增加，涡激振动和疲劳分析是立管设计的主要内容。

在深水海底管道和立管试验技术方面，针对深水立管涡激振动、疲劳问题以及海底管道屈曲问题，国外许多公司和研究机构（如2H Offshore、Marinteck、巴西石油公司等）开展了大量试验研究。疲劳试验和海底管道屈曲试验研究相对较少，巴西石油公司建有高约30米的立管疲劳试验装置和直径近2米的屈曲压力舱，可以对SCR立管触地区疲劳和海底管道屈曲进行研究。

在深水海底管道和立管检测技术方面，目前主要是利用清管器进行海底管道内检，利用ROV携带仪器进行海底管道外测。超声导波检测技术是近年来出现的一种管道检测技术，与超声波检测相比它能够实现单次更长距离的检测，该技术在海底管道检测上的应用正处于起步阶段。由于水深增加使海底管道和立管检测维修非常困难且费用昂贵，国外公司非常重视深水海底管道和立管监测技术研究，巴西石油公司在1998年对一条SCR立管进行了全面监测，监测内容包括环境参数、立管悬挂位置变化、立管涡激振动、立管顶部和触地区荷载等。目前，国际上对立管监测系统研究较多的有2H Offshore、Insensys、Kongsberg等公司。Kongsberg Maritime和Force Technology Norway AS公司开发了立管监测管理系统。

5）深水流动安全技术

深水流动保障所要解决的主要问题是油气不稳定的流动行为，包括原油的起泡、乳化和固体物质（如水合物、蜡、沥青质和结垢等）的沉积、海管和立管段塞流以及多相流腐蚀等。流动行为的变化将影响正常生产运行，甚至会导致油气井停产。所以，在工程设计阶段就必须提出有关流动保障的计划和措施，而对现有的生产设施，可进行流动保障检查以优化运行，或采用新技术来实现流动安全保障。

目前，国外海底混输系统的建设已具有一定的规模，其显著特点是：①建设区域广，包括北海、墨西哥湾、澳大利亚、巴西、加拿大等；②输送介质以天然气凝析液、轻质原油为主；③铺设的水深范围大，从几十米到数千米；④海底混输管道的发展趋势为大口径（内径从12英寸到40英寸）、长距离（最长500余千米）、高压力；⑤智能控制技术开发与应用，包括软件模拟和流态控制技术在管线设计及运行管理方面的应用；⑥新型输送技术研究与应用，如采用超高压力和密相输送，使多相变单相、采用多相增压技术延长卫星井或油田回接距离及上岸距离等，采用水下增压和分离技术等。

蜡和水合物是流动保障所要解决的首要问题，约42%公司在海底或陆上油气混输管道中遇到过水合物、蜡的问题，所以固相生成的预测及防堵技术，包括保温技术、注入化学剂技术、清管技术和流动恢复技术是研究关键所在。

段塞流是混输管线特别是海底混输管线中经常遇到的一种典型的不稳定工况，表现为周期性的压力波动和间歇出现的液塞，往往给集输系统的设计和运行管理造成巨大的困难和安全隐患，因而段塞流的控制一直是研究的热点。传统控制方法有提高背压、气举、顶部阻塞等，目前随着对严重段塞流发生机理的认识不断深入，国外在尝试一些更经济更安全的控制方法：如水下分离、流动的泡沫化、插入小直径管、自气举、上升管段的底部举升等，但这些方法在海上油气田中的应用还有待于进一步深入研究和现场实践检验。

停输启动是流动安全研究的另一主要问题，当含蜡原油或胶凝原油多相混输管道在进行计划检修和事故抢修时，管线要进行停输。

同时随着水下油气田的开发，减少用于流动安全维护的化学药剂用量和管线直径，保障流动安全，水下油气水、油沙分离设备与多相增压设施不断发展，工业样机已经进入现场应用。

6) 深水油气田典型工程开发模式

综合分析国内外已经投产的深水油气田，典型的工程开发模式主要包括以下2类10种：①以干式采油树为主的常用工程开发模式，包括TLP（或SPAR）+外输管线的开发模式、TLP+FPU+外输管线开发模式、TLP（或SPAR）+FPSO联合开发模式；②以湿式采油树为主的常用工程开发模式，包括FPSO与水下井口联合开发工程模式、SEMI-FPS与水下井口+外输管线联合开发工程模式、SEMI-FPS+FPSO与水下井口联合开发工程模式、SEMI-FPS+FSO与水下井口联合开发工程模式、水下井口回接到现有设施工程开发模式、FLNG/FLPG+水下井口联合开发工程模式、FDPSO+水下井口联合开发工程模式。

(三) 边际油田开发新技术出现简易平台和小型 FPSO

简易平台在世界各海域的边际油田开发中得到广泛应用（图 1 - 3 - 5），如墨西哥湾 1 200 多个、西非 63 个、北海 59 个、南亚 39 个、墨西哥 39 个、澳大利亚 21 个。此外，还有 8 艘专门为边际油田的开发而建造或改造的小型 FPSO。

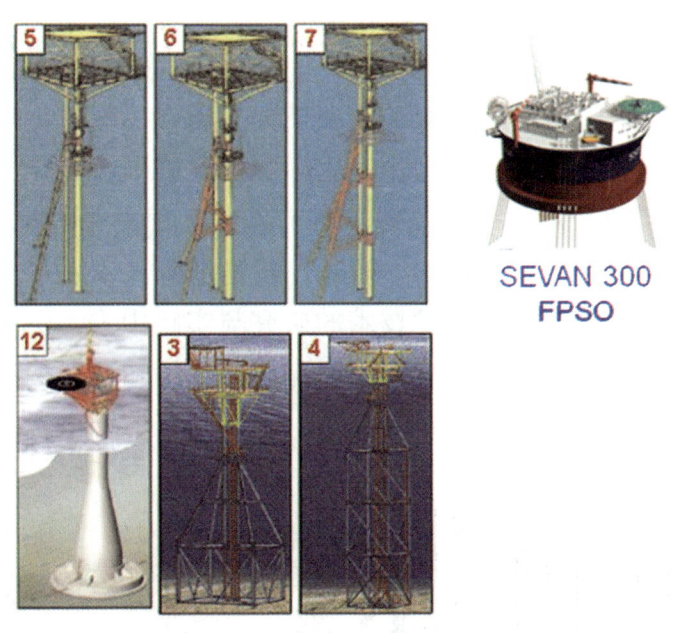

图 1 - 3 - 5 简易平台

(四) 海上稠油油田高效开发新技术逐步成熟

目前，海上油田提高采收率技术主要限于聚合物驱。2003 年，在渤海"绥中 36 - 1"油田开展聚合物驱单井先导试验，其受效油井 J16 井含水率由注聚前的 95% 降至注聚后的 50% 左右。自 2003 年注聚试验起，截至 2005 年底，J16 井已累计增油 2 万立方米以上。目前，聚合物驱技术不断扩大现场试验规模，继 SZ36 - 1 油田一期之后，又在"旅大 10 - 1"、"锦州 9 - 3"油田实施聚合物驱。截至 2009 年 10 月，3 个油田共有 25 口注聚井，增油量 44.6 万立方米。

由于平台环境的限制，驱油体系性质、平台配注装备、采出液处理和水驱效果评价方法等方面仍是海上油田实施提高采收率技术的"瓶颈"所在，同时还需要探索其他提高采收率新技术。

我国已投入开发的海上稠油油田，几乎全部采用注水等冷采方式开采，油田采收率很低，有的仅 10% 左右。导致我国海上稠油资源动用程度低的根本原因，是缺乏适合我国海上稠油热采的油藏综合评价技术、钻完井技术、配套工艺技术。因此，进一步完善适合海上稠油油田热采技术模式，对该类油藏的高效开发具有重要的指导意义。

作为海上油田，中国海油首次在国内外实施聚合物驱油、多支导流适度出沙等海上稠油油田高效开发新技术（图 1-3-6），并获得很好的增油降水效果，引起了国内外同行的关注和极大兴趣。我国的化学驱提高采收率等相关技术及油田应用目前已步入国际前列，将最新研究成果应用于渤海稠油油田的高效开发，可大幅提高海上稠油油田的采收率与动用程度，达到稳油控水、增储上产的目的。同时，其先进研究成果与实践经验还可推广到国际上此类海上油田开发技术的研究与实践中去，不但可显著提升中国海油的核心技术竞争力，也为中国海油打开国际海上稠油开发市场奠定重要基础。

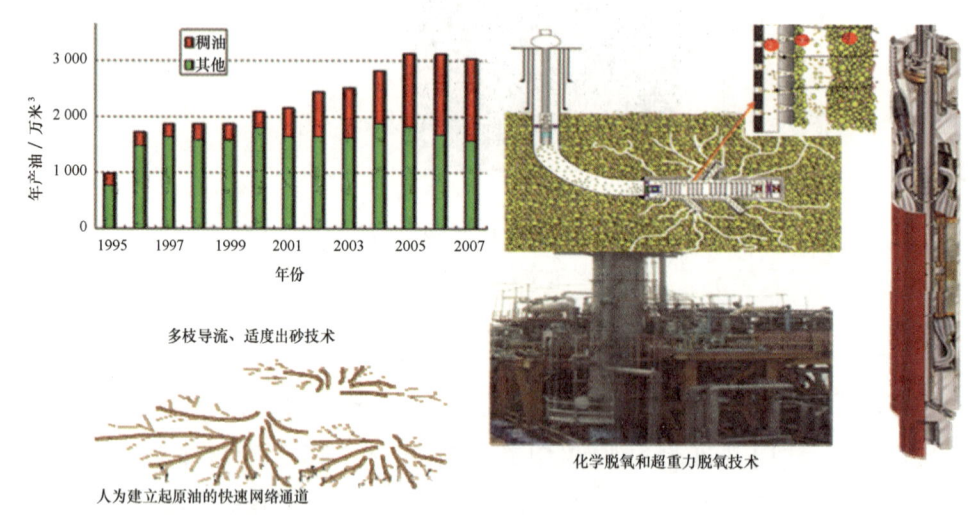

图 1-3-6　海上稠油开发体系

（五）天然气水合物试采已有 3 个计划

1968 年，苏联在开发麦索亚哈气田时，首次在地层中发现了天然气水合物藏，并采用注学药剂等方法成功地开发了世界上第一个天然气水合物气藏。此后不久，在西伯利亚、马更些三角洲、北斯洛普、墨西哥湾、日本海、印度湾、南海北坡等地相继发现了天然气水合物（图1-3-7）。20世纪90年代中期，以DSDP和ODP两大计划为标志，美、俄、荷、德、加、日等诸多国家探测天然气水合物的目标和范围已覆盖了世界上几乎所有大洋陆缘的重要潜在远景区及高纬度极地永久冻土地带，"一陆三海"格局初步形成。

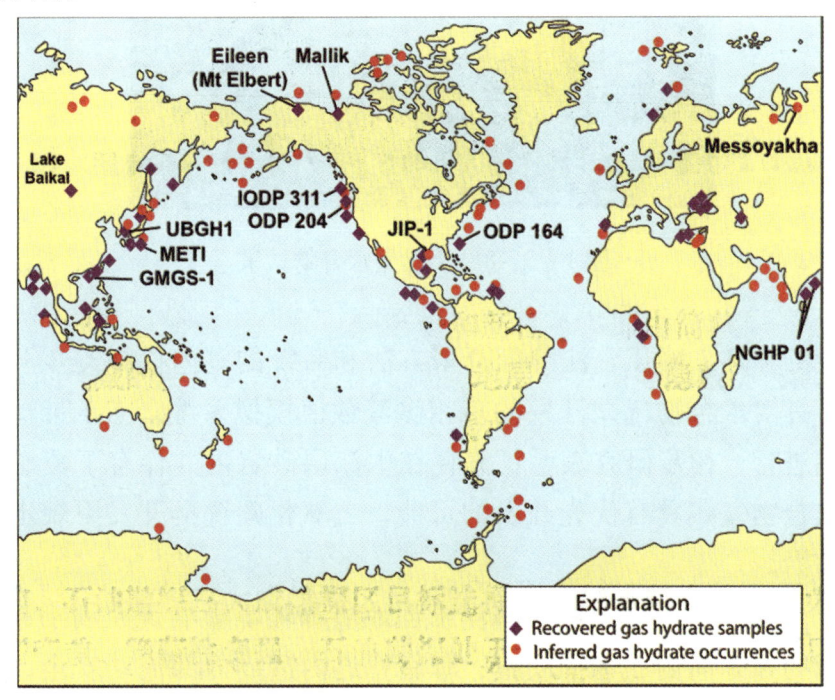

图1-3-7　全球水合物勘探区块

近年来，国外科学家开展了天然气水合物沉积学、成矿动力学、地热学以及天然气水合物相平衡理论和实验研究，并对沉积物中气体运移方式和富集机制进行了探索性研究。总体看来，目前天然气水合物藏开发工程技术还处于起步阶段，试验开采前期研究包括室内模拟和冻土带短期试采正在逐步展开，从实验室开采机理、模拟开采技术研究到长期试开采还有较长距离（图1-3-8）。

（1）天然气水合物晶体结构室内机理研究不断深入。室内机理研究主要通过高精度的X光衍射、CT、拉曼光谱、MRT等先进测量手段从分子量级刻画了水合物结晶、成核、生长、聚集过程，同时围绕自然界获取沉积物样品中水合物形态、组成等展开分析，为后续研究奠定基础。

（2）天然气水合物试验开采室内模拟技术和现场短期试采逐步展开。

图 1-3-8 天然气水合物试采

基于传统的注热、降压、注剂等开采方法和系统的室内模拟逐步开展，同时建立了针对水合物气藏开发的多相渗流数值模拟系统，冻土带短期试验生产开始进行，初步研究表明：储存在中深层砂岩内并伴有下覆游离气的天然气水合物气藏具有优先开发的可能，二氧化碳置换开发甲烷水合物等是学科前沿。

（3）天然气水合物分解对海洋工程地质和环境影响研究刚刚起步。天然气水合物在井筒内、水下设施、海底管道内造成内部流动安全，浅层水合物分解导致地层不稳定性如陆坡区滑塌、地层中水合物二次生成、水合物分解与温室气体效应等相关风险评价和安全分析技术日益得到重视。

（4）围绕永久冻土和海域水合物勘察开发，多个国际性天然气水合物工业联合项目正在实施。工业联合项目以政府为主导、各大能源公司牵头，联合世界各大著名研究机构、优秀研究人员联合攻关，初步形成了从机理研究、缩尺实验、数学模拟到实际勘探、钻探、试验开采等一条龙式的研究梯队和"产、学、研、用"体系；后期的工业试验开采将由能源企业主导和牵头。目前，已有 3 个工业联合项目：①1995 年日本启动的天然气水合物勘探开发工程研究计划，称为 MH21，现已确定 NAIKAI THROUGH 为海上试开采区，同时由日本石油工团和日本产业技术研究所牵头，美国、加拿大、德国、印度等参加的冻土水合物试开采项目 MARILIK 计划已进行二期试开采，2002 年和 2008 年短期试采证实通过降压和注热可由水合物分解得到气，计划于 2012—2015 年在日本 NATHROU 海域进行试生产；②美国能源部资助（DOE），BP 牵头的阿拉斯加热冰计划，已锁定 4 个试验区，目前计划进行至少半年以上生产测试；③美国能源部资助（DOE），雪佛龙牵头的墨西哥湾深水天然气水合物研究已实施海上勘察、钻探取样、室内开采模拟技术研究。

近 10 年来，国外天然气水合物研究围绕全球能源供应、环境效应和海洋安全等方面的重大战略需求，美国、日本、德国、印度、加拿大、韩国等国成立了专门机构，制定了详细的天然气水合物勘探开发研究计划，其中美国、日本分别制定了 2015 年和 2016 年商业开发时间表。继苏联成功开发麦索亚哈天然气水合物藏以后，2002 年和 2007 年日本与加拿大等国合作在加拿大北部冻土带马更歇三角洲 Mallik 5L-38 井试开发天然气水合物并取得成功，2007 年成功实施第二期试采。阿拉斯加、墨西哥湾水合物 JIP 计划也已启动。与此同时，国外科学家开展了天然气水合物沉积学、成矿动力学、地热学以及天然气水合物相平衡理论和实验研究，并对沉积物中气体的运移方式和富集机制进行了探索性研究，取得了丰硕成果。同时，在找矿方面综合采用了地球物理、旁侧声呐、浅层剖面、地球化学以及海底摄像等技术手段，在取样技术方面也不断推陈出新，新近研制的天然气水合物保真取心设备 HYACE（Hydrate Autoclave Coring Equipment）已在 ODP193 航次（2001 年）投入使用。预计在 2015—2020 年，一个深入开展天然气水合物研究热潮将在全球掀起。主要沿海国家天然气水合物商业化开采/试开采计划见表 1-3-2。

表 1-3-2　主要国家天然气水合物试采研究计划

国家	开采计划立项年份	商业开采年份	投入
韩国	2005	2015（试采）	2 257 亿韩元
美国	1998	2016	2 亿美元
日本	1995	2018（可能调整）	290 亿日元

当前，国际上天然气水合物调查与研究趋势表现在以下 4 个方面。

（1）多个国际性综合性天然气水合物研究计划的实施，带动着天然气水合物技术的重大突破。调查研究范围迅速扩大，钻探、试验开采工作逐步启动；如美国、加拿大、日本及印度等国已初步圈定了邻近海域的天然气水合物分布范围，广泛开展了勘查技术、经济评价、环境效应等方面的研究。

（2）以天然气水合物探测和试开采、商业开发为核心的高技术交叉领域快速发展。找矿方法上呈现出多学科、多方法的综合调查研究，国际上流行的估算方法有常规体积法、概率统计法两种，虽然近年来开展了许多方法，如地球物理方法、地球化学方法、生物成因气评估方法、有机质热分解气评估方法，以及以天然气水合物的赋存状态来评估的方法等，但都带有很大的推测性。

（3）天然气水合物探测和监测向高分辨、大尺度、实时化、立体化发展。天然气水合物开采技术研究呈现多元化，传统的加热、注剂、降压逐步深入，同时开始探索二氧化碳置换、等离子开采等新方法。目前，大型、可视开采模拟、数值模拟与试开采、工业开发计划正在逐步实施。

（4）天然气水合物环境效应引起各界重视。有关水合物在油气储运、边际气田新型储运技术、深水浅层沉积物中水合物分解可能导致的海底滑坡、海上结构物不稳定、环境影响等方面的研究逐步引起工业界的重视。

同时，天然气水合物开采研究取得了一系列成绩，室内物理模拟和数值模拟计算不断完善，陆上实验开采技术取得初步成功，重要里程碑如下：

1968 年，苏联发现了位于西西伯利亚 Yenisei-Khatanga 坳陷中、永久冻土层内的麦索亚哈天然气水合物气田，并于 1971 年采用降压、化学药剂等方法实现该矿藏的开发，成为世界上第一个真正投入开发的天然气水合物矿藏，由于天然气水合物的存在，使气田的储量增加了 78%，至今已从分解的天然气水合物中生产出约 30 亿立方米天然气；

1972 年，美国在阿拉斯加北部从永久冻土层取出水合物岩心；

1995 年，美国在布莱克海脊钻探 3 口井，取得水合物样品；

1999 年，日本在近海钻探取样成功；

2002 年，日本在加拿大西北部用加热法开采水合物获得成功；

2006 年，印度获得海域水合物岩心；

2007 年，我国在南海北部陆坡获得水合物岩心；

2007 年，加拿大等将继续在西北部进行注化学剂法开采水合物藏试采；

2008 年，我国台湾获得海底水合物岩心；

2005 年，墨西哥湾、阿拉斯加天然气水合物试验开采工业联合项目；

2011 年，新西兰计划启动天然气水合物工业联合项目。

(六) 海上应急救援装备发展迅速

1. 载人潜水器：技术成熟

1890年西蒙·莱克制造了世界上第一艘载人潜水器——Argonaut the First。1932年载人潜水器"弗恩斯-1"号问世。1948年，瑞士物理学家奥古斯·皮卡尔根据气球原理，设计建造了世界上第一台不用钢索而又能独立行动的Trieste号潜水器。20世纪60年代以后，世界上第一台能够行走的动力推进式潜水器在法国诞生。美国是较早开展载人潜水器建造的国家之一，1964年建造的"阿尔文"号载人潜水器是世界上比较优秀的潜水器之一，可以下潜到4 500米的深海；1985年，法国研制"鹦鹉螺"号潜水器最大下潜深度可达6 000米（图1-3-9）；俄罗斯是目前世界上拥有载人潜水器最多的国家，比较著名的是1987年建成的"和平-1"号（图1-3-10）和"和平-2"号两艘6000米级潜水器。

图1-3-9 "鹦鹉螺"号潜水器　　图1-3-10 "和平-1"号潜水器

1989年，日本建成了下潜深度为6 500米的"深海6500"号载人潜水器，重量为26吨，水下作业时间为8小时，装有三维水声成像等先进的研究观察装置，可旋转的采样篮使操作人员可以借助两个观察窗进行取样作业。它曾下潜到6 527米深的海底，创造了载人潜水器深潜的世界纪录。"深海6500"载人潜水器已对6 500米深的海洋斜坡和断层进行了调查，并被用于对地震、海啸等的研究。

2. 重装潜水服

从世界各国来看，除了民用以外，在军用方面，美国、英国、日本等国家的援潜救生系统中都有常压潜水装具系统参与水下作业支援。美国海军把常压潜水装具（ADS2000）确定为未来潜艇援救所需要的水下评估/作业系统中的首选装备，工作深度升级至610米，以满足美国海军的深潜标准ADS2000为快速测定失事潜艇位置、进行沉艇状态评估、舱口盖清理、应急生命补给筒的投放等提供了快速响应能力。到2010年，美国海军已装备8套潜深达600米的常压潜水装具，为美国海军下一代潜艇援救系统，执行"快速水下评估作业"使命。

俄罗斯自库尔斯克号潜艇沉没后，非常重视援潜救生技术及装备。2002年7月，俄罗斯购买了8套300米单人常压潜水装具和4套收放系统；同年11月，完成了单人常压装具的应用和作业培训，投入使用。

法国、意大利和加拿大同样非常重视并采用单人常压潜水装具进行快速评估和水下作业，装备了数套300米常压潜水装具。在海上油气开发方面，美国已经配备了10余套，用于水下管路安装、检查等作业。

3. 遥控水下机器人（ROV）

美国、日本、俄罗斯、法国等发达国家目前已经拥有了从先进的水面支持母船，到可下潜3 000～11 000米的遥控潜水器系列装备，实现了装备之间的相互支持、联合作业、安全救助，能够顺利完成水下调查、搜索、采样、维修、施工、救捞等使命任务，充分发挥了综合技术体系的作用（图1-3-11和图1-3-12）。美国Woods Hole海洋研究所的Alvin载人潜水器（4 500米）、ABE自治潜水器（4 500米）、Jason遥控潜水器（6 500米）在深海勘查和研究中以其技术先进性和高效率应用而著名。

图1-3-11 世界上最大的ROV系统——UT1 TRENCHER

第一部分　中国海洋能源工程与科技发展战略研究综合报告

图 1-3-12　强作业型 ROV Triton XLX 18

欧洲各国为保持现有的经济实力，制定了尤里卡计划，走联合、优势互补的路线，遥控潜水器的技术发展和技术体系较为完善。日本在海洋研发方面重点在遥控潜水器计划，其水下技术处于世界领先水平，国家投入巨资支持 JAMSTEC 的发展，建设了水面母船支持的多类型遥控潜水器。基于这些装备，日本和美国、法国联合对太平洋、大西洋进行了较大范围的海底资源和环境勘探。

尽管目前在通信缆维护和海洋油气领域存在大量商用的 ROV 系统，但对于应用于深水探测和油气开发作业的潜水器必须具有专业化设计，只有少数机构拥有。

近几年，国际上深海潜水器的开发研究逐渐朝着综合技术体系化方向发展，其任务功能日益完善，重载作业级深水油气工程 ROV 作业系统被广泛应用于深水海洋工程的勘探、开采、监测、检测和维修。重载作业级深水油气工程 ROV 作业系统将对我国南海深水油气田开发、水下装备的检测和应急维修提供强有力的支撑，是目前最有效的深水油气田水下作业和保障装备。

4. 智能作业机器人（AUV）

美国在该技术领域始终处于领先地位，有包括海军、研究所、专业化公司和高等院校在内等十几家单位正在从事该技术领域的研究和开发。另外，日本、英国、俄罗斯、法国和挪威等国家在应用海洋智能潜水器完成海洋探测方面也都取得了明显和各有特色的成果。美国研制的新一代深海智能探测潜水器"海神"，可实现遥控操作和自主操作，该深海智能探测潜水器将广泛用于地球物理学考察、海洋科学考察、与深海相关的传感器开发研究等（图 1-3-13 和图 1-3-14）。

英国研制的 AUTOSUB AUV 系列（图 1-3-15）也是深海智能探测潜水器中的典型代表之一，已成功地进行了多次海洋探测，特别是冰下探测，其控制和导航系统经受住了严峻的考验，从规避冰山和海底山坡到与母船汇合点的临时改变，控制和导航系统表现了较高的自主能力。目前研制的 AUTOSUB-6000 是英国最新的潜水器，长 5.5 米，直径为 0.9 米，重 2 800 千克，最大潜深达 6 000 米，在 2 节的航速下续航力为 400 千米。而且它不需要任何水面控制，能够自主完成海底科考任务，搜索和定位海底火山口。

图 1-3-13　美国 REMUS 海洋智能潜水器

图 1-3-14　美国"海神"深海智能探测潜水器

图 1-3-15　英国 AUTOSUB 深海智能探测潜水器

日本的海洋智能探测潜水器技术也已达到世界先进水平，近年研制的 r2D4 深海智能探测潜水器主要用于深海及热带海区矿藏的探察（图 1-3-16）。法国 ECA 公司开发的 ALISTAR 3000 是的一种调查型 AUV，主要用于海底管道铺设工程中的海底底质调查（图 1-3-17）。在铺设前利用

ALISTAR 3000 对水下环境进行调查，为海底管道铺设提供科学依据。铺设完海底管道后，利用 ALISTAR 3000 对管道铺设状况进行调查和探测。ALISTAR 3000 的最大工作水深为 3 000 米，航行速度 2.5 节，最大速度可达 6 节，可以搭载多种探测传感器。

图 1-3-16　日本 r2D4 深海智能探测潜水器

图 1-3-17　法国 ALISTAR 3000

挪威近年先后推出 HUGIN1、HUGIN1000 和 HUGIN3000 三种海洋智能探测潜水器。其中，HUGIN3000 型已经为 8 个国家完成了约 3 万平方千米的海底地形调查以及多项水下探测作业项目（图 1-3-18）。

二、面向 2030 年的世界海洋能源工程与科技发展趋势

（一）深水能源成为世界能源主要增长点

深水油气田开发工程技术和装备日益成熟，海洋能源工程技术和装备

图1-3-18 挪威HUGIN深海智能探测潜水器

制造业将迎来广阔的发展机遇,海洋能源工程装备产业的竞争也将更加激烈,深水油气田产量将成为全球石油的主要增长点。

我国应该加强发展力度,加快发展步伐,进入世界海洋工程产业第一阵营,为我国海洋开发和参与海洋国际竞争提供利器。

(1) 深水油气资源勘探技术发展趋势:通过深水复杂构造与中深层地球物理勘探技术、海洋重磁电震综合反演技术、海域海相前新生界盆地油气资源勘探等关键技术的开发,形成深水油气资源勘探关键技术是目前发展趋势;同时海洋地震勘探在多源多缆三维基础上向四维勘探发展、2030年前需要重点研发CSEM技术、密度地震数据采集和快速处理、超高密度地震数据采集和处理、盐下地震成像、地震波动理论研究、地震搜索引擎自动化。

(2) 深水油气田开发工程新技术的探索:新型平台结构形式和船型、新型系泊系统、立管材料、提高油气管线的回接距离、集成式的流动安全管理技术、水下生产系统的国产化技术。

(二) 海上稠油采收率进一步提高,有望建成海上稠油大庆

"模糊一、二、三次采油界限,把三阶段的系列技术集成、优化、创新和综合应用,实施早期注水、注水即注聚、注水注聚相结合的技术政策,油田投产就尽可能提高采油速度"的海上稠油高效开发模式及理论将得到完善并得到广泛应用(图1-3-19)。在该理论的指导下,依托高效开发模式支撑技术,海上稠油最终采收率将显著提高,海上稠油产量将大幅度增加(图1-3-20)。预计未来10~20年,我国海上稠油年产量有望达到

5 000万立方米，造就一个"海上稠油大庆"。

传统模式	一次采油（自喷）	二次采油（注水）	三次采油（注聚/化学驱/热采）
新模式	一次采油 二次采油 三次采油	\multicolumn{2}{l}{模糊一、二、三次采油界限，把三阶段的系列技术集成、优化、创新和综合应用，实施早期注水、注水即注聚、注水}

图1-3-19 中海油稠油油田开发模式

稠油在世界油气资源中占有很大的比重。稠油黏度虽高，但对温度极为敏感，每增加10℃，黏度即下降约一半。热力采油作为目前非常规稠油开发的主要手段，现已在美国、委内瑞拉、加拿大、中国的辽河油田、新疆油田、胜利油田广泛应用，我国海上也开始进行试验性应用。目前，我国在海上稠油油田开发领域处于世界先进或领先地位。基于国家对石油资源的需求及海上石油资源现状，我国应继续加大对海上稠油开发科技发展的支持力度，在通过新技术应用增加石油供给的同时，保持其技术领先地位。

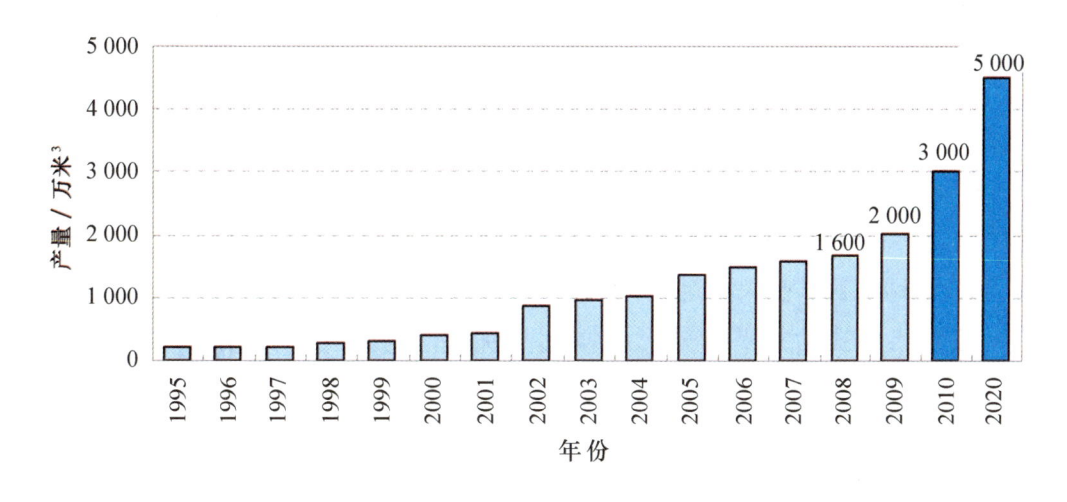

图1-3-20 海上稠油油田产量预测

（三）世界深水工程重大装备作业水深、综合性能不断完善

1. 深水物探船

进入 21 世纪，海上拖缆物探船的作业效率和采集技术得到了进一步提高，目前达到拖缆 24 条、6 000 米以上采集电缆进行高密度采集作业的能力。发展趋势：①拖带更多、更长的电缆，预计不久将出现 30 缆以上的物探船。②安全、高效的收放存储系统，多缆施工必须有高效的辅助设备以保证施工效率。③高性能及高可靠的专业勘探设备。④提高勘探设备水下维修能力。

2. 深水勘察船

（1）调查采用船底安装深水多波束、深水浅地层剖面仪以及采用 AUV（Autonomous Underwater Vehicle）或 ROV 搭载技术（测深、地貌、磁力、浅地层剖面），采用声学定位系统为水下设备精确定位；AUV 系统向高速，小型化、大续航能力、智能化以及低使用需求和维护需求的低成本方向发展。

（2）多道（256 道以上）单电缆高分辨率二维数字地震调查作业，并配有现场资料处理和解释设备和技术。

（3）深水工程地质勘察（井场、路由和平台场址）手段不断丰富，包括：4 000 米水深工程地质钻孔和随钻取样作业（包括保温保压水合物取样和测试）技术和装备、深水海底表层采样及水合物取样；海底原位测试 CPT（Cone Penetration Testing）。

3. 钻井装备

（1）作业水深向超深水发展。目前最大水深已经达到 3 600 米（12 000 英尺），例如 Noble Jim Day 和 Scarabeo 9，近期交船和在建的深水半潜式平台，只有 3 艘工作水深不足 2 000 米。

（2）半潜式钻井平台外形结构逐步优化。深水半潜式钻井平台船型与结构形式越来越简洁，立柱和撑杆节点的数目减少、形式简化。立柱数量由早期的 8 立柱、6 立柱、5 立柱等发展为 4 立柱、6 立柱。

（3）环境适应能力更强。半潜式钻井平台仅少数立柱暴露在波浪环境中，抗风暴能力强，稳性等安全性能良好。一般深水半潜式平台都能生存于百年一遇的海况条件，适应风速达 100～120 节，波高达 16～32 米，流速

达 2~4 节。随着动力配置能力的增大和动力定位技术的新发展，半潜式钻井平台进一步适应更深海域的恶劣海况，甚至可达全球全天候的工作能力。

（4）可变载荷稳步增加。平台可变载荷与总排水量的比值，如我国的"南海 2 号"为 0.127，Sedco 602 型为 0.15，DSS20 型为 0.175，新型半潜平台将超过 0.2。

（5）平台装备持续改进。半潜式钻井平台的设备改进主要体现在钻井设备、动力定位设备、安全监测设备、救生消防设备、通信设备等方面。超深水钻机具有更大的提升能力和钻深能力，钻深达 10 700~11 430 米。

（6）不断出现新型钻井平台和钻机。新型钻井平台包括 FDPSO 和圆筒形钻井平台。新型钻机包括挪威 MH 公司设计的 Ramrig 钻机、荷兰 Husiman 的 DMPT 钻机。这些新型平台和钻机将会逐步推广。此外，海底钻机也将逐渐从概念设计走向工程实际。

4. 修井装备

目前，世界上深水修井装备的发展趋势如下：①修井船的作业水深增加，修井能力增加；②轻型无隔水管修井装备的应用，使得修井费用大大降低。

5. 铺管起重船

国际上深水铺管起重船发展迅速，主要发展趋势如下：①铺管能力和作业水深不断增大；②一座铺管船可使用不同类型的铺管系统（J 型、R 型、S 型铺管系统），铺管船舶作业方式趋于综合化，新型起重、铺管方式和系统不断推出；③动力定位能力加大，施工作业的环境窗口加大；④铺管作业技术趋于完善，作业效率高；⑤深水起重、铺管船由一船兼备转为单船具备单项主作业功能；⑥起重量不断增大，使起重船趋向大型化。

6. 油田支持船

2030 年，随着深远海石油及矿产资源的发现，以大型浮式支持船为基地的深远海支持服务船及综合补给技术系统会成为海洋石油开采后勤支持保证的主流模式，相应的船舶会体现系列化，船用设备高度自动化，并且环保节能技术将大量采用，以新型燃料为燃料的船舶将会逐步应用。

7. 多功能水下作业支持船

到 2030 年的发展趋势为：低能耗船舶、混合材料、无压载水船、组合推进系统、绿色燃料船舶、电动船。

(四) 建立海洋能源开发工程安全保障与紧急救援技术体系

- 载人潜水器
- 重装潜水服
- 遥控水下机器人 (ROV)
- 智能作业机器人 (AUV)
- 应急求援装备以及生命维持系统

(五) 探索出经济、安全、有效的水合物开采技术

目前，在天然气水合物调查研究及开发进程中，主要呈现以下发展趋势。

(1) 调查研究在世界范围内迅速扩大，许多国家（如美国、加拿大、日本及印度等国）制定了调查开发计划、成立了专门机构，投入巨资，旨在探明本国的天然气水合物资源，并为商业性开采做试验准备。

(2) 在找矿方法上呈现出多学科、多方法的综合调查研究。但在天然气水合物成藏动力学、成藏机理和资源综合评价等方面的研究相对较少，还没有十分有效的找矿标志和客观的评价预测模型，也尚未研制出经济、高效的天然气水合物开发技术。

(3) 在"水合物形成与分解的物化条件、产出条件、分布规律、形成机理、经济评价、环境效应"等方面取得初步研究进展的基础上，加大勘探开发技术研制，融多项探测技术于一体，向"多项技术联合、单项技术深化"的方向发展，但相关技术还处于探索阶段。

从世界范围来看，天然气水合物无论从技术还是资源开发都是一个新的领域，从勘察、资源量评价、开发工程技术理论和方法都有待建立和发展。需继续发展室内机理和模拟开采技术、海上钻探取样技术、海上水合物试验开采技术、水合物潜在风险评价与控制技术。

(六) 海上应急救援与重大事故快速处理技术

海洋中蕴含着大量的能源，海底管道和油气井与日俱增，一旦发生泄漏事故，危害巨大且很难控制，而有效的监测手段匮乏成为困扰人们的主要问题。以下是近年国内外海上油气田以及水下管道泄漏事故案例。

2011年6月初，位于渤海的蓬莱19-3油田发生溢油事故（图1-3-21）。此事故导致至少840平方千米海水变为劣四类，造成了巨大的经济损

失和环境损害。

图1-3-21 "蓬莱19-3"油田溢油事故现场

2011年12月19日晚,中国海洋石油有限公司珠海横琴天然气处理终端附近海底天然气管线出现泄漏(图1-3-22)。泄漏量160百万英尺^3/日,直接经济损失80万美元/日。由于没有泄漏监测系统,事故是在发生若干天后才被周边渔民发现。

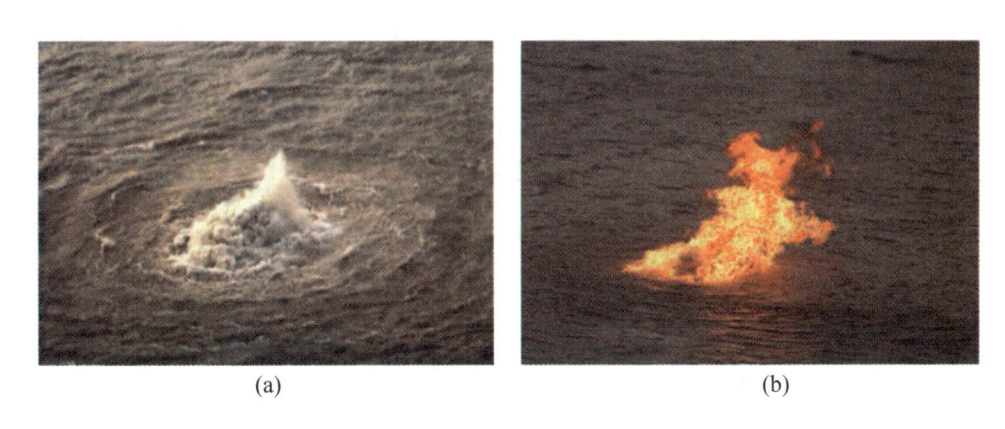

(a)   (b)

图1-3-22 珠海天然气管道泄漏现场

2012年3月25日,法国能源巨头道达尔公司一个位于英国北海的油气田生产平台近发生严重天然气泄漏事故(图1-3-23)。该公司认为泄漏是来自深度在4 000米的主要储存区以上的岩层,封堵或需6个月。

目前,国际上常用的压力流量法、光纤法、巡检法等检测技术,主要为针对海底管道泄漏的检测技术,而不能适用于检测海底油气井和地层等泄漏。

在海上重大溢油等重大事故应急处理与风险评价体系方面,正逐步建立类似 BP 墨西哥湾事故处理机制,将出现国家石油公司(NOC)和跨国公司更加紧密的联合体,实现技术和资源共享,风险分担。

图 1-3-23　英国北海油气田平台天然气泄漏现场

第四章　我国海洋能源工程与科技面临的主要问题与挑战

一、挑战

（一）海洋资源勘查与评价技术面临的挑战

中国海洋石油勘探正面临着新形势和新任务，即由简单构造油气藏向复杂构造油气藏的转移，从构造油气藏向地层－岩性等隐蔽油气藏的转移，从浅、中层目标向深层目标的转移，从浅水领域向深水领域的转移、从国内海上勘探区域向以国内为主并向全世界含油气盆地扩展等。

1. 中国近海油气勘探亟待大突破、大发现

当前，石油勘探三大成熟探区目标选择难度越来越大，表现为规模变小、类型变差、隐蔽性变强。石油勘探处于转型期，急需开拓新区、新层系和新类型。天然气勘探仍立足于浅水区，但近年来尚未获得重大发现，新的勘探局面尚未打开，新的主攻方向尚不甚明确。深水天然气勘探虽获重大突破，但短期内受技术和成本制约勘探进展仍然缓慢。新区、新领域勘探和技术"瓶颈"的不断突破是勘探发展的必由之路，今后很长时期仍应坚持以寻找大中型油气田为目标。

2. 中国近海储量商业探明率和动用率有待提高

这也是勘探开发工作必须共同面对的现实。截至 2009 年年底，在渤海、珠江口、北部湾、琼东南、莺歌海、东海等 6 个含油气盆地，已获油气发现 259 个，累计发现地质储量分别为石油 58.17 亿立方米、凝析油 0.60 亿立方米、天然气 12.46 千亿立方米、溶解气 2.50 千亿立方米，油当量 73.73 亿立方米。已开发、在建设、认定商业性油气田 129 个，仅占油气发现个数的 49.8%，其探明地质储量分别为原油 34.76 亿立方米、凝析油 0.40 亿立方米、天然气 5.13 千亿立方米、溶解气 1.32 千亿立方米，油当量 41.61 亿

立方米。现有油气三级地质储量商业探明率分别为原油60%、凝析油67%、天然气41%、溶解气53%和油当量56%。此外，部分油田储量动用率偏低，如JX1-1、BZ26-3等。分析表明，中小型、复杂油气藏越来越多，部分边际含油气构造暂时无法开发。可见，依靠科技进步，开展含油气构造潜力评价，提高储量商业探明率和动用率是勘探开发共同解决的现实而必要的任务。

3. 深水区地震勘探面临的主要难题

深水具有超水深、大陆坡、崎岖海底、地下结构复杂等特点，我国深水油气勘探开发起步较晚，主要原因在于深水钻探费用极其昂贵，这对地质综合评价和勘探技术的提高提出了迫切要求。

4. 隐蔽油气藏勘探的技术难点

海上隐蔽油气藏勘探起步较晚，但已获得重大突破，目前已在渤海海域、莺歌海盆地、涠西南凹陷、珠一坳陷发现了大量商业性地层——岩性油气藏。值得一提的是渤海自2006年在辽中凹陷JZ31-6-1井首次针对纯岩性油气藏勘探并获得了商业性发现以来，又在埕北凹陷CFD22-2-1井成功钻到了东营组三角前缘背景下发育起来的低位浊积扇含油砂体，在黄河口凹陷BZ26-3-6井针对新近系浅层岩性圈闭钻探获得商业产能。

但是海上隐蔽油气藏特征、分布预测及勘探技术系列尚不成熟。面临一系列难点和问题，比如无井或少井条件下的层序地层格架的建立以及层序追踪和解释。

5. 高温高压领域天然气勘探

高温高压领域天然气勘探仍未取得重大突破。莺歌海、琼东南盆地天然气地质资源量期望值达31.207千亿立方米，其中约52%~65%赋存于高温高压地层。但目前勘探主要集中于浅层/常压带，已发现的天然气地质储量与其地质资源量极不相称。此外，东海、渤海等盆地也存在高温高压天然气资源潜力。因此，发展并掌握高温高压天然气勘探理论和勘探技术（地质、地震、钻井、储层保护及测试等方面），必将加速我国海上天然气勘探。

6. 深水、深层、高温高压等复杂条件下井筒作业

海洋石油的高勘探成本以及高风险性，对录井、测井、测试等勘探井

筒作业技术提出了愈来愈高的要求。面对越来越复杂多样的勘探领域，如深水、"三低"、深层、高温高压、特殊岩性（砂砾岩类、碳酸盐岩类、火山岩类、混合花岗岩类）等，如何有效地发现并评价油气层，既能取得必要的井筒资料，又能降低作业成本，寻求合适的勘探井筒作业技术是关键之一。

（二）海洋能源开发工程技术面临的挑战

1. 海洋环境条件恶劣

我国海洋环境条件复杂，南"风"北"冰"，南海特有内波，海底沙脊沙坡，陆坡区域复杂工程地质条件（图1-4-1至图1-4-4和表1-4-1）。

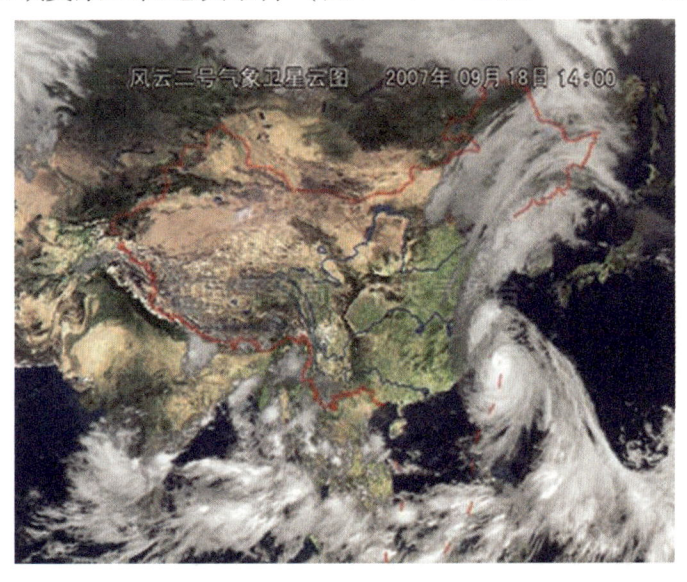

图1-4-1 "珍珠"号台风路径

海洋特别是深水恶劣的自然环境依旧严重威胁着深水海上设施和生产的安全。2005年墨西哥湾的飓风Katrina和Rita使美国石油工业遭受惨重损失。据不完全统计，在该海域有52座海上平台遭受到毁灭性破坏，另有112座海上平台、8根立管，275根输油管道受到不同程度的损坏，导致该海域25.5%的油井关闭，18%的气田生产关闭，造成油气产量剧减，这使人们不能不对热带气旋灾害引起高度重视。2006年5月南海的"珍珠"号台风造成我国在南海最大的海上油田流花11-1油田多根锚链和生产立管断裂，内波不时影响着作业的安全。停产的10个月期间，每天损失原油2万桶。

图 1-4-2 南海内波

图 1-4-3 南海海底沙脊沙坡

表 1-4-1 南海及世界主要深水区环境条件对比

项目	墨西哥湾		西非（安哥拉海）		巴西		南海	
	10年一遇	百年一遇	10年一遇	百年一遇	10年一遇	百年一遇	10年一遇	百年一遇
有义波高/米	5.9	12.2	3.6	4.4	6.9		9.9	12.9
谱峰周期/秒	10.5	14.2	14.18	14.18	14.6		13.5	13.7
风速/（米·秒$^{-1}$）	25.0	39.0	5.7	5.7	22.1		41.5	53.6
表面流速/（米·秒$^{-1}$）	0.4	1.0	0.9	0.9	1.7		1.38	2.09

2. 近海油气田开发挑战——海上稠油开发与边际油气田开发

海上油田具有疏松砂岩和多层系河流相沉积，稠油的黏度高（11°API）、

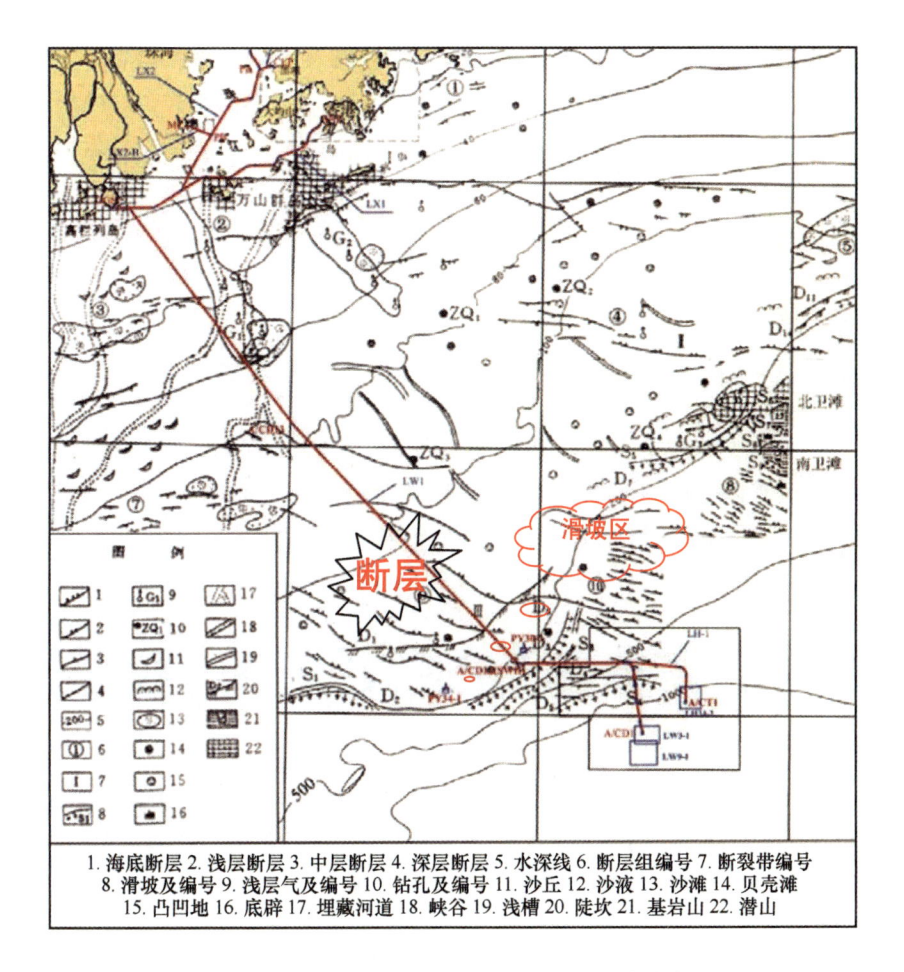

图 1-4-4 南海北部陆坡灾害地质分布

油田规模小且分散、平台寿命有限等特点,这些特点导致海上稠油水驱采收率只有 20% 左右,部分稠油的实际采收率仅为 10% 左右,甚至一些油田使用现有技术根本无法开发。

3. 走向深水面临更为严峻的挑战

深水油气田独有的低温高压环境和我国南海深水油气田具有的复杂油气藏特性以及复杂的地形所带来的流动安全问题是制约我国南海深水油气田开发工程和远距离输送的核心关键技术之一,制约着深水油气田开发工程模式的选择以及深水油气田投产后的安全运行,深水流动安全问题主要包括固相沉积问题、水合物问题、严重段塞流和腐蚀等问题。

在深水油气工程设施的设计和建设能力方面,我国尚不具备 500 米以上深海设施的设计能力,不具备深海工程设施的建造总包和海上安装经验,难以在激烈的国际竞争中抢得先机，急需尽快形成深水平台的建造总包和海上安装能力。

深水陆坡长输送管道流动安全保障与管理，深水复杂地质条件下海底管道稳定性，海底管道和立管以及深水平台设计建造技术、海上油气田运行管理均是深水油气田开发中面临的技术挑战。

4. 海洋能源开发应急救援

海洋油气资源开发中的重大原油泄漏事故不仅造成了巨大的经济损失，而且带来了巨大的环境和生态灾难，特别是 2010 年墨西哥湾 BP 公司重大原油泄漏事故导致的灾难性影响，使得人们对海洋石油开发的安全问题提出了一些质疑。因此，针对深海石油设施溢油事故研究其解决方案和措施，研制海上油气田水下设施应急维修作业保障装备就显得非常迫切。

二、存在的主要问题

（一）技术差距大

1. 海上勘探技术面临的问题

1) 海上勘探技术主要差距

（1）缺乏富烃凹陷评价的定性与定量标准，对评价结果缺乏统一的刻度，潜在富烃凹陷的评价技术和方法也有待加强，以为科学地评价和识别富烃凹陷提供理论支持。

（2）对海相烃源岩与陆相烃源岩的差异性及相应的评价思路等方面，缺少创新性认识。

（3）对深水盆地勘探综合评价技术尚未成熟，基本依赖国外技术。

（4）有些勘探领域的研究有待深入或加强，如渤海郯庐断裂对成盆、成烃、成藏等方面的控制作用，天然气和潜山内幕油气藏勘探评价策略及技术，凹中浅层油气运移与输导机理，复杂断块油气藏高效勘探评价技术、隐蔽油气藏成藏机理及勘探评价技术等。

（5）对二氧化碳等非烃组分的富集机制不清楚、缺少有效的识别手段，是近海浅水区天然气勘探近年来没有取得突破性进展的主要原因之一。

（6）在非常规天然气（如煤层气、页岩气、天然气水合物等）勘探领域，我国海上勘探工作刚刚起步，对非常规天然气勘探技术和基础资料掌握很少，不利于准确认识其资源分布，难于确定其经济性和合作战略。

2）地球物理勘探技术差距

（1）与国际技术对比，海上缺少高精度地震采集技术，如宽方位（WAZ）拖缆数据采集技术、多方位（MAZ）拖缆采集技术、富方位（RAZ）海洋拖缆数据采集、Q-Marine 圆形激发全方位（FAZ）数据采集技术、双传感器海洋拖缆（Geostreamer）数据采集技术、上/下拖缆地震数据采集技术、多波多分量地震数据采集技术和 OBC 地震数据采集。

（2）深水崎岖海底和深部复杂地质条件下的地震处理与成像技术有待提高。

（3）复杂储层预测描述技术不足。

（4）特殊/复杂油气藏处理解释技术仍需要攻关。

（5）烃类直接检测方法技术尚不成熟。

2. 深水工程技术面临主要问题

我国深水工程技术起步较晚，远远落后于世界先进水平，同时我国海上复杂的油气藏特性以及恶劣的海洋环境条件决定了我国深水油气田开发将面临诸多挑战。制约我国深水油气田开发的主要问题表现在以下几个方面。

（1）深水工程试验模拟装备和试验分析技术：我国初步建立了深水工程室内装置，但离系统的试验设施和性能评价设施还有很大差距，试验分析技术也有待提高。

（2）我国深水工程设计、建造和安装技术：国外已经形成规范性的深水工程技术规范、标准体系，我国深水工程关键技术研究才刚刚起步，大都停留在理论研究、数值模拟和实验模拟分析研究，而且针对性不强，研究成果离工程化应用还有一段距离，远远落后于世界先进水平。

（3）深水油气开发技术能力和手段方面：从深水油藏、深水钻完井和深水工程等方面存在大量的空白技术有待研究开发。在深水工程方面，我国急需研究深水油气田开发的总体工程方案，急需开发深水工程的浮式平台技术、深水海底管道和立管技术、深水管道流动安全保障技术和水下生产系统技术等。

（4）海洋深水工程装备和工程设施方面：我国急需能够在深水区作业的各型海洋油气勘探开发和工程建设的船舶和装备，主要包括：深水钻井船、深水勘察船、深水起重船、深水铺管船、深水工程地质调查船和多功能深水工作船；急需研究开发各型深水浮式平台、水下生产系统、海底管道和立管、海底控制设备以及配套的作业技术体系，同时现有深水作业装备数量有限，无法满足未来对深水油气开发的战略需求。

（5）深水油气工程设施的设计和建设能力方面：我国尚不具备500米以上深海设施的设计能力，不具备深海工程设施的建造总包和海上安装经验，难以在激烈的国际竞争中抢得先机，急需尽快形成深水平台的建造总包和海上安装能力。

（二）深水油气开发存在的问题：中远程补给

南海深水油气田勘探开发的范围广；距离依托设施远，最远距三亚市1 670千米；补给难，直升机和供给船能力受限，如陆地距离318千米的"荔湾3-1"深水气田（图1-4-5）。因此，开发深水油气需解决中远程补给问题，建立补给基地（表1-4-2）。

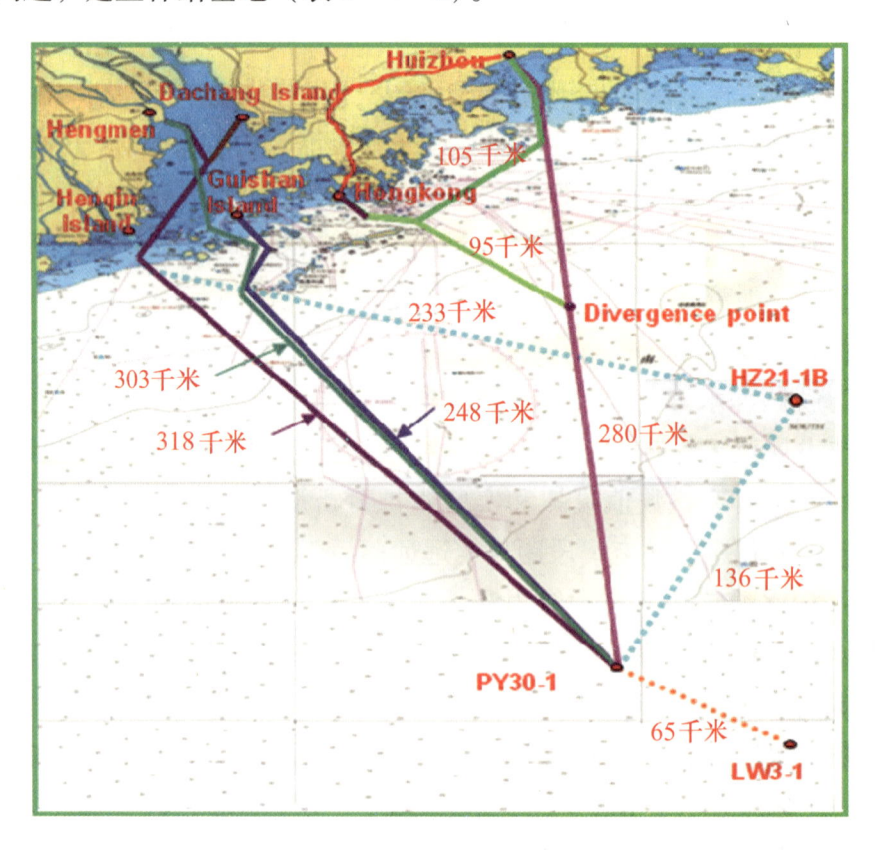

图1-4-5　南海"荔湾3-1"气田位置

表 1-4-2　南海中远程补给基地建设可行性

盆地名称	补给基地	距离/千米	补给可行性
万安盆地	永兴岛	830~1 200	不可行
	美济礁	600~780	可行
曾母盆地	永兴岛	1 300~1 450	不可行
	美济礁	750~1 100	部分可行
	太平岛	650~1 000	可行
文莱-沙巴盆地	永兴岛	1 100~1 400	不可行
	美济礁	300~750	可行
中建南盆地	广东深圳市	650~930	可行
	海南三亚市	310~530	可行
	永兴岛	0~320	可行
	美济礁	500~800	可行
北康盆地	永兴岛	950~1 200	不可行
	美济礁	200~500	可行
南薇西盆地	永兴岛	900~1 050	部分可行
	美济礁	360~550	可行
礼乐盆地	永兴岛	750~880	可行
	美济礁	0~350	可行

国外很早就开始关注深远海补给基地问题，既有军事国防目的，也有服务于资源开发需要。冷战结束后，在面临海外基地不断减少的情况下，美国国防部开始设想使用海上移动基地（MOB）执行全球机动作战，国防先期研究项目局于 1992 年 10 月提出"海上平台技术计划"，1995 年 9 月美国国防部提出非正式的 MOB 使命任务书，1996 海军研究署（ONR）接着开展了一项 MOB 科技计划，美国研究 MOB 的初衷是提供一种前方后勤保障平台。

目前，我国刚刚启动相关研究。

(三) 海上稠油和边际油气田开发面临许多新问题

我国近海稠油油田水驱开发采收率偏低，海上平台寿命期有限。平台寿命期满后，地层剩余油将难以经济有效利用，即花费高昂代价发现的石油资源将无法有效开采。随着我国石油接替资源量和后备可采储量的日趋紧张，在勘探上寻找新资源的难度越来越大，而且从勘探到油田开发，需要一个较长的周期。海上稠油油田原油高黏度与高密度、注入水高矿化度、油层厚和井距大，特别是受工程条件的影响，很多陆地油田使用的化学驱技术无法应用于海上油田，关键技术必须要有突破和创新。

以 1991 年情况为例，当时稠油三级地质储量为 10 亿立方米，但年产量仅 97 万立方米；油田规模小且分散，累计发现的 47 个油气田和油气构造分散于 5.3 万平方千米海域内；油田储量规模小，32 个油田储量小于 1 000 万立方米，而国际海上单独开发油田的储量均大于 3 000 万立方米。

目前，我国海上稠油主要分布于渤海海域。渤海稠油黏度高，可达 11°API；陆地油田经验不适用；稠油的采收率低，仅 10%~25%。

根据海上油气开发的现状，要实现海上稠油高效开发，必须通过技术攻关研究解决以下 3 大难题：①准确地刻划油藏渗流砂体单元，弄清剩余油分布；②进一步提高采收率的手段，增加可采储量；③提高稠油采油速度，实现高效开发。

具体包括：

（1）剩余油的深度挖潜调整及热采开发，海上密集丛式井网的再加密调整井网防碰和井眼安全控制，这些技术仍然是目前关注的问题和未来发展方向。

（2）多枝导流适度出砂技术存在以下技术难点：多枝导流适度出砂井产能评价和井型优化；海上疏松砂岩稠油油藏出砂及控制理论和工艺；多枝导流适度出砂条件下的钻完井工艺和配套工具；适度出砂生产条件下地面出砂量的在线监测。

（3）海上稠油化学驱油技术，如适用于地层黏度 100~300 毫帕·秒的稠油化学驱技术研究、抗剪切、长期稳定性、耐二价离子和多功能的驱油体系研制与优选、聚合物速溶技术研究、化学驱采出液高效处理技术研究、早期注聚效果评价方法及验证、适用于新型驱油体系的化学驱软件编制、聚合物驱后 EOR 优化技术研究、海上稠油高效开发理论体系建立及小型高效的平台模块配注装置和工艺等问题亟待解决。

（4）海上稠油油田开展热采开发还存在着诸多技术"瓶颈"。陆地稠油油田开展热采早，技术相对成熟；由于受井网、井型、层系、海上平台及成本的制约，海上稠油热采技术亟须深入的探索和实践。

(四) 我国天然气水合物开发面临的问题

目前，我国天然气水合物开采技术研究还处于室内模拟系统和模拟分析方法的建立阶段，初步建立了天然气水合物声波、电阻率、相平衡等基础物性测试系统、MIR 核磁成像系统、X 光衍射等水合物微观结构分析系统，天然气水合物一维、二维、三维成藏模拟和开采模拟实验系统，同时开发了三维、四相渗流天然气水合物开采数值模拟方法，开展了基于石英砂等为模拟沉积物、填砂模型实验对象的注热、注剂、降压单原理开采过程实验研究。但与国际上一些先期开展天然气水合物调查研究国家相比还有很大差距，主要表现在以下几个方面。

(1) 海域调查研究程度较低，资源分布状况不清。初步了解南海北部陆坡的西沙海槽、东沙海域、神狐海域和琼东南海域等 4 个调查区的天然气水合物资源潜力及其分布情况。但南海北部陆坡整体调查研究程度较低，除神狐海域局部地区实施钻探外，其他均未钻探，且 4 个调查区的调查程度差异较大，距摸清资源状况、预测地质储量相差甚远。

(2) 技术方法和装备整体落后。天然气水合物资源勘查研究是一项高新技术密集的庞大的系统工程。目前，采用的地震勘探和地球化学技术较为单一，不能履行综合系统化地开展全方位多层次的立体观测，水合物钻探船、保压取心、ROV、海底原位调查测试等主要技术和装备尚属空白，开发技术研究更未提到议事日程。

(3) 周边国家已觊觎南海水合物资源。越南、马来西亚、菲律宾等周边国家已在南海的临近海域进行天然气水合物资料的研究，因此，我们必须加快水合物的勘探开发步伐，争取今后对此海域天然气水合物勘探开发的主动权。

(4) 试验开采技术与国外差距大。海洋天然气水合物具有储存条件复杂、埋深浅，部分还赋存在固结的淤泥中，同时南海深水海域面临着热带风暴、内波、海底沙脊、沙坡等恶劣环境条件，因此海洋天然气水合物的开发利用面临诸多挑战，其研究开发利用已经成为化学、地球科学、能源科学、深水海洋工程学科的前沿，其交叉集成成为未来发展的趋势。其次，作为一种温室效应比较严重的气体，海底天然气水合物的分解对全球气候的变化以及海洋生态环境和海洋工程结构物产生重大影响。天然气水合物与全球环境和海底的地质灾害关系研究已经成为环境科学的热点之一。

(五) 海洋能源工程战略装备面临的主要问题

我国海上施工作业、钻探、生产和应急救援装备与国外先进技术相比，总体性能、绝对数量、配套装备、综合作业能力方面均存在很大差距，在应急救援方面则几乎空白。

1. 海上施工作业和海上勘探装备的国内外水平比较

1) 物探船与国际水平的差距

（1）我国拖缆物探船最大作业能力为 12 缆，国际领先水平已达到 24 缆以上的作业能力。

（2）中海油服拥有高端物探船（6 缆以上）3 艘，全球高端物探船共计 73 艘，其中西方奇科 16 艘，CGG 公司 15 艘，PGS 公司 13 艘（含在建的 2 艘）。

（3）目前勘探装备几乎全部依赖进口。中国海油在深水勘探领域的采集装备研发处于起步阶段，正在加快研发自主知识产权的海上勘探装备，如成功研制了"海亮"高密度地震采集系统，已初步具备了二维和三维勘探能力。

2) 工程勘察船与国际水平的差距

与国外相比（表 1-4-3 和表 1-4-4），差距主要表现为以下几方面。

（1）国内具有一定规模和能力的海洋工程物探调查单位所采用的设备基本均为国外引进。

（2）大多数只具备渗水地质调查，无钻机；当前国内最先进的海洋调查船"大洋一号"，可以适应深水工程物探作业和 4 000 米水深保真沉积物取样作业，没有配备深水钻探取样设备（钻机）。

（3）国外具有深水钻探工程船有 10 艘，我国仅"海洋石油 708"，但却是全球首艘集起重、勘探、钻井等功能的综合性工程勘察船，作业水深 3 000 米，钻孔深度可达海底以下 600 米。"海洋石油 708"船投入使用标志着我国成功进入海洋工程深海勘探装备的顶尖领域，填补了国内空白，极大提高了我国深海海洋资源勘探开发能力和提升了海洋工程核心竞争能力。

表 1-4-3 国内勘察船能力对比

船名	主要用途	所属单位
滨海 218 1979 年建造	工程地质钻探船，船长 55 米，作业水深小于 100 米，钻孔深度小于 150 米	中海油服

续表

船名	主要用途	所属单位
滨海521	1975年造，长50米，海底灾害性地质调查，近海浅水作业	中海油服
南海503 1979年12月建造	综合勘察船，船长78米，钻孔300米水深、150米钻探能力，物探最大作业水深600米，无CPT	中海油服
海洋石油709 2005年2月建造	综合监测船，船长79.9米，DP-2，设计钻孔作业能力：水深小于500米，未配置钻机，缺少必要的取样工作舱室、泥浆储藏舱，无直升机平台；该船不能满足深水勘察的要求	中海油服
勘407	综合勘察船，长55米，作业水深小于150米，钻孔深度小于120米	中石化总公司
奋斗5号	综合勘察船，长67米，作业水深小于150米，钻孔深度小于120米	国土资源部
大洋一号	综合性海洋科学考察船，船长104米，可进行深水物探和海底取样，无钻孔设备，主要用于科学考察和研究	中国大洋协会
海监72/74	海底灾害性地质调查，船长76米，作业水深300米	国家海洋局
海洋六号	2009年10月建造，以天然气水合物资源调查为主，兼顾其他海洋调查，船长106米，宽18米，电力推进，动力定位DP-1，最大航速17节，配置深水多波束、深海水下遥控探测（ROV）系统、深海表层取样和单缆二维高分辨率地震调查系统等，没有设计配置工程地质钻孔设备	国土资源部广州海洋地质调查局
海洋石油708	2011年12月建造，船长105米，宽23.4米，电力推进，动力定位DP-2，最大航速14.5节，适应作业水深3 000米，配置深水多波束、ADCP、名义钻深3 600米作业能力的深水工程钻机、深水海底23.5米水合物保温保压取样装置、150吨工程克令吊等，可在7级风3米浪的海况下作业	中海油服

目前，世界上具有动力定位性能、能够从事深水工程地质勘察的地质钻探专业船舶约有10艘，主要装备有深水工程钻机、井下液压取心系统和静力触探（CPT）系统，并能进行随钻录井（LWD），目前的工程地质钻探作业水深超过3 000米，最大钻探深度达610米。

表 1-4-4　国外深水勘察船能力对比

船名	Bucentaur	Bavenit	Fugro Explorer	Newbuilding102	Bibby Sappire	SAGAR NIDHI
作业类型	2 000 米水深钻孔 40 米、3 000 米水深 6 米长取样	13~3 000 米水深钻孔、CPT 原位测试	3 000 米水深地质钻孔、CPT 原位测试、25 米取心	多功能调查, ROV 作业	ROV 作业/工程支持	海洋调查和工程支持（多/单波束测深，地貌，地层剖面等）
建造时间	1983 年	1986 年	1999 年建 2002 年改造	2000 年	2005 年	2006 年在意大利建造，2008 年交船
船长、宽和高	78.1 米×16 米×8.4 米	85.8 米×16.8 米×8.4 米	79.6 米×16.0 米×6.3 米	83.9 米×19.7 米×7.45 米	94.2 米×18 米	103.6 米×19.2 米×5.5 米，作业甲板面积 700 平方米
最大航速	12 节	10 节	12 节	15 节	16 节	14.5 节
主功率	4×1 200 千瓦	4×1 420 千瓦	2×1 860 千瓦	4×2 500 千瓦	4×3 200 千瓦+640 千瓦	4×1 620 千瓦；港口发电机 500 千瓦
推进	2 个 CP 艏侧推	2 个 850 千瓦艏侧推	2 个 800 马力艏侧推，1 个 800 马力艉侧推	2 个 1 000 千瓦艏侧推，1 个 1 000 千瓦伸缩推，2 个 1 000 千瓦艉侧推，	电推，5 个推进器（2 个艏推 1 个伸缩，2 舵桨主推）。	全电力推进，2×1 000 千瓦侧推；舵桨主推 2×2 000 千瓦
DP 系统	DP-2	DP-2	DP-2	DP-2	DP-2	DP-2
月池			3.05 米×3.05 米	5.5 米×5.4 米	8.0 米×8.0 米	无
飞机平台			19.5 米×19.5 米	不详	19.5 米×19.5 米	无

续表

船名	Bucentaur	Bavenit	Fugro Explorer	Newbuilding102	Bibby Sappire	SAGAR NIDHI
吊装设备	45吨A架；3吨×1和1吨×2甲板克令吊	5吨A架和2台5吨甲板吊	20吨A架	不详	150吨/18米工程吊一台；10吨/15米甲板吊一台	200吨/19米×1台；24吨/8米×2台；10吨/10米×2台；艉A架60吨；左舷A架10吨
其他			装四点锚泊			75个床位

表1-4-5 国外工程地质钻孔船能力对比

船　名	Fugro Explorer	Bavenit	Bucentaur	日本无敌	Miss Marie	Miss Clementine	Bodo Supplier
所属公司	Fugro	Fugro	Fugro	日本	马来西亚 Miss Marie	马来西亚 Miss Marie	马来西亚
作业类型	地质钻孔	地质钻孔	地质钻孔	工程支持地质钻孔	工程支持地质钻孔	工程支持地质钻孔	工程支持地质钻孔
作业水深	3 000米	3 000米	2 000米	>3 000米	约1 500米	约1 500米	2 000米
建造时间	1999年建 2002年改造	1986年	1983年	2004年	1995年	1998年	1972年
船长和宽	79.6米×16米	85.8米×16.8米	78.1米×16米	126米×20米	75米×18.3米	75米×18.3米	—
DP系统	DP-2	DP-2	DP-2	DP-2	DP-2	DP-2	DP-1
备　注	20吨A架 四点锚泊	5吨A架	45吨A架	科考为主	原为工程支持船	原为工程支持船	原为工程支持船

注：辉固公司（Fugro）除上述3艘深水钻孔船外，另外还有2艘分别为600米和1 000米作业水深的专用地质钻孔船．

表1-4-6 我国"海洋石油708"船与国外深水钻探船主要参数对比

	参数	"海洋石油708"	美国"决心"号	日本"地球"号
1	船长/米	105	143	220
2	船宽/米	23.4	21	38
3	吃水深度/米	7.4	7.45	9.2
4	最大航速/节	15	—	—
5	自持力/天	75	—	180
6	额定载员/人	90	114	256
7	甲板载货面积/米^2	1 100	1 400	2 300
8	主机动率/千瓦	14 000	13 500	35 000
9	工作水深/米	50~3 000	8 230	①500~2 700 ②500~4 000 ③500~7 000
10	海底以下钻孔深度/米	600	2 111	7 000
11	钻机钩载能力/吨	225	240	1 250
12	升沉补偿距离	4.5米（主动）	4.5米（主动）	4米（主动）
13	钻探方法	非隔水管	非隔水管	隔水管
14	随钻取心方式	绳索取心	绳索取心	绳索取心
15	海况条件	浪高3米 蒲福7级	浪高4.6米 蒲福10级	浪高4.5米 蒲福9级
16	动力定位	DP-2	Dual redundamt	DPS

表1-4-7 我国"海洋石油708"和美国、日本深海钻机性能对比

参数	"海洋石油708"	美国"决心"号	日本"地球"号
钻探名义深度/米	4 000	9 144	10 000~12 000
最大静钩载/千牛	2 250	5 360	12 500
最大作业水深/米	3 000	8 230	初期2 500 后期4 000
钻探海底以下/米	600	2 111	7 000
额定功率/马力	400	1000	—
输出扭矩/（千牛·米）	30.5	83	—

续表

参数	"海洋石油708"	美国"决心"号	日本"地球"号
存放钻杆数量/米	3 200	9 000	12 000
升沉补偿能力/米	±2.25	±3	—
井架高度/米	34.5	62	107

2. 海上施工作业装备的国内外水平比较

1）钻井装备

国内半潜式钻井平台设计建造技术现状可以概括为以下6个方面：①初步形成了设计能力，但设计核心技术依旧掌握在美国、挪威等国家；②初步掌握了半潜式钻井平台系统集成技术，但关键设备全部依赖进口；③亚洲国家已成为半潜式平台建造的主要承担者，但开发设计仍是美国和欧洲的天下；④关键设备研发能力与国际水平差距较大，例如深水钻机市场几乎由 MH 和 NOV 两家公司垄断，国内仅能提供技术含量不高的零部件；⑤数量和绝对性能上还有差距，世界上现存的深水半潜式钻井平台作业水深能力可分为 12 000 英尺（3 658 米）、10 000 英尺（3 048 米）、7 500 英尺（2 286 米）、5 000 英尺（1 524 米）4 个级别，而我国仅有 1 座平台在此行列，尚未形成系列和梯队，在装备的配套互补、差异化配置上有明显不足；⑥国外深水钻井船的作业水深达到 3 600 米，圆筒形钻井平台（作业水深达 3 000 米）、FDPSO 也得到工程应用，而以上类型的钻井装备国内均没有。

2）修井装备

（1）目前，国内已有的浅水海洋导管架平台修井机在数量和水平上与国外先进水平相差不大，但是国内移动式修井装备无论是数量和种类水平与国外先进水平均还有一定差距，例如在美国墨西哥湾服役的 Liftboat 有上百座，而国内仅有两座 Liftboat。

（2）我国在深水专用的修井作业装备方面还是空白。

3）铺管起重船

我国起重铺管船经过近 30 多年的发展已经初具规模化，但同时也可以看出我国起重、铺管船发展过程中出现的一些问题，这也是未来起重、铺管船产业发展所必须克服和解决的困难和问题。

（1）起重船船型单一，起重机和起重类型单一。我国的起重船的船型主要为驳型单体船，主要包含固定臂架式起重机和旋转式起重机，起重机和船舶形式单一。

（2）起重铺管船作业范围在浅水，深水作业船舶少。我国第一个深水气田项目——荔湾 3-1 项目，其最大作业水深已达到了 1 480 米。而现实情况是我国的起重铺管船能适应 100~200 米水深仅有"蓝疆"号和"海洋石油 202"船，能适应荔湾项目铺管的仅有"海洋石油 201"船。相比国外海洋工程公司的船队配置，我国的深水起重、铺管作业船舶不论在数量上还是质量上（除新建船外）已远远落后。

（3）起重铺管同时兼备，缺乏单独的专业铺管/缆船舶。

（4）铺管船只具有 S 型铺设系统，尚无 J 型、Reel 型铺管船。

S 型铺管法虽具有能铺设浅水和深水的特点，但受其铺设方式的限制，对于超深水大管径或者长距离高效铺管都不及另两种铺管方式。同时，随着深水开发模式的不断升级完善，水下系统加长输管道的模式应用将越来越多，而 S 型铺设对于水下结构物的安装具有先天的限制。

（5）与国际水平相比，我国首座深水铺管起重船"海洋石油 201"已经达到了国际领先的水平，但是与国际发达国家相比，在数量和种类上仍存在一定的差距。

世界上主要海洋工程公司代表性的铺管起重船舶参数见表 1-4-8。通过和表 1-4-8 比较，可以看出国内外的具体差距。

4）油田支持船

目前，国内拥有的油田支持船舶是国外设计建造的二手船，尤其体现在大马力船舶上更为明显，虽然超过 8 000 马力三用工作船和 6 000 马力平台供应船有部分设计研究，但几乎没有实船建造。

我国深水三用工作船及供应船基本处在一个纸上谈兵的状态，鲜有实用性的应用例子。

5）多功能水下作业支持船

深水水下工程船主要掌握在 4 个主要的水下工程公司：Saipem/Sonsub、Acergy、Subsea 7 和 Technip 的水下板块业务。

"海洋石油 286"将是我国首艘水深 3 000 米多功能水下作业支持船，由挪威的 Skipsteknisk 公司进行基本设计，上海船舶研究设计院进行详细设计，黄埔造船厂负责生产设计及建造。

表1-4-8 世界主要海洋工程公司代表性船舶参数

序号	公司	船舶	类型	主尺度总长×型宽×型深（米×米×米）	主要装备
1	Technip	Deep Blue	Reel-lay及J-lay	206.5×32.0×17.8	动力定位系统DP2；最大吊重400吨；铺设管径4~28英寸；最大张力770吨；月池7.5米×15米；搭载2台工作级ROV
2		Apache II	Reel-lay及J-lay	136.6×27×9.7	动力定位系统DP2；最大吊重2 000吨；最大铺设管径16英寸；最大张力300吨；搭载2台工作级ROV
3		Deep Energy	Reel-lay及J-lay	194.5×31×15	动力定位系统DP3；最大吊重150吨升沉补偿吊机；最大铺设管径：24英寸；最大张力500吨；搭载2台工作级ROV
4		Deep Orient	Flexible-lay & Construction	135.65×27×9.7	动力定位系统DP2；月池7.2米×7.2米；搭载2台工作级ROV
5		Global 1201	S-lay	162.3×37.8×16.1	动力定位系统DP2/DP3；最大吊重1 200吨；铺设管径：4~60英寸；最大张力640吨
6		Sapura 3000	S-lay	157×27×12	动力定位系统DP2；最大吊重3 000吨；铺设管径6~60英寸；最大张力240吨
7	Acergy	Polar Queen	Flexible-lay & Construction	147.9×27×13.2	动力定位系统DP2；最大吊重300吨；最大张力340吨；搭载2台工作级ROV
8		Seaway Polaris	S-lay及J-lay	137.2×39×9.5	动力定位系统DP3；最大吊重1 500吨；最大铺设管径60英寸；最大张力200吨；搭载2台工作级ROV

续表

序号	公司	船舶	类型	主尺度总长×型宽×型深（米×米×米）	主要装备
9	Saipem	Saipem 7000	J-lay	197.95×87×43.5	动力定位系统 DP3；最大吊重 14 000 吨；最大铺设管径 60 英寸；最大张力 550 吨
10		Castorone	S-lay 及 J-lay	290×39	动力定位系统 DP3；最大吊重 600 吨；最大铺设管径 60 英寸；最大张力 750 吨
11		Saipem FDS2	J-lay	183×32.2×14.5	动力定位系统 DP3；最大吊重 1 000 吨；最大张力 2 000 吨；搭载 2 台工作级 ROV
12		Castoro Otto	S-lay	191.4×35×15	最大吊重 2 177 吨；铺设管径 4~60 英寸；最大张力 180 吨
13	Allseas	Solitaire	S-lay	300	动力定位系统 DP3；最大吊重 300 吨；最大张力 1 050 吨
14		Pieter Schelte	S-lay	382×117	动力定位系统 DP3；最大起重 48 000 吨；铺设管径 6~68 英寸；最大张力 2 000 吨
15		Audacia	S-lay	225	动力定位系统 DP3；最大起重 550 吨；铺设管径 2~60 英寸；最大张力 525 吨
16		Lorelay	S-lay	183	动力定位系统 DP3；最大起重 300 吨；铺设管径 2~36 英寸；最大张力 175 吨

续表

序号	公司	船舶	类型	主尺度总长×型宽×型深（米×米×米）	主要装备
17	Subsea 7	Seven Seas	Reel-lay	153.24×28.4×12.5	动力定位系统 DP2；最大起重 350 吨；铺设管径 2~24 英寸；最大张力 260 吨；搭载 2 台工作级 ROV
18		Normand Seven	Reel-lay	130×28×12	动力定位系统 DP3；最大起重 250 吨升沉补偿吊机；最大铺设管径 500 毫米；最大张力 200 吨；搭载 2 台工作级 ROV
19		Skandi Neptune		104.2×24×10.5	动力定位系统 DP2；最大起重 140 吨升沉补偿吊机；最大张力 100 吨；月池 7.2 米×7.2 米；搭载 2 台工作级 ROV
20	McDermot	DB50	起重船	497 英尺×151 英尺×41 英尺	最大起重 4 400 sT
21		DB101		479 英尺×171 英尺×122 英尺	最大起重 3 500 sT
22	Heerema	Thialf	起重船	165.3×88.4×49.5	动力定位系统 DP3；最大起重 14 200 吨
23		Balder	J-lay	137×86×42	动力定位系统 DP3；最大起重 7 000 sT；铺设管径：4.5~32 英寸；最大张力 175 吨
24		Hermod	起重船	137×86×42	动力定位系统 DP3；最大起重 8 100 吨

总体来讲，我国仍然处在造船产业链的末端，船型开发、专用船舶设备、动力定位系统研发等仍依赖国外进口，自主研发仍处于空白状态。

3. 海上油气田生产装备的国内外水平比较

1）生产平台

"十一五"期间，在国家 863 计划等重大科技专项的支持下，中国海洋石油总公司在以 TLP、SPAR、SEMI-FPS 为典型代表的深水浮式平台方面开展了大量探索性的工作，但距离实际应用还有很大差距，概括为以下 3 个方面。

（1）初步形成了概念设计能力：与国外公司联合开展了概念设计，同时依靠国内技术力量完成平行的设计任务。

（2）模型试验能力正在逐步成熟：建立了深水海洋工程试验水池，开展了水池模型试验、形成了试验能力。

（3）设计理念、船型开发等方面存在较大差距，在基本设计技术、详细设计、系统集成、建造技术方面存在空白。

2）水下生产设备

（1）全部掌握在欧、美少数几家公司手中，产品已较为成熟。主要承包商有 AkerSolution、Oceaneering、Cameron 等。且外方在相关技术方面对我国进行封锁，如水下采油树、管汇及控制系统等相关设施在国外已较为成熟，设计能力也已达水深 3 000 米以上，我国实际应用水深 1 480 米。

（2）我国在管段件方面有一定突破，管道连接器、小型管汇已经用于生产实践，水下采油树、控制系统等还是空白。

3）FLNG/FDPSO

（1）FLNG：世界上还没有 LNG FPSO 正式投入运营，目前国外 FLNG 设计、建造、应用方面已经达到工业应用的水平。

我国仅沪东中华造船（集团）有限公司承建过 LNG 运输船，目前仅完成了 FLNG 的总体方案和部分关键技术研究。在 FLNG 液化工艺技术、液货维护系统、外输系统及关键外输设备方面，国内几乎处于空白状态，与国外差距巨大。

（2）FDPSO：世界上第一座 FDPSO 已在非洲 Azurite 油田投入使用，并且一座新的 FDPSO（MPF-1000）目前在建。而我国船厂仅建造过船型 FDPSO，但并不掌握设计、应用核心技术，与国外存在较大差距。

4. 海上应急救援装备的国内外水平比较

1）载人潜水器

我国在载人潜水器领域的研究水平已处于国际先进行列，目前与国际上的差距主要体现在：①载人潜水器应用方面：国外载人潜水器的应用已非常成熟，例如"阿尔文"号载人潜水器已经进行了 5 000 次下潜，"深海

"6500"也进行了大量的下潜与水下作业工作,我国载人潜水器的应用方面主要集中在军事领域,应用方面与国外尚存在一定差距;②载人潜水器门类方面:相比国外而言,我国载人潜水器在海洋开发专用载人潜水器设计方面尚属空白,门类有待于完善。

2)重装潜水服

中国船舶重工集团公司第702研究所是重装潜水服唯一研制单位,成功研制QSZ-Ⅰ型重装潜水服,其工作深度300米,以观察为主,作业能力有限(图1-4-6)。QSZ-Ⅱ型重装潜水服,潜水员在水下的活动半径可达50米,工作深度也是300米(图1-4-7);它既可用作观察型载人潜水器,也可用作观察型ROV,同时通过夹持器,水下作业工具进行相关作业。受到国内投入的限制,我国还没开发第Ⅲ型重装潜水服。

图1-4-6　QSZ-Ⅰ重装潜水服　　　　图1-4-7　QSZ-Ⅱ重装潜水服

3)遥控水下机器人(ROV)

我国深海装备包括重载作业级深海潜水器作业系统的技术水平与国际发达国家尚有一定差距,存在的主要技术差距和问题在于:①尚未建立完整的深海作业装备和技术体系,装备技术发展不能够完全满足深水油气资源开发及作业的需求。②先进装备不能在应用中得到不断改进,同时由于应用机制不健全，且缺少国家级的公共试验平台，工程化和实用化的进程缓慢，产业化举步维艰。③部分单元技术和基础元件薄弱，大量关键核心装备与技术依然依赖进口，且引进中存在着技术封锁和贸易壁垒。

4）智能作业机器人（AUV）

我国深海装备包括自主水下机器人（AUV）的技术水平与国际发达国家接近（表1-4-9），存在的主要技术差距和问题为：①装备技术发展与实际应用需求脱节；②先进装备不能在应用中得到不断改进；③部分单元技术和基础元件薄弱。

表1-4-9 国内外主要自主调查系统汇总

潜水器	国家	作业深度/米	作业能力	工作模式	机动性	状态
ABE	美国	4 500	观测调查	自主模式	优	运行
Sentry	美国	6 000	观测调查	自主模式	优	试验
Nereus	美国	11 000	观测调查、取样、机械手作业	自主模式、遥控模式	良	试验
SAUVIM	美国	6 000	观测调查、机械手作业	遥控监控模式	中	试验
UROV7K	日本	7 000	观测调查、机械手作业	遥控监控模式	中	运行
MR-X1	日本	4 200	观测调查、机械手作业（待扩展）	自主模式	优	运行
R2D4	日本	4 000	观测调查	自主模式	良	运行
ALISTAR	法国	3 000	观测调查	自主模式	良	运行
HUGIN	挪威	4 500	观测调查	自主模式	中	运行
DeepC	德国	4 000	观测调查	自主模式	良	运行
ALIVE	法国	未知	观测调查、机械手作业	自主模式、水声通信遥控	中	试验
Swimmer	法国	未知	观测调查、机械手作业	自主模式、水声通信遥控	中	试验
CR01	中国	6 000	观测调查	自主模式	中	运行
CR02	中国	6 000	观测调查	自主模式	良	运行

目前，这些问题和差距正通过国家深海高技术发展规划的实施和建立国家深海基地的方式逐步解决。

（六）海洋能源开发应急事故处理技术能力

我国潜水高气压作业技术主要面向军用，民用深水潜水作业技术供求矛盾突出，主要表现在以下几方面。

（1）技术体系不够完善。我国现已制订和颁布各类与潜水及水下作业安全和技术相关的标准有60多项，但系统性、完整性和可操作性与国际潜水组织和西方潜水技术先进国家的安全规程还存在较大差别。

（2）潜水装备和生命支持保障技术自主研发能力欠缺。我国虽已成为潜水装备的需求大国，但关键装备仍主要依靠进口，现有的少量产品科技含量较低，工艺落后，国际竞争力弱。

（3）海上大深度生命支持保障能力欠缺。目前，模拟潜水深度的世界纪录为701米（氢氦氧）和686米（氦氧），海上实潜深度纪录为563米（美国）。我国于2010年完成了实验室模拟480米饱和－493米巡回潜水载人实验研究，使我国的模拟潜水深度达到了493米。但海上实潜能力的发展一直滞后，目前我国海上大深度实潜纪录依然是海军南海舰队防救船大队2001年进行的150米饱和－182米巡回潜水训练，海上实际作业深度仅为120米左右。

（七）我国与世界总体差距

我国与世界水平总体差距见图1-4-8。

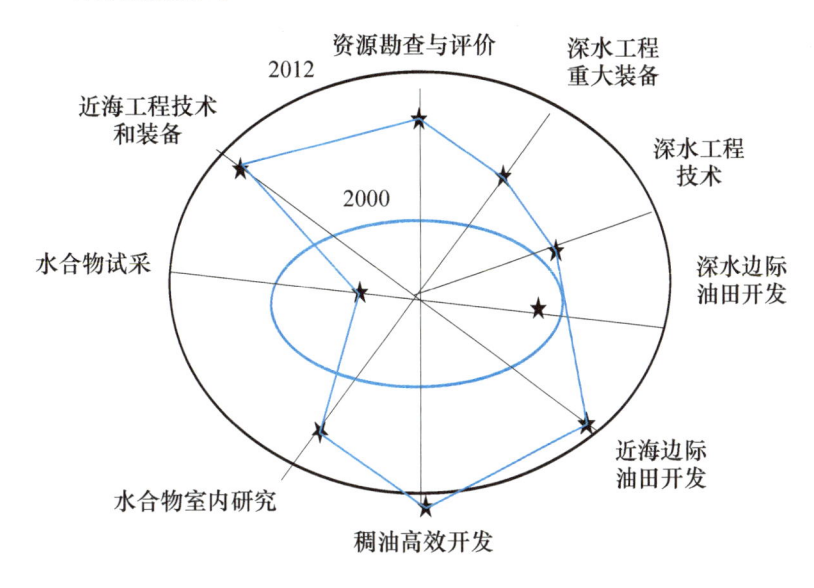

图1-4-8 技术现状雷达图

第五章 我国海洋能源工程的战略定位、目标与重点

一、战略定位与发展思路

(一)战略定位

以国家海洋大开发战略为引领,以国家能源需求为目标,大力发展海洋能源工程核心技术和重大装备,加大近海稠油、边际油田高效开发,稳步推进中深水勘探开发进程,保障国家能源安全和海洋权益,为走向世界深水大洋做好技术储备。

(二)发展思路

1. 服务国家战略,统筹科技体系

紧密结合国家油气资源战略,以海洋资源勘查领域为导向,以科学发展观为指导,统筹基础与目标、近期与远期、科研与生产、投入与产出的关系,针对目前海洋资源勘查生产实践中存在的挑战和需求,不断完善科技创新体系。

2. 坚持创新原则,形成特色技术

坚持"自主创新"与"引进集成创新"相结合的原则,力争在海洋资源勘查与评价技术领域有所突破,努力形成适用不同勘探对象的特色技术系列。

3. 加强科技攻关,注重成果转化

继续加强海洋资源地质理论、认识和方法的基础研究,坚持实践,为海洋资源勘查提供理论指导和技术支撑。

继续加快技术攻关,着眼于常规生产问题,推广和应用先进适用的成熟配套技术;着眼于研究解决勘探难点和关键点,形成先进而适用的有效技术;着力解决制约勘探突破的"瓶颈",继续完善初见成效的技术,及时开展现场试验;着眼于勘探长远发展,搞好超前研究和技术储备。

4. 依托重点项目，有机融合生产

依托与海洋资源勘查相关的国家重大专项、863 计划、973 计划等重大科技研发项目，有机地融合勘查工作需求，形成一系列针对复杂勘探目标的勘探地质评价技术、地球物理勘探技术、复杂油气层勘探作业技术等配套技术系列，为油气勘查的不断发现和突破提供技术支撑和技术储备。

二、战略目标

实现由浅水到深水、由常规油气到非常规油气的跨越，2020 年部分海洋工程技术和装备跻身世界先进行列，2030 年部分达到世界领先水平，建设南海大庆和稠油大庆（各年产 5 000 万吨油当量）。

（一）海上能源勘探技术战略目标

逐步形成 6~8 个具有特色的油气勘探核心技术体系，主要包括中国近海富烃凹陷（洼陷）优选评价技术、中国近海复杂油气藏高效勘探技术、中国近海浅水区天然气勘探综合评价技术、中国南海深水区油气勘探关键技术、中国近海"三低"油气层和深层油气勘探技术、隐蔽油气藏识别及勘探技术、中国海域地球物理勘探关键技术、国内非常规油气资源早期评价技术。围绕重点领域的关键地质问题，开展技术攻关，在新理论与方法集成和创新方面形成具有我国特色的实用技术体系，为海洋资源勘查的可持续发展做好技术储备。

（二）海上稠油开发技术战略目标

以海上稠油油田为主要对象，初步建立健全海上稠油聚合物驱油及多枝导流适度出砂技术体系，加快化学复合驱、热采利用的研究和应用步伐（图 1-5-1）。以渤海稠油油田为主要对象，借鉴陆上稠油油田开发的成功经验，发展海上稠油开发技术，形成具有中国海油特色的海上稠油开发技术体系。到 2030 年，通过海上油田高效开发系列技术，为渤海油田"年产5 000 万吨油当量、建设渤海大庆"提供技术支撑。

（三）深水工程技术战略目标

2015 年，突破深水油气田开发工程装备基本设计关键技术，建立深水工程配套的实验研究基地，基本形成深水油气田开发工程装备基本设计技

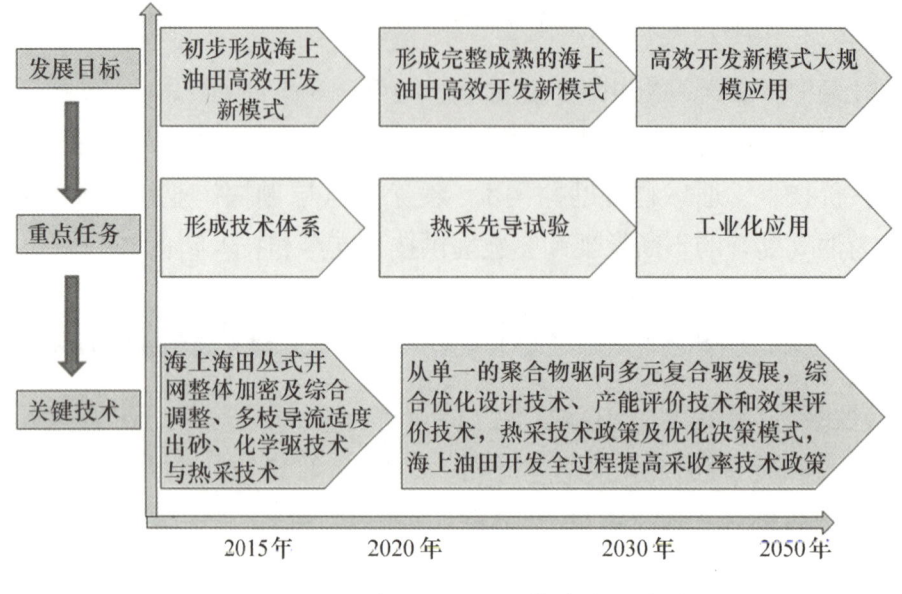

図1-5-1 海上稠油开发技术发展线路

术体系，实现深水工程设计由300米到1 500米的重点跨越；到2020年，实现3 000米深水油气田开发工程研究、试验分析及设计能力，逐步建立我国深水油气田开发工程技术体系，逐步形成深水油气开发工程技术标准体系，实现深水工程设计由1 500米到3 000米的重点跨越；到2030年，实现水深3 000米深远海油气田自主开发，实现水深3 000米深远海油气田装备国产化，进入独立自主开发深水油气田海洋世界强国。

（四）深水工程重大装备战略目标

开展深水钻井船、铺管起重船、油田支持船的应用技术研究，进一步系统完善深水钻井、起重、铺管作业技术，形成我国3 000米深水油气田开发作业能力，建造我国深水石油开发的施工作业装备队伍，并逐渐具备强有力的国际化竞争力（图1-5-2和图1-5-3）。

（五）应急救援装备战略目标

深海工程应急救援装备的设计研发是我国海洋工程装备发展的"瓶颈"，通过研究突破若干关键技术、系统地提高设计研发能力，推进我国海洋装备产业和深海资源开发的全面发展，2030年前后建成深水应急救援技术装备体系。

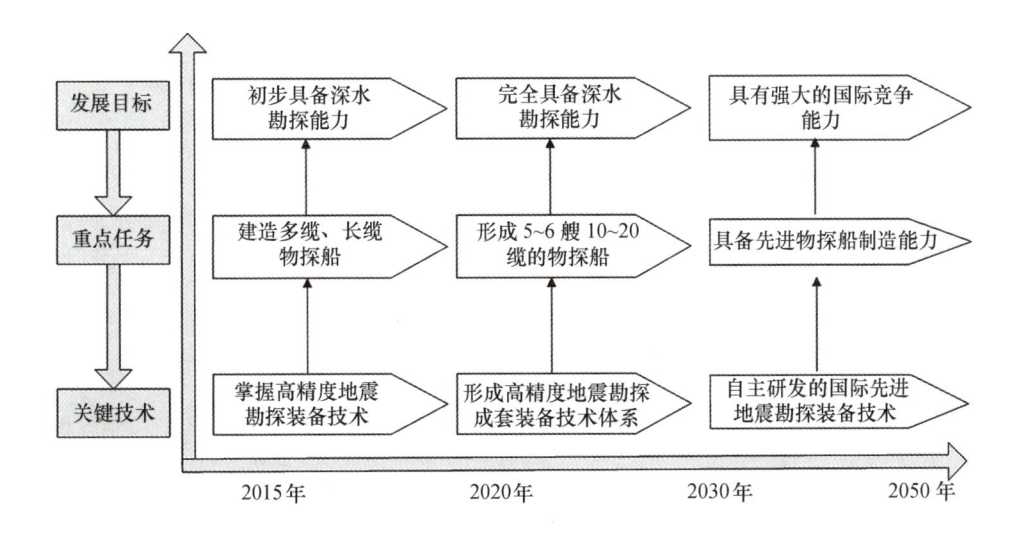

图 1-5-2　深水勘探装备发展路线

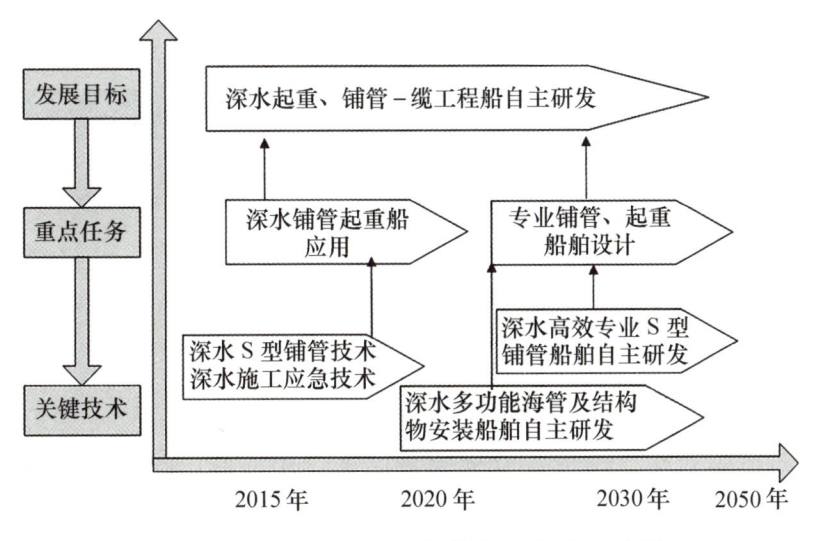

图 1-5-3　铺管起重船发展路线

（六）天然气水合物战略目标

2015 年前重点突破室内机理研究、海上钻探取样技术、实现目标勘探技术突破，并实施冻土试验开采；2020 年前锁定海域目标勘探区域、实施海域水合物取样、具备试验开采技术能力；2030 年前根据勘探进展，条件成熟时实施海域试验开采。总的发展目标见图 1-5-4。

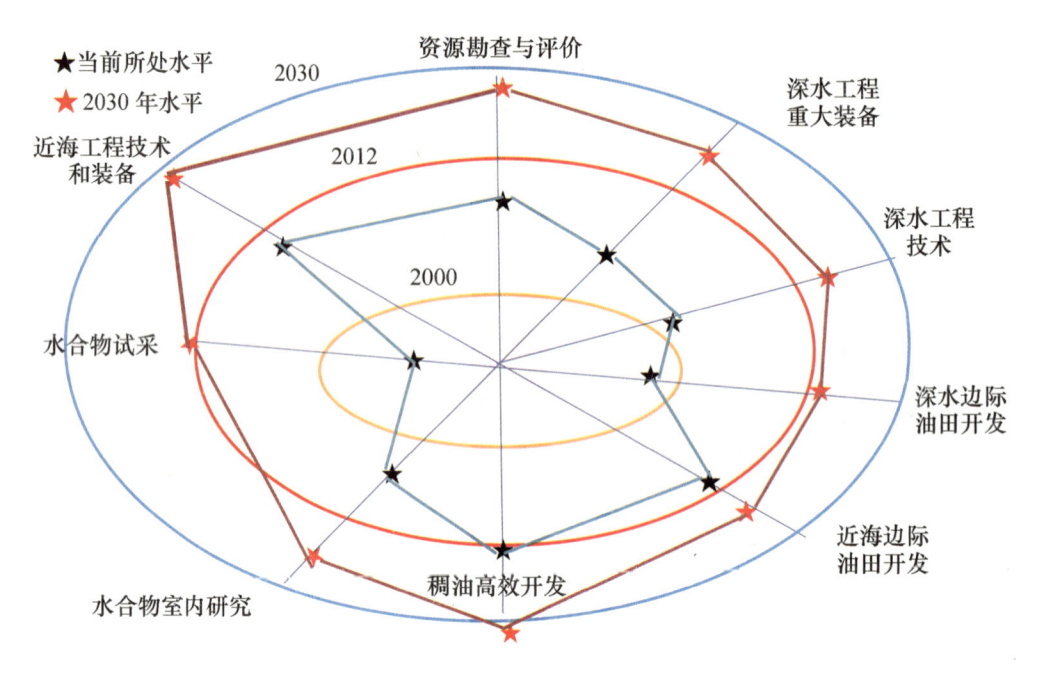

图 1-5-4　海洋能源工程战略目标

三、战略任务与发展重点

战略任务包括以下 6 个方面：①深水勘探与评价技术；② 近海复杂油气藏勘探技术；③海洋能源工程技术；④深水工程重大装备；⑤深水应急救援装备和技术；⑥天然气水合物目标勘探与试验开采技术。

（一）深水勘探与评价技术

南海深水区是我国海上油气勘探的一个重要的战场，将是"十二五"期间重要的油气勘探研究区，需重点发展深水地震采集、高信噪比与高分辨率地震处理及崎岖海底地震资料成像处理等关键技术。此外，还需发展下列勘探研究技术：①南海北部深水区大中型油气田形成条件与分布预测；② 南海北部深水区盆地构造—热演化；③南海北部深水区富烃凹陷识别与评价技术；④深水区生物气、稠油降解气的形成机理和评价技术；⑤深水区碎屑岩及碳酸盐储层预测技术方法；⑥深水区烃类检测技术；⑦深水区勘探目标评价技术；⑧深水常温常压油气层测试技术；⑨西沙海域油气地质综合研究及有利勘探区带评价；⑩南沙海域油气地质综合研究和综合评价技术。

（二）近海复杂油气藏勘探技术

主要包括以下 7 个方面：①中国近海"三低"油气层和深层油气勘探技术；

②隐蔽油气藏识别及勘探技术；③高温高压天然气勘探技术；④中国近海中古生界残留盆地特征及油气潜力评价技术；⑤中国海域地球物理勘探关键技术；⑥中国海域油气勘探井筒作业关键技术；⑦非常规油气勘探技术。

（三）海洋能源工程技术

1. 海上稠油开发新技术

（1）完善4套技术体系：①海上开发地震技术体系；②海上油田丛式井网整体加密及综合调整技术体系；③多枝导流适度出砂技术体系；④海上稠油化学驱油技术体系。

（2）探索并初步形成一套海上稠油热采技术体系。

（3）形成一套完善的海上稠油高效开发新模式：①海上稠油油田水驱高效开发新模式；②海上稠油油田化学驱高效开发新模式；③海上稠油热采高效开发新模式。

2. 深水海洋工程技术

①深水钻完井技术；②深水平台技术；③深水水下生产设施国产化；④深水流动安全技术；⑤深水海底管道和立管技术；⑥深水动力环境和工程地质调查分析技术。

3. 海上边际油田开发工程技术

①海上简易平台技术；②海上平台简易油气水处理技术；③海底集输管道技术；④简易水下设施。

（四）深水工程重大装备

①深水物探设施；②深水工程勘察船；③深水钻井船；④深水铺管船；⑤深水作业支持船。

（五）深水应急救援装备和技术

①常压潜水技术；②作业型水下机器人；③海上溢油事故处理技术；④海上应急救援装备

（六）天然气水合物目标勘探与试验开采技术

①天然气水合物目标勘探与评价技术；②天然气水合物室内机理研究；③天然气水合物成藏机理；④天然气水合物钻探取样技术；⑤天然气试验开采技术。

四、发展路线图

力争到 2050 年，使我国海洋能源工程技术总体水平达到国际先进，部分领域达到国际领先，为建设海洋强国提供技术支撑（图 1-5-5）。

发展目标

- 建成 1 个深水远程补给基地
- 形成海上油田高效开发新模式
- 建立 3 000 米深水工程设计技术、装备和标准体系
- 初步建立海上应急救援体系
- 深水油气勘探理论初步形成
- 水合物勘探有初步成果
- 形成成熟的海上油田高效开发新模式
- 深水工程技术跻身世界先进 初步建立深水应急救援体系
- 具备海上水合物试开采能力
- 建成稠油大庆，海上大庆
- 建立深水油气田勘探开发技术体系、试验基地和监测检测技术体系
- 海上大型生产及工程作业装备全面实现国产化
- 形成配套产业链

重点任务

六大科技专项：
- 深水油气勘探技术
- 深水油气开发工程技术
- 海上稠油油田高效开发技术
- 海上天然气水合物目标勘探与试采技术
- 深水环境立体监测及风险评价技术
- 深水施工作业与应急救援技术

一三三工程：
- 一支深海船队
  (1) 深水勘探装备
  (2) 深水生产设施
  (3) 海洋应急救援装备
  (4) 深水远程补给装备
- 三个示范工程
  (1) 深水油气勘探开发示范工程
  (2) 海上稠油高效开发示范工程
  (3) 天然气水合物安全试采工程
- 三个深远海补给基地

关键技术

- 深水工程重大装备设计建造安装技术
- 海上施工及应急救援技术

- 海上稠油高效开发技术
- 油田丛式井网整体加密及综合调整，多枝导流适度出砂，化学驱技术和热采技术

- 海上能源勘探技术
- "三低"油气层和深层油气
- 隐蔽油气藏、高温高压天然气藏勘探技术
- 深水高精度地震采集处理技术

- 深水工程技术
- 深水钻完井工程技术
- 深水平台设计建造安装技术
- 水下生产技术
- 深水流动安全技术
- 深水海底管道和立管设计技术

- 天然气水合物目标勘探与试开采
- 天然气水合物资源勘探与储量评价
- 天然气水合物基础物性及开采模拟
- 天然气水合物试开采技术
- 天然气水合物环境影响评价

- 移动采储设施研究
- 固定式平台简易化
- 边际油田新工艺新设备研究
- 区域规划及相关配套技术研究

- 持续完善技术升级
- 逐步形成配套产业链和产、学、研、用科技转化基地

2015 年　　2020 年　　2030 年　　2050 年

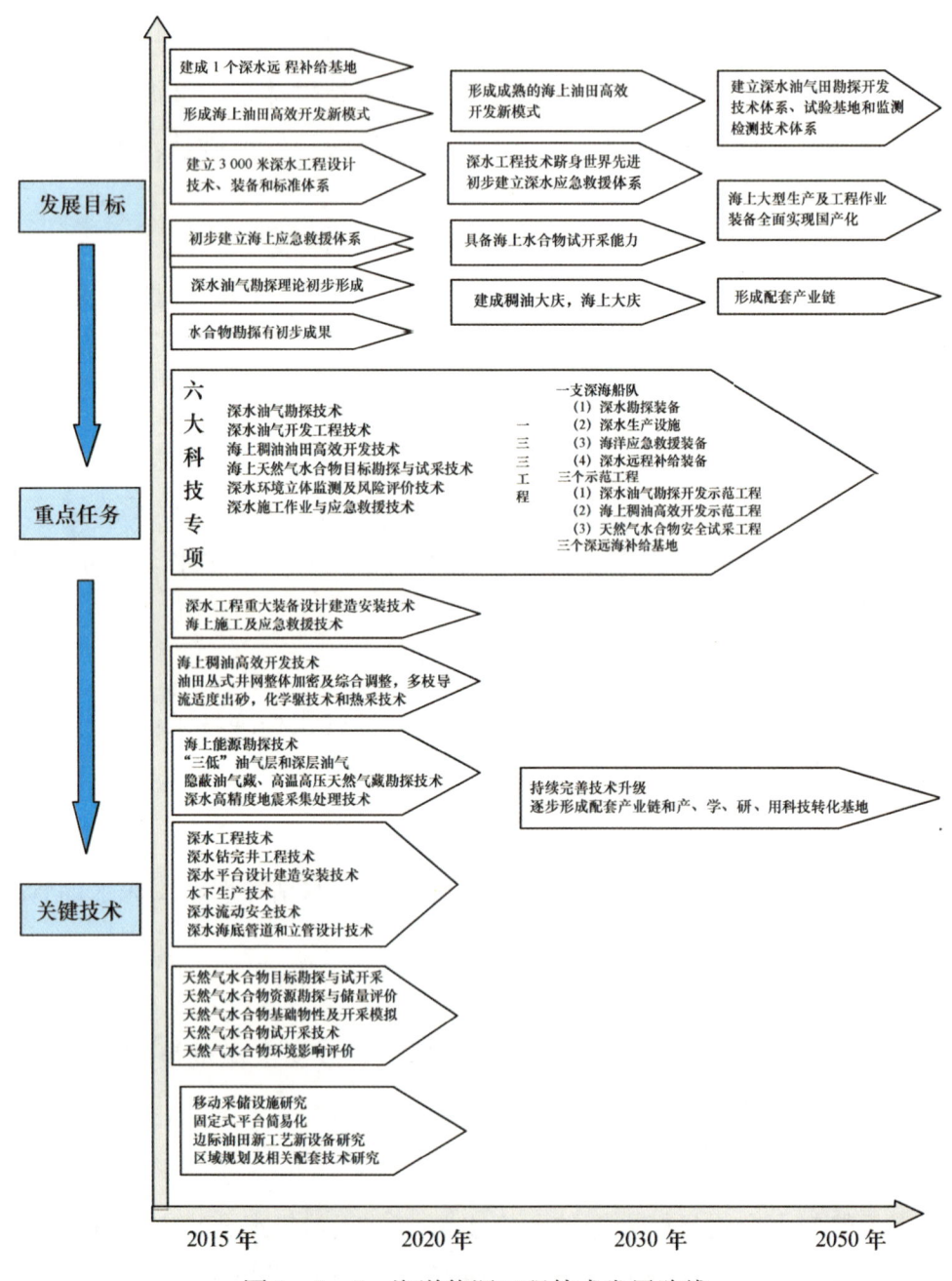

图 1-5-5　海洋能源工程技术发展路线

第六章　海洋能源工程与科技发展战略任务

海洋能源工程科技发展战略重点有 7 项：①突破深水能源勘探开发核心技术；②形成经济高效海上边际油田开发工程技术；③建立海上稠油油田高效开发技术体系；④建立深水工程作业船队；⑤军民融合建立深远海补给基地；⑥探索海上天然气水合物钻探与试验开采技术；⑦逐步建立海上应急救援技术装备。

一、突破深水能源勘探开发核心技术

虽然我国深水油气资源勘探开发工程技术起步较晚，中国海洋石油总公司采用引进消化、吸收和再创新的技术思路，依托"十五"、"十一五"国家重大专项课题、国家 863 计划以及中海油自立科研课题，联合国内外深水工程技术方面的著名科研院所进行技术攻关，初步搭建了深水油气田开发工程技术体系构架，突破了深水油田开发工程总体方案和概念设计技术，突破了海洋深水油气田开发工程实验核心技术，研制了一批深水油气田开发工程所需装备、设备样机和产品，研制了用于深水油气田开发工程的监测、检测系统，部分研究成果已成功应用于我国乃至海外的深水油气田开发工程项目中，取得了显著的经济效益。同时，通过"十一五"的技术攻关，已经建立了一支涵盖深水油气田开发工程各个领域的专业队伍，培养了一批在深水工程技术领域拔尖的专业人才，为我国南海深水油气田开发打下了坚实的基础，逐步缩小了与国外深水工程技术的差距。即将在南海投产的荔湾 3-1 深水气田（水深 1 480 米）工程项目以及尼日利亚 OML-130 深水油田（水深 1 800 米）工程项目也已充分证明，采用和国外公司合作开发南海油气资源是完全可行的，在技术上已经基本成熟。

目前，深水技术仍然是制约我国海上油气开发的核心技术。因此，将加大研究力度，力争到 2020 年，突破海洋深水能源勘探开发核心技术，初步建立具有自主知识产权的深水能源勘探开发技术体系，实现深水油气田勘探开发技术由 300~3 000 米水深的重点跨越，初步具备自主开发深水大型油气田的工程技术能力（图 1-6-1），为我国深水油气田的开发和安全运行提供技术支撑和保障。

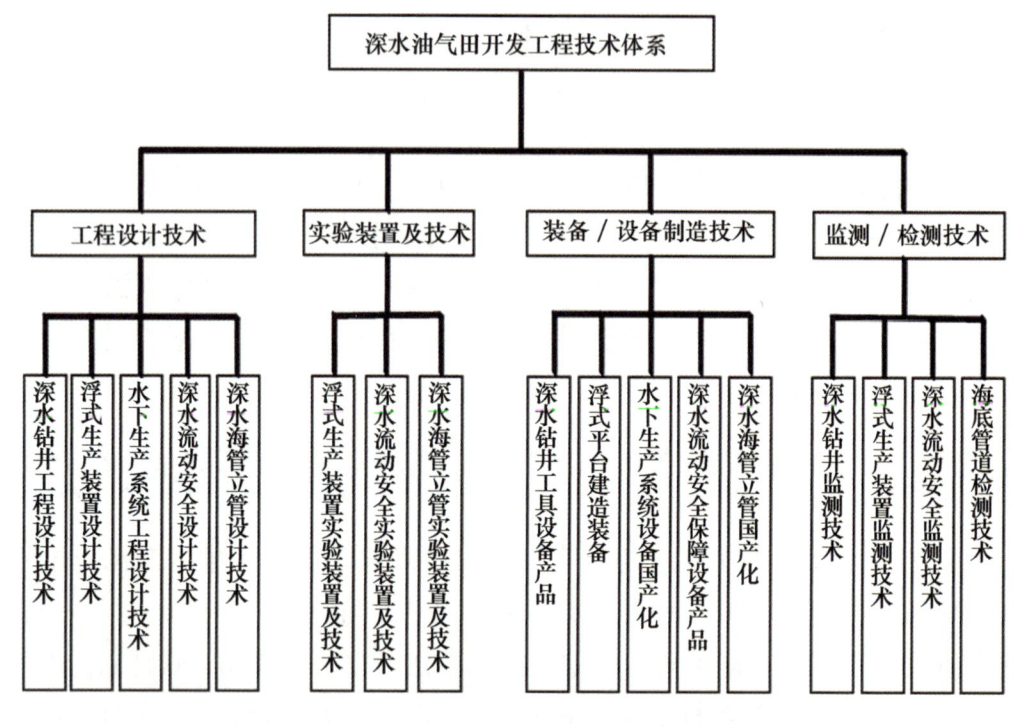

图 1-6-1 深水工程技术核心技术体系

突破深水工程七大核心技术：①深水环境荷载和风险评估；②深水钻完井设施及技术；③深水平台及系泊技术；④水下生产技术；⑤深水流动安全保障技术；⑥深水海底管道和立管技术；⑦深水施工安装及施工技术。

（一）深水环境荷载和风险评估

开展深水陆坡区域环境灾害和工程地质灾害的勘察/识别技术研究，以深水海床原位静力触探实验 CPT（Cone Penetration Test）为主形成深水工程勘察装备，开展深水陆坡区域环境灾害和工程地质灾害的勘察/识别技术研究，建立深水灾害地质勘察和环境风险评价技术系统。

（二）深水钻完井工程技术

重点突破深水井壁稳定性技术、深水测试技术、深水钻井井控及水力参数设计技术、深水钻井液及水泥浆技术、深水隔水管技术、深水完井测试技术、随钻测井、智能完井、深水钻井弃井工具等深水钻井工程关键技术，形成具有自主知识产权的深水钻完井基本设计技术，形成具有自主知识产权的深水钻完井成套工程软硬件技术系列。

（三）深水平台及系泊技术

开展适合于我国南海海洋环境条件的深水浮式新型平台和船型开发，开展浮式平台的基本设计技术研究，形成浮式平台的设计能力，形成具有自主知识产权的工程设计软件和设计方法，加快深水平台现场监测装置研制，建立深水平台海上现场监测系统，形成具有自主知识产权的深水平台成套工程软硬件技术系列。

（四）水下生产技术

加快水下生产系统国产化研制，尤其是在南海海域特殊的环境条件和政治形势下，加快水下生产系统的推广应用显得尤为必要，水下生产系统可以适当减少水面设施，减少恶劣环境条件的影响，可以依托海上浮式装置开发附近周边的油气田，扩大油气田开发的范围，有助于加快南海深水油气田的开发步伐。

（五）深水流动安全保障技术

针对南海特殊的海洋环境条件、深水油气田独有的低温高压环境以及我国南海深水油气田具有的复杂油气藏特性和复杂的地形所带来的流动安全问题继续开展深水流动安全核心关键技术研究，建立深水油气田开发流动安全保障中试试验基地，建立深水流动安全海上检测/监测系统，开展深水流动安全基本设计技术研究，形成基本设计能力，建立流动安全设计和运行一体的流动安全管理体系；进一步开展水下湿气压缩机、水下高效分离、水下安全可靠的多相泵等设备研制，形成具有自主知识产权的深水流动安全软硬件技术系列，服务于南海深远海油气田的开发。

（六）深水海底管道和立管技术

针对南海特殊的海洋环境条件，开展深水海底管道和立管基本设计技术研究，形成深水海底管道和立管的设计能力，形成具有自主知识产权的工程设计软件和设计方法，加快具有自主知识产权的柔性软管及湿式保温材料研制，建立深水海底管道和立管检测/监测系统，形成具有自主知识产权的深水海底管道和立管成套工程软硬件技术系列。

（七）深水施工安装及施工技术

针对南海特殊的海洋环境条件，开展深水平台、海底管道和立管、电缆、脐带缆、水下设备安装设施和配套作业技术研究，具备自主进行深水海上施工作业能力的建造和安装基地。

二、形成经济高效海上边际油田开发工程技术

（1）推进以"三一模式"和"蜜蜂模式"为主的近海边际油气田开发技术，探索深水边际油气田开发新技术。包括：中深水简易平台建造、小型 FPSO 应用相关技术、水下储油移动采储设施和简易水下生产设施。

（2）加快中深水、深水简易平台、简易水下设施研制和开发力度。

三、建立海上稠油油田高效开发技术体系

建立以海上稠油注聚开发技术体系，实现稳油控水、开展深度调剖技术、适度防砂技术研究，进一步提高油田采收率，开展提高采收率新技术探索（图 1-6-3），包括：①海上油田早期注聚技术；②多枝导流适度出砂稠油开发技术；③高性能长效聚合物驱油剂合成技术；④海上丛式井网整体加密综合调整技术；⑤海上油田开发地震技术；⑥多元热流体海上热采技术探索。

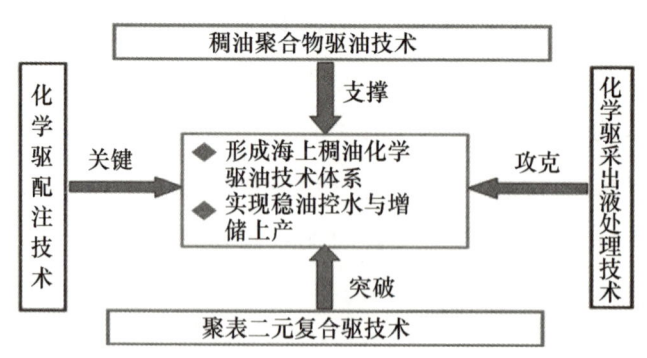

图 1-6-2 海上稠油开发技术体系

四、建立深水工程作业船队

2020 年建立为 3 000 米水深作业装备为主体的深水工程作业船队，全面

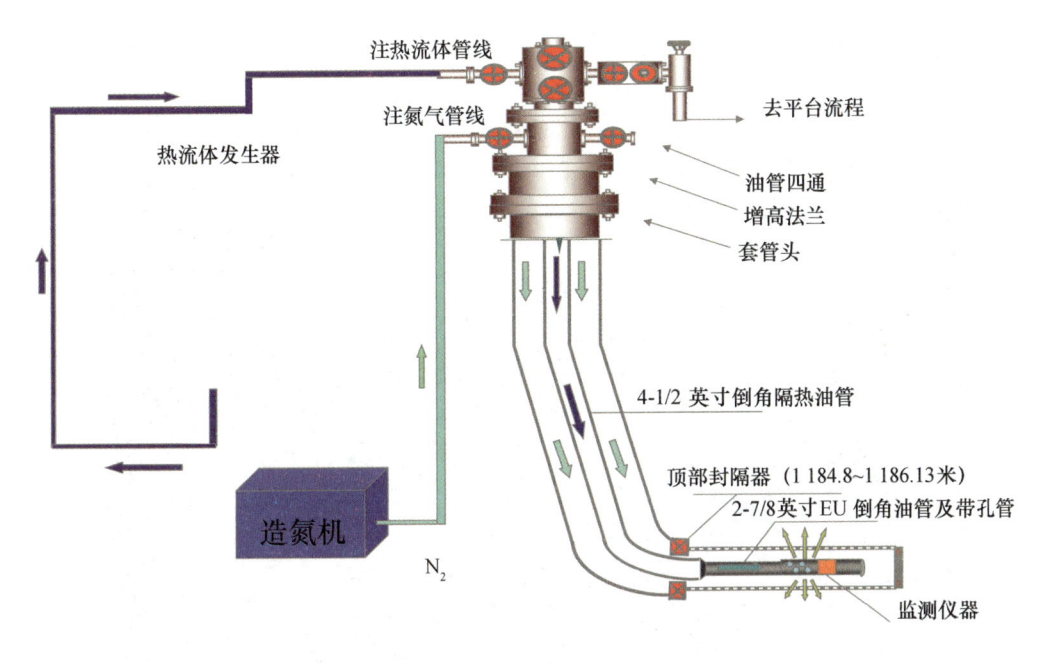

图 1-6-3　海上稠油热采技术体系

提升我国深水油气田开发技术能力和装备水平。

（1）目前已建成重大装备：①3000米深水半潜式钻井平台"海洋石油981"；②深水铺管船"海洋石油201"；③深水勘察船"海洋石油708"；④深水物探船"海洋石油720"；⑤750米深水钻井船（"先锋"、"创新"号）。

（2）目前在建重大装备：①多功能自动定位船；②5万吨半潜式自航工程船；③1 500米深水钻井船（"Prospector"）；④750米深水钻井船（"Promoter"）。

（3）在研究重大装备：①2×8 000吨起重铺管船；②FLNG；③FDPSO。

五、军民融合建立深远海补给基地

军民融合、统筹规划，加快南海岛礁、岛屿建设，有利保障军民深远海补给。尽快启动南沙海域岸基支持的选址与建设。

根据目前形势，应逐步建成停靠和燃油补给线路，即深圳市—永兴岛—美济礁线路（图1-6-4和表1-6-1）。地理位置上，永兴岛距深圳市655千米，距三亚市333千米，距美济礁802千米；美济礁距三亚市1 084千米；永乐群岛位于永兴岛西南82千米；美济礁位于太平岛西部112千米。因此，建议重点建设以下岛礁。

图 1-6-4 南海重要岛礁位置

表 1-6-1 我国南海重要岛礁信息简表

岛礁名称	北纬	东经	备注
永兴岛	16°50′0″	112°20′0″	中国控制
南薇滩	7°50′0″	111°40′0″	越南占据
琼台礁	4°59′0″	112°37′0″	刚发现
美济礁	9°54′0″	115°32′0″	中国控制
永暑礁	9°37′0″	112°58′0″	中国控制
渚碧礁	10°54′0″	114°06′0″	中国控制
南熏礁	10°10′0″	114°15′0″	中国控制
黄岩岛	15°12′0″	117°46′0″	中国控制
隐矶礁	16°3′0″	114°56′0″	中国控制
太平岛	10°22′38″	114°21′59″	中国台湾控制
南岩	15°08′0″	117°48′0″	中国控制

（1）永兴岛。作为美济礁或永暑礁综合补给基地的中转站，也可直接服务于中建南盆地油气资源勘探开发（图1-6-5）。

图1-6-5 永兴岛鸟瞰图

（2）美济礁或永暑礁。直接或间接服务南部盆地（万安、曾母、文莱-沙巴、礼乐、北康、南薇），可分期建设。在环礁上规划建设基地，或建造一艘30万吨级浮式综合装置。具备生活、发电、储油、造淡、维修、仓储等功能。具备1 000人居住、10万吨储油、2万吨储水、备件材料仓储和维修工作区（图1-6-6）。

（3）黄岩岛。黄岩岛位于我南海东大门，适合建设海洋气象综合观测站。2012年5—6月，国家海洋局已完成对黄岩岛及附近海域（礁盘、潟湖）的环境、地貌等基础数据的精密调查测量，为实际控制和进驻做好了技术上的前期准备。可考虑选择黄岩岛作为基地，黄岩岛作为菲律宾附近重要的岛屿，具备极其重要的战略地位，今后可覆盖周边的盆地（笔架南等）。礁盘周围水深10~20米、礁盘周缘长55千米，潟湖水深20~44米、潟湖面积130平方千米（图1-6-7）。

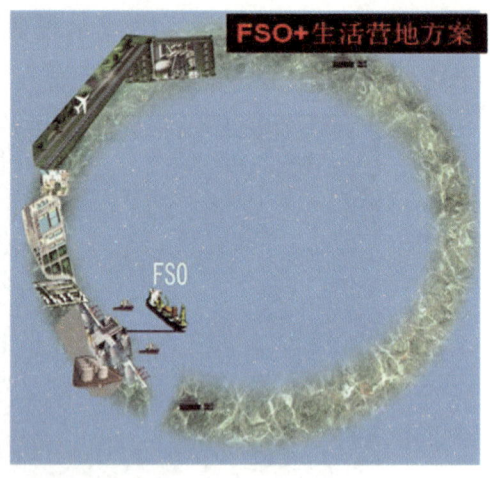

图 1-6-6　岛屿建设思路

图 1-6-7　黄岩岛位置

六、稳步推进海域天然气水合物目标勘探和试采

建立较为完善的天然气水合物地球物理勘探和试验开采实验研究基地，圈定天然气水合物藏分布区，对成矿区带和天然气藏进行资源评价，锁定富集区、规避风险、促成试采。通过实施钻探提供 1~2 个天然气水合物新能源后备基地，2016—2018 年，具备海上天然气水合物试验性开采技术能力，研制集成天然气水合物探测技术体系，开展试采技术和风险评价研究，规避风险、促成试采，为实现天然气水合物的商业开发提供技术支撑。

（一）海域天然气水合物探测与资源评价

在我国海域天然气水合物重点成矿区带实施以综合地质、地球物理、地球化学、钻探等为主的水合物资源普查，圈定天然气水合物藏分布区；进行成矿区带和天然气藏资源评价，查明其资源分布状况；详查并优选有利目标，针对重点目标实施钻探，实现天然气水合物勘查与资源评价突破，为国家提供1~2个天然气水合物新能源后备基地。

（二）海上天然气水合物试采工程

围绕海上天然气水合物试验性开发，重点开展锁定富集区和海上试验性开采两部分工作，初步形成具有自主知识产权从室内研究到海上试采专业配套的海上天然气水合物勘探、开发、工程的技术体系，完成15~20口水合物藏探井和评价井钻探，建造我国第一艘天然气水合物试采船，实施海上天然气水合物试采工程，为天然气水合物的商业开发做好技术支撑。

（三）天然气水合物环境效应

研究天然气水合物与海底构造变动、海平面变迁、古气候变化之间的关系，探讨天然气水合物在环境地质和灾害地质中的作用及影响。开展含水合物沉积物力学特性实验与分析技术、海底水合物区局部环境监测与分析技术、南海北部水合物与海底滑坡之间的关系研究、深水水合物区钻探过程风险控制技术、天然气水合物储层与结构物相互作用及安全性研究、天然气水合物分解对海洋和大气环境的影响分析技术、形成深水水合物环境影响评价技术。

七、逐步建立海上应急救援技术装备

开展海上应急救援装备研制，重点包括以下4个方面：①载人潜水器、重装潜水服；②遥控水下机器人（ROV）；③智能作业机器人（AUV）；④应急救援装备以及生命维持系统。

加快应急救援技术研究，建立应急救援技术和装备体系。

第七章　保障措施与政策建议

一、保障措施

战略规划的制定既要结合当前实际，也要放眼未来需求；同时，战略规划的执行必须有一个长期可持续发展科技发展体系、产、学、研、用一体化机制做保障。技术创新需要与管理创新相结合，以适应未来发展的需要。

（一）加大海洋科技投入

建立国家层面的稳定投入机制。通过政府财政资金的合理配置和引导，建立多渠道、多元化的投融资渠道，增加全社会对于海洋能源领域研究的科技投入。适应财政制度改革的形势，积极争取和安排好海洋科技专项资金。充分利用和调动社会资源；加大对科技创新体系建设的投入，重大科技项目的实施要与科技创新体系建设相结合。

（二）建立科技资源共享机制

进一步推进海洋领域各个部门资源共享机制建设，根据"整合、共享、完善、提高"的原则，制定重大设备、数据共享相关管理规定，完善共享标准。建立和完善海洋科学考察和调查船舶共享机制，鼓励一船多用、多学科结合。加强科技资源共享机制建设，充分发挥科技资源在基础研究中的作用。广泛开展跨学科海洋科技合作与交流，推进综合性科技合作机制建设。

（三）扩大海洋领域的国际合作

充分利用全球科技资源，建立新型海洋科技合作机制。积极参与国际海洋领域重大科学计划，与世界高水平的大学、研究院所，探索建立长效的、高水平的合作与交流机制。落实政府间海洋科技合作协定，拓展工作渠道，形成政府搭台，研发机构、大学、企业等主体作用充分发挥的国际海洋科技合作局面，支持我国科学家在重大国际合作项目中担任重要职务。

（四）营造科技成果转化和产业化环境

加速海洋领域科研成果转化，促进海洋能源产业集约式发展。大力组织推广研究成果，加强对科技成果转化的管理与支持。建立促进大学和研究机构围绕企业需求开展创新活动的机制。鼓励社会团体和中介组织参与海洋科技协同创新及成果推广应用。

（五）培育高水平高技术人才队伍

坚持人才为本，加强人才培养和引进力度，营造有利于鼓励创新的研究环境，推动深海领域优秀创新人才群体和创新团队的形成与发展。结合深海重大项目实施以及国家深海技术公共平台和重点学科建设，带动创新人才的培养，力争在深海基础研究和高技术研究领域，造就一批高水平的科技专家和具有全球思维的战略科学家。

（六）发展海洋文化和培育海洋意识

海洋工程的发展离不开广大群众对海洋的理解和认识。因此，需要通过多种形式的教育和宣传手段，普及海洋知识，发展海洋文化，让海洋意识根植于普通民众，这样后期发展海洋工程和科技才能得到更多人们的理解和支持

（七）健全科研管理体制

建立相应评估和信用制度，从制度上避免科研创新潜在风险。完善长效考核机制，提高科研在考核中的比重。

二、政策建议

（一）成立海洋工程战略研究机构

根据习总书记国防建设与经济建设统筹、军民融合发展的指示精神，建议中国工程院、总装总参海军、能源企业成立海洋工程战略研究机构，就军民两用高科技项目联合攻关。

（二）建立国家级深水开发研究基地

整合国内外深水工程方面的优势力量，建设具有世界先进水平的国家级实验室/研发中心/技术中心，全面提升自主研发设计、专业化制造以及

关键配套技术水平，大力完善以企业为主体的技术创新体系；建立"产、学、研、用"科研转化机制，构建人才和创业平台。

（三）出台海洋能源开发的优惠政策

海上边际油气田、剩余油开发税收优惠政策、深水油气和天然气水合物资源开发减免进口税政策，例如税收优惠，新技术、节能减排技术、国产化关键设备应用的财政补贴等。

（四）建设有利于我国海洋工程与科技发展的海洋国际环境

海洋作为世界面积的主要构成部分，其也是连接各个国家和地区的枢纽。开发海洋资源必须全面考虑周边国家的有利和不利影响。为了更好地开发我国海洋资源，尤其是东海和南海地区资源，就必须处理好与东亚、东南亚和南亚诸国的关系，营造有利于我国海洋工程与科技发展的海洋国际环境，形成"双赢"、"多赢"的国际合作局面。

第八章　重大海洋工程和科技专项

围绕海洋能源开发的迫切需求，从国家层面围绕海洋能源工程重点领域开展重大科技专项、重大装备与示范工程一体化科技攻关策略，实现产、学、研、用一体化科技创新思路和科技成果转化机制，带动海洋能源工程上下游产业链的发展。

一、重点领域和科技专项

（一）海洋能源科技战略将围绕三大核心技术领域

（1）海洋能源勘探与评价技术。

（2）海洋能源开发工程。

（3）海洋能源重大工程装备。

（二）开展七大科技专项攻关

（1）深水油气勘探技术。需要重点发展以下关键性技术：深水地震采集、高信噪比与高分辨率处理以及崎岖海底地震资料成像处理等关键技术。

（2）深水油气开发工程技术。重点突破深水钻完井、平台、水下设施、流动安全和海底管道关键技术，包括设计技术、试验技术、建造安装与调试技术以及运行管理技术。

（3）海上稠油油田高效开发技术。重点开展海上油田整体加密调整技术、多枝导流适度出砂技术、海上油田化学驱油技术、海上稠油热采技术研究。

（4）海上天然气水合物目标勘探与试验开采技术。重点开展水合物地球物理勘探技术、海上钻探取样、室内试验研究、试验开采关键技术、风险评价技术。

（5）深水环境立体监测及风险评价技术。包括海洋立体监测系统、海底观测技术、内波等复杂动力环境系统、工程地质勘察与评价技术。

（6）深水施工作业技术。包括深水平台安装、水下设施安全、海底管道安装、水下设施的更换与维护技术等。

（7）海上应急救援技术。包括常压潜水、重型作业技术、深潜救生、溢油处理、海上突发事故处理技术等。

二、重大海洋工程

在核心技术攻关的基础上，提出海洋能源重大工程建议——"一三三"工程。

（一）1支深海船队

配置深水勘探装备、深水生产设施、海洋应急救援装备、深水远程补给装备。

（二）3个示范工程

（1）深水油气勘探开发示范工程。

（2）海上稠油高效开发示范工程。

（3）天然气水合物安全试采工程。

（三）3个深远海基地——深海远程军民共建基地

扩建永兴岛，建立美济礁（或永暑礁）、黄岩岛综合补给基地，服务军民，形成辐射南海深水的中远程补给基地，为国防安全、能源安全提供保障。

主要参考文献

2010. 海上工程设计指南. 北京：中国石化出版社.
2012. 海洋工程技术论文集. 北京：中国石化出版社.
2012. 水下生产技术. 北京：中国石化出版社.
董绍华. 2009. 管道完整性管理概论. 北京：石油工业出版社.
傅诚德. 2009. 石油科学技术发展对策与思考. 北京：石油工业出版社.
金庆焕. 2010. 天然气水合物资源概论. 北京：科学出版社.

主要执笔人

周守为	中国海洋石油总公司	中国工程院院士
李清平	中海油研究总院	教授级高工
张厚和	中海油研究总院	教授级高工
谢　彬	中海油研究总院	教授级高工
李志刚	中国海洋工程股份有限公司	教授级高工
刘　健	中海油研究总院	高　工

第二部分
中国海洋能源工程科技发展战略研究专业领域报告

专业领域一　我国海洋资源勘查与评价技术发展战略

第一章　我国海洋资源勘查与评价技术战略需求

进入 21 世纪以来，世界经济进入新的发展周期，各国对石油天然气资源的需求持续上升。面对巨大的能源需求，世界范围内的油气产能建设和油气生产却相对不足，特别是我国在当前经济快速发展的情况下，石油供应量不足已成为一个突出的问题，国内石油产量已难以满足国民经济发展的需求。2012 年我国原油净进口量达到 2.84 亿吨，而当年全国石油产量为 2.05 亿吨，进口量远超产量。在油气严重依赖进口的形势下，国内油气生产还表现出后备资源储量不足的矛盾。

我国海洋石油工业肩负着缓解国家经济发展带来的巨大能源供需矛盾，保障国家能源安全的重任，已取得了令人瞩目的成就。特别是近年来，以海洋资源勘查与评价技术的不断进步为引领，在坚持寻找大中型油气田勘探思路的指导下，兼顾滚动勘探，以促进石油储量稳步增长、天然气储量快速增长为目标，海洋油气自营勘探商业成功率一直保持在较高水平，油气储量增长进入新的高峰期，为我国海洋石油工业的快速和可持续发展奠定了坚实的物质基础。同时，随着海洋资源勘查工作的逐步深入和发展，勘查风险进一步加大，勘查难度进一步增加，勘查形势不容乐观。为此，必须依靠科技进步，以油气勘探新理论为指导，以新方法、新技术的推广和新装备的建造为依托，努力寻求油气勘探的新发现和新突破，力求不断改进资源结构、促进勘探工作良性循环、进一步提高勘探经济效益、降低勘探风险、推动公司和谐快速稳步发展。

在石油战略资源相对短缺、供给不足、需求上升的历史新时期，开展我国海洋油气资源勘查与评价技术发展战略研究，有利于正确认识我国海洋油气资源潜力，摸清资源家底，认清海洋油气资源分布状况和赋存特征，为国家制定油气能源发展战略、编制中长期规划、加强宏观管理和政策指导提供决策依据，为国民经济的可持续发展提供油气资源保障。

第二章　我国海洋资源勘查与评价技术发展现状

一、我国海洋油气资源勘探现状与资源潜力

我国海域从北到南划分为五大海区，包括渤海、黄海、东海、南海、台湾以东太平洋海区（指琉球群岛以南、巴士海峡以东海区），前 4 个海区总面积约 473 万平方千米。我国传统海域辖区总面积约 300 万平方千米，近海大陆架面积约 130 万平方千米；以 300 米水深为界，浅水区面积约 125 万平方千米、深水区面积约 175 万平方千米。

（一）沉积盆地发育，类型多样

我国海域可供油气勘探的盆地主要有 26 个，面积累计 183.5 万平方千米；其中近海盆地 10 个，面积累计 105.0 万平方千米。目前，我国油气勘探工作主要集中在 7 个近海盆地，即渤海湾（渤海海域部分）、南黄海、东海、珠江口、琼东南、莺歌海、北部湾盆地，总面积 89.9 万平方千米（图 2-1-1）。

我国海域沉积盆地区域上隶属西太平洋活动大陆的边缘，处于太平洋板块、印度—澳大利亚板块、欧亚板块三大巨型岩石圈板块交汇带，是世界上少有的复杂构造区之一。三大板块的相互作用使该区地壳受到多方面构造应力影响，新生代地壳发生拉张、裂解、漂移和聚敛、碰撞等构造演化，形成了一系列大中型沉积盆地。这些盆地总体具有活动大陆边缘盆地的属性，与大西洋典型被动陆缘盆地不同，它们具有较强的活动性，新中生代经历过多幕次的拉张、挤压、扭动，发生多期断裂、差异沉降、隆起剥蚀和火山活动，沉降中心（或沉降轴）由陆向海迁移明显，有些陆缘外侧晚期剧烈沉降。

我国海域沉积盆地可分为多种类型：①克拉通内裂谷盆地，以古近系半地堑沉积为主，经破裂不整合，其上覆盖新近系坳陷层序，形成双层结

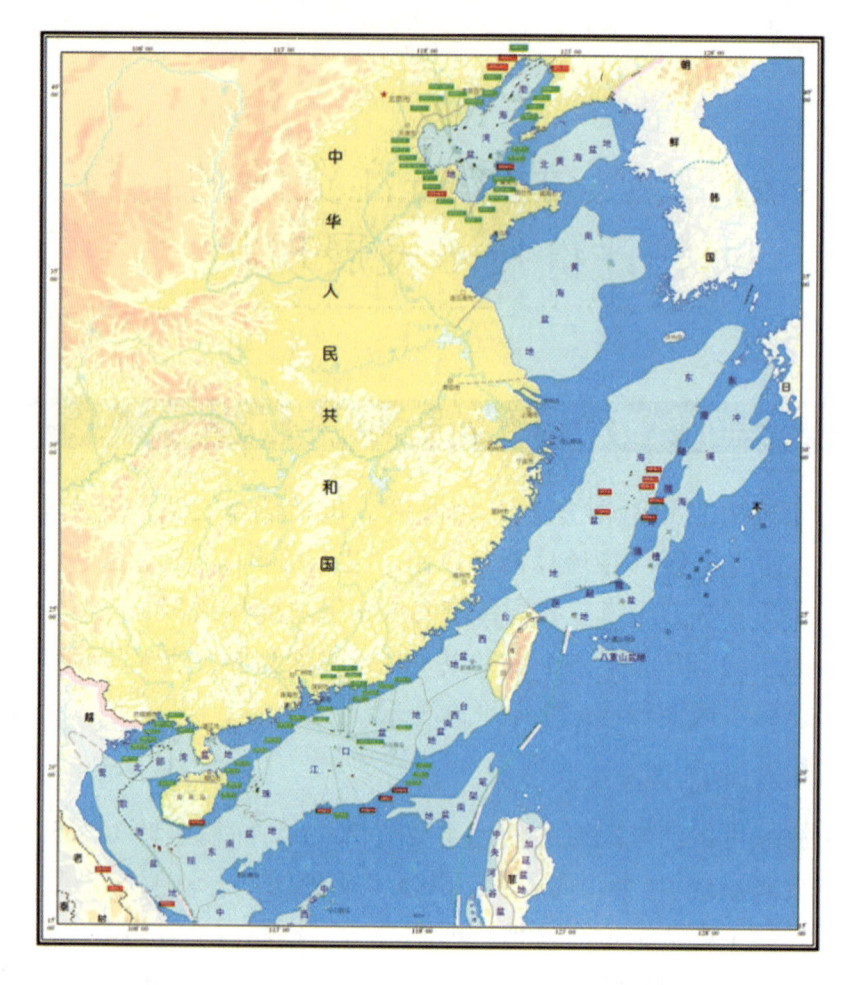

图 2-1-1 我国近海沉积盆地与主要油气田分布

构,如渤海湾盆地、南黄海盆地、北部湾盆地、珠江口盆地。②聚敛型陆缘盆地,内侧以断陷层序为主,外侧以坳陷或断坳层序为主,如东海盆地、文莱-沙巴盆地。③离散型盆地,陆缘外侧晚期沉降幅度大,在陆架坡折带外,海水迅速加深,如琼东南盆地、南薇西盆地、安渡北盆地、礼乐盆地。④走滑拉张型陆缘盆地,呈断坳型,沉积巨厚,古近系盆地两侧为对偶断裂的断陷,新近系坳陷层序巨厚,如莺歌海盆地、万安盆地。⑤复合型盆地,其发育过程有明显的阶段性,不同阶段受不同的应力场控制,表现为先张后拉或先压后张的特征,如曾母盆地。

(二)油气勘查作业集中在近海,勘查程度总体较低

近年来,我国海域油气勘探工作量大幅度增加。截至 2011 年年底,中

国海洋石油总公司累计采集二维地震 103.16 万平方千米、三维地震 12.16 万平方千米；自营与合作累计完成探井 1 433 口，其中预探井 880 口、评价井 553 口，累计进尺 381.774 4 万米；另有其他探井 52 口。探井主要分布于渤海、珠江口、北部湾、莺歌海、琼东南、东海、南黄海 7 个盆地。获油气发现 311 个，累计探明地质储量分别为石油 42.66 亿立方米（38.94 亿吨）、天然气 7 877.71 亿立方米，累计发现三级地质储量分别为石油 63.56 亿立方米（57.93 亿吨）、天然气 17 503.68 亿立方米。2011 年中国近海石油产量达到 4 319 万立方米（3 894 万吨），天然气产量达到 111 亿立方米。

（三）油气资源潜力巨大，发现程度相对较低

根据 2005 年新一轮全国油气资源评价结果，结合 2008—2010 年国土资源部组织完成的渤海、南海北部深水区、北部湾盆地油气资源动态评价成果，中国海域主要沉积盆地石油远景资源量为 389.58 亿吨、地质资源量为 268.94 亿吨，天然气远景资源量为 317.046 千亿立方米、地质远景资源量为 195.461 千亿立方米（表 2-1-1）。

表 2-1-1　中国海域主要盆地石油、天然气资源量

海区	盆地	地理环境（水深）	评价面积/米²	石油地质资源量/亿吨 95%	50%	5%	期望值	天然气地质资源量/亿米³ 95%	50%	5%	期望值
近海	渤海	浅水	41 585	66.80	80.57	99.93	82.66	5 722	8 225	12 926	8 821
	北黄海	浅水	30 692	0.56	1.92	4.54	2.16				
	南黄海	浅水	151 089	1.64	2.86	4.44	2.98	575	1 534	4 163	1847
	东海	浅水	241 001	4.42	6.97	9.88	7.23	23 096	35 141	51 028	36 361
	台西-台西南	浅水	103 779	0.52	1.53	3.96	1.85	984	1 855	3 638	2 052
	珠江口	浅水	115 525	11.47	17.65	24.49	17.56	1 840	3 162	4 640	3 192
		深水	85 063	0.32	5.50	13.33	5.71	6 936	15 786	27 670	16 419
		小计	200 588	11.79	23.15	37.82	23.27	8776	18 948	32 311	19 611
	琼东南	浅水	21 772	0.78	1.66	2.64	1.69	2 434	3 749	6 962	4 251
		深水	61 221					4 616	11 163	26 861	13 888
		小计	82 993	0.78	1.66	2.64	1.69	7050	14 912	33 823	18 139
	北部湾	浅水	34 348	11.29	13.50	18.12	13.95	938	1 249	1 904	1 323
	莺歌海	浅水	46 056					4 495	12 161	22 800	13 068
	冲绳海槽	深水	132 573	0.77	2.03	4.26	2.21	1 923	5 046	9 827	5 368

续表

海区	盆地	地理环境（水深）	评价面积/米²	石油地质资源量/亿吨				天然气地质资源量/亿米³			
				95%	50%	5%	期望值	95%	50%	5%	期望值
近海	合计	浅水	785 847	97.49	126.66	168.01	130.09	40 084	67 075	108 061	70 916
		深水	278 857	1.10	7.53	17.59	7.91	13 474	31 996	64 359	35 675
		合计	1 064 704	98.58	134.19	185.59	138.00	53 558	99 071	172 420	106 591
南海中南部	万安	浅水	38 402	4.78	11.63	18.46	11.63	2 486	6 666	11 399	6 832
		深水	16 750	2.07	4.86	7.70	4.87	1021	2 816	4 652	2 828
		小计	55 152	6.85	16.49	26.15	16.50	3 507	9 482	16 051	9 660
	曾母	浅水	96 203	13.90	29.50	46.11	29.80	12 925	33 730	55 725	34 087
		深水	23 036	1.79	4.15	6.96	4.29	3 527	9 351	15 798	9 538
		小计	119 239	15.69	33.65	53.06	34.08	16 453	43 081	71 523	43 625
	北康	浅水	3 653	0.45	1.10	1.76	1.10	274	775	1 274	774
		深水	55 570	5.15	12.69	20.38	12.74	3 407	8 937	14 816	9 042
		小计	59 223	5.60	13.79	22.14	13.84	3 681	9 711	16 090	9 816
	南薇西	浅水	2 162	0.18	0.37	0.59	0.38	75	155	242	157
		深水	45 876	3.81	7.81	12.62	8.05	1 351	2 826	4 439	2 867
		小计	48 038	3.99	8.18	13.21	8.43	1 426	2 981	4 680	3 024
	中建南	浅水	15 975	1.07	2.17	3.47	2.23	269	598	1 029	629
		深水	94 851	8.04	16.44	26.31	16.88	3 067	6 469	10 304	6 599
		小计	110 826	9.10	18.61	29.79	19.11	3 335	7 067	11 333	7 227
	礼乐	浅水	9 893	0.88	2.17	3.46	2.17	356	998	1 660	1 004
		深水	48 879	1.28	3.19	4.70	3.07	833	2 393	3 947	2 391
		小计	58 772	2.16	5.36	8.16	5.24	1188	3 391	5 607	3 395
	笔架南	深水	40 050	1.75	4.16	6.60	4.17	885	2 410	3 822	2 376
	永暑	深水	2 287	0.11	0.27	0.42	0.27	56	141	254	149
	南薇东	深水	5 762	0.29	0.69	1.09	0.69	94	242	404	246
	安渡北	深水	13 801	0.33	0.72	1.15	0.73	108	271	452	276
	九章	深水	14 651	0.13	0.28	0.45	0.28	50	125	200	125
	南沙海槽	浅水	232	0.00	0.02	0.03	0.02	3	9	15	9
		深水	46 773	0.47	1.57	2.49	1.52	331	896	1 449	892
		小计	47 005	0.47	1.59	2.51	1.53	335	905	1 463	901

续表

海区	盆地	地理环境（水深）	评价面积/米²	石油地质资源量/亿吨				天然气地质资源量/亿米³			
				95%	50%	5%	期望值	95%	50%	5%	期望值
南海中南部	文莱-沙巴	浅水	7 447	3.96	7.49	11.36	7.59	699	1 398	2 093	1 397
		深水	19 077	7.35	13.89	21.08	14.08	1 296	2 593	3 882	2 591
		小计	26 524	11.31	21.37	32.44	21.67	1 995	3 991	5 974	3 987
	西北巴拉望	浅水									
		深水	3 772	2.31	4.15	6.81	4.40	1 399	4 023	6 773	4 061
		小计	3 772	2.31	4.15	6.81	4.40	1 399	4 023	6 773	4 061
	合计	浅水	173 967	25.22	54.44	85.24	54.91	17 087	44 329	73 435	44 888
		深水	431 135	34.86	74.86	118.75	76.03	17 426	43 493	71 191	43 983
		合计	605 102	60.08	129.30	203.99	130.94	34 514	87 822	144 626	88 871
总计		浅水	959 814	122.71	181.09	253.25	185.00	57 171	111 404	181 496	115 804
		深水	709 992	35.96	82.39	136.33	83.94	30 900	75 489	135 550	79 657
		总计	1 669 806	158.67	263.49	389.58	268.94	88 072	186 893	317 046	195 461

近海石油远景资源量达189.59亿吨，地质资源量达138.0亿吨，主要分布于渤海和珠江口盆地。近海天然气远景资源量达172.420千亿立方米，地质资源量达106.591千亿立方米，其中东海、珠江口、琼东南、莺歌海四大盆地均在万亿立方米以上。中国近海主要盆地油气资源探明程度相对较低，具备可持续发展的资源基础，储量增长潜力仍然很大。

南海中南部石油远景资源量达203.99亿吨，地质资源量达130.94亿吨，主要分布于曾母、文莱-沙巴、中建南、万安、北康等盆地。天然气远景资源量达144.626千亿立方米，地质资源量达88.871千亿立方米，主要分布于北康、万安、曾母、文莱-沙巴、中建南等盆地。目前，南海中南部油气资源正被周边国家所蚕食，我国尚无一口探井。

二、我国海洋资源勘查与技术发展现状

（一）地质勘探研究技术现状

我国海洋油气勘查地质科技工作者以石油地质理论、勘探技术、计算机技术和勘探目标综合评价技术相结合，在实践中逐渐形成了一系列新理

论、新认识，如含油气盆地古湖泊学及油气成藏体系理论、渤海新构造运动控制油气晚期成藏理论和优质油气藏形成与富集模式，初步形成了以潜在富烃凹陷（洼陷）为代表的新区新领域评价技术。但对某些勘探领域的研究有待深入，评价技术有待提高。主要包括：①缺乏富烃凹陷评价的定性与定量标准，对评价结果缺乏统一的刻度，潜在富烃凹陷的评价也有待加强；②对海相烃源岩与陆相烃源岩的差异性及相应的评价思路等方面缺少创新性认识；③深水盆地勘探综合评价技术尚未成熟；④有些勘探领域的研究有待深入或加强，如渤海郯庐断裂对成盆、成烃、成藏等方面的控制作用，天然气和潜山内幕油气藏勘探评价策略及技术，凹中浅层油气运移与输导机理，复杂断块油气藏高效勘探评价技术、隐蔽油气藏成藏机理及勘探评价技术等；⑤对二氧化碳等非烃组份的富集机制不清楚、缺少有效的识别手段，是近海浅水区天然气勘探近年来没有取得突破性进展的主要"瓶颈"之一。

（二）深水勘探关键技术现状

我国深水油气勘探开发起步较晚，主要原因在于深水钻探费用极其昂贵，这对地质综合评价和勘探技术的提高提出了迫切要求。

目前深水勘探关键技术与国外相比储备明显不足，现有勘探技术的积累都来自外方作业者，基本处于跟踪学习阶段，难以满足深水勘探的迫切需要，应尽快系统研究和发展深水勘探作业的其他配套技术。

（三）"三低"油气层和深层油气勘探技术现状

1. "三低"油气层勘探技术体系尚未系统形成

针对"三低"油气层的测试，研发且成功应用了螺杆泵测试井口补偿配套系统，可以使螺杆泵、气举等排液手段移植到半潜式钻井平台上，扭转了半潜式钻井平台上测试期间排液手段匮乏的不利局面。针对低阻油气层的录井，在渤海初步成功应用了岩石热解技术、气相色谱技术和轻烃分析技术；在全海域成功推广应用了电缆测试流体取样以及核磁共振油气层识别和评价技术，建立了以多极子阵列声波和核磁共振技术为核心的凝析油气藏测井技术识别和评价系列，开发研制成功了油气藏测井产能预测技术，成功总结了低阻油气层识别和评价技术流程，并在"十一五"期间使海域低阻油气层的测井解释符合率提高到了95%以上；基本上建立了"三低"

油气层的测井识别和评价方法体系以及产能分类评价标准，为"十二五"期间进军"三低"油气层打下了坚实的测井技术基础。但是，尚未对"三低"油气层勘探过程中的钻井工程技术、钻井液选择及其储层保护技术、录井油气层的识别、测试技术及储层改造技术等因素统筹考虑，没有形成系统化的"三低"油气层勘探技术体系及技术规范。

2. 深层油气勘探技术尚有差距

尽管已在在珠一坳陷深层发现了 HZ19－2/3 等油田，在渤中凹陷深层获得了领域性突破（"渤中 2－1"和"秦皇岛 36－3"等含油气构造），并实现"金县 1－1"构造区亿吨级油气藏的勘探新突破。但高分辨率地震勘探技术、成像与核磁测井技术的深度应用、储层改造技术等尚有差距。

（四）高温高压天然气勘探技术现状

高温高压领域天然气勘探仍未取得重大突破，尚未形成系统的高温高压天然气勘探理论且尚待实践检验，地质、地震、钻井、储层保护及测试等方面勘探技术尚未成熟。

高温高压领域勘探技术难度大、风险高，对钻井和测试施工设计及安全控制提出了更高的要求。这也是中国海油高温高压天然气勘探技术的薄弱环节。以测试为例，对于套管及管柱的校核、流程的多点安全控制、流程管线的设计、流程管线的振动监测、流体含砂监测、水化物的防治、两级节流的控制、热辐射的控制等都提出了新的课题。其中流程管线的振动监测及流体含砂监测正在研究开发中，即将转化为科研成果。

（五）地球物理勘探技术现状

地球物理勘探技术基础主要表现在：①具有国内领先、国际先进的海上地震资料采集技术；②通过引进消化吸收，具有业界国际领先的地球物理综合解释技术；③形成了国内领先的海洋二维和三维地震资料处理技术体系；④初步建立了适合中国近海勘探储层研究岩石物理分析技术及数据库；⑤形成了国内领先的地震储层预测和油气检测技术体系；⑥建立了世界一流的三维虚拟现实系统。

地球物理勘探技术差距主要表现在：①与国际技术对比，海上缺少高精度地震采集技术，如宽方位（WAZ）拖缆数据采集技术、多方位（MAZ）拖缆采集技术、富方位（RAZ）海洋拖缆数据采集、Q-Marine 圆形激发全方位（FAZ）数据采集技术、双传感器海洋拖缆（Geostreamer）数据采集技术、上/下拖缆地震数据采集技术、多波多分量地震数据采集技术、OBC地震数据采集技术；②深水崎岖海底和深部复杂地质条件下的地震处理与成像技术待提高；③复杂储层预测描述技术不足；④特殊或复杂油气藏测井处理解释技术仍需要攻关；⑤烃类直接检测方法技术也不够成熟。

（六）勘探井筒作业技术现状

1. 录井技术基础与差距

海上录井技术在国内外较为成熟、较为先进，整体水平处于国内先进、国际跟随的现状。

录井技术差距主要表现在：①中深层录井技术发展"瓶颈"，主要包括复杂岩性识别技术，随钻地层压力预测与井场实时监控技术，潜山、碳酸盐岩、盐膏层等复杂地层录井技术，深层井下工程实时监控；②气体检测技术，主要包括非烃类气体检测（CO_2、H_2S），烃类气体快速定量检测分析；③井场油气水快速识别与评价；④特殊钻井工艺条件下配套录井技术发展"瓶颈"，主要包括特殊井型（水平井、分支井、侧钻井等）录井技术系列，海上压力控制钻井技术条件下录井技术，PDC钻头应用条件下的录井难点与对策，特殊钻井液体系（水包油、油基泥浆）条件下录井技术，小井眼钻井技术；⑤录井资料处理与定量综合解释技术。

2. 测井技术基础与差距

现有测井设备主要以进口贝克-阿特拉斯公司的设备为主，以自主研制开发仪器为辅。目前已建立了基本满足成像测井要求的技术体系，并开发了主要针对海上作业服务的ELIS（Enhanced Logging & Imaging System，增强型测井成像系统），常规3组合电缆测井（电阻率、声波、放射性测井）达到国内领先、接近国际先进水平。同时在成像测井的部分高端技术方面进行了重点开发并取得了一定成果，例如电缆地层测试与取样、阵列感应测井、阵列声波测井等技术。

测井技术差距主要表现在：①自主研发的设备和仪器目前只是跟随国外服务公司的设计理念来实现其功能，尚未完全创新，总比国际水平低；②高端功能距国外先进水平还有一定差距，主要缺陷在于其电缆数据传输率较低，不利于系统功效的提高和新型测井仪的开发使用；③随钻测井仪器研制刚刚起步，国际油田技术服务公司已经大规模应用，中石油在该领域加大研发力度并取得突破性进展；④尚无满足水平井、稠油等困难条件的生产测井仪器和技术；⑤缺乏高分辨率和高精度测井设备，难以应对特低孔、特低渗、特低对比度油气层以及复杂岩性油气藏和薄互层砂岩油气藏的挑战；⑥大斜度井和水平井的测井解释技术尚处于初步研究和使用阶段，环井周各项异性地层的测井解释技术尚处于探索阶段。

3. 测试技术基础与差距

测试技术日趋完善，近几年成功应用了潜山座套裸眼测试技术、复合射孔深穿透测试技术、射流泵机采技术、过螺杆泵电加热降黏技术、防砂技术等。

测试技术差距主要表现在：①智能工具新型技术和关键设备相对落后；②地面常规试油技术的一些关键设备，如分离器和燃烧系统等还有差距；③高温高压气层测试能力不足，在一些关键领域缺乏理论支持；④尚未完全拥有快速反应的深水水下树系统等装备和技术；⑤稠油油层测试、低孔低渗油气层以及潜山油气层裸眼测试工艺待改进；⑥尚未采用多相流量计技术；⑦测试井下数据无线传输与录取技术有待进一步研发和完善；⑧螺杆泵热采技术尚未研发；⑨复合化、数字化、智能化射孔技术有待提高；⑩连续油管测试技术仍是空白。

（七）非常规天然气勘查技术现状

我国海洋非常规天然气勘查工作刚刚起步，目前仅限于选区和战略评价阶段。

第三章　世界海洋资源勘查与评价技术发展趋势

一、世界海洋资源勘查与评价技术发展的主要特点

石油行业的每一次跨越式发展都伴随油气勘探新理论、新技术、新方法的重大突破。目前，国内外油气勘探领域不断扩大，勘探对象日益复杂，向新地区、新深度（深水勘探、深层勘探）、新领域（隐蔽油气藏、非常规油气）进军是油气勘查工作的总体发展趋势，海洋油气资源已成为勘探热点，深水区正逐步成为油气储量的重要增长点，这主要得益于海洋油气勘查与评价技术水平的不断进步。

（一）地质勘查理论及其应用研究

1. 油气成藏理论

近年来提出的油气成藏理论主要包括含油气盆地古湖泊学及其油气体系，满凹含油论，复式输导、相势控藏论、多元控油—主元成藏以及其他新理论。此外提出许多新的成藏模式，包括构造—层序成藏组合模式、三面控藏模式、三相控藏模式、五带富集模式等。

2. 层序地层学研究

层序地层学理论超越地震地层学原理，在研究沉积体系的基础上，开始向提高分辨率和适应陆相地层等不同地质条件的复杂对象方面发展。最近几年，对岸线迁移和层序界面有了更多的认识，提出更完善的层序地层学模式，并讨论了地层界面的时间属性问题；利用层序地层学原理预测含油气区带和圈闭的空间位置，圈闭描述与评价已经成为最重要的勘探研究内容；应用钻井测井资料进行地震资料的层位标定和综合分析，极大地提高了井眼周围的地层分辨率，为储层横向预测开辟了新途径。

3. 异常压力与超压油气藏研究

最近 10 多年对异常压力流体封存箱的深入研究，引发了对异常压力与油气聚集关系的深切关注，并逐步认识到在许多情况下，油气生成、运移和聚集的过程也是异常压力发生、发展的过程。了解沉积盆地中超压的形成机制、认识超压与油气成藏的关系成为当今石油地质研究的一个热点，而寻找超压油气藏将成为今后油气勘探的一个重要目标。

4. 成藏动力学系统研究

成藏动力学系统是含油气系统理论的新发展，其研究思路和方法主要包括以下 5 个方面：动力学系统形成的背景研究、成藏动力学系统的划分研究、成藏动力学系统的形成条件研究、成藏动力学系统的形成演化研究、成藏作用及油气分布规律研究。在地层压力研究和动力学机制研究等方面向待进一步深入。

5. 板块构造学应用研究

以板块构造理论的新进展与含油气盆地分析密切结合，对克拉通盆地、前陆盆地、裂谷盆地、大陆边缘盆地等不同类型含油气盆地的地质特征及其含油气关系的认识有了更深入的了解，以崭新的面貌探讨了含油气盆地发生和发展的地球动力学背景，并以一种新的观点综合解释油气在全球的富集规律，扩大了石油勘探领域和找油思路。主要进展包括：对含油气盆地形成机制的认识和盆地分类的完善；无机成因学说重新活跃起来；逆掩推覆体找油，大山底下找盆地。

6. 盆地构造研究

主要研究进展包括：①盆地动力学分类，即按张（伸展）、压（压缩）、扭（走滑）等动力学属性分类；②提出构造样式概念，即一定构造环境和条件下的构造变形的基本特征（组合特征—剖面形态、排列方式等构造地质模型）、盆地变形特点、构造变形规律的早期预测；③更加重视反转构造，提出后期的反转往往是油气构造圈闭的最后定型期，与油气的生、运、聚有密切的匹配关系。

7. 油气资源动态评价方法体系的建立与完善

不同勘探对象、不同勘探阶段，油气资源评价方法有所不同，评价技术也在不断发展。目前世界很多国家越来越重视资源评价工作，有些国家像加拿大、美国、挪威等都成立了专门的组织或机构进行资源评价，定期举行资源评价研讨会，并就资源评价的理念、技术、方法、范围、条件等关键问题进行磋商。随着勘探工作的不断深入，油气资源评价应及时性、动态化调整。显然，油气资源动态评价已成为一种趋势。

（二）深水油气勘查与评价技术

20 世纪 70 年代末期，国外油气勘探开始涉及深水领域，特别是近 10 多年，国外深水区油气勘探取得了重大进展。据统计，目前世界上约有 100 多个国家从事海洋油气勘探和开发，其中有 60 多个国家已在深水区发现了油气储量约 300 亿吨。估计未来油气总储量的约 40% 将来自深水区，深水区成为未来全球油气增长的重要领域。但深水油气勘探开发受制于高成本，国外从事深水油气勘探的石油公司都在不懈努力，深水勘探新理论、新技术、新方法发展较快，其中深水沉积理论和储层预测技术有了比较大的进展。

（三）隐蔽油气藏勘探技术

近年来，我国东部盆地在隐蔽油气藏的理论研究与勘探实践都取得重大进展，甚至有的油区隐蔽油气藏勘探地位已超过构造圈闭。

隐蔽油气藏勘探评价的技术关键在于确定储集层和含油气性。储集层预测技术主要包括：高分辨率层序地层学研究技术；储集层横向预测技术（含 G-LOG 技术、SEIMPAR 反演技术、模式识别技术、井间地震技术、多元油气综合评价技术）；分形地质统计学技术。油气检测技术主要包括：亮点技术和 AVO 技术、纵横波油气检测技术、波形特征参数油气检测技术。

（四）深层油气藏勘探技术

最近 20 余年，随着中浅层勘探程度的不断提高，已经逐渐把油气勘探的目标转向盆地更深层位。目前开展过 4 000 米以深深层油气勘探的国家有 70 多个，4 000 米以深发现的油气田数量和储量也在与日俱增，在美国西内盆地阿纳达科凹陷米尔斯兰奇气田 7 663～8 083 米的下奥陶统碳酸盐岩内发现了世界上最深的气藏。我国塔里木盆地目前已测试的 156 个油气层井段中，有 58 个油气层的底界均超过了 5 000 米。近几年来，中石油、中石化在深层油气勘探中取得了较大进展。在中国东部深层油气勘探中，随着综合地质评价技术、高分辨率地震勘探技术、欠平衡钻井技术、成像与核磁测井技术、储层改造技术的大力推广应用,勘探成果显著,实现了松辽盆地深层火山岩油气藏、济阳坳陷深层砂砾岩体油气藏以及有些老油田下部潜山油气藏、煤成气藏勘探的突破。

(五) 地球物理勘探技术

为提高地震资料的精度,以满足复杂勘探对象的成像,高分辨率、高精度、高保真度是地震采集技术的发展方向,涌现出的新技术主要包括:长电缆和多缆三维采集技术,多方位角、宽方位角采集技术,高密度地震采集技术,多分量海底电缆采集技术,充油电缆向固体电缆发展。

地震资料处理新技术主要包括:偏移成像技术、多波多分量处理技术、时延地震资料处理技术、叠前反演技术、属性分析技术。多波多分量地震勘探技术仍将是未来10年的研发重点,尤其是转换波的数据处理还面临着挑战。

海陆过渡带海底电缆(OBC)及深海四分量多波勘探技术是当前人们关注的一个热点,各大公司不断推出多波勘探的成果和产品,Systron、I/O、Hydroscienec等3家知名电缆设备厂纷纷亮出新产品,Sonardye水下定位公司也推出了四分量勘探的全套定位技术。专家认为四分量对解决液体界面和气体界面有明显效果。

(六) 勘探井筒作业技术

1. 录井技术发展趋势

录井新技术主要包括:①GEONEXT智能录井系统,对于深水井、高温高压井、大位移井等高难度井具有传统录井设备所不具有的优势;②随钻地层压力分析系统(PreVue系统),可以对钻遇地层可能存在的异常地层压力做出较为准确的分析;③泥浆化学录井技术(钻井液滤液水分析技术),主要用于预测钻井液密度,判别岩性变化;④实时碳同位素录井技术,主要应用于储层气体组份和性质研究,以及生油岩成熟度评估等;⑤红外光谱吸收气体检测技术,有利于薄层油气异常显示的发现;⑥井场岩石核磁共振实验新技术,具有常规岩心分析和测井所不可完全替代的优点;⑦井场岩石薄片鉴定技术。

2. 测井技术发展趋势

快速发展的测井新技术可以有效地提高复杂地层评价能力。测井新技术主要包括：①多分量感应测井、方位电阻率及高分辨率方位侧向成像测井技术；②准三维声波成像测井技术；③核磁共振测井技术；④电阻率扫描成像技术；⑤测压取样技术；⑥旋转井壁取心技术；⑦随钻测井技术。

3. 测试技术发展趋势

测试新技术主要包括：①针对高温高压气层测试，采用井口采气树代替传统的井口流动头，并简化测试管柱，这都是国际上的通行做法；②针对深水油气层测试，采用深水水下树技术；③针对疏松砂岩稠油油层以及中深层低孔低渗油气层的测试技术是世界性难题，国际上目前还没有通用的、成熟有效的手段，目前常用的做法是储层改造，并施以机采技术，辅以防砂、加温降黏以及地层蒸汽加热等技术；④针对潜山油气层裸眼测试，目前陆地油田的裸眼中测技术相当成熟，以 MFE 工具为主，采用膨胀式或支撑式封隔器；⑤高效测试酸压防漏封堵回测一体化技术；⑥连续油管测试技术。

（七）页岩气勘探技术

页岩气已成为诸多石油公司追逐的新热点。北美地区是全球最早实现页岩气商业开发的地区，目前已形成较为成熟的勘探开发技术，页岩气产量已占据一定的市场份额，未来仍将继续保持快速增长。因页岩气开发，加拿大政府已将其作为主要的接替资源，并延缓天然气水合物勘探开发计划。

我国国土资源部、中石油、中石化、中国地质大学（北京）等多家单位和科研机构开展了页岩气相关研究工作。

目前，页岩气勘探新技术主要包括：物探预测技术、储层研究技术、水平井技术和压裂技术等。

二、面向 2030 年的世界海洋资源勘查与评价技术发展趋势

（一）总体发展趋势是不断适应技术难度加大、作业条件变差的勘探领域

全球油气勘探开发面对的地理和地质条件日趋复杂，常规大油气田的

发现逐渐减少，而深水、极地及复杂油气藏产量的比例将越来越高，非常规资源如页岩油气逐渐成为重点勘探领域。非常规油气藏勘探正逐渐转变能源消费国和能源生产国的能源发展战略。

为了化解因石油资源国有化带来的负面影响，提高储量接替能力，跨国石油公司不得不改变以往那种"老大姿态"，在选择项目时不再总是"挑肥拣瘦"，而是发挥自己的技术优势和管理经验，瞄准油气资源潜力大、作业条件差的地区作为主攻对象，在油砂、特稠油、油页岩等领域和深水、超深水、极地永冻带等区域加大投资力度，并尽量与资源国的国家石油公司搞好合作伙伴关系。ExxonMobil、Shell 等公司在加拿大的油砂开发项目已初具规模。Chevron 公司正在执行的勘探开发项目中，有 3/5 分布在墨西哥湾、安哥拉和尼日利亚深水区。壳牌已经开始在尼日尔三角洲 3 000 米以深的超深水区作业，并着手准备北冰洋大陆架的油气勘探工作。

（二）深水油气资源勘探技术发展趋势

自 1985 年以来，随着第一批水深在 300 米以深的项目的投入开发，国际深水油气勘探逐渐成为海洋油气的主战场。最初 10 年，西欧、北欧、巴西、墨西哥湾的勘探走在前列，但近年来发现的深水油气田遍及世界各海域，其中尤以美洲的墨西哥湾、拉丁美洲的巴西海域及西非的海域最多。据文献分析，2000—2005 年全球新增油气探明储量为 164 亿吨油当量，深水占 41%，而浅水和陆地分别占 31% 和 28%，可见深水油气已成为海上油气勘探的重要方向，其方向钻探水深已超过 2 900 米。深水正在成为世界石油工业的主要增长点和世界科技创新的热点。

通过深水复杂构造与中深层地球物理勘探技术、海洋重磁电震综合反演技术、海域海相前新生界盆地油气资源勘探等关键技术的研发，形成了几项深水油气资源勘探的几项关键技术。

1. 深水可控源电磁勘探技术

可控源电磁（CSEM）技术近几年来在国外深水油气勘探中发挥了巨大作用，有效地降低了深水区钻探风险，能有效检测出以往不易发现的薄油气层及区分其中所含流体性质，并已成为寻找深水油气田的重要手段，引起了业界的广泛关注和美国能源部的高度重视，被认为可能是自三维地震以来油气勘探中最为重大的技术，在美国近期提出的 2030 年前需重点研发的油气勘探技术中，多次强调 CSEM 技术的改进及其在浅水与陆上推广应用的重要意义和广阔前景。

CSEM 技术优势明显，数据采集设备集成化很高。它可以避免气候变化影响及天然源信号微弱与随机性的弱点，激发频率可控，探测深度可根据探测目标体的需要而定；海底 CSEM 技术可直接把场源放到海底靶区，检测海底以下数千米的薄油气层。CSEM 技术与地震、测井、地质等资料综合解释能有效提高薄层电阻率油气解释精度，区分地下油气与其他流体，增加勘探的精度和准确性，提高钻探成功率。

目前 CSEM 技术存在的主要问题是如何提高其在浅水和陆上区域的应用效果。由于浅水环境和陆上环境的噪音多于深水环境，因此需要以实质性的技术来改进实现浅水环境和陆上环境中的高效信号采集和分析。一旦取得成功，将为 CSEM 开辟深水盆地之外广阔的应用领域。CSEM 在浅水和陆上探区的广泛应用，无疑将会极大地提高未来油气勘探的成功率。

2. 深水油气钻井关键技术

包括海上大型自升式钻井船关键技术、3 000 米水深半潜式钻井平台关键技术、3 000 米水深浮式钻井船关键技术、钻井液及完井液技术。

3. 深水环境勘查技术和装备

包括深水工程调查技术、深水工程勘察技术与仪器设备等。

（三）地球物理勘探技术发展趋势

1. 海洋地震勘探在多源多缆三维基础上向四维勘探发展

四维勘探利用油气和水运移所引起的地震波场的变化，监视开采过程中海底油、气、水的变化。地震勘探从二维到三维的进步使油气藏勘探成功率从 25%～30% 提高到 40%～50%，四维地震勘探的实现将使之提高到 65%～75%。随着第四维（时间）的加入，将会产生由采集到处理成像的一系列高技术难点。

2. 美国近期提出了 2030 年需要重点研发的几项地球物理勘探技术

美国国家石油委员会按照美国能源部的要求，组织业界 350 多位专家学者共同参与，历时 21 个月，于 2007 年 7 月 18 日完成了题为《面对能源问题的严峻事实——纵观 2030 年全球石油和天然气前景》的研究报告。提出

2030 年前需要重点研发的勘探技术，除 CSEM 技术外，还包括以下几项主要地球物理勘探技术。

（1）高密度地震数据采集和快速处理。随着勘探程度的不断深入，勘探难度日益加大，提高地震分辨率有助于进一步研究地下复杂的地质条件。更高信噪比的高密度地震数据采集将产生更高的分辨率，从而为储层特征和油气远景带的解释提供更加强有力的支持。然而，必须对数据处理方法进行持续的改进，方可提升高密度数据的商业影响力。

（2）超高密度地震数据采集和处理。地震数据采集密度和处理效率继续得到加速改进。然而，如果能够采集超高密度数据并以较低的成本进行高速处理，那么在发现新的油气田和提高开发效率等方面将会实现质的突破。

（3）盐下地震成像。高质量盐下地震成像是取得盐下勘探成功的关键。盐是一种高度失真的声透体，会造成盐下"盲点"（屏蔽区）。盐下成像质量的提高无疑将带来新的油气发现和更大的经济效益。

（4）地震波动理论研究。业界和学术界一直在持续进行波动理论的基础研究，目前二者之间的协作已见成效，随着研究的不断深入，理论的发展和完善，在实现更精确的地震数据定量模拟等方面可带来质的飞跃。

（5）"地震搜索引擎"自动化。将以高度自动化的方式，充分利用计算能力、模式识别技术、地球物理数据和地质概念，这方面已经取得进展。

（四）天然气水合物勘探技术发展趋势

20 个世纪 90 年代以来天然气水合物以其巨大的资源量和潜在的可开发性有可能成为本世纪继石油、天然气和煤炭后的战略性接替化石能源，已引起世界各国的高度重视。世界上许多国家纷纷投入巨大的资金开展天然气水合物的研究和调查勘探工作，美国、日本、俄罗斯、德国、墨西哥、印度、韩国等国家都制定了各自的天然气水合物研究计划，日本、印度还实施了天然气水合物的地质调查工作，制定了在 21 世纪上半叶实现天然气水合物大规模商业化的计划。国际大洋钻探计划在天然气水合物的发现、钻探取样和研究方面做出了重大的贡献，综合大洋钻探计划更是把天然气水合物作为其 8 大重点方向给予支持。

尽管对天然气水合物已开展了一些研究工作，但目前对天然气水合物的许多物理性质仍不明确；将天然气水合物作为天然气资源的评价模式尚未建立；有许多天然气水合物勘探与开发中的技术难题尚待克服。目前天然气水合物的研究热点是水合物地震识别技术、地球化学探测技术、资源评估技术和保真取样技术等各项探测技术。天然气水合物勘探技术发展的主要方向为：海洋天然气水合物成藏机理研究；资源范围和资源量有效评价技术；深水浅层井钻完井技术研究；天然气水合物保真取样技术；天然气水合物开发及其对环境的影响与对策研究。

第四章 我国海洋资源勘查与评价技术面临的主要问题与挑战

一、海洋资源勘查与评价技术面临的挑战

中国海洋石油勘探正面临着新形势和新任务，即由简单构造油气藏向复杂构造油气藏的转移，从构造油气藏向地层－岩性等隐蔽油气藏的转移，从浅、中层目标向深层目标的转移，从浅水领域向深水领域的转移，从国内海上勘探区域向以国内为主并向全世界含油气盆地扩展等。

（一）近海油气勘探亟待大突破、大发现

当前，石油勘探三大成熟探区目标选择难度越来越大，表现为规模变小、类型变差、隐蔽性变强。石油勘探处于转型期，急需开拓新区、新层系和新类型。

天然气勘探仍立足于浅水区，但近年来尚未获得重大发现，新的勘探局面尚未打开，新的主攻方向尚不甚明确。深水天然气勘探虽获重大突破，但短期内受技术和成本制约勘探进展仍然缓慢。

新区、新领域勘探和技术"瓶颈"的不断突破是勘探发展的必由之路，今后很长时期仍应坚持以寻找大中型油气田为目标。

（二）近海储量商业探明率和动用率有待提高

截至 2010 年年底，在渤海、珠江口、北部湾、琼东南、莺歌海、东海等 6 个含油气盆地，已获油气发现 282 个，累计发现地质储量分别为石油 60.57 亿立方米、天然气 14.87 千亿立方米。已开发、在建设、认定商业性油气田 140 个，仅占油气发现个数的 50%，其探明地质储量分别为石油 36.21 亿立方米、天然气 6.67 千亿立方米。现有油气三级地质储量商业探明率分别为石油 60%、天然气 45%。此外，部分油田储量动用率偏低，如 JX1-1、BZ26-3 等。分析表明，中小型、复杂油气藏越来越多，部分边际含

油气构造暂时无法开发。可见，依靠科技进步，开展含油气构造潜力评价，提高储量商业探明率和动用率是勘探开发共同面临的现实而必要的任务。

二、存在的主要问题

应对油气勘探面临的挑战，必须依靠科技进步，以油气勘探技术需求为导向，依据影响勘探工作的领域规模、重要程度、战略规划导向等进行排序，按照有所为、有所不为（有限目标）的原则，针对重要勘探领域、重大技术"瓶颈"进行技术攻关，力争有所突破。

（一）近海富烃凹陷资源潜力再评价技术

主要面临以下3个问题：①富烃凹陷成熟探区未钻圈闭类型差、规模小，新区、新领域成藏条件复杂，技术要求高、成本高、风险大，勘探和研究难度加大；②潜在富烃凹陷勘探和研究程度低，资料少且品质差，勘探和研究难度大；③海域凹陷地质条件复杂，资料有限，还没有建立公认的不同勘探程度凹陷评价指标和技术体系。

（二）近海复杂油气藏高效勘探技术

复杂断块是今后海上油气勘探的主要圈闭类型，潜山是重要的勘探领域，碳酸盐岩（含生物礁）等复杂储层也是重要的勘探方向。特别是针对复杂断块油气藏封堵机理及其圈闭有效性分析预测技术、针对潜山圈闭的地球物理识别及其精细解释技术等都有待于进一步加强，为今后的油气勘探打下坚实的基础。

（三）近海浅水区天然气勘探综合评价技术

多年来，浅水区天然气勘探尚未获得重大发现，新的勘探局面尚未打开，新的主攻方向尚不甚明确。为此，应进一步开展珠江口盆地、琼东南盆地（浅水区常温常压天然气）、莺歌海盆地、东海盆地、渤海盆地天然气勘探方向和综合评价技术研究。

（四）南海深水区油气勘探关键技术

据国土资源部2010年油气资源动态评价结果，南海深水区我国传统疆界内油气地质资源量分别为石油81.74亿吨、天然气74.289千亿立方米。其中南海北部深水区油气地质资源量分别为石油5.71亿吨、天然气30.307

千亿立方米。可见南海深水区油气勘探潜力巨大。

由浅水向深水进军是中国海上油气勘探一次巨大的跨越，LW3-1 深水天然气田的发现揭开了南海深水油气勘探的序幕。与浅水区油气勘探相比，深水油气具有特有的成藏和勘探开发特点，深水油气储层类型与产能研究、圈闭规模与经济性研究等是其勘探开发潜力评价的关键。我国深水油气勘探开发方面的理论与技术相对滞后，为此开展南海深水区油气勘探关键技术攻关，以推动和加速南海深水油气勘探和大发现，使之成为我国油气储量和产量增长的重要领域，对于保障我国能源供给和可持续发展意义重大。

（五）近海"三低"油气层和深层油气勘探技术

目前在各盆地均已发现大量"三低"（低孔隙度、低渗透率和低电阻率）油气层。以低渗砂岩气藏为例，目前在东海、珠江口、莺歌海、琼东南盆地已发现天然气三级地质储量达 5 019 亿立方米。珠江口盆地东部已开发油气田 21 个，其中有 12 个油田累计动用低渗透率探明石油地质储量 9 534 万立方米。随着勘探领域的不断扩大，"三低"储量会继续增加，迫切需要继续研究"三低"油气层定量识别与评价技术。

从浅、中层向深层转移必将是油气勘探的大势所趋。深层依然是寻找大中型油气田的有利场所，但目前深层地震勘探资料的品质较差，也未形成完善的勘探技术。

（六）隐蔽油气藏识别及勘探技术

勘探实践表明隐蔽油气藏勘探大有可为，必将成为今后油气增储上产的重要组成部分。海上隐蔽油气藏勘探起步较晚，但已获得重大突破，目前已在渤海海域、莺歌海盆地、涠西南凹陷、珠一坳陷发现了大量商业性地层-岩性油气藏。值得一提的是渤海自 2006 年在辽中凹陷 JZ31-6-1 井首次针对纯岩性油气藏勘探并获得了商业性发现以来，又在埕北凹陷 CFD22-2-1 井成功钻获东营组三角前缘背景下发育起来的低位浊积扇含油砂体，在黄河口凹陷 BZ26-3-6 井针对新近系浅层岩性圈闭钻探获得商业产能；2010—2011 年在石臼坨凸起连续发现了 QHD33-1S、QHD33-2、QHD33-3 等构造——岩性油气藏，展现了连片分布的趋势，有望形成上亿方规模的油田群，该突破使得渤海原来在凸起区以寻找构造油气藏为主的勘探思路发生了方向性的转变。

但是海上隐蔽油气藏特征、分布预测及勘探技术系列尚不成熟。海上油气勘探成本高、风险大，不能过多依靠钻井解决问题，因此面临一系列难点和问题，比如无井或少井条件下的层序地层格架的建立以及层序追踪和解释。

（七）高温高压天然气勘探技术

高温高压领域天然气勘探仍未取得重大突破。莺歌海、琼东南盆地天然气地质资源量期望值达 31.207 千亿立方米，其中约 52%~65% 赋存于高温高压地层。但目前勘探主要集中于浅层/常压带，已发现的天然气地质储量与其地质资源量极不相称。2009 年 DF1-1-12 井钻获中深层气层 93 米，新增地质储量 229 亿立方米；2010 年 DF1-1-14 井在黄流组一段裸眼测试日产天然气 63.7 万立方米；2011 年，DF13-1-4、DF13-1-6 井裸眼测试均获高产气流，从而成功评价 DF13-1 气田中层，新发现天然气三级地质储量为 409 亿立方米。这几口井的成功钻探，预示莺歌海盆地高温高压领域具有巨大勘探潜力。此外，东海、渤海等盆地也存在高温高压天然气资源潜力。因此，发展并掌握高温高压天然气勘探理论和勘探技术，如地质、地震、钻井、储层保护及测试等，必将加速我国海上天然气勘探。

（八）近海中、古生界残留盆地特征及油气潜力评价技术

我国近海中、古生界普遍存在地震资料品质差的问题，现有成熟地震勘探技术及"十一五"试验成果仍不能满足该区地震成像的要求，采集和处理技术体系急需进一步突破。近海中、古生界基础资料缺乏，对盆地的石油地质特征研究不够，尚未形成油气成藏条件和勘探潜力的系统认识。

近海中、古生界作为今后油气勘探的战略准备领域，应加强区域地质研究，确定盆地结构、烃源岩等基础地质条件。

（九）海洋高精度地震采集处理和解释一体化技术集成与应用

地球物理技术在油气资源勘探中发挥着主体技术支撑作用。然而，我国现行的海上地震勘探技术及技术发展模式已经显现出严重不足和不适应性，技术主要依赖进口且相对落后，已不能满足油气勘探开发的需求，制约着公司发展战略的实施。主要技术"瓶颈"包括：①现有地球物理技术在复杂构造的精确成像、储层精细描述与油气准确预测等方面面临巨大挑战，已经不能满足勘探开发任务的需求；②传统的地震勘探技术采用组合

采集方式，为提高信号信噪比，部分牺牲了地震分辨率和地震振幅等重要信息，已越来越不能满足高精度地震勘探的需要，研究新的高精度地震采集技术以及相应的处理和解释技术已迫在眉睫；③从综合解释提高勘探精度和准确性的角度，急需发展海洋电磁探测技术，作为油气地震勘探的最好补充。

（十）海洋油气勘探井筒作业关键技术

海洋油气勘探的高成本以及高风险性，对录井、测井、测试等勘探井筒作业技术提出了愈来愈高的要求。面对越来越复杂多样的勘探领域，如深水、"三低"、深层、高温高压、特殊岩性（砂砾岩类、碳酸盐岩类、火山岩类、混合花岗岩类）等，如何有效地发现并评价油气层，既能取到必要的井筒资料，又能降低作业成本，寻求合适的勘探井筒作业技术是关键之一。

尽管目前我国已具有一系列海洋勘探井筒作业技术，但目前尚难以满足上述领域的勘探需求，而且与国内外相关技术比较尚有一定差距，特别是深水勘探作业技术差距更大。应进一步深入研究并形成具有自主知识产权的勘探井筒作业关键技术。

（十一）非常规天然气勘探技术

在非常规天然气（如煤层气、页岩气、天然气水合物等）勘探领域，我国海上非常规天然气勘探工作刚刚起步，与国外及国内能源公司相比，缺少竞争优势。目前，我们对非常规天然气勘探技术和基础资料掌握很少，不利于准确认识其资源分布，难于确定其经济性。

第五章 我国海洋能源工程与科技发展的战略定位、目标与重点

一、战略定位与发展思路

（一）战略定位

以"产、学、研"相结合的模式，综合调动海洋资源勘查各方的积极性，继续加强地质与地球物理、科学研究与生产作业的有机融合，力求理论和技术系统化，逐步形成海洋资源勘查与评价技术的核心竞争力。

（二）发展思路

1. 服务国家战略，统筹科技体系

紧密结合国家油气资源战略，以海洋资源勘查领域为导向，以科学发展观为指导，统筹基础与目标、近期与远期、科研与生产、投入与产出的关系，针对目前海洋资源勘查生产实践中存在的挑战和需求，不断完善科技创新体系。

2. 坚持创新原则，形成特色技术

坚持"自主创新"与"引进集成创新"相结合的原则，力争在海洋资源勘查与评价技术领域有所突破，努力形成适用不同勘探对象的特色技术系列。

3. 加强科技攻关，注重成果转化

继续加强海洋资源地质理论、认识和方法的基础研究，坚持实践，为海洋资源勘查提供理论指导和技术支撑。

继续加快技术攻关，着眼于常规生产问题，推广和应用先进适用的成熟配套技术；着眼于研究解决勘探难点和关键点，形成先进而适用的有效技术；着力解决制约勘探突破的"瓶颈"，继续完善初见成效的技术，及时

开展现场试验；着眼于勘探长远发展，搞好超前研究和技术储备。

4. 依托重点项目，有机融合生产

依托与海洋资源勘查相关的国家重大专项、863 计划、973 计划等重大科技研发项目，有机地融合勘查工作需求，形成一系列针对复杂勘探目标的勘探地质评价技术、地球物理勘探技术、复杂油气层勘探作业技术等配套技术系列，为油气勘查的不断发现和突破提供技术支撑和技术储备。

二、战略目标

（一）近期战略目标

发展实用配套理论与技术，逐步形成 6~8 个具有特色的油气勘探核心技术体系，主要包括中国近海富烃凹陷（洼陷）优选评价技术、中国近海复杂油气藏高效勘探技术、中国近海浅水区天然气勘探综合评价技术、中国南海深水区油气勘探关键技术、中国近海"三低"油气层和深层油气勘探技术、隐蔽油气藏识别及勘探技术、中国海域地球物理勘探关键技术、国内非常规油气资源早期评价技术。

（二）中期战略目标

针对制约海洋资源勘查与评价战略实施的重大技术问题，依托石油企业资源，有效地利用社会力量，攻克技术难关，求真务实，开拓创新。力争用 5 年左右的时间，解决海洋资源勘查关键技术难题，建立不同海域适用的资源勘查技术体系，发展和推广应用先进技术，逐步形成海洋资源勘查与评价技术的核心竞争力。

（三）长期战略目标

在近中期目标的基础上，继续加强地质与地球物理、科研与作业的结合，力求理论和技术系统化，全面掌握与复杂地质、地理条件相适应的资源勘查基础理论和基本技术方法，围绕重点领域的关键地质问题，开展技术攻关，在新理论与方法集成和创新方面形成具有我国特色的实用技术体系，为海洋资源勘查的可持续发展做好技术储备。

三、战略任务与重点

(一) 中国近海富烃凹陷（洼陷）优选评价技术

目前中国近海油气探明地质储量有 85% 位于已证实的 11 个富烃凹陷，可见富烃凹陷研究是做好勘探工作的关键。识别和优选评价潜在富烃凹陷，有利于认识凹陷内油气富集规律与有利勘探方向，进而指导新区、新领域的勘探。

潜在富烃凹陷是地质专业领域的重要研究方向。与已知富烃凹陷的类比、分析是寻找潜在富烃凹陷的重要手段。主要研究内容包括：海域优质高效烃源岩评价体系的建立和完善、中国近海富烃凹陷再评价及新领域勘探方向、中国近海潜在富烃凹陷（洼陷）识别与优选及类比评价、高温高压凹陷生烃潜力评价技术方法和油气资源动态评价技术。通过上述技术的综合研究，逐步完善中国近海富烃凹陷（洼陷）优选评价技术。

(二) 中国近海复杂油气藏高效勘探技术

针对中国近海复杂油气藏勘探难度大的问题，重点发展复杂断块油气藏高效勘探技术，主要解决：复杂断块地震成像、高分辨率、高保真度、高品质的地震资料处理与解释、复杂断块储层物性、连通性、流体性质（烃类检测技术）、非均质性的多属性地震信息描述与评价、复杂断块的圈闭有效性、油气藏封堵机理等分析及油气运聚与保存研究、复杂断块油气田储量评价精细地质建模技术、复杂断块地质综合评价技术；发展潜山油气藏勘探技术，解决潜山成藏特征、分布预测和潜山裸眼测试等；发展碳酸盐岩（含生物礁）储层预测与精细描述技术。

(三) 中国近海浅水区天然气勘探综合评价技术

中国近海浅水区天然气勘探综合评价仍是重要的研究方向，其重点任务是珠江口盆地浅水区构造和储层地球物理评价、琼东南盆地浅水区常温常压天然气勘探方向研究、莺歌海盆地天然气成藏特征与分布预测、东海盆地天然气成藏特征与分布预测和渤海海域天然气成藏特征与分布预测。

(四) 中国南海深水区油气勘探关键技术

中国南海深水区是我国海上油气勘探的重要战场，"十二五"期间需要重点发展以下关键性技术：
- 深水地震采集、高信噪比与高分辨率处理以及崎岖海底地震资料成像处理等关键技术；
- 南海北部深水区大中型油气田形成条件与分布预测；
- 南海北部深水区盆地构-热演化；
- 南海北部深水区富烃凹陷识别与评价技术；
- 深水区生物气、稠油降解气的形成机理和评价技术；
- 深水区碎屑岩及碳酸盐储层预测技术方法；
- 深水区烃类检测技术；
- 深水区勘探目标评价技术；
- 深水常温常压油气层测试技术；
- 西沙海域油气地质综合研究及有利勘探区带评价；
- 南沙海域油气地质综合研究和综合评价技术。

（五）中国近海"三低"油气层和深层油气勘探技术

"三低"油气层和深层油气是扩展勘探领域，提高勘探技术水平，拓宽储量增长渠道的一个重要研究方向，目前在这一方向上虽然有一定的技术基础，但还需要有所突破，重点研究任务有：在"三低"油气层勘探技术方面要解决低孔低渗储层地球物理识别技术、"三低"油气层测井综合解释评价技术、"三低"油气层综合录井技术。在深层油气勘探技术方面需解决深层高分辨率地震采集与处理技术、测井综合解释技术、以相控为指导的地球物理储层预测技术。通过上述技术的研发以最大限度地完善现有技术，并努力创新，率先垂范，解决困扰业界的这一难题。

（六）隐蔽油气藏识别及勘探技术

勘探实践表明隐蔽油气藏勘探大有可为，必将成为今后油气增储上产的重要组成部分。海上隐蔽油气藏勘探起步较晚，但已获得重大突破，目前已在渤海海域、莺歌海盆地、涠西南凹陷、珠一坳陷发现了大量商业性地层-岩性油气藏。目前的重点任务是以隐蔽油气藏勘探为目的的地震采集与处理技术和储层分布预测及描述技术，通过研究逐步形成海上隐蔽油气藏识别及勘探技术。

（七）高温高压天然气勘探技术

高温高压领域天然气勘探仍未取得重大突破。莺歌海、琼东南盆地天然气地质资源量期望值达 31 207 亿立方米，其中约 52%～65% 赋存于高温高压地层。但目前勘探主要集中于浅层/常压带，已发现的天然气地质储量与其地质资源量极不相称。目前研究重点在于高温高压天然气生成机制与分布规律探索、高温高压区高精度地震采集和处理及解释技术、高温高压地层地震属性技术与储层预测和描述技术、压力预监测中三维地质模型建立及计算方法以及高温高压层录井、测井、测试技术。通过这些技术的突破，逐步掌握高温高压天然气勘探理论和勘探技术（地质、地震、钻井、储层保护及测试等方面），必将加速我国海上天然气勘探。

（八）中国近海中、古生界残留盆地特征及油气潜力评价技术

近海中、古生界是今后油气勘探的战略准备领域，应加强区域地质研究，确定盆地结构、烃源等基础地质条件。需重点研究中古生界残留盆地评价技术和中古生界油气勘探潜力。

（九）中国海域地球物理勘探关键技术

1. 中国近海复杂地区地震勘探技术

- 海上复杂探区地震特殊采集技术（环形采集、宽方位角采集、多层电缆采集及 OBC 等）；
- 海上复杂探区地震数据处理关键技术；
- 海上地震资料弹性参数反演技术。

2. 海上浅水区深层复杂地质结构勘探地球物理技术的集成与应用

3. 海上深水区复杂地质结构勘探地球物理技术的集成与应用

- 深水区地震震源装备的改造及配套的优化采集技术研究；
- 深水区地震处理的关键技术，包括多次波衰减及偏移像技术和技术集成、具有商业化水平的配套软件系统的开发及其应用研究。

4. 海上测井资料处理及解释评价技术

- 多井解释及区域评价技术；
- 测井岩石物理研究技术；
- 天然气、煤层气、水合物储层识别与定量解释评价技术；
- 高温高压井、水平井测井技术与解释评价方法；
- "三低"油气层饱和度测井解释评价技术；

- 缝洞型碳酸盐岩、火成岩储层测井解释评价技术；
- 砂泥岩薄互层、砾岩测井解释评价技术；
- 声波全波测井、核磁共振测井、常规测井、能谱测井、成像测井等资料的解释评价技术和应用研究。

5. 海上多波多分量地震勘探技术

- 海上多分量地震资料采集设备和技术研究，包括海底电缆系统、多分量观测系统设计、照明分析技术研究；
- 海上多分量地震资料处理关键技术，主要包括多分量地震资料方位旋转和波场分离、多次波压制、速度分析、动校正、DMO 处理以及偏移成像等配套技术研究；
- 海上多分量地震岩性预测和油气检测技术。

6. 提取不同地震属性体的解释性处理技术

（十）中国海域油气勘探井筒作业关键技术

1. 录井关键技术

- 中深层复杂地质条件下集成录井技术系列，包括井场薄片鉴定技术、岩屑自动采集处理装置引进与开发、随钻地层压力预测与井场实时监控软件引进与应用、非烃类气体检测、深井高温高压条件下烃类气体检测分析、红外光谱吸收气体检测技术、碳同位素技术、钻井液滤液水分析技术、GEONEXT 综合录井系统应用、特殊钻井工艺条件下录井配套技术；
- 录井资料处理与定量综合解释软件开发及标准化，包括录井资料处理解释理论的基础研究、录井资料处理流程标准化、录井资料油气层定量解释评价方法标准化、录井资料处理与综合解释软件系统开发；
- 井场信息集成远程传输技术。

2. 随钻测井设备和仪器研发

3. 测试技术

- 常规、通用油气层测试新技术，包括储层流体高效环保燃烧技术及降温技术、井下样品的获取技术、高效测试酸压防漏封堵回测一体化技术；
- 高温高压气层测试技术；
- 深水常温常压油气层测试技术；

- 疏松砂岩稠油油层测试技术；
- 中深层低孔、低渗油气层测试技术；
- 潜山油气层裸眼测试技术；
- 多相流量计技术；
- 连续油管测试技术；
- 测试井下数据的无线传输与录取技术。

（十一）页岩气勘探技术

页岩气是重要而现实的能源新领域，目前对其成藏机理、分布规律和勘探技术的掌握几乎都是空白。页岩气是中国海油今后发展的战略依托，也是中国海油上游产业非常规油气资源的重中之重。需要重点研究：页岩气形成机理研究、页岩气富集成藏条件与有利勘探区预测、地球物理勘探技术、勘探井筒作业技术，逐步形成具有中海油特色的页岩气勘探技术。

（十二）发展路线图

根据我国海洋资源勘查与评价技术发展战略，结合当前技术水平及其发展态势，制定了技术发展路线图（图2-1-2）。根据各阶段与国际技术水平的对比分析，我国将逐步缩小技术差距，总体达到国际先进水平，其中部分达到国际领先水平（图2-1-3至图2-1-7）。

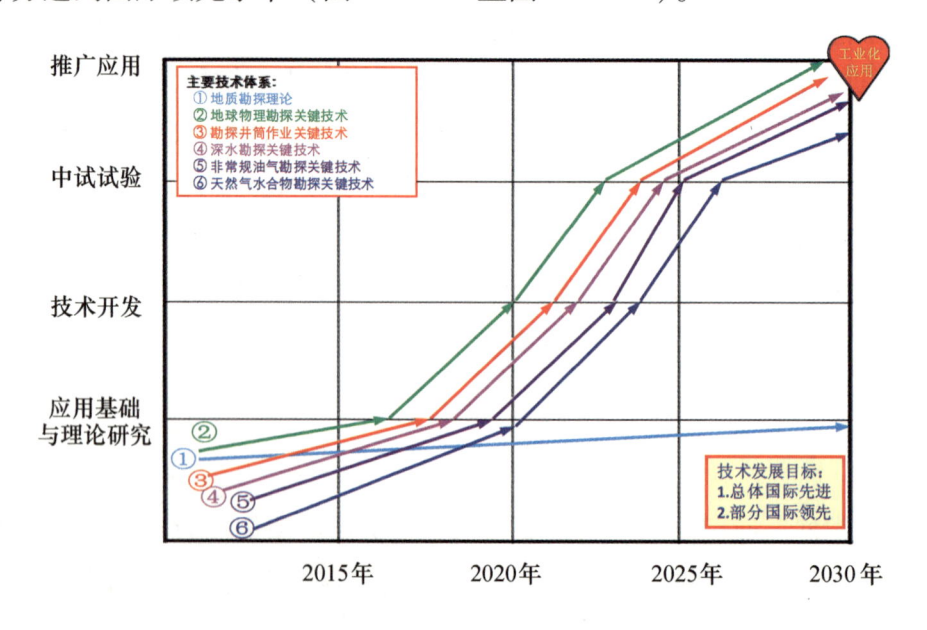

图2-1-2 我国海洋资源勘查与评价技术发展路线

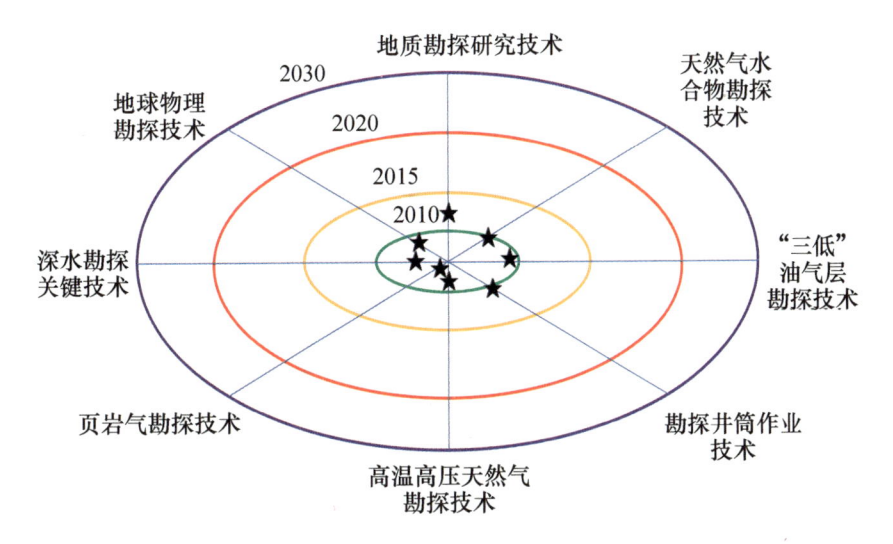

图 2-1-3 我国海洋资源勘查与评价技术所处水平（2010 年）

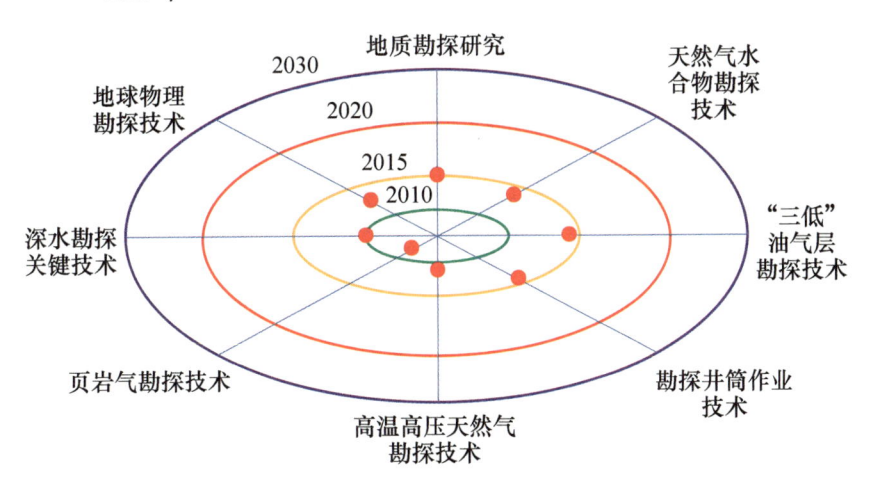

图 2-1-4 我国海洋资源勘查与评价技术所处水平（2015 年）

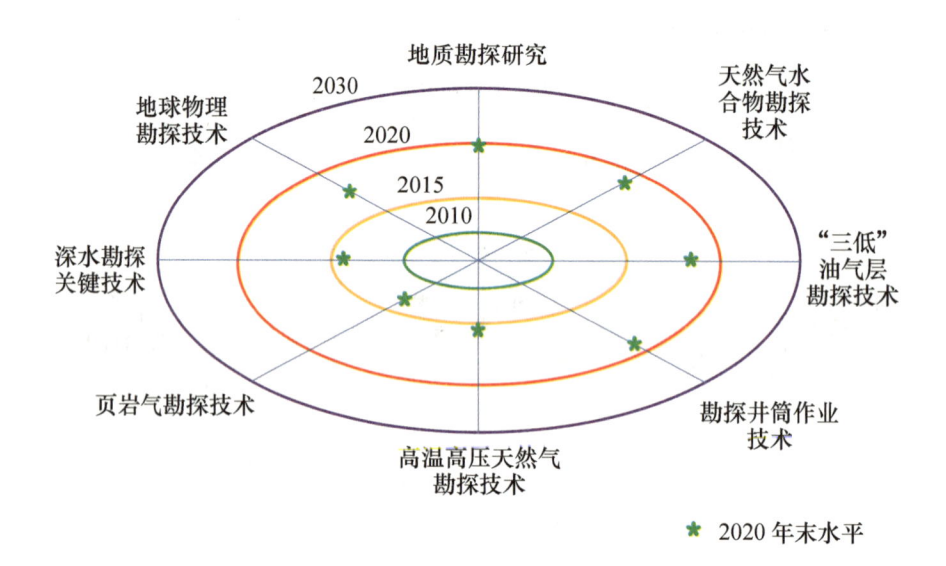

图 2-1-5　我国海洋资源勘查与评价技术所处水平（2020 年）

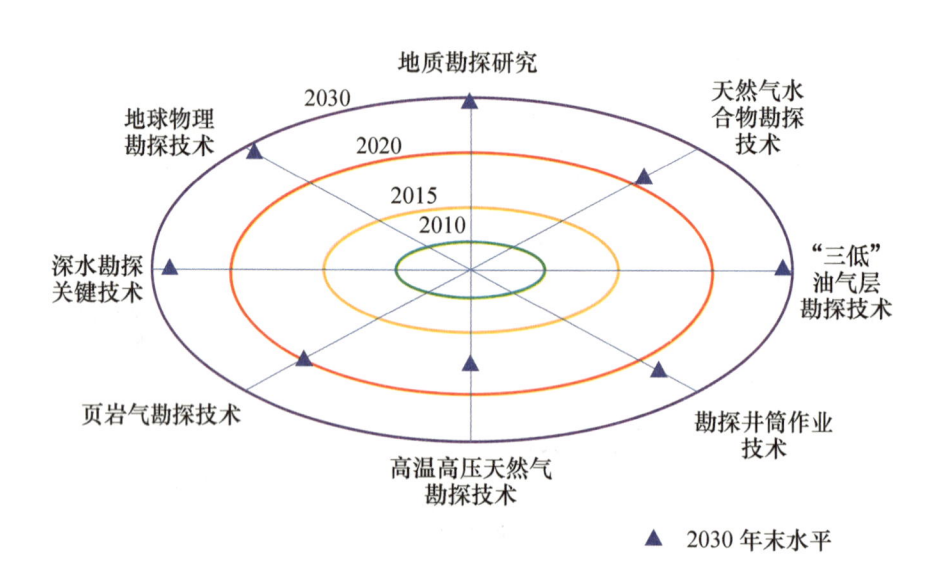

图 2-1-6　我国海洋资源勘查与评价技术所处水平（2030 年）

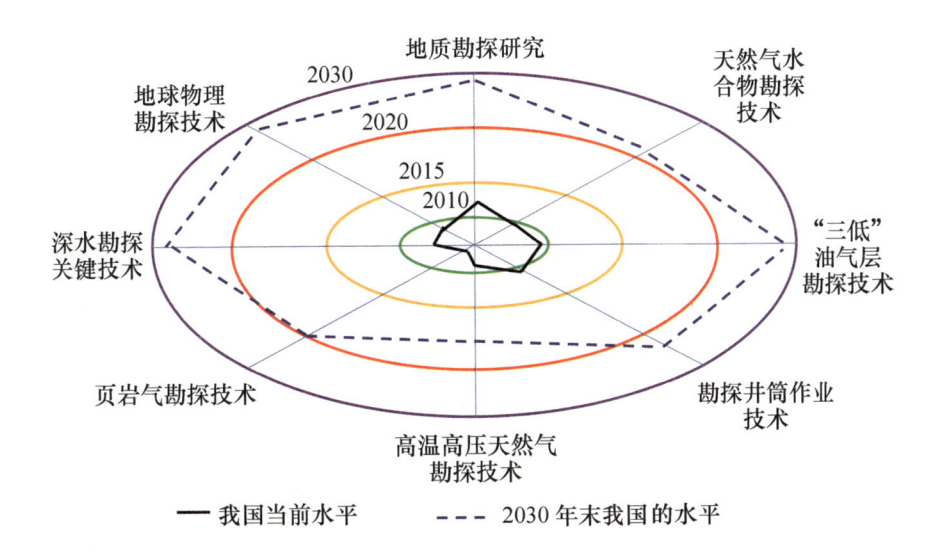

图 2-1-7　我国海洋资源勘查与评价技术发展水平对比

第六章　保障措施与政策建议

一、科技创新机构建设

(一) 成立科技战略研究机构

成立专门机构搜集整理科技进展信息，进行战略研究，并按年度提供详细研究报告。

(二) 建设 3 个重点创新基地

支持研究机构设立科技研究基地和科技创新基地，特别是要加大实验和中试基地建设的支持力度。同时加强承担单位主管部门的协调力度，促使科研项目与现场紧密结合，促进科研成果向生产转化。加快建设 3 个重点实验室。

1. 海洋石油勘探国家工程技术实验创新基地

目标：逐步建设"海洋石油勘探国家工程技术实验创新基地"，以引领未来海洋资源勘查与评价技术的发展。

主要任务：

- 研究以高精度地震勘探和可控源电磁勘探等为代表的、先进的海洋石油地球物理勘探理论和方法，研究和开发具有针对性、先进性与实用性的地球物理数据分析及配套应用分析技术，为海洋油气地球物理勘探提供技术储备。
- 建立物理模拟和数字模拟实验室，包括油气运移模拟、构造模拟等，逐步建立针对复杂油气田特征的模拟手段和方法。
- 发展拥有自主知识产权的装备、技术和软件，彻底改变对引进技术的过度依赖。
- 数字化近海，在建立近海数字化平台的基础上，逐步融合，最终实现数字化近海的目标。

- 构建研究成果向工程技术转化的平台和渠道，实现生产与科研的有机融合，加快科研成果向生产力的转化，特别是为形成原创性成果打好基础。

2. 勘查地质分析化验技术创新基地

目标：为满足海洋油气资源勘探步伐不断加快和国内外油气勘探技术飞速发展的需要，建立和完善海洋油气资源勘探地质实验常规技术及特殊技术，加快发展地质实验前沿技术和储备，逐步将实验室建成实验项目齐全、设备设施先进、人才技术领先，满足海上及陆地油气资源勘探生产和研究需求的国家级重点地质实验创新基地。

主要任务：

（1）发展地球化学实验技术。①完善有机地球化学常规分析技术，包括轻烃分析、全烃分析、芳香烃色质分析、单体烃同位素分析技术、碳同位素分析等技术，通过这些技术完善烃源岩评价手段。②建立和完善指纹色谱评价技术，建立双质谱（GC/MS/MS）分析方法、全二维色谱飞行时间质谱分析方法等。通过指纹色谱预测技术研究，对地层流体分布的不均匀性和断层的封堵情况进行预测，包括油藏的连通性和分隔性研究、原油族群和组群的划分、有机隔层和油水界面的识别。③建立和完善包裹体分析测试技术，包括包裹体成分（MCI）分析、均一化温度及冰点测定、含油包裹体指数（GOI）分析、荧光颗粒定量分析、包裹体 PVT 测试技术等。④建立地化录井及配套的罐顶气分析技术。⑤建立地化样品污染对地化指标影响因素评价技术。

在建立和完善现有地化实验技术的基础上，积极探索和发展以下技术：①发展和逐步建立烃源岩生烃模拟评价技术，引进有机质高温生烃实验模拟系统，通过与环境扫描电镜联机检测，使生烃过程可视化，观察矿物热演化特征，为烃源岩评价提供实验技术手段。②发展和逐步建立油气成藏实验技术，包括铀－钍－氦（U-TH-He）热史分析技术、自生伊利石测年技术、地化成藏分析技术等，该技术用以重新认识含油气盆地的生烃潜力，帮助创建地热演化史，为区域含油气系统及油气资源潜力评价提供技术支持。③探索和建立天然气水合物实验技术，为拓宽海洋资源开发领域，提供实验技术储备。

（2）发展生物地层分析研究技术。①完善陆相微体古生物化石分析鉴定技术，做强渤海湾地区中新生代介形类、腹足类、轮藻、孢粉、藻类化石分析鉴定技术，拓展化石门类，拓宽化石研究年代区间，以中海油为核心建立渤海湾地区各门类化石标准图版，形成行业品牌。②建立和完善海相微体古生物化技术，包括钙质超微化石、有孔虫、牙形石等海相化石分析方法和研究技术。③建立定量生态地层学研究技术，利用"将古论今"原理和现代信息技术、数据统计方法，研究开发具有自主知识产权的研究软件，对古气候、古生态和古环境进行定量研究，为油气勘探地质研究提供更科学的古生物依据。④建立高分辨率生物层序地层学研究技术，通过对生物群落兴衰交替的研究，划分生物层序，推断海进海退以及沉积旋回的演变。⑤探索和发展分子生物学研究技术，通过对古生物化石中残余化学元素和分子的研究，恢复地质历史时期的古水深、古盐度以及古气候。

（3）发展岩石矿物学实验技术。①完善岩石矿物常规实验技术，具体是完善岩石孔隙结构图像分析设备及软件，建立阴极发光鉴定、筛分粒度分析技术，为储层精细评价、研究物源方向沉积体系及岩相分析提供技术手段。②引进环境扫描电镜并配置能谱仪，完善扫描电镜技术，为低渗储层次生孔隙类型、成因、分布评价；建立酸、岩反应机理实验、黏土膨胀、储层样品润湿性变化研究，为储层保护研究提供有力的技术支持；为残余油分布规律研究，油水乳化液特征、水中杂质颗粒的观察、矿物的结晶与溶解特征观察、聚合物特性、泥浆稳定性机理等提供技术方法；为无机垢样研究方法的建立提供技术保证。③建立荧光光谱分析技术，电子探针分析技术、等离子发射光谱微量元素分析技术，为疑难样品矿物特征分析、储层精细研究评价、沉积环境研究提供技术支持。④建立散砂样品制片、超大薄片制片技术，为储层孔隙和裂缝研究提供技术支持。

（4）发展岩心分析实验技术。①完善岩心前处理设备及技术，配合岩心扫描，开展岩心描述，建立岩心图像资料、基础数据、文字资料齐全的岩心数据库，为油气勘探生产和研究提供资料储备。②完善常规岩心分析实验技术，做强疏松砂岩物性分析测定技术，完善致密岩心物性分析测试技术。③建立和完善常压和覆压岩石电阻率测定系统，建立恒速压汞测试岩心毛管压力实验技术方法，引进毛管压力曲线（隔板法）－覆压岩石电阻率联测定系统，建立毛管压力－覆压岩电联测技术。④完善油水相对渗透率、油气相对渗透率测定系统、水驱油实验系统，逐步建立低渗、特低渗砂岩、复合驱相渗技术，高温高压下相渗测试技术。⑤完善储层敏感性评价（压敏、水敏、酸敏、碱敏、盐敏、速敏）装置和软件系统，为油气勘探各阶段油层保护提供技术支持。在完善常规地质实验的基础上，探索和建立核磁共振分析技术、CT 扫描和仿真成像实验技术。发展并逐步建立储层模拟实验室，模拟地层条件下不同性质流体在不同孔隙介质条件下的运动规律，为油气运移、油气成藏和剩余油分布研究提供技术支持。

（5）发展流体实验分析技术。①完善原油物性和组成分析技术，建立原油析蜡－流变特性、乳化特性、屈服特性评价等技术方法；建立原油样品污染对原油物性评价影响因素评价技术。②完善和建立天然气的露点、水分、含硫特性分析测定技术，原油、水中微量阳离子测定技术，有机泥浆、无机泥浆组成和特性分析检测技术，为油气藏评价、储量计算和油气层保护提供技术支持。③建立地层流体物性分析技术（渤海地区），包括常规凝析气藏地层流体 PVT 分析、易挥发油藏地层流体 PVT 分析、常规油藏地层流体 PVT 分析和黑油油藏 PVT 分析。

3. 测井技术创新基地

目标：建立先进的核磁共振、泵抽取样、声电成像、阵列电阻率等测井装备和具有多学科结合综合识别、评价油气藏的测井解释技术。

主要任务：

（1）2015 年拥有完全自主知识产权的、包括成像、泵抽测压取样、核磁共振、阵列侧向等高端仪器在内的电缆测井系统，达到现有国际一流油田服务公司的技术水平；在常规成像测井仪器和常规测井资料解释方面达到国内领先、接近国际先进水平，3-D 成像测井、复杂岩性测井资料解释和隐蔽油气藏评价等高端技术上有所突破；拥有常规随钻测井仪器装备和解释能力，随钻电阻率、随钻伽马仪器、随钻放射性仪器、随钻声波、随钻地层测试技术处于研发中试阶段，部分项目达到国际先进水平，大部分项目处于国内领先水平，自主创新能力大幅度提升。

（2）2020 年电缆测井技术和装备达到国际先进水平，部分项目处于领先；拥有包括部分高端在内的随钻测井技术和装备，常规随钻技术和装备达到国际先进水平，随钻声波、随钻放射性、随钻地层测试等新技术实现产业化并应用于生产；电缆测井资料处理和解释技术、随钻数据处理与解释技术处于国内领先水平，接近国际先进水平。

（3）2030年电缆测井技术和随钻测井技术及其装备达到国际先进水平，部分技术处于领先。

二、科技队伍建设

加强科技人才队伍建设与培养，不断充实和壮大公司的科技人才队伍。开拓多渠道引进、培养人才的途径，采取有效措施打造一支稳定的、素质高、业务能力强的专业化科技人才队伍。

进一步完善激励机制，充分调动科技人员科技创新的积极性，逐步建立与现代企业制度相适应的市场化激励制度。

完善薪酬体系及奖励办法，形成有效的激励机制，以达到稳定和发挥科技队伍的积极性和创造性的作用。

发挥学术团体作用，提高科技人员的素质。充分发挥石油学会等群众学术团体的桥梁作用，为广大科技工作者营造专业发展的良好环境。

加强与国内、外有关学会之间更为广泛的组织和业务联系，为技术人员搭建技术交流的舞台。通过国内、外高层次的交流，丰富科技人员的知识面，提高他们的技术水平。

三、加大科技投入具体措施

完善多级投入体系，充分利用中央财政投入，加大企业科技投入力度。

四、科技管理创新与机制创新具体措施

完善有效的科技管理体制与机制是科研生产活动顺利进行的重要保障。"十二五"期间，将大力加强科技管理创新与机制创新的管理，不断完善科技管理创新与机制创新措施。

（一）完善科技管理制度

（1）持续完善以预算管理体系、项目管理体系、质量管理体系、合同管理体系、设备管理体系、科技管理体系和信息管理体系为核心的技术支持工作体系，实现制度体系全覆盖。在此基础上，形成长效机制，不断提升科技管理的能力和水平。

（2）对于可持续发展和创新研究项目，要根据项目实际情况，进行必要的培育和持续支持，特别是对于自主创新的项目，要给予特殊的鼓励和支持政策。

（二）完善科技管理组织

以"管理和服务科研生产"为中心任务，进一步剖析和解决制约工作效率的矛盾和问题，进一步发扬和提高主动管理和服务的意识，实现科技管理的系统化和高效化。

（三）促进成果转化

科技攻关目的是为海洋资源勘查带来发展和效益，加强技术研发与技术应用的无缝衔接，提高成果转化率，是科技发展的重要任务。

重点做好以下6方面工作：①适当增加科研项目的后续研究和成果转化的可行性研究，对成果应用进行跟踪和持续改进，通过提高成果转化率来促进技术应用和持续创新。②在项目论证、立项阶段充分考虑项目研究成果的转化问题，项目的研究内容应与实际应用实现无缝连接。③对于重大生产性研究项目，吸纳生产领域人员加入，组成联合项目组，使研发、生产、服务三者紧密结合，实现成果的快速转化。④建立科研成果转化的专门机构与队伍，将生产一线的优秀人员补充到研究队伍中来，使得更多的科研成果能得到推广和应用。⑤加强实用软件的自主开发和研究。⑥统一科研成果展示电子平台，使得更多科研成果能够推广应用。

主要参考文献

包建平, 张功成, 朱俊章, 等. 2002. 渤中凹陷原油生物标志物特征与成因类型划分. 中国海上油气（地质）, 16（1）: 11–17.

包建平, 朱翠山, 马安来, 等. 2002. 生物降解原油中生物标志物组成的定量研究. 江汉石油学院学报, 24（2）: 22–26.

蔡东升, 罗毓晖, 姚长华. 2001. 渤海莱州湾走滑拉分凹陷的构造研究及其石油勘探意义. 石油学报, 22（2）: 19–25.

曹忠祥. 2008. 营口-潍坊断裂带新生代走滑拉分-裂陷盆地伸展量、沉降量估算. 地质科学, 43（1）: 65–81.

常象春, 张金亮. 2003. 油气成藏动力学: 涵义、方法与展望. 海洋地质动态, 19（2）: 18–25.

陈发景, 汪新文. 1996. 含油气盆地地球动力学模式. 地质论评, 42（4）: 304–310.

陈建渝, 李永福, 毕研鹏, 等. 1998. 垦西地区稠油分布及成因浅析. 复式油气田, 6（2）: 28–33.

程有义, 李晓清, 汪泽成, 等. 2004. 潍北拉分盆地形成演化及其对成油气条件的控制. 石油勘探与开发, 31（6）: 32–35.

戴俊生, 李理. 2002. 油区构造分析. 山东: 石油大学出版社, 33.

戴俊生, 陆克政, 宋全友, 等. 1995. 胶莱盆地的运动学特征. 石油大学学报（自然科学版）, 19（2）: 1–6.

单家增, 张占文, 孙红军, 等. 2004. 营口-佟二堡断裂带成因机制的构造物理模拟实验研究. 石油勘探与开发, 31（1）: 15–17.

单家增, 张占文, 肖乾华. 2004. 辽河拗陷古近纪两期构造演化的构造物理模拟实验. 石油勘探与开发, 31（3）: 14–17.

邓运华. 2001. 郯庐断裂带新构造运动对渤海东部油气聚集的控制作用. 中国海上油气（地质）, 15（5）: 301–305.

邓运华. 2006. 渤海油区稠油成因探讨. 中国海上油气, 18（6）: 361–371.

董春梅, 张宪国, 林承焰. 2006. 有关地震沉积学若干问题的探讨. 石油地球物理勘探, 41（4）: 63–67.

杜世通. 2004. 地震属性分析. 油气地球物理, 2（4）: 19–30.

耿宏章, 秦积舜, 周开学, 等. 2003. 影响原油黏度因素的试验研究. 青岛大学学报, 18（1）: 83–87.

龚再升, 蔡东升, 张功成. 2007. 郯庐断裂对渤海海域东部油气成藏的控制作用. 石油学报, 28（4）: 1–10.

郭建军，陈践发，李粉丽，等 . 2007 . 注水开发过程中原油的水洗作用初探 . 地球化学，36（2）：215-221.

郭太现，刘春成，吕洪志，等 . 2001 . 蓬莱19-3油田地质特征 . 石油勘探与开发，28（2）：26-28.

韩行吉，杨文采，吴永刚 . 1995 . 地震与声测井资料的匹配 . 石油地球物理勘探，(30)增刊2：27-33.

郝芳，蔡东升，邹华耀，等 . 2004 . 渤中坳陷超压-构造活动联控型流体流动与油气快速成藏 . 中国地质大学学报（地球科学），29（5）：518-524.

郝芳，董伟良 . 2001 . 沉积盆地超压系统演化、流体流动与成藏机理 . 地球科学进展，16（1）：79-85.

何斌 . 2001 . 渤海湾复式盆地动力学探讨 . 石油实验地质，23（1）：27-29.

何仕斌，李丽霞，李建红 . 2001 . 渤中坳陷及其邻区第三系沉积特征和油气勘探潜力分析 . 中国海上油气（地质），15（1）：61-71.

洪景鹏，宫田隆夫，孙元林 . 1998 . 马站盆地成因与晚白垩世郯庐断裂带的活动性 . 地质力学学报，4（1）：33-36.

侯贵廷，钱祥麟，宋新民 . 1998 . 渤海湾盆地形成机制研究 . 北京大学学报（自然科学版），34（4）：503-509.

侯明金，朱光，Jacques Mercier，等 . 2007 . 郯庐断裂带（安徽段）及邻区的动力学分析与区域构造演化 . 地质科学，42（2）：362-381.

胡贤根，谭明友，张明振，等 . 2007 . 济阳坳陷东部走滑构造形成机制 . 油气地球物理，5（1）：50-58.

胡宇芳，张云绵，杨建勋，等 . 2006 . 频谱成像技术在油田勘探初期的应用 . 新疆石油地质，27（6）：749-750.

黄秀明，黄中明，闫建文 . 1996 . 国内外螺杆泵采油技术发展概况 . 国外油田工程 .

加东辉，杨香华，吴小红，等 . 2005 . 中等井网密度控制下的浅水三角洲相隔夹层研究——以渤中25-1南油田为例 . 油气地质与采收率，12（2）：19-22.

姜波，徐嘉炜 . 1989 . 一个中生代的拉分盆地—宁芜盆地的形成及演化，地质科学，（4）：314-322.

姜培海，唐文辉 . 1998 . 渤海海域稠油油田（藏）特征及勘探意义 . 特种油气藏，5（2）：18-22，39.

姜秀清 . 2003 . 储层地震属性优化及属性体解释 . 油气地球物理，1（2）：25-59.

李慧勇，辛仁臣，周心怀，等 . 2007 . 渤海海域黄河口凹陷B区东营组三段下部沉积特征 . 大庆石油学院学报，31（2）：1-3.

李金良，张岳桥，柳宗泉，等 . 2007 . 胶莱盆地沉积—沉降史分析与构造演化 . 中国地质，34（2）：240－250.

李友川，黄正吉.2002. 渤海海域低熟油的地球化学特征. 中国海上油气（地质），16（5）：322－327.

廖远涛.2002. 胶莱盆地的盆地样式及构造演化. 新疆石油地质，23（4）：345－347.

凌云研究组.2003. 基本地震属性在沉积环境解释中的应用研究. 石油地球物理勘探，38（6）：642－653.

凌云研究组.2004. 测井与地震信息标定研究. 石油地球物理勘探，39（1）：68－74.

凌云研究组.2004. 储层演化地震分析. 石油地球物理勘探，39（6）：672－678.

刘财. 勘探地震资料处理新方法及新技术. 北京：科学出版社，2006.

刘德良，陶士振.2000. 郯庐断裂带及邻区构造组合研究. 大地构造与成矿学，24（4）：314－320.

刘国生，朱光，王道轩，等.2002. 郯庐断裂带张八岭隆起段走滑运动与合肥盆地的沉积响应. 沉积学报，20（2）：267－273.

刘和甫，李晓清，刘立群，等.2005. 伸展构造与裂谷盆地成藏区带. 石油与天然气地质，26（5）：537－552.

刘和甫，夏义平，殷进垠，等.1999. 走滑造山带与盆地耦合机制. 地学前缘，6（3）：119－130.

刘和甫.1993. 沉积盆地地球动力学分类及构造样式分析. 中国地质大学学报（地球科学），18（6）：699－724.

刘和甫.2001. 盆地－山岭耦合体系与地球动力学机制. 中国地质大学学报（地球科学），26（6）：581－596.

刘立明，陈钦雷. 试井理论发展的新方向——数值试井. 油气井测试，2001（2）：78－82.

卢刚臣，孔凡东，丁学垠，等.2004. 震—井吻合提高精细解释水平. 石油地球物理勘探，39（2）：198－204.

卢刚臣，石慧敏，刘轶英，等.2006. 成熟区岩性油气藏勘探再认识. 石油地球物理勘探，41（4）：468－475.

罗立志，李景明，李小军，等.2005. 试论郯城－庐江断裂带形成、演化及问题. 吉林大学学报（地球科学版），35（6）：699－706.

马海珍，雍学善，杨午阳，等.2002. 地震速度场建立与变速构造成图的一种方法. 石油地球物理勘探，37（1）：53－59.

米立军，毕力刚，龚胜利，等.2004. 渤海新近纪古湖发育的直接证据. 海洋地质与第四纪地质，24（2）：37－42.

南风.2008. 西方地球物理公司推出地震采集新技术. 小型油气藏，13（1）：43.

彭文绪, 辛仁臣, 孙和风, 等. 2009. 渤海海域莱州湾凹陷的形成和演化. 石油学报, 30 (5): 654-660.

漆家福, 陈发景. 1995. 下辽河-辽东湾新生代裂陷盆地构造解析. 北京: 地质出版社, 152.

漆家福, 邓荣敬, 周心怀, 等. 2008. 渤海海域新生代盆地中的郯庐断裂带构造. 中国科学 D 辑: 地球科学, 38 增刊: 19-29.

漆家福, 夏义平, 杨桥. 2006. 油区构造解析. 北京: 石油工业出版社, 97.

齐玉林. 2009. 海拉尔盆地贝尔凹陷南部层间构造及岩性圈闭的三维地震解释. 地质科学, 44 (2): 692-699.

乔秀夫, 高林志, 彭阳, 等. 2001. 古郯庐带沧浪铺阶地震事件、层序及构造意义. 中国科学 (D 辑), 31 (11): 911-918.

乔秀夫, 张安棣. 2002. 华北地块、胶辽朝地块与郯庐断裂. 中国地质, 29 (4): 337-345.

邱桂强, 李素梅, 庞雄奇, 等. 2004. 东营凹陷北部陡坡带稠油地球化学特征与成因. 地质学报, 78 (6): 854-862.

冉建斌, 李建雄. 2004. 基于三维地震资料的油藏描述技术和方法. 石油地球物理勘探, 39 (1): 102-112.

沈财余, 江洁, 赵华, 等. 2002. 测井约束地震反演解决地质问题能力的探讨. 石油地球物理勘探, 37 (4): 372-376.

施炜, 张岳桥, 董树文. 2003. 郯庐断裂带中段第四纪活动及其分段特征. 地球学报, 24 (1): 11-18.

宋鸿林. 1996. 斜向滑动与走滑转换构造. 地质科技情报, 15 (4): 33-38.

孙和风, 周心怀, 彭文绪, 等. 2007. 莱州湾凹陷垦利 11 区盐构造特征及成藏分析. 海洋石油, 27 (3): 46-50.

孙玉梅, 席小应, 黄正吉. 2002. 流体包裹体分析技术在渤中 25-1 油田充注史研究中的应用. 中国海上油气 (地质), 16 (4): 238-244.

孙振涛, 孟宪军, 慎国强, 等. 2002. 高精度合成地震记录制作技术研究. 石油地球物理勘探, 37 (6): 640-643.

汤加富, 李怀坤, 娄清. 2003. 郯庐断裂南段研究进展与断裂性质讨论. 地质通报, 22 (6): 426-436.

汤加富, 许卫. 2002. 郯庐断裂带南段并无巨大平移. 地质论评, 18 (5): 449-456.

童亨茂, 宓荣三, 于天才, 等. 2008. 渤海湾盆地辽河西部凹陷的走滑构造作用. 地质学报, 82 (8): 1017-1025.

万天丰, 朱鸿. 1996. 郯庐断裂带的最大左行走滑断距及其形成时期. 高校地质学报, 2

(1): 14-27.

王西文. 2004. 相对波阻抗数据体约束下的多井测井参数反演方法及应用. 石油地球物理勘探, 39 (3): 291-299.

王义强, 孙丰月, 吕古贤. 1997. 韧性剪切带向剪切破裂带的转化与成岩成矿作用. 地质力学学报, 3 (1): 38-44.

王志君, 黄军斌. 2001. 利用相干技术和三维可视化技术识别微小断层和砂体. 石油地球物理勘探, 36 (3): 378-381.

魏文博, 叶高峰, 金胜, 等. 2008. 华北地区东部岩石圈导电性结构研究——减薄的华北岩石圈特点. 地学前缘, 15 (4): 204-216.

吴根耀, 梁兴, 陈焕疆. 2007. 试论郯城-庐江断裂带的形成、演化及其性质. 地质科学, 42 (1): 160-175.

吴时国, 余朝华, 邹东波, 等. 2006. 莱州湾地区郯庐断裂带的构造特征及其新生代演化. 海洋地质与第四纪地质, 26 (6): 101-110.

吴兴宁, 周建勋. 2000. 渤海湾盆地构造成因观点剖析. 地球物理进展, 15 (1): 98-107.

肖尚斌, 高喜龙, 姜在兴, 等. 2000. 渤海湾盆地新生代的走滑活动及其石油地质意义. 大地构造与成矿学, 24 (4): 321-328.

徐长贵, 武法东. 2002. 渤中凹陷上第三系三角洲的发现、沉积特征及油气勘探建议. 沉积学报, 20 (4): 588-594.

徐嘉炜, 马国锋. 1992. 郯庐断裂带研究的十年回顾. 地质论评, 38 (4): 316-324.

徐嘉炜, 朱光. 1995. 中国东部郯庐断裂带构造模式讨论. 华北地质矿产杂志, 10 (2): 21-134.

徐嘉炜, 锋中锐, 朱光, 等. 1984. 中国东部郯庐断裂系统平移研究的若干进展. 合肥工作大学学报, 2: 28-37.

徐衍和. 2006. 优化高频拓展法在煤田勘探中的应用, 中国煤田地质, 18 (2): 52-54.

许浚远, 张凌云. 2000. 西北太平洋边缘新生代盆地成因: 成盆机制述评. 石油与天然气地质, 21 (2): 93-98.

许浚远, 张凌云. 2000. 西北太平洋边缘新生代盆地成因: 连锁右行拉分裂谷系统. 石油与天然气地质, 21 (3): 185-292.

杨东明, 姜在兴, 李葵英, 等. 2004. 济阳坳陷馆陶组辫状三角洲——浅水湖泊沉积体系. 西安石油大学学报, 19 (6): 15-19.

杨强, 魏嘉, 段文超. 2007. 基于三维可视化技术的地震多属性分析的实现. 勘探地球物理进展, 30 (1): 64-68.

杨清明. 2008. PGS 公司开发成功新一代地震拖缆采集系统. 石油工业计算机应用, 16

（2）：58.

杨少虎，黄玉生，彭文绪，等.2006.声波重构技术在储层反演中的应用.石油地球物理勘探，41（2）：171-176.

印兴耀，周静毅.2005.地震属性优化方法综述.石油地球物理勘探，40（4）：482-489.

于福生，漆家福，王春英，等.2003.沂沭断裂带北段大盛—马站早白垩世盆地成因分析.西安石油学院学报（自然科学版），18（1）：1-3.

余朝华，韩清华，董东东，等.2008.莱州湾地区郯庐断裂中段新生代右行走滑位移量的估算，天然气地球科学，19（1）：62-69.

余一欣，周心怀，汤良杰，等.2008.渤海海域莱州湾凹陷KL11-2地区盐构造特征.地质学报，82（6）：731-737.

袁井菊.2006.层叠法变速构造成图的地质基础及其应用.石油物探，45（3）：285-289.

袁清秋.2004.辽河盆地西部凹陷稠油形成条件分析.特种油气藏，11（1）：31-46.

岳伏生，郭彦如，马龙，等.2003.成藏动力学系统的研究现状及发展趋向.地球科学进展，18（1）：122-126.

张成，解习农，张功成，等.2005.渤中25-1地区油气运移的输导通道及其示踪分析.地质科技情报，24（2）：27-32.

张拴宏，赵越.2006.与大型走滑断裂相关的旋转.地质科技情报，25（3）：29-34.

张延章，尹寿鹏，张巧玲，等.2006.地震分频技术的地质内涵及其效果分析.石油勘探与开发，33（1）：64-66，71.

张永华，陈萍，赵雨晴，等.2004.基于合成记录的综合层位标定技术.石油地球物理勘探，39（1）：92-96.

张枝焕，邓祖佑，吴水平，等.2003.石油成藏过程中的地球化学变化及控制因素的综合评述.高校地质学报，9（3）：484-493.

赵殿栋.2009.高精度地震勘探技术发展回顾与展望.石油物探，48（5）：425-435.

中国石油集团经济技术研究院.2009.国际会议动态.23（1）.

中国石油集团经济技术研究院.2009.国际会议动态.25（3）.

中国石油集团经济技术研究院.2009.国外油气技术研发动态.7.

周建波，程日辉，刘建辉.2005.郯庐断裂中段管帅拉分盆地的确定及其构造意义.地质科学，40（4）：486-498.

周建波，胡克，申宁华，等.1999.郯庐断裂中段石场—中楼拉分盆地的确定.地质科学，34（1）：18-28.

周建勋，周建生.2006.渤海湾盆地新生代构造变形机制：物理模拟和讨论.中国科学

D辑（地球科学），36（6）：507-519.

周荔青，刘池洋. 2006. 深大断裂与中国东部新生代盆地油气资源分布. 北京：石油工业出版社，30.

周永胜，李建国，王绳祖. 2003. 用物理模拟实验研究走滑断裂和拉分盆地. 地质力学学报，9（1）：1-13.

朱光，刘国生，牛漫兰，等. 2002. 郯庐断裂带晚第三纪以来的浅部挤压活动与深部过程. 地震地质，24（2）：265-277.

朱光，刘国生，牛漫兰，等. 2003. 郯庐断裂带的平移运动与成因. 地质通报，22（3）：200-207.

Arthur G. Sylvester. 1988. Strike-slip faults. Geological Society of America Bulletin, 100：1666-1703.

Atilla Aydin, Amos Nur. 1982. Evolution of pull-apart basins and their scale independence. Tectonics, (1)：91-105.

Bartllett W L, Friedman M, Logan J M. 1981. Experimental folding and faulting rocks under confining pressure. Tectonophysics, 79：255-277.

Continental Hself Operation Notice (CSTN). 1988. 59.

Darrel S Cowan, Mark T Brandon. 1994. A systemetry-based method for kinematic analysis of large brittle fault zones. American Journal of science, 294：257-306.

J S Tchalenko. 1970. Similarities between shear zones of different magnitudes. Geological society of America Bulletin, 81：1625-1640.

J Smit, J P Brun, X Fort, et al. 2008. Sailt tectonics in pull-apart basins with application to the Dead Sea Basin. Tectonophysics, 449：1-16.

John Wakabayashi, James V Hengesh, Thomas L Sawyer. 2004. Four-dimensional transform fault progresses: progressive evolution of step-overs and bends. Tectonophysics, 392：279-301.

Li-Yuan Hsiao, Stephen A Graham, Nat Tilander. 2004. Seismic reflection imaging of a major strike-slip fault zone in a rift system: Paleogene structure and evolution of the Tan-Lu fault system, Liaodong Bay, Bohai, offshore China. AAPG bulletin, 88（1）：71-97.

Mcclay K, Dooley T. 1995. Analogue models of pull-apart basins. Geology, 23：711-714.

N H Waldron. 1986. The role of strike-slip fault system at plate boundaries. Royal society of London Philosophical transactions. Ser A, 317：13-29.

Paul Mann, Mark R Hempton, Dwight C Bradley, et al. 1983. Development of pull-aparts. Journal of Geology, 91：529-554.

Ronald E Wilcox, T P Harding, D R Seely. 1973. Basic wrench tectonics. AAPG Bull, 57

(1): 74-96.

T P Harding. 1974. Petroleum traps associated with wrench faults. AAPG Bull, 58 (7): 1290-1304.

T P Harding. 1985. Seismic characteristics and identification of negative flower structures, positive flower structures, and positive structural inversion. AAPG Bull, 69 (4): 582-600.

T P Harding. 1990. Identification of wrench faults using subsurface structural data: criteria and pitfall. AAPG Bull, 74 (10): 1590-1609.

Tor H Nilsen, Arthur G Sylvester. 1999. Strike-slip basin: part 1-2. The leading edge, 1146-1152; 1258-1267.

Xu J W, Zhu G, Tong W X, et al. 1987. Formation and evolution of the Tancheng-Lujiang wrench fault system: a major shear system to the north of the Pacific ocean. Tectonophysics, 134: 273-310.

Yoram Kartz, Ram Weinberger, Atilla Aydin. 2004. Geometry and kinematic evolution of Riedel shear structures, Capitol Reef National Park, Utah. Journal of structural geology, 26: 491-501.

主要执笔人

张厚和	中海油研究总院	教授级高工
赫栓柱	中海油研究总院	高工
邓运华	中海油研究总院	教授级高工
吴景富	中海油研究总院	教授级高工
廖宗宝	中海油研究总院	高工
杨小椿	中海油研究总院	高工
赵志刚	中海油研究总院	高工

专业领域二：我国海洋能源工程装备发展战略

第一章 我国海洋能源工程战略装备的现状与需求

一、我国海洋能源工程战略装备的现状

（一）海上勘探装备的发展现状

1. 物探船

1）物探船

目前国内从事海上地震勘探作业的主要有中海油田服务股份有限公司物探事业部所属的物探船和广州海洋地质调查局所属的4艘物探船，主要进行常规海上二维、三维地震数据采集。这些物探船配备的拖缆地震采集系统主要购买自法国 Sercel 公司和美国 I/O 公司，其中以 Sercel 公司的产品居多。

中国海洋石油总公司的海上勘探业务主要由所属的中海油田服务股份有限公司物探事业部承担，目前，该事业部拥有二维地震船（"NH502"）、三维地震船6艘（"BH511"、"BH512"、"东方明珠"、"海洋石油718"、"海洋石油719"、"海洋石油720"）以及两支海底电缆队。"NH502"、"BH511"（3缆）、"BH512"（4缆）、"东方明珠"（4缆）、"海洋石油718"（6缆）、"海洋石油719"（8缆）、"海洋石油720"（12缆）都装备了目前最先进的海洋拖缆地震采集系统（SEAL）。海底电缆队配备的是比较先进的 SeaRay 300 四分量海底电缆采集系统。

中海油服物探事业部可以完成以下海洋地震采集作业：

- 常规二维地震采集作业；

- 二维长缆地震采集作业；
- 二维高分辨率地震采集作业；
- 二维上下源、上下缆地震采集作业；
- 常规三维地震采集作业；
- 三维高分辨率地震采集作业；
- 三维准高密度地震采集作业；
- 三维双船作业。

图 2-2-1 "海洋石油 720"

"海洋石油 720"是我国乃至东南亚物探作业船舶中最先进的一条。"海洋石油 720"船于 2011 年 05 月 22 日交船，迄今为止，"海洋石油 720" 12 缆船创造了物探历史日产量新高 160.825 航行千米，日采集有资料面积 96.495 平方千米的好成绩，开创了我国物探史上的新篇章。

2）勘探作业装备

从 20 世纪 90 年代起，国际地震勘探仪器装备厂商经过激烈的竞争、兼并、联合，基本上形成了以法国 Sercel 公司和美国 ION 公司占据世界主要市场的新格局。其他公司也在激烈的市场竞争中，依据自身的优势和条件不断拓展生存空间。

目前我国还没有形成自己的海上地震勘探及工程勘探的装备技术体系，绝大部分的海上物探装备仍然依靠进口。同时国外进口的设备存在技术上的限制，进口地震勘探采集装备方面的劣势主要有：①国外地震勘探仪器厂商对我国进口仪器设备实施技术限制，小于 12.5 米道距的拖缆地震采集系统禁止向中国出口，妨碍了国内海上高分辨地震勘探的发展，不利于国内油田深度精细开发和海上隐蔽油气藏的发现；②海上地震采集设备以及勘探软硬件系统全部依赖进口，进口价格高，备件采办周期长，占生产成本比例较大；③国外地震勘探仪器厂商对我国高精度勘探仪器装备领域技术封锁，不利于真正掌握海上高分辨勘探能力；④自主知识产权技术开发和设备生产能力较弱；⑤总体研究力量薄弱，未形成自主知识产权的海上地震勘探装备体系；⑥与国外竞争者相比，综合竞争力弱，技术上处于跟随地位。

总之，技术上的劣势制约了我国进军深水勘探，高密度地震勘探、上下缆作业等先进地震方法无法实施。

目前中海油正在加快研制具有自主知识产权的海上高精度地震勘探成套化技术及装备。海上物探装备主要包括"地震采集系统、导航系统、拖缆控制系统、震源系统等。

（1）地震采集系统方面。国际市场上销售地震采集系统主要包括Sercel公司的SEAL系统和ION公司的MSX系统。斯伦贝谢公司Q-Marine拖缆地震采集系统不对外销售，只用于装配自己的物探船。目前中海油通过"十五"和"十一五"两期"863"课题，成功研制了具有自主知识产权的"海亮"拖缆地震采集系统，形成工程样机，通过海试，在工程物探调查船上进行了初步应用。

（2）拖缆定位与控制系统方面。世界上主要有美国ION公司、法国的Sercel公司和英国Sonardyne公司提供拖缆控制与定位系统产品。其中Sonardyne公司只有水下定位装置。ION公司的DigiCOURSE拖缆控制系统包括全系列产品：定深控制器DigiBIRD，声学定位器DigiRANGE和水平控制器DigiFIN，Sercel公司于2009年正式推出了集声学定位、定深与水平控制的一体鸟NAUTILUS。目前海上地震拖缆采集系统大多采用ION公司的DigiCOURSE拖缆控制系统。斯伦贝谢公司在其Q-Marine拖缆地震采集系统中集成了Q-Fin电缆控制系统，其特点是不仅能够控制电缆垂向深度，而且能够控制电缆的水平位置。目前，ION公司正在研制一种MSX-DigiSTREAMER的水下拖缆、APS（Advanced Positioning System）拖缆控制系统。APS是一体化装置，具有水平位置控制功能。中海油近几年通过承担国家"863"课题，也成功研制了自主知识产权的"海燕"拖缆控制与定位系统，以及水下控制器,包括深度控制器 HQI-Dep、水平控制器 HQI-Fin 和声学测距装置 HQI-Range。目前已完成工程样机研制,经过海上试验,在物探船上进行了试应用,各项技术指标及性能满足海上地震勘探作业要求。

(3) 综合导航系统方面。综合导航系统是海上地震勘探作业中的控制指挥中心,在野外数据采集中,通过综合导航系统指引勘探船只行驶方向、控制震源系统和地震数据采集系统同步工作、实时解算震源位置和检波点位置、分析反射面元覆盖情况进行地震勘探作业质量控制。目前从事综合导航类产品研发的国外公司主要有以下 3 家:ION、Sercel 和 Western-Geco。其中 Trinav 是 Western-Geco 公司自主开发、独家使用的系统,只提供地震勘探服务,不出售相关产品。因此,现在国际市场上能购买到的综合导航系统主要为:ION 公司的 Concept 系统和 Sercel 公司的 SeaproNav 系列产品。Concept 系统推出的时间比较早,目前使用广泛,SeaproNav 是 2009 年才正式推出。上述两种产品都具有支持多船、多源进行三维地震勘探作业的能力。目前中海油正起步研制自主的海上综合导航系统。总之,海上高精度地震勘探仪器装备国产化将提升我国海洋油气藏开发的能力,特别是对复杂地层和隐蔽油气藏的勘探开发能力,全面提升海上油气资源地震勘探技术水平,更有效地解决海上油气开发生产中精细构造解释、储层描述和油气检测的精度问题,提供深水勘探战略强有力的技术支撑,有利于充分开发蓝色国土,缓解我国能源短缺的压力。

2. 工程勘察船

目前世界范围内深水勘探技术发展迅速,并获得巨大的深水发现。世界深水勘探成果促进了深水作业装备包括深水工程勘察装备和技术的发展,目前作业主要集中在墨西哥湾、北海、西非和南美等海域。工程勘察作业水深已超过 3 000 米。但我国目前从事深水勘察技术装备不足,除新建造的"海洋石油 708"船以外(图 2-2-2),国内其他勘察装备只具有约 300 米水深内的浅孔钻探取心作业能力,因此必须加强建造适合深水海域作业的工程勘察船并配备相应的国际先进的深水勘察专业设备,否则将会影响行业的发展。

图 2-2-2 "海洋石油 708"

（二）海上施工作业装备的发展现状

1. 钻井装备

我国浅水油田使用的钻井装备海洋模块钻机、坐底式钻井平台和自升式钻井平台均已实现国产化，其中自升式钻井平台作业水深达到 400 英尺（"海洋石油 941"和"海洋石油 942"）。

我国目前有 8 座半潜式钻井平台，包括自行设计建造的"勘探三号"，该平台于 1984 年 7 月交付使用，工作水深仅为 200 米；从国外进口 4 艘："南海 2 号"、"南海 5 号"、"南海 6 号"和"勘探四号"，设计工作水深最深为 457 米；我国自行建造的超深水半潜式钻井平台"海洋石油 981"，作业水深达 3 000 米；中海油服的 CDE 公司还拥有两座作业水深 762 米（2 500 英尺）的半潜式钻井平台（"COSL Pioneer"和"COSL Innovator"）；另外尚有一座作业水深 2 500 英尺的半潜式钻井平台（"COSLPromoter"）和一座作业水深 1 524 米（5 000 英尺）的半潜式钻井平台在建。"十一五"期间，依托"海洋石油 981"的设计和建造工程自主完成了深水半潜式钻井平台的详细设计和建造，使我国该型装备的建造能力跨入了世界先进行列。目前我国已经具备详细设计、建造、调试深水半潜式钻井平台的能力。我国主要半潜式钻井平台见图 2-2-3。

我国自行建造的第一座深水半潜式钻井平台"海洋石油 981"于 2007

图 2-2-3　我国主要半潜式钻井平台

年开始在上海外高桥造船厂开工建造，2011 年顺利完成建造调试，其详细设计为国内研究所独立完成，平台建造的生产设计也由国内船厂独立完成，平台的各项技术指标均达到国际上最先进的第六代钻井平台标准。"海洋石油 981"配置的锚泊定位系统采用了国内制造的深水 R5 级锚链。R5 级锚链为世界上强度等级最高的锚链，世界上能够制造该锚链的厂家不多，我国自行建造的深水半潜式钻井平台"海洋石油 981"的锚链由我国亚星锚链厂研发制造，表明国内锚链制造水平已经达到国际先进水平。"海洋石油 981"深水半潜式平台采用铝制直升机停机坪。铝制直升机停机坪的应用增加了平台的可变载荷降低了平台中心位置。

我国在 20 世纪 70 年代曾经建造过浅水钻井船，沪东造船厂利用两艘 3 000 吨旧船改装成"勘探 1 号"双体石油勘探船，用于我国在南海、黄海水深 30～100 米范围的海域内工作，现已退役。

虽然我国"十一五"期间深水钻井设备有了很大的发展，但是和国外石油公司相比，我国目前没有钻井船，半潜式钻井平台数量仍然不足。

2. 修井装备

我国浅水油田使用的修井装备包括平台修井机、自升式修井平台、Liftboat，其中使用最多的是平台修井机，渤海油田有大量平台修井机，平台修井机大钩载荷范围为90～225吨，大部分平台修井机的大钩载荷为135吨和180吨。以上浅水修井设备均已实现国产化。目前国内尚无专用的深水修井装备。

3. 铺管起重船

我国起重铺管船从20世纪70年代开始逐步发展起来，至今主要在用的有18艘起重铺管船舶，其主要归各打捞局以及中海油、中石油和中石化等所有。我国起重铺管船主要经历了外购改造浅水起重铺管船、自主设计建造浅水起重铺管船到自主建造深水起重铺管船的过程。

表2-2-1给出了我国主要起重铺管船的一些主要参数。通过对表2-2-1中数据的分析，可以初步总结出我国的起重、铺管船目前具备以下几个基本特点。

表2-2-1 我国起重、铺管船主要参数

序号	船舶名称	归属公司	类型	投产年份	主尺度总长（米）×型宽（米）×型深（米）	作业水深/米	主要作业参数
1	滨海105	中海油	起重船	1974	80×23×5	—	主吊机：200吨
2	滨海106	中海油	起重铺管船	1974	80×23×5	—	主吊机：200吨 最大铺设管径：30英寸
3	滨海108	中海油	起重船	1979	102×35×7.5	—	主吊机：900吨
4	大力	上海打捞局	起重船	1980	100×38×	—	主吊机：2 500吨
5	滨海109	中海油	起重铺管船	1987	93.5×28.4×6.7	—	主吊机：300吨 最大铺设管径：60英寸
6	德瀛	烟台打捞局	起重船	1996	115×45	—	主吊机：1 700吨
7	胜利901	中石化	起重铺管船	1998	91×28×5.6	—	最大铺设管径：40英寸 张紧器：2×50吨 收放绞车：50吨
8	蓝疆	中海油	起重铺管船	2001	157.5×48×12.5	6～150	主吊机：3 800吨 最大铺设管径：48英寸

续表

序号	船舶名称	归属公司	类型	投产年份	主尺度总长（米）×型宽（米）×型深（米）	作业水深/米	主要作业参数
9	小天鹅	中铁大桥局	起重船	2003	86.8×48×3.5	—	主吊机：2 500 吨
10	四航奋进	第四航务工程局	起重船	2004	100×41×	—	主吊机：2 600 吨
11	天一	中铁大桥局	起重船	2006	93×40×	—	主吊机：3 000 吨
12	华天龙	广州打捞局	起重船	2006	167.5×48×	—	主吊机：4 000 吨
13	蓝鲸	中海油	起重船	2008	239×50×20.4	—	主吊机：7 500 吨
14	海洋石油202	中海油	起重铺管船	2009	168.3×48×12.5	200	主吊机：1 200 吨 最大铺设管径：60 英寸
15	中油海101	中石油	起重铺管船	2011	123.85×32.2×6.5	40	主吊机：400 吨
16	蓝鲸	中海油	起重船	2008	241×50×20.4	—	主吊机：7 500 吨
17	胜利902	中石化	起重铺管船	2011	118×30.4×8.4	5~100	主吊机：400 吨 最大铺设管径：60 英寸
18	海洋石油201	中海油	起重铺管船	2012	204.6×39.2×14	3 000	主吊机：4 000 吨 最大铺设管径：60 英寸

1）起重船队初具规模

国内海洋工程起重船设计、制造方面起步较晚，但发展迅速，已由原先的起重能力几百吨发展到现在的起重能力几千吨，同时船舶数量也日益增多。其中，中铁大桥局的"小天鹅"号和"天一"号起重船起重能力分别达到了2 500吨和3 000吨，主要用于近海工程、桥梁的架设。上海打捞局和烟台打捞局也分别拥有各自的大型起重船舶"大力"号和"德瀛"号。广州打捞局的"华天龙"号起重船起重能力达到了4 000吨。这些起重船成功地完成了船舶打捞、桥梁吊装、海洋石油平台模块装卸等大型工程的装吊任务。海洋石油工程股份有限公司作为目前我国最大、实力最强、具备海洋工程设计、制造、安装、调试和维修等能力的大型工程总承包公司，在海洋工程起重船舶方面已拥有了实力很强的船队。其中"蓝疆"号和"海洋石油202"起重铺管船分别拥有最大3 800吨和1 200吨的起重能力,"海洋石油201"深水起重铺管船和"蓝鲸"号起重船更是具备了4 000吨和7 500吨的单吊最大起重能力。

2)起重铺管船作业范围基本涵盖浅水到深水区域

由于我国海上油气田勘探开发范围在近几十年内主要集中在浅水海域,对应的起重铺管船在船型和设备配置上也主要为适应这一需求而构建,并已逐步形成了能适应渤海、东海、南海浅水区域的系列化起重铺管船队,水深范围从10米以深到100米。同时,随着近几年起重铺管船建造力度的加大,我国又具备了能适应100~200米水深的"蓝疆"号和"海洋石油202"船,"海洋石油201"船是我国第一艘深水铺管起重船。

3)起重铺管船兼备起重和铺管两项功能

我国铺管船大多具备大型起重功能,拓展了相应海洋工程船舶的作业功能,实现一船多用。我国的起重、铺管船主要适用于浅水常规海域作业。"海洋石油201"船是世界上第一艘同时具备3 000米深水铺管能力、4 000吨级重型起重能力和DP3全电力推进的动力定位,并具备自航能力的工程作业船,能在除北极外的全球无限航区作业,集成创新了多项世界顶级装备技术,其总体技术水平和综合作业能力在国际同类工程船舶中处于领先地位,代表了国际海洋工程装备制造的最高水平(图2-2-4)。

图2-2-4 深水铺管起重船"海洋石油201"

在"海洋石油201"建成之前,海洋石油工程股份有限公司建成的铺管船"海洋石油202"(图2-2-5)的最大铺管深度能达到300米,但不能满足深水海洋石油的开发需求。2000年建造的"蓝鲸"号起重铺管船(图2-2-6),起重能力达到3 800吨,但最大铺管水深仅能达到150米。2007年建成的"华天龙"号起重船(业主为广州打捞局),起重能力为4 000吨,具备铺管作业能力。

图2-2-5 "海洋石油202"

图2-2-6 作业中的"蓝鲸"号

4. 油田支持船

深远海油气开发工程支持系统所涉及的高附加值船舶包括：深远海油气开发大型浮式工程支持船、深水三用工作船、深水供应船等。工程支持船的发展总是紧紧跟随油田开采的步伐，在2011年前我国海上油田所有储量和产量的来源均为350米水深以内的近海。因此，工程支持船主要为12 000马力内的工作船，主机推进功率多在8 000马力以下，船舶专用配套设备参差不齐，并且以外购的二手船为主，国内自主研发的船型很少或者船型较老。随着的海油田产能的快速递减，"向海洋深水领域进军、向深水技术挑战"日益迫切，国内船舶的装备也取得了一定的大发展。

1) 三用工作船与供应船

三用工作船与供应船是最为重要的也最典型的服务支持船舶，三用工作船提供抛起锚作业、拖曳作业、守护作业、消防作业等服务。随着海上油气开采逐渐走向深水，作业海况越来越恶劣，对平台支持船的功能要求越来越多，性能要求越来越高，兼有供应、拖曳、抛起锚、对外消防灭火作业、救助守护、海面溢油回收、消除海面油污、潜水支援、电缆敷设、水下焊接与切割等功能的多用途海洋工作船是三用工作船的延伸。供应船是往返于供应基地和平台之间的对平台进行物资供给的船舶，应具有完好的靠舶特性。目前，中国沿海各类近海平台工程支持船数量超过219艘。但国内服务于深水的三用工作船不多（目前有两艘作业水深可达3 000米），服务于深水区域的三用工作船船舶主尺度、较大的有10 000马力及以上；深水供应船在3 000载重吨、6 000马力及以上。国内典型三用工作船如下：

- "滨海214"：丹麦ARHUS FLYDEDOK A/S建造，主机功率为3 800马力，总长53.10米，型宽11.02米，型深4.00米，系柱拉力35~40吨（图2-2-7）。

- "滨海292"：由丹麦的ODENSE STEEL SHIPYARD LTD.公司建造，主机功率为13 000马力，总长67.11米，型宽15.50米，型深7.50米，系柱拉力156吨（图2-2-8）。

- "滨海262"、"滨海263"、"滨海264"、"滨海265"：由中国武昌造船厂分别于1986年和1987年完成建造的三用工作船，主机功率均为6 528马力、总长58.60米、型宽13.00米、型深6.50米，系柱拉力87吨，甲板面积388平方米（图2-2-9）。

图 2-2-7 "滨海 214"

图 2-2-8 "滨海 292"

- "南海 222": 中国扬子江造船厂建造完成,主机功率为 14 150 马力,总长 69.20 米,型宽 16.80 米,型深 7.60 米,甲板面积 500 平方米,载重量 800 吨,系柱拉力为 160 吨(图 2-2-10)。
- "海洋石油 681": 采用国际知名设计公司 Rolls-Royce 的 UT788 船型设计,中国武昌船厂建造,该船型是一型采用先进的 Hybrid 柴电混合推进技术,并具有动力定位功能(DP2),带冰区加强功率达 30 000 马力(图 2-2-11)。

图 2-2-9 "滨海 263"

图 2-2-10 "南海 222"

国内典型供应船如下（图 2-2-11 至图 2-2-14）：

• "滨海 293"：加拿大 BURRARD YARROWS CORP. VANCOUVER.B.C. 公司建造，主机功率为 9 600 马力，总长 82.80 米、型宽 18.00 米，型深 7.50 米，甲板面积 510 平方米，载重量 2 458 吨，该船型同时具备破冰功能（图 2-2-12）。

• "滨海 254"：中国武昌造船厂建造，主机功率都为 5 308 马力，总长 70.31 米，型宽 16.00 米，型深 7.00 米，甲板面积 585 平方米，载重量 2 630 吨（图 2-2-13）。

图 2 – 2 – 11　"海洋石油 681"

图 2 – 2 – 12　"滨海 293"

● "滨海 255"：中国上海金陵造船厂建造，主机功率都为 6 404 马力，总长 78.00 米，型宽 18.00 米，型深 7.40 米，甲板面积 630 平方米，载重量 3 755 吨（图 2 – 2 – 14）。

通过以上船舶资料不难发现，我国虽然具备了自主建造海洋工程支持船的能力，但其设计以国外母型船或改进方式进行，同时目前新开发的船型依旧以国外知名公司为主，包括 Rolls-Royce 设计公司、VIK-SANDVIK 设计公司、ULSTEIN 设计公司和 Havyard 设计公司等，尤其是在深水工程支持船的设计上，这些公司更是提出了诸多解决方案，在设计理念上更胜一筹。

图 2-2-13 "滨海 254"

图 2-2-14 "滨海 255"

我国新船型开发，船舶概念设计能力还十分有限。

2）三用工作船与支持船的专用设备

三用工作船与支持船的专用设备主要包括：大型船用低压拖缆机、船用多功能甲板机械手等。

国内 16~50 吨中小规格拖缆机的生产厂家主要有武汉船用机械有限责任公司和南京绿洲船用机械厂，国内 100 吨以上的低压拖缆机只有武汉船用机械有限责任公司生产，其他基本依赖进口。大型、超大型拖缆机受制于外国少数公司，已成为我国海洋工程装备业发展的"瓶颈"。

2008年武汉船用机械有限责任公司基于多年生产的低压叶片马达技术基础，结合先进的电液控制技术的应用，联合中海油田服务股份有限公司成功开发了250吨低压双滚筒拖缆机（图2-2-15），打破了该类产品长期被少数国外厂商垄断的局面，2011年起武汉船用机械有限责任公司正在进一步开发集成化和远程遥控的新型低压大扭矩马达，并着手开发350级吨三滚筒拖缆机，这将加速低压超大型拖缆机国产化的步伐，为深海海洋工程装备的自主研发奠定基础。

图2-2-15　中海油田服务股份有限公司与武汉船用机械有限责任公司联合开发的250吨级低压拖缆机

目前国内甲板机械手与国外有很大的差距，基本依赖进口（主要是Triplex公司的产品）。国内武汉船用机械有限责任公司在原有船用甲板机械技术基础和丰富的海工产品的研发经验上，通过联合中海油田服务股份有限公司共同研发，可望在多功能甲板机械手的研发与制造方面达到国际一流水平。

5. 多功能水下作业支持船

多功能水下作业支持船，能够为水下作业系统所有设备提供安装并能安全作业的空间，动力、水、气、信息等支援接口，水下作业系统设备操作人员生活和安全保障条件，是整个应急维修系统正常、安全运作的保障体系和一个必不可少的组成部分。

水下工程支持船（工作母船）作为ROV和HOV的载体和布放、回收作业主体，是水下检修、维护作业正常实施必不可少的重要装备。该工程船的功能及其海上性能（定位、摇摆、垂荡）将直接关系到上述作业能否顺利实施与完成。

多功能水下作业支持工程船是为了满足水下工程的发展需要，从海洋工程支持船中衍生出的一类特殊的海洋工程支持船。相比普通的平台供应船、锚作业支持船等，这一类支持船更加注重对水下施工作业、水下检查、水下维修等水下高难度工程作业的支撑服务（图2-2-16）。目前欧、美国家在水下工程方面具有绝对的领先优势，相应的支撑配套船舶也领先于其他国家，且已形成了较大规模的船队。并通过不断优化和完善设计与建造，提高了工程经济性与工程实用性结合程度，以出色的设计指标而备受船东青睐。

图2-2-16 多功能水下支持工程船

目前美国、挪威水下工程支持船的技术领先。首先，总体规模在不断壮大。美国、挪威在此类船舶的数量上分别占据了世界第一和第二，二者总量约占到了全球总量的60%。其次，水下作业种类齐全，专业性强，顺应了水下工程不断发展的需求。水下工程从最早的水下安装、维修、检查，逐步过渡到具体的工程作业，如水下操作、原油泄漏处理、潜水支持、遥控潜水器工作等，而且，技术指标不断提高。

多功能水下作业支持船的装机功率、操纵性能、定位能力、拓宽甲板作业面积、降低噪音、降低燃油消耗、提高仓储能力等各个方面都较早期船舶有了大幅度的提升，技术市场越来越向少数高端服务商手中集中，其主要原因是水下作业风险较大，业主倾向与经验丰富、设备精良的水下工程服务供应商合作，因此造成了"强者更强，弱者难强"的局面。

多功能水下作业支持船属于高端技术服务船舶，研发具有自主知识产权的水下工程支持船,将为维护我国海洋能源开发和生产生活提供有力支撑。

(三) 海上油气田生产装备的发展现状

1. 浮式生产平台

浮式生产平台是深水油气开发的主要设施之一,主要包括张力腿平台(TLP)、深吃水立柱式平台(SPAR)、半潜式生产平台(SEMI – FPS)和浮式生产储卸装置(FPSO)。上述各类型平台的发展历程参见图 2 – 2 – 17。

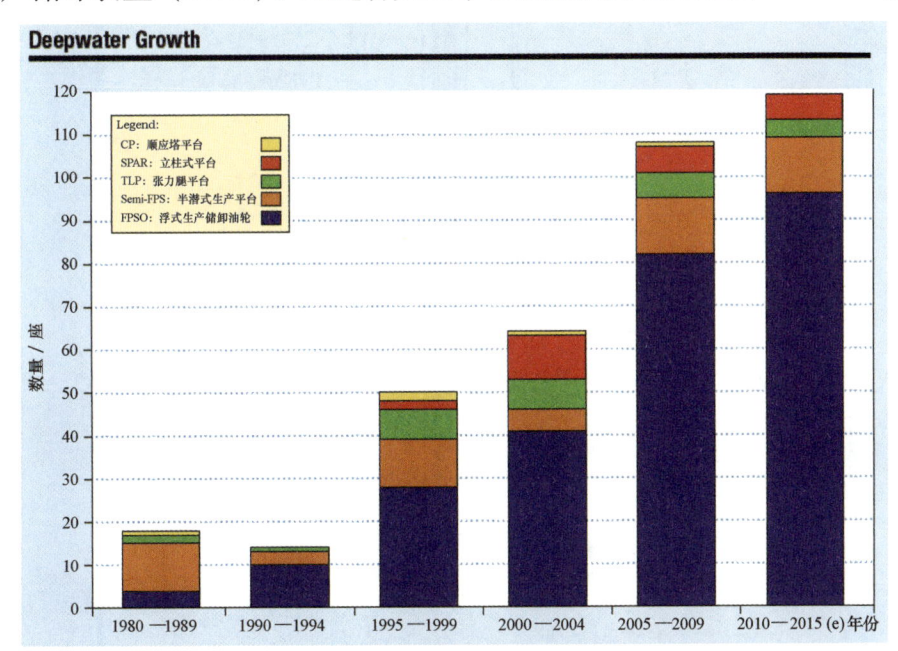

图 2 – 2 – 17 深水浮式平台发展历程

资料来源:Quest 海洋资源库

TLP

TLP 是由保持稳定的上部平台以及固定到海底的张力腿组成。浮体结构和张力腿(钢管束)的浮力使得张力腿处于恒定的张紧状态,从而保持平台在垂直方向和水平方向的稳定。TLP 采用干式采油方式,采油树位于平台的上面,上部平台可放置生产设施、可钻井设备以及生活楼等(图 2 – 2 – 18)。

TLP 分为传统张力腿平台(TLP)、外伸张力腿平台(ETLP)、小型张力腿平台(Mini-TLP 又叫 MOSES TLP)和海星式张力腿平台(Seastar_

TLP）（图 2-3-19）。传统 TLP 投资大，小型 TLP 适合小型油气田的经济开发。小型 TLP 还可作为生活平台、卫星平台和早期生产平台使用。

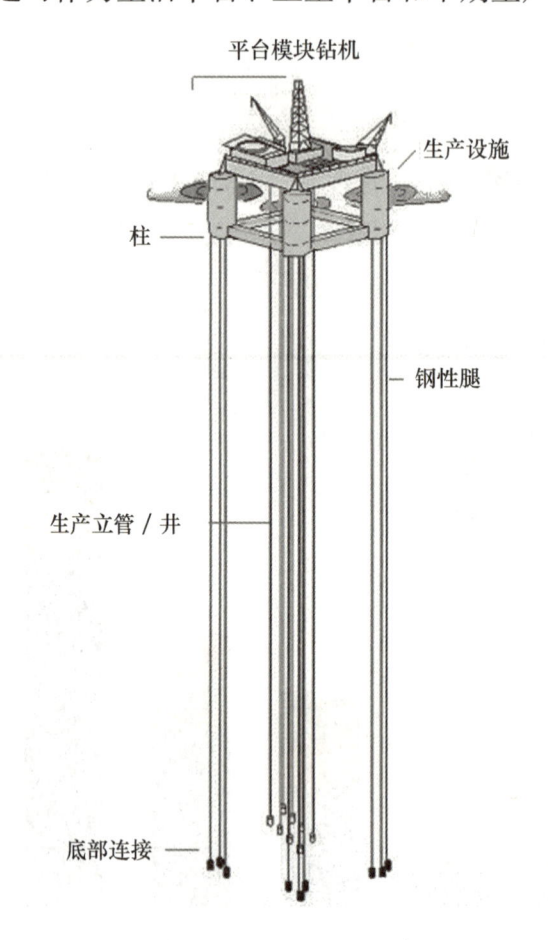

图 2-2-18 TLP 平台

TLP 以墨西哥湾居多，它主要与外输管线或其他的储油设施联合进行油气开发。TLP 可以用于 2 000 米水深以内的油气开发。目前已经得到批准建造、安装和作业的 TLP 共 27 座，其水深范围在 148~1 581 米之间，位置分布见图 2-2-20。

各类 TLP 由不同的公司设计，Atlantia 公司主要从事 SeastarTLP 系列张力腿平台设计，MODEC 公司主要从事 MOSESTLP 系列张力腿平台设计，ABB 公司主要从事 ETLP 系列张力腿平台设计。具有 TLP 设计能力的其他公司还有 Worley Parsons Sea 海洋工程公司、Sea Engineering 公司、Shell 公司、ConocoPhillips 公司等。具备 TLP 建造能力的船厂主要有 Singapore 的 FELS

ETLP　　　　　　SeaStar-TLP　　　　　　MOSES TLP

图 2-2-19　TLP 类型

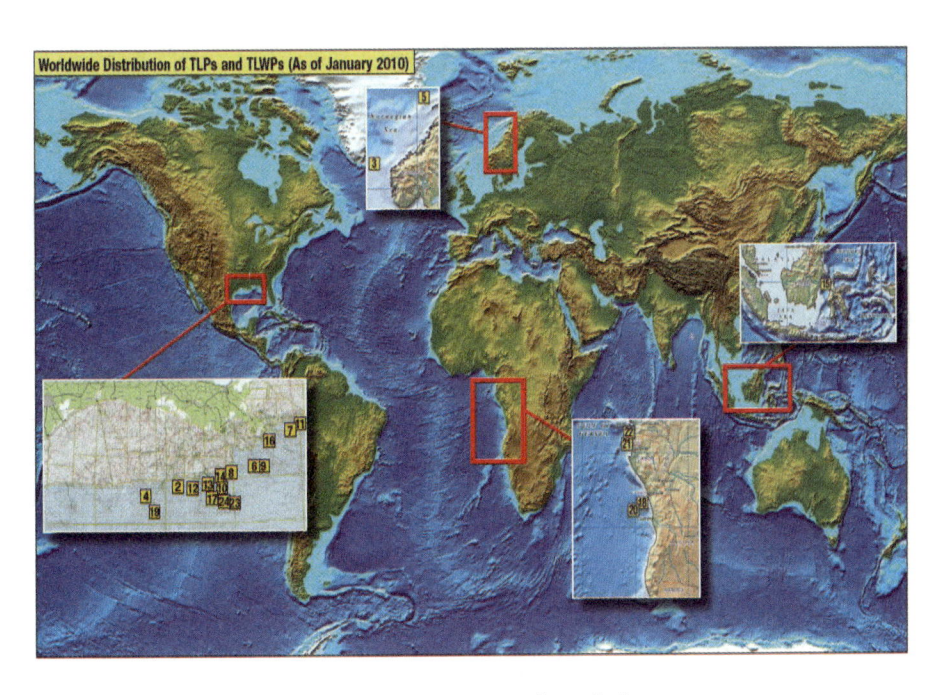

图 2-2-20　TLP 位置分布

船厂、Highland Fabricators 船厂、意大利的 Belleli S. P. A. 船厂、Houma LA 的 Gulf Island Fabricators 船厂韩国的 Samsung Heavy Industries 船厂和 Daewoo Shipyard 船厂、新加坡的 Keppel-FELS 船厂等。

TLP 的使用方式比较灵活，根据油气处理方式和外输形式的不同，TLP 可以与不同的设施相结合。

1）TLP+外输管线的开发模式

使用TLP+外输管线的开发模式需要满足下述条件：
- 预钻井或由TLP钻井；
- 采用干式采油树，也可回接水下井口；
- TLP可同时具有钻/修井和生产功能；
- 原油通过管线外输。

TLP没有储油能力，生产出来的油气经处理后需依托陆上终端或附近已建的管网或储油设施外输。美国墨西哥湾的TLP平台均采用这种模式。

2）TLP+FPU+外输管线开发模式

这种开发模式主要特点是减少TLP平台上的有效荷载。TLP平台仅是作为井口平台以及仅保留钻机设施的钻/修井平台，油气处理等均在FPU上进行，FPU处理过的油气通过海底管线输送，平台在钻/修井期间需要钻井供应船来协助，因此平台的有效荷载明显减少，大大减缓了TLP平台对有效荷载敏感的矛盾。

印度尼西亚的West Seno油田即采用这种模式。其TLP平台仅作为井口平台以及具有钻机设备的钻/修井平台，附近配置了一条FPU用于油气处理，处理后的油气通过管线送往陆上终端。

3）TLP+FPSO开发模式

与（TLP+外输管线）模式主要的区别是不需要外输管线，取而代之的是用FPSO储油，处理的原油用穿梭油轮外运。该种模式只适用于油田，钻/修井设施放在TLP上，TLP仅作为井口和钻/修井平台，原油等的处理均在FPSO上进行。由于FPSO本身除具备生产能力外，还可以回接水下井口，因而这种开发模式适合于干式开采，也可用于湿式回接的大型油田的开发。例如ExxonMobil在安哥拉的Kizomba油田。

SPAR

SPAR主要由上部甲板结构、一个比较长的垂直浮筒、系泊系统和立管（生产立管、钻井立管、输油立管）4个部分组成。SPAR内外构造见图2-2-21。SPAR的甲板组块固定在垂直浮筒上部并通过具有张力的系泊系统固定在海底。垂直浮筒的作用是使平台在水中保持稳定。

SPAR按结构形式主要分为传统式（Classic SPAR）和桁架式（Truss SPAR），第三种为Cell Spar，目前仅建造一座。Classic Spar的壳体是一个深

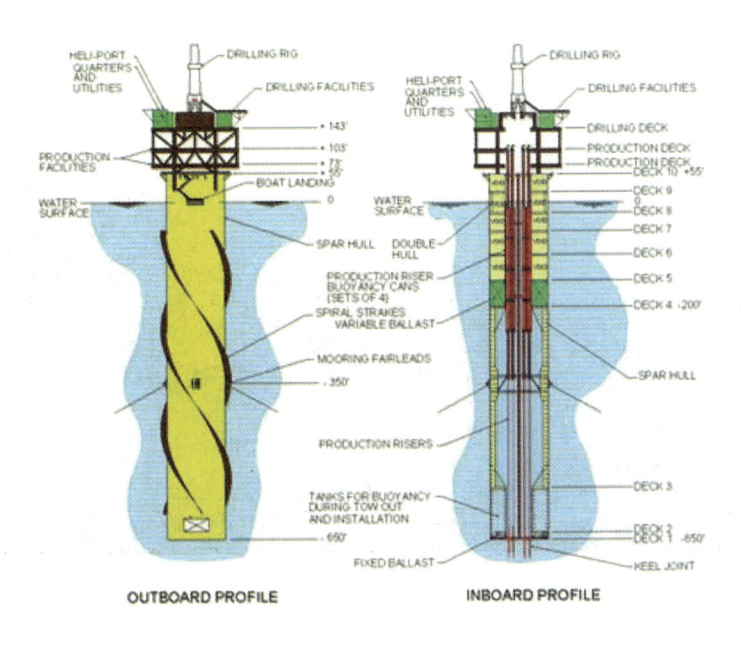

图 2-2-21 SPAR 构造

吃水、系泊成垂直状态的圆筒，而 Truss SPAR 的壳体是把传统深吃水圆筒的下部改成桁架结构及一个压载舱。相比较而言，Truss SPAR 重量更轻、成本更低。

SPAR 主要采用干式采油方式。目前世界上已得到批准建造、安装和作业的 SPAR 见图 2-2-22，水深范围在 588~2 383 米之间，位置分布见图 2-2-25。

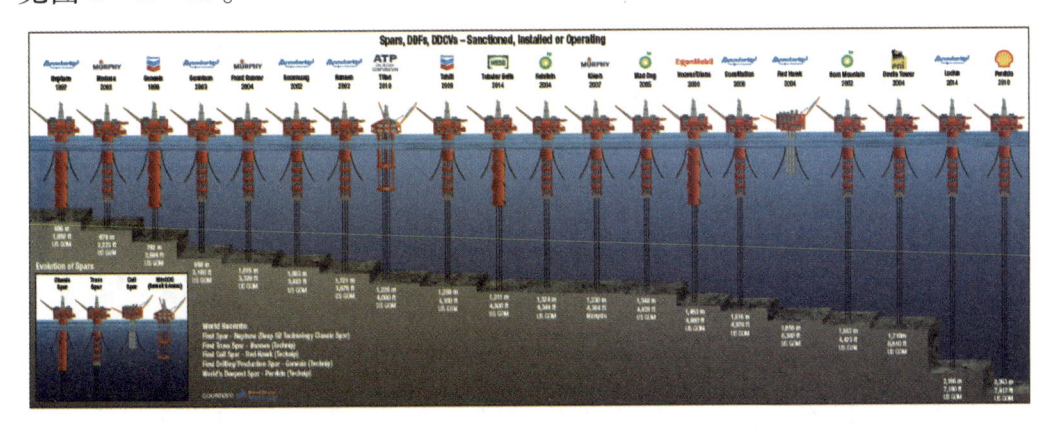

图 2-2-22 目前世界上已得到批准建造、安装和作业 SPAR

目前 SPAR 的结构型式有了新的发展，例如"mini DocSpar"和

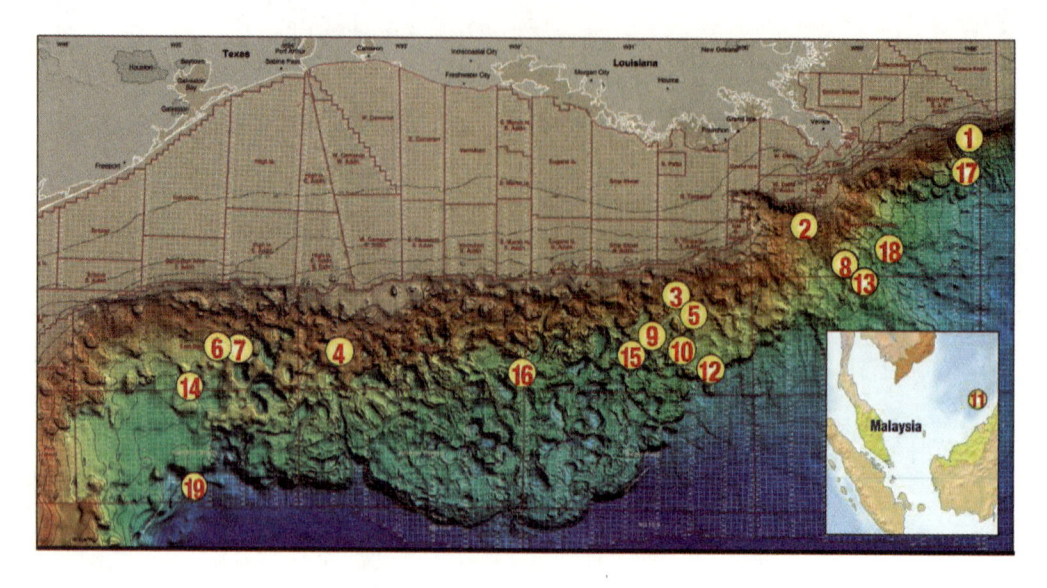

图 2-2-23 SPAR 位置分布

"RingTM SPAR"概念，此外 FloaTEC 还提出了单柱式浮体（SCF）平台概念和小型 SCF 平台概念，SCF 平台概念在 Classic Spar 的基础上，在不改变平台垂荡特性的基础上减少了单桶的长度，在底部增加了一个比单桶尺寸大的圆盘，来保证平台的稳性和垂荡性能。

由于专利的保护，SPAR 的设计技术由 Technip-Coflexip 和 Floa-TEC 这两家公司垄断。Spar 的建造主要有芬兰的 Mantyluoto 船厂、阿联酋的 Jebel Ali 船厂和印度尼西亚的 Batam 船厂，后两个船厂为 J. Ray McDemott 公司拥有。

使用 SPAR 开发深水油气田的工程模式需要满足下述条件：
- 预钻井或由 SPAR 钻井；
- 采用干式采油树，也可回接水下井口；
- SPAR 可同时具有钻/修井和生产功能；
- 原油通过管线外输或 FSU 储油。

1）SPAR + 外输管线开发模式

SPAR 外输管线的开发模式，此时的干式井口与固定式平台类似，通过 TTR 与海底井口连接，并可采用传统的修井方式。产出的油气通过管线外输或者直接送到岸上的接收站。比如 Nansen 油田的两座 SPAR 和 Hoover Diana 油田就采用了这种模式。

SPAR 还可以与现有的依托设施联合开发，产出的油气通过附近油气田的管线外输。例如 Gunnison 油田，天然气是通过 71 千米的管线经过 Garden Banks 191 连接到 Stingray 天然气管线，而处理过的原油是通过 153 千米的管线输送到 Galveston A-244 平台，然后接入 ExxonMobil Hoops 系统。

2) SPAR + FPSO 的联合开发模式

与 TLP 平台的开发模式一样，SPAR 平台也可以与浮式生产储油装置联合开发。这种开发模式需要满足下述条件：

- 预钻井或由 SPAR 钻井；
- SPAR 作为井口平台或仅做一级分离；
- FPSO 处理和储存原油；
- 穿梭油轮外运原油，仅适用于油田；
- 钻/修井费用低，但 SPAR 的初始投资高。

例如位于马来西亚东部 Sabah 海域 K 区块的 Kikeh 油田就是采取 SPAR + FPSO 联合开发的模式，是马来西亚第一个深水油气开发项目。

SEMI-FPS

SEMI-FPS 是由一个具备钻井和生产设施的半潜式船装置，它可以通过锚固定到海底，或通过动力定位系统定位。水下井口产出的油气通过立管输送到半潜式平台上处理，然后通过海底管线或其他设施把处理后的油气外运。SEMI-FPS 平台的构成见图 2-2-24。

图 2-2-24 SEMI-FPS 示意图

早期的 SEMI-FPS 由钻井平台改装而成，后来由于其良好的性能而得到广泛应用，逐渐开始出现新造的平台。到目前为止，世界上正在服役的 SEMI-FPS 大约有 50 座，最大作业水深 2 415 米，分布范围和数量见图 2-2-25，其中作业水深最大的 16 座平台见图 2-2-26。

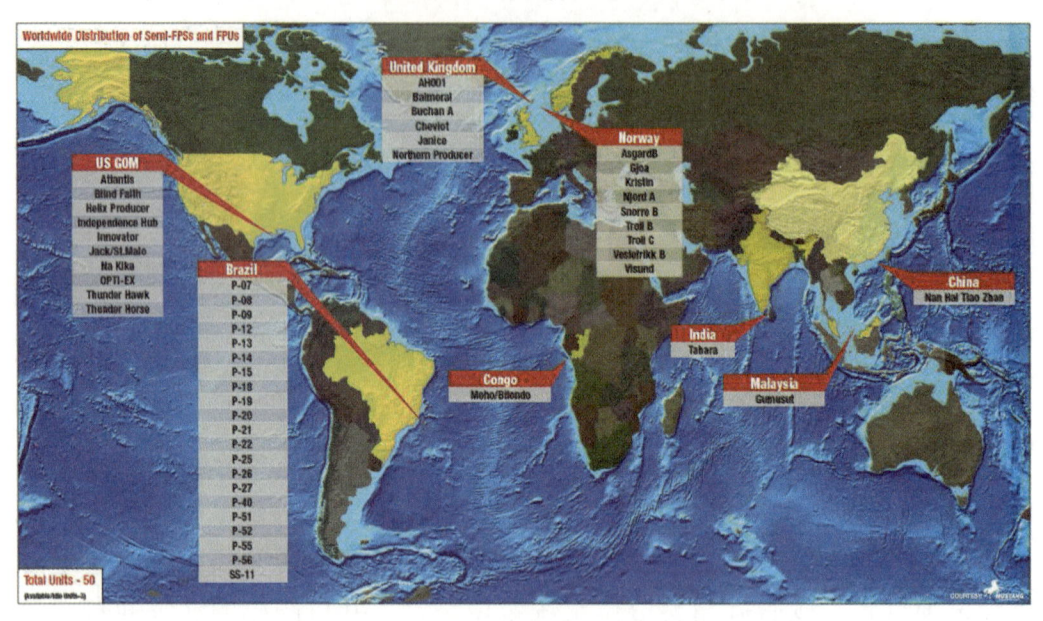

图 2-2-25 现役 SEMI-FPS 分布情况

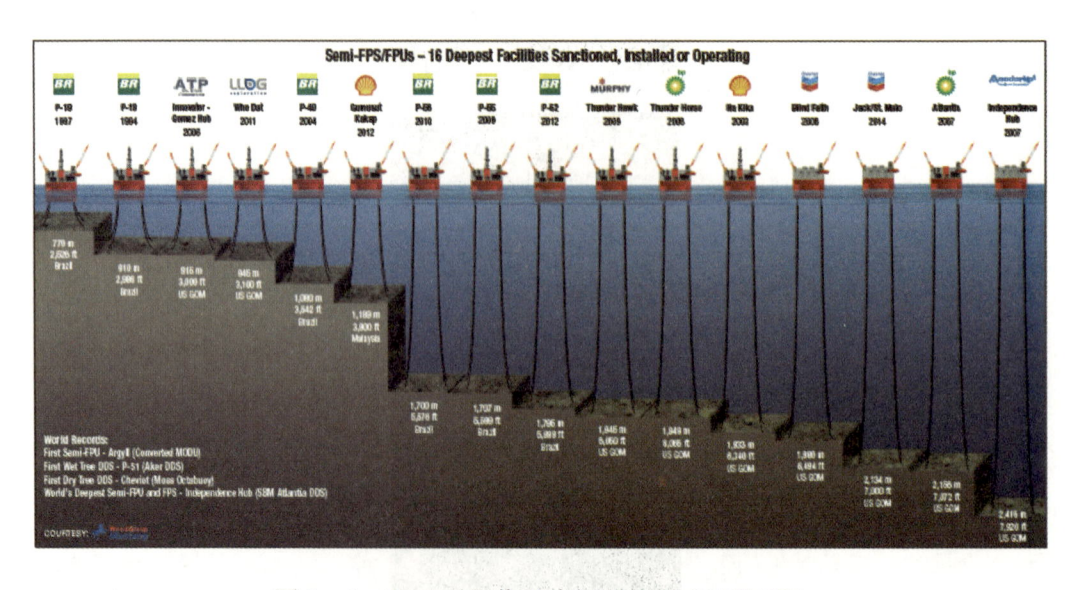

图 2-2-26 现役作业水深最大的 SEMI-FPS

巴西、挪威和英国北海是使用 SEMI-FPS 较多的海域。美国墨西哥湾 SEMI-FPS 应用较少，应用实例如 2003 年投产的 Na Kika 平台、2005 年投产的 Thunder Horse 平台、2006 年到位的 Atlantis 平台。

尽管不同油气田的 SEMI-FPS 的基本结构相似，但其生产能力、尺寸、重量等指标变化范围较大。巴西、非洲和东南亚一带早期的 SEMI-FPS 平台日处理能力仅为 10 000~25 000 桶，近几年投产的 SEMI-FPS 平台处理能力大为提高，例如墨西哥湾的 Thunder Horse 平台达到了 25 万桶/日、英国北海的 Asgard B 平台，日处理能力为 13 万桶油和 3 680 万立方米天然气。

从事深水半潜式生产平台设计公司较多，如：ABB Lumus Global 公司、Friede & Goldman 公司、ATLANTIA OFFSHORE LIMITED 公司、SBM-IMODCO 公司、GVACONSULTANTS AB 公司、Aker Kvaerner 公司、荷兰的 Marine Structure Consultance 公司、Keppel 集团等。有能力承建的公司主要有：新加坡的吉宝公司和 SembCorp 海洋公司（Jurong 造船厂和 PPL 造船厂），美国的 Friede & Goldman 近海公司（FGO），挪威的 Aker Kvaerner 建造公司，中国大连新船重工公司等。

FPSO

FPSO 用于海上油田的开发始于 20 世纪 70 年代，主要用于北海、巴西、东南亚/南海、地中海、澳大利亚和非洲西海岸等海域。

FPSO 主要由船体（用于储存原油）、上部设施（用于处理水下井口产出的原油）和系泊系统组成，并定期通过穿梭油轮（或其他方式）把处理合格的原油运送到岸上。与常规油船不同，FPSO 无自航能力，通过系泊装置（直接系泊的除外）长期泊于生产区域。系泊装置下的系泊系统由多根锚链线组成，从而使 FPSO 可绕系泊点作水平面内的 360°旋转，使其在风标效应的作用下处于最小受力状态。FPSO 相对于其他生产平台建造周期短、投资少，可以减少油田的开发时间，同时改装和租用。世界上第一艘单壳 FPSO 是在 1977 用旧油轮改装而成的，用于地中海的一个小油田—Castellon 油田的生产。

FPSO 可分为内转塔、外转塔、悬臂式和直接系泊 4 种形式（图 2-2-27）。目前世界上在服役的 FPSO 有 158 座，最大作业水深达到 2 150 米。

FPSO 具有储油量大、移动灵活、安装费用低、便于维修与保养等优点，可回接水下井口实现一条船开发一个海上油田。此外，FPSO 也可以与

图 2 - 2 - 27　FPSO 类型

TLP、SPAR、SEMI-FPS 等浮式平台联合使用。

1）FPSO 与水下井口联合开发模式

使用 FPSO 与水下井口联合开发需要满足下述条件：
- 井口为预钻井；
- 采用湿式采油树；
- 钻/修井通过钻井船来完成；
- 穿梭油轮外运原油。

其特点是水下采油树或井口采出的原油通过立管回接到 FPSO，原油在 FPSO 上处理，经过处理后的原油储存在 FPSO 内，之后通过穿梭油轮运走。此外，英国的 Foinaven 油田、Banff 油田等即采用了 FPSO 与水下井口联合开发的工程模式。

2）FPSO 与其他深水平台设施联合开发模式，已经在其他的模式中叙述，这里不再重述。

2. 水下生产系统

水下生产系统以其显著的技术优势，可观的经济效益得到世界各大石油公司的广泛关注和应用。全世界已采用水下生产系统开发的油气田为 160 多个，水下完井数为 6 400 多口。水下生产技术已经成为海洋石油特别是深水油气开发的关键技术装备。

我国早在1996年和1997年就通过合作开发方式进行了南海水深310米的"流花11-1"油田和水深333米的"陆丰22-1"油田的开发。其中"流花11-1"油田采用FPSO+SEMI-FPS+水下生产系统进行开发，采用了水下带ESP的卧式采油树、水下湿式电接头等多项创新技术，"陆丰22-1"油田采用一艘FPSO+6井式水下生产系统实现了深水边际油田的开发。目前我国"惠州26-1N"油田，"惠州32-5"油田、"流花4-1"油田、"崖城13-4"气田、"流花19-5"气田、"荔湾3-1"气田、"番禺35-1"、"35-2"气田均采用水下生产设施进行开发，其中"荔湾3-1"气田是我国南海第一个水深超过1 480米的深水气田，实现了我国深水技术由333~1 400米的跨越。

3. FLNG/FDPSO

FLNG

目前，世界上尚未有FLNG正式投入运营，但已有多家船厂表示能够设计建造FLNG，而且已经有船东正式订造了FLNG。围绕着设计建造世界首艘FLNG，多家船东、船厂、船级社、关键设备和系统供应商开始了竞争，并进而组成了多个研发联盟。

1) FLEX LNG公司+三星重工+川崎汽船

首先采取行动的是英国FLEX LNG公司与韩国三星重工结成的联盟。2007年3月至2008年6月，FLEX LNG公司先后与三星重工签订了4条LNG-FPSO的建造合同，每艘船的合同价格约为4.6亿美元。每艘FLNG的液化天然气年产量为150万吨，装载能力为17万立方米，液货舱采用石川岛播磨（IHI）的自立棱柱型（SPB）围护方式，具备自航能力，工作水深为30~2 500米。2007年8月，FLEX LNG公司的设计获得了DNV的原则性批准（AIP）。2008年6月，日本川崎汽船收购了FLEX LNG公司15%的股份，成为其战略投资者。作为一家拥有25年LNG运输历史的老牌航运公司，川崎汽船在亚太地区的LNG市场上具有重要影响力，这也是FLEX LNG公司引进川崎汽船的主要原因。而对于川崎汽船来讲，此举能够帮助其提高在整个LNG产业链上的地位，是其向上下游产业渗透的重要措施。FLEX LNG公司先后与两家石油公司签订了初步协议，该公司建成后的LNG-FPSO将用于开发尼日利亚和巴布亚新几内亚海域的天然气。

2）SBM Offshore 公司 + Linde 公司 + 石川岛播磨船厂

FLEX LNG 公司的抢先出手，促使其他公司加快了进军 FLNG 市场的步伐。2007 年 9 月 19 日，著名海洋工程设计公司和 FPSO 租赁商——SBM Offshore 宣布与德国 Linde 公司、日本石川岛播磨（IHI）船厂在 FLNG 设计建造上达成协议。SBM Offshore 公司具有设计建造和运营 FLPG 的经验，而且该公司早在 2004 年就成立了专门机构负责 FLNG 的前期研究工作。德国 Linde 公司具备丰富的液化技术经验，是目前世界唯一一家成功在驳船上建设 LNG 液化站的公司。日本 IHI 船厂将负责工程的详细设计以及船体建造，液舱将采用 IHI 的 SPB 围护方式。

3）Höegh LNG 公司 + 大宇造船 + ABB 鲁玛斯公司

同样是 2007 年 9 月 19 日，挪威航运公司 Höegh LNG 宣布联合阿克尔船厂和 ABB 鲁玛斯公司一起设计建造 FLNG。FLNG 的前端工程设计（FEED）由 Höegh LNG 公司自己负责，阿克尔船厂负责船体和货舱的设计，ABB 鲁玛斯公司负责开发天然气处理和液化装置，但卸载系统和锚泊系统的供应商尚未确定。该联盟设计的 FLNG 每年能够生产 160 万～200 万吨 LNG 和 40 万吨 LPG，装载能力为 19 万立方米 LNG 和 3 万立方米 LPG，液货舱将采用阿克尔·克瓦尔纳的专利产品——双屏障舱围护系统。但是，Höegh LNG 公司与阿克尔船厂的合作并不顺利，2008 年 6 月，Höegh LNG 公司宣布改由韩国大宇造船负责船体、功能模块和上部模块的总装工作。之所以舍弃阿克尔船厂改选大宇造船，主要原因是大宇造船近些年在 LNG 船方面取得了出色业绩，而且大宇造船已经成功建造了 4 艘 LNG-RV 船，在 FLNG 船设计上具有较强的创新能力。

4）Teekey 公司 + Gasol 公司 + Mustang 公司 + 美国船级社

2008 年 7 月 14 日，美国主要油气运输公司 Teekey 联合英国 LNG 供应商 Gasol，宣布进军 FLNG 市场，并初步选定韩国三星重工、美国 Mustang 工程公司和美国船级社（ABS）作为合作伙伴，目标是开发西非几内亚湾的天然气。关于这艘 FLNG 的详细设计信息并未披露，但预计装载能力不低于 20 万立方米。

5）其他准备进入该领域的公司

除以上研发联盟外，成功开发出圆筒式 FPSO 和圆筒式钻井平台的挪威 SEVAN MARINE 公司，以及首先尝试使用 LNG FSRU 的英国 Golar LNG 公司都在考虑进军 FLNG 市场。

6）我国 FLNG 研究现状

2004 年 12 月，我国首艘 LNG 船正式开始建造。由招商局集团、中远集团和澳大利亚液化天然气有限公司等投资方共同投资，沪东中华造船（集团）有限公司承建的中国首制 LNG 船舶"大鹏昊"长 292 米，船宽 43.35 米，型深 26.25 米，吃水 11.45 米，设计航速 19.5 节，可以载货 6.5 万吨，装载量为 14.7 万立方米，是世界上最大的薄膜型 LNG 船。于 2008 年 4 月投产，成为广东深圳大鹏湾秤头角的国内第一个进口 LNG 大型基地配套项目。我国制造的第二艘 LNG 船"大鹏月"是中船集团公司所属沪东中华造船（集团）有限公司，为广东大型 LNG 运输项目建造的第二艘 LNG 船。该船同"大鹏昊"属同一级别，货舱类型为 GTT NO. 96E-2 薄膜型，是目前世界上最大的薄膜型 LNG 船。其船坞周期仅为 160 天，比首制船缩短近 1 个月，码头周期比首制船缩短 66 天，总建造周期比首制船缩短 126 天。

我国的 FLNG 尚，处于研发设计阶段。在"十一五"期间，中海油研究总院承担了国家重大专项课题"大型 FLNG/FLPG、FDPSO 关键技术"，针对目标深水气田，开展研究，完成了 FLNG 的总体方案和部分关键技术研究。"十二五"期间继续开展深入技术研究，将针对目标气田完成 FLNG 的概念设计和基本设计，完成 FLNG 液化中试装置的研制，初步形成具有自主知识产权的 FLNG 关键技术系列。

FDPSO

FDPSO 的概念是 20 世纪末在巴西国家石油公司 PROCAP3000 项目中最先被提出的，随后围绕着 FDPSO 还发展出隐藏式立管浮箱、张力腿甲板等新技术，但是直到 2009 年，世界上第一座 FDPSO 才在非洲 Azurite 油田投入使用，且目前世界上投入使用的 FDPSO 仅此一座。该 FDPSO 为旧油轮改造而成。另外，世界上还有一座新建的 FDPSO（MPF-1000）目前在建，未投入使用。

1）世界仅有的在役 FDPSO

Azurite 油田选择 FDPSO 最主要原因是可避免深水钻机短缺带来的不利影响、实现早期投产、滚动式开发，经济风险比较小。Azurite 油田的井口数量不多，在前期评价井钻完后，不再动用半潜式钻井平台或者钻井船，采用 FDPSO 钻生产井。由于采用了滚动开发模式，一边投产一边钻井，而且 FDPSO 为旧船改造，因此大大提前了投产时间。Azurite 油田的 FDPSO 采用可搬迁模块钻机，开发初期用于钻完井作业，后期模块钻机可搬迁，大大节约了钻井费用；采用水下采油树 + FDPSO + 穿梭油轮的开发模式，不需要依托现有油田和现有的基础设施。

2）MPF-1000 功能齐全

世界第一座新建的 FDPSO 为 MPF-1000，船体在中国建造，主船体长 297 米，宽 50 米，高 27 米，设计最大工作水深为 3 000 米，最大钻井深度为 10 000 米，设计存储能力为 100 万桶原油。船体中间有两个月池，钻井月池位于船体中间，生产月池偏向船艏一侧。采用动力定位（DP3 等级），可在恶劣海况下作业。MPF-1000 结合了 FPSO 和钻井船的功能，并且可以单独设置为钻井船来使用，或者单独设置为 FPSO 使用。

MPF-1000 的特点如下：具有钻井功能和采油、储卸油功能；采用动力定位（DP3 等级）；MPF-1000 采用湿式采油树、塔式立管（自由站立式立管）；有两个月池：钻井月池和采油月池；船体有 8 个推进器，船首和船尾各 4 个推进器；钻机的升沉补偿采用天车补偿装置；钻机固定，不可搬迁。

由于各种原因 MPF-1000 还未能找到目标油田，目前 MPF-1000 已被定位为一个钻井船使用（附加测试和早期试生产功能），正在钻井市场上寻求作业合同。

3）Sevan：潜在的新船型

Sevan 是一种新船型，为新型圆柱型浮式结构，既可建成 FPSO，也可以建成钻井平台。Sevan 的船型已经成功用于建造多座 FPSO 和钻井平台，目前还没有用来建造 FDPSO。

SEVAN 平台为圆筒形，抵御环境载荷的能力高于船型，且对于风浪流的方向不敏感，因此不需要根据来流方向调整平台艏向，这一点对于有双月池、既有采油立管又有钻井隔水管的 FDPSO 比较适用。Sevan 船型具有较大的甲板可变载荷和装载能力，而且 Sevan 船型的水线面积远大于普通半潜式平台和船比较接近，储卸油对平台的吃水影响不是很大，因此 Sevan 建造 FDPSO 具有较高的可行性。

4）我国 FDPSO 研究现状

我国的 FDPSO 尚处于研发设计阶段，虽然 MPF1000 在中国船厂建造，但设计、应用核心技术掌握在国外公司手中。"十一五"期间，中海油研究总院承担了国家重大专项课题"大型 FLNG/FLPG、FDPSO 关键技术",针对目标深水气田,完成了 FDPSO 的总体方案和部分关键技术研究。"十二五"期间将针对目标油田完成 FDPSO 的概念设计和基本设计,初步形成具有自主知识产权的 FDPSO 关键技术系列。

(四) 海上应急救援装备的发展现状

用于海洋石油开发和科学考察的水下作业手段和方法主要有:载人潜水器(HOV);无人潜水器(UUV),包括带缆的无人遥控潜水器(ROV)和无缆的智能作业机器人(AUV);单人常压潜水服作业系统(ADS)等。

1. 载人潜水器

载人潜水器是人类实现开发海洋、利用海洋的一项重要技术手段。它能够运载科学家、工程技术人员和各种电子装置以及特种设备快速、精确地到达各种深海复杂环境,进行高效的勘探、科学考察和开发作业。现在大多数载人潜水器属于自航式潜水器,它自带能源,在水面和水下有多个自由度的机动能力,主要依靠耐压体或部分固体材料提供浮力,最大下潜深度可达到 11 000 米,机动性好,运载和操作也较方便。但其缺点是,由于自带能源,因此水下有效作业时间有限。此外,其作业能力也有限,且运行和维护成本高、风险大。目前载人潜水器大都用于海洋科学考察及其相关的水下作业,而非用于海上油气田水下作业。

我国载人潜水器研制主要目的是三级援潜救生,同时,兼顾海洋油气开发的需要。经过 20 多年的努力,借助 863 计划、预研计划、大洋协会设备发展计划和海司航保部防救装备研制计划,对各类潜水器技术的探索、研究、试验,开发做出了卓有成效的工作,取得了骄人的成绩,解决了一大批关键技术,其主要技术水平已赶上国际先进水平,形成了二所三校一厂(中国科学院沈阳自动化研究所、中国船舶重工集团公司第 702 研究所、哈尔滨工程大学、上海交通大学、华中理工大学和武昌造船厂)为主要的科研格局,培养了一大批中青年科技队伍。应该说,我国已基本具备了研制各种不同类型潜水装具和潜水器的能力。

我国首艘载人潜水器 7103 救生艇是由哈尔滨工程大学、上海交通大学、中国船舶重工集团公司第 701 研究所和武昌船厂联合研制的,长 15 米,重 35 吨,于 1986 年投入使用,1994—1996 年进行了修理和现代化改装,加装了四自由度动力定位和集中控制与显示系统。20 世纪 90 年代哈尔滨工程大学作为技术抓总单位完成了"蓝鲸"号沉雷探测与打捞潜水器（双功型：人操或缆控，如图 2-2-28 所示）的设计工作，该艇长 8 米，最大艇宽 2.5 米，额定艇员 2 人，该艇已经成功地进行了多次水下作业任务。由中国船舶重工集团公司第 702 研究所研制的"蛟龙"号载人潜水器（图 2-2-29）自 1993 年经过近 10 年调研论证，于 2002 年正式立项，这艘载人潜水器潜深 7 000 米，是我国第一艘大深度载人潜水器，号称是世界下潜最深的载人潜水器，目前该载人潜水器已赶赴太平洋进行 7 000 米潜深试验。哈尔滨工程大学在"十一五"期间完成了深海空间站的关键装备"××载人潜水器"的方案设计工作。

图 2-2-28 载人与缆控双工型沉雷探测和打捞潜水器

2. 单人常压潜水服

单人常压潜水服作业由专用吊放系统和脐带进行吊放。这种潜水器外部可承受作业水深的压力，内部保持一个大气压，潜水员不必经受下潜加压和上升减压的过程。单人常压潜水服作业系统配有摄影、录像设备和各种简单的专用机械工具，作业工作深度一般为 200~400 米，最大为 700 米。国内在 ADS 研制方面进行了多年的攻关，由于难度较大，进展较为缓慢，但是目前在国家重大专项的支持下已启动最大作业水深为 700 米的 ADS 研制工作。

3. 遥控水下机器人

无人遥控潜水器又称水下遥控作业机器人（ROV），不同于载人潜水

第二部分　中国海洋能源工程科技发展战略研究专业领域报告

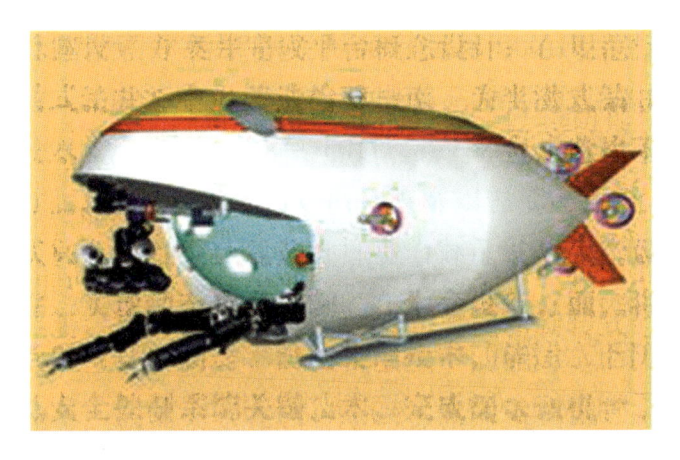

图 2-2-29　"蛟龙"号载人潜水器

器，它是通过脐带缆与水面母船连接，脐带缆担负着传输能源和信息使命，母船上的操作人员可以通过安装在 ROV 上的摄像机和声呐等专用设备实时观察到海底状况，并通过脐带缆遥控操纵 ROV、机械手和配套的作业工具进行水下作业。

按功能和规模，ROV 可分为小、中、大型。小型 ROV 体积小，重量轻，操纵系统简单，主要用于水下观察。中型 ROV 空气中重量几百千克，除具有小型 ROV 的观察功能外，还配有简单的机械手和声呐系统，有简单的作业和定位能力，可进行钻井支持作业和管道检测等。大型 ROV 体积大，重量大，空气中重量可达几吨，具有较强的推进动力，配有多种水下作业工具和传感定位系统，如水下电视、声呐、工具包及多功能机械手，具有水下观察、定位和复杂的重负荷的水下作业能力，是目前海上油气田开发中应用最多的一类。以水下生产系统为例，最具代表性的有：英国的 Argyll 油田水下站和美国的 Exxon 油田水下生产系统，它们已应用于无人遥控潜水器进行水下调节、更换部件和维修设备。

ROV 系统与载人潜水器相比具有以下优点：①由于是脐带缆供电，因此理论上讲，其水下作业时间不受限制；②作业能力强，能担负海上油气田水下作业任务；③运行、维护成本较低；④由于是无人系统，因此不存在人员安全风险。

我国已具有一定的遥控潜水器技术研发能力，形成了一支研究队伍。通过 863 计划等在"九五"、"十五"、"十一五"期间的持续支持以及地方政府的持续支持，先后研制成功了工作深度从几十米到 6 000 米的多种水下装备，如工作水深为1 000米、6 000米的自治潜水器和智水军用水下机器人，以及ML-01海缆埋设机、自走式海缆埋设机、海潜一号、灭雷潜水器等一系列遥控潜水器和作业装备，7103深潜救生艇、常压潜水装具和移动式救生钟等载人潜水装备，以及正在研发的7 000米载人潜水器、4 500米级深海作业系统、1 500米重载作业型ROV系统等。

通过上述各种潜水器的研制，使我国在耐压结构及密封、槽道螺旋桨推进、水声导航定位、水声环境探测、图像传输、预编程控制、主从式机械手控制等技术方面都已取得一定的成果，同时在引进消化吸收国外先进技术的同时，培养了一支研发队伍，提升了与之相关的制造和加工能力。此外，通过国家科技重大专项"大型油气田及煤层气开发"南海深水油气勘探开发示范工程项目的开展，对海洋深水油气开发作业需求有了深刻的认识，这些技术的积累为全面掌握重载作业型遥控潜水器作业系统相关技术奠定了基础。

4. 智能作业机器人

智能作业机器人（AUV）为无人无缆潜水器，自身携带能源，依靠预先编制的程序指令进行自主控制，机动性好。但其局限性是，水下负载作业能力非常弱。因此，AUV一般多用于海洋科学考察、海底资源调查、海底底质调查、海底工程探测等，用于海上油气田水下作业的作业型AUV目前尚未见报道。

我国AUV的研究工作始于20世纪80年代，在国家863计划、中国科学院、中国大洋矿产资源研究开发协会的大力支持下，90年代初，由中国科学院沈阳自动化研究所、中国船舶重工集团公司第702研究所、上海交通大学、中国科学院声学研究所、哈尔滨工程大学等单位共同承担的"探索者"号AUV研制成功，首次在南海成功地下潜到1 000米。"探索者"号AUV的研制成功，标志着我国在AUV的研究领域迈出了重要的一步。

90年代中期是我国AUV技术发展的重要时期，在积累了大量AUV研究与试验的基础上，CR01 6000米AUV研制成功（图2-2-30），其主要技术指标见表2-2-2。CR01于1995年和1997年两次在东太平洋下潜到5 270米的洋底，调查了赋存于大洋底部的锰结核分布与丰度情况，拍摄了大量的照片，获得了洋底地形、地貌和浅地层剖面数据，为我国在东太平洋国际海底管理区成功圈定7.5万平方千米的海底专属采矿区提供了重要的科学依据。

图 2-2-30　CR01 6000 米 AUV

表 2-2-2　**CR01 6000 米 AUV 主要技术指标与配置**

主尺度	0.8（D）米 × 4.4（L）米	空气中重量	1 400 千克
最大工作水深 航速 能源	6 000 米 2 节 银锌电池	搭载设备	侧扫声呐、微光摄像机、长基线水声定位系统、计程仪、浅地层剖面仪、照相机

为了适应国际海底资源研究开发形势，在国家 863 计划和中国大洋矿产资源研究开发协会的共同资助下，中国科学院沈阳自动化研究所联合国内优势单位研制成功 CR02 6000 米 AUV（图 2-3-31）。该 AUV 的垂直和水平面的调控能力、实时避障能力比 CR01 AUV 有较大提高，并可绘制出海底微地形地貌图。

图 2-2-31　CR02 6000 米 AUV

在"十五"国家863计划的支持下，开展了深海作业型自治水下机器人总体方案研究工作（图2-3-32）。深海作业型自治水下机器人是一种可以连续、大深度、大范围以点、线、剖面、断面的潜航方式执行各种水下或冰层下的科学考察和轻型作业的水下机器人，它集中了遥控水下机器人、自治水下机器人的优点，具有多种功能并可在多种场合下使用。

图2-2-32 深海作业型自治水下机器人设计效果

图2-2-33 ARV-A型水下机器人

中国科学院沈阳自动化研究所于2003年在国内率先提出了自主-遥控混合型水下机器人（Autonomous & Remotely operated underwater Vehicle，ARV）概念。ARV是一种集自主和遥控水下机器人功能于一身的新型水下机器人，它具有准流线型、自带能源、可通过携带的光纤微缆进行实时通信，具有自治和遥控两种工作模式。中国科学院沈阳自动化研究所在2005年和2006年分别研制成功ARV-A型水下机器人和ARV-R型水下机器人（图2-2-34），其中ARV-A型水下机器人为观测型机器人，而ARV-R型水下机器人是一种作业型机器人，通过搭载小型作业工具可以完成轻作业任务。

第二部分　中国海洋能源工程科技发展战略研究专业领域报告

在 ARV-A 型和 ARV-R 型水下机器人研究基础上，在国家 863 计划的支持下，中国科学院沈阳自动化研究所、中国极地研究中心、中国海洋大学等单位于 2008 年成功开发了"北极冰下自主/遥控海洋环境监测系统"（简称"北极 ARV"）（图 2-2-35）。北极 ARV 把现有的点线式冰下观测手段提升至三维立体模式，从而为海洋科学研究提供一种全新的协同观测技术手段。2008 年 7—9 月北极 ARV 搭乘中国极地科考船"雪龙"号赴北极参加中国第三次北极科考，在北极成功开展了一系列试验和冰下观测，北极 ARV 整机系统工作正常，主要功能和性能得到了验证。

图 2-2-34　ARV-R 型水下机器人　　图 2-2-35　北极 ARV 水下机器人

近年来国内多家单位在大深度 AUV 技术的基础上，还开展了长航程 AUV（图 2-2-36）的研究工作，并取得了技术突破，解决了长航程 AUV 涉及的大容量能源技术、导航技术、自主控制技术、可靠性技术等关键技术。沈阳自动化研究所研制的长航程 AUV 最大航行距离可达数百千米，目前已作为定型产品投入生产和应用。哈尔滨工程大学从 1994 年先后研制了"智水"系列的 AUV（图 2-2-37），已成功研制四型，为我国军用 AUV 的发展奠定了基础。中国船舶重工集团公司第 701 研究所，应用军工技术开发研制了一种缆控水下自由航行体（图 2-2-38）。该水下机器人配备有前视电子扫描图像声呐和旁扫声呐等探测装置、高清晰度水下电视、高精度跟踪定位装置及机械作业手等装备。其最大工作水深 500 米，最大水平速度 8 节，探测距离 400 米。此外，近几年哈尔滨工程大学、中国船舶重工集团公司第 701 研究所、西北工业大学也都开展了长航程水下机器人相关技术的研究工作。

通过近十几年的研究工作，国内 AUV 技术取得了一系列的进展和突破，

图 2-2-36　中国科学院沈阳自动化研究所研制的长航程 AUV

智水 I 　　　　　　　　　智水 II 　　　　　　　　　智水 III

图 2-2-37　哈尔滨工程大学研制的"智水"系列 AUV

HD-1 型水下机器人 　　　　　　　　HD-2 型水下机器人

图 2-2-38　中国船舶重工集团公司第 701 研究所研制的水下机器人

特别在作业水深和长航程技术方面已经达到了国际先进水平。但是，我国现有深海机器人的调查功能比较单一，深海海底调查与测量技术手段尚不够完整，还缺少对深海海底进行大范围、长时间、高精度、多参数测量的综合调查能力，高新技术缺少验证和应用的平台，在水下机器人技术与应用结合方面有待加强。

5. 应急救援装备以及生命维持系统

自新中国成立以来，针对援潜救生的迫切需要，在中央领导的直接关注下军内首先开展了潜水技术及其医学、技术保障的研究，集中攻克了一批对潜水技术有重大支撑作用，对援潜救生能力有显著促进作用的关键技术和共性技术，取得了一系列重大成果。特别在潜艇脱险、常规潜水、饱和潜水等关键技术方面的突破，使得军内在潜水医学保障技术、潜水装备保障上积累了国内领先、国际先进的技术水平，如模拟480米氦氧饱和潜水载人实验创造了亚洲模拟潜水深度纪录。这些成果不仅在军事潜水方面作出了重要贡献，而且通过参加诸如南京长江大桥建设、"跃进"号的打捞、大庆油田的钻井钻头的打捞等大量的民用工程建设也对国民经济建设起到了显著的促进作用。中国潜水打捞行业协会的成立，体现了国家有关部门对潜水打捞行业发展的关注和扶持，也在行业规范中起到重要作用。但是，多年来潜水高压作业技术主要面向军用，因此加快民用深水潜水作业技术发展迫在眉睫。

二、我国海洋能源工程发展对战略装备的需求

全球海洋蕴藏了超过全球70%的油气资源，全球深水区潜在石油储量高达1 000亿桶，因此深水是世界油气的重要接替区。近10年来，探明储量在1亿吨以上的油气田70%都在海上，其中一半以上位于水深大于300米的深海。

目前，国际石油界的普遍共识是，陆上油田仅有中东、中亚等地尚具潜力，而过去30年东、西半球两个最大油田的发现均来自海洋。根据各种权威机构的数据源显示，海洋石油资源将是未来原油产量增长的重要来源，全球50%以上的油气产量和储量将来自海洋。

"十二五"之前，我国海洋油气资源开发主要集中在渤海、黄海、南海西部等近海区域，深水油气田的开发基本处于空白状态。

近年来，我国海洋工程装备产业发展具备了一定基础，已成功设计和建造了多缆物探船、浮式生产储卸装置（FPSO）、自升式钻井平台、半潜式钻井平台以及多种海洋工程船舶，在基础设施、技术、人才等方面初步形成了海洋工程装备产业的基本形态，但在高端新型装备设计、建造、配套、工程总承包能力等方面尚明显落后于发达国家，难以满足国内海洋开发和参与国际竞争的需要。"十二五"时期，是中国船舶工业和海洋石油工业大有作为的重要发展时期。从国际形势来看，发展低碳经济成为全球共识，

海洋正在成为各国获得新资源、扩大生存空间的战略重点。从国内经济和社会发展来看，海洋经济发展上升为国家战略重点，中央提出"坚持陆海统筹，制定和实施海洋油气发展战略，提高海洋开发、控制、综合利用能力"的要求，为加快海洋石油工业发展提供了重要战略机遇，提出了更为紧迫的要求，同时，国家将海洋工程装备作为高端制造业的重要组成部分纳入战略性新兴产业，重点扶持。

未来10年，是我国海洋工程装备产业快速发展的关键时期。充分利用我国船舶工业和石油装备制造业已经形成的较为完备的技术体系、制造体系和配套供应体系，抓住全球海洋资源勘探开发日益增长的装备需求契机，加强技术创新能力建设，加大科研开发投入力度，大幅度提升管理水平，完全有可能实现我国海洋工程装备产业跨越发展。

我国南海蕴藏着丰富的石油和天然气资源，整个南海盆地群石油地质资源量约在230亿~300亿吨之间，天然气总地质资源量约为16万亿立方米，占我国油气总资源量的1/3，其中70%蕴藏于153.7万平方千米的深海区域。深水区必将成为我国油气资源接替的重要战略区。南海不同水深面积海域的分布见表2-2-3。

表2-2-3 不同水深面积统计

水深/米		面积/万千米^2	
		我传统疆界内	其中争议区
<300	北部	35.7	2.2
	南部	15.7	15.7
	小计	51.4	17.9
300~1 000		19.8	14.1
1 000~2 000		43.6	38.7
2 000~3 000		33.9	31.8
>3 000		56.4	41.5
合计		201	141.9

中国工程院院士周守为指出，南海有潜力成为继墨西哥湾、巴西和西非深水油气勘探开发"金三角"之后，世界上第四大深水油气资源勘探海域。而此前，由于深水装备的不足，我国海洋石油工业勘探开发的海上油

田水深普遍小于 300 米，大于 300 米水深的油气勘探开发仅处于起步阶段。

2006 年，中国海洋石油总公司旗下的中国海洋石油有限公司和哈斯基合作在珠江口盆地完成了我国第一口水深超千米的深水钻井，并发现荔湾 3-1 大气田，证明了我国南海深水区具有形成大中型油气田的基本地质条件，是中国近海油气储量的重要接替区，证实了我国南海深水海域具有较大的油气资源潜力。

（一）海上勘探装备的战略需求

"荔湾 3-1"气田的开发拉开了我国深水油田气开发的序幕，也对我国深水工程重大装备及配套设施提出了更大要求。工欲善其事，必先利其器。为突破深水勘探、开发领域的若干关键技术，需要建造一系列深水勘探开发工程装备，包括深水钻井船、深水铺管起重船、深水工程勘察船、深水物探船、大马力深水三用工作船在内的深水舰队，才能拥有独立深水油气勘探开发能力，有效开发南海深水油气资源，同时也为与周边国家合作勘探开发深水油气提供了坚实的技术基础。因此海洋石油资源勘探开发的实施，必须大力发展适合深水勘探作业的物探船和深水工程勘察船。

深水物探船是进行深水地球物理勘探服务的最新一代三维地震物探船，拖缆数可达 12~24 缆，缆长 8~12 千米，工作水深可达 3 000 米以上，我国研制的"海洋石油 720"配备了世界上最先进的探测和预处理系统，将为中国深海的石油勘探提供地震勘探服务。

深水工程勘察船是为深水钻井船、深水铺管船以及深水采油装置配套服务的，以保证和满足深水钻井勘探开发的需要。

只有拥有深水物探船和工程勘察装备，才能在推进南海深水资源的开发方面取得更大的主动权。

另外，我国海上物探和勘察作业所采用的主要设备依赖进口，国外厂商对我国在最小道间距、拖缆最大工作深度、最高采样频率等技术出口限制，很大程度上阻碍了我国进军深水领域。因此，深水勘探开发的核心是海洋工程技术和装备问题，如何借鉴国际发达技术的先进经验并结合自身实际，突破海洋工程关键技术，逐步形成具有自主知识产权的核心技术，将是我国实现南海深水战略的关键所在。

(二) 海上施工作业装备的战略需求

我国深水油气开发没有完整生产链的重大装备。在深水钻井方面，深水半潜式钻井平台、钻井船无法满足深水油气田开发；多数铺管船和工程船的最大工作水深不大于300米，且大多采用锚泊方式；目前针对我国现有的大型半潜式平台基本上能满足拖带和抛起锚作业要求，但是随着南海深水油田的开发会有更多深水半潜式平台、钻井船的出现，现有三用工作船的数量和能力均将不能满足作业要求；早期的物探船由于拖带能力局限和高精度地球物理仪器的缺乏而限制了高精度地震资料的获取，虽然"十一五"期间我国建造了一座高精度的深水物探船，但是还不能满足南海深水勘探的需求。

同时，我国船舶配套设备国产化率平均不足40%，高技术船舶配套设备国产化率平均不足20%，船舶配套产品在质量上和数量上均不能满足国内船厂日益增长的需求，研发设计投入较少，不掌握核心技术，仅能自主生产舾装件、涂料等中低端产品，高端配套产品几乎全部需要进口。

1. 钻井装备

海洋钻井装备主要包括海洋模块钻机、自升式钻井平台、半潜式钻井平台和钻井船。其中浅水油田使用的钻井装备（海洋模块钻机、坐底式钻井平台、自升式钻井平台等）在我国已经比较成熟，海洋模块钻机和自升式钻井平台等基本实现了国产化。深水油田钻井装备主要是半潜式钻井平台和钻井船，另外还有一些新型钻井装备也逐渐推广使用，例如：圆筒形钻井平台和浮式钻井生产储卸油平台（FDPSO）。

我国深水的勘探开发程度远落后于浅水区域。在钻LW6-1-1井之前（"荔湾6-1-1"井的作业水深1 500米，设计钻深为2 371米，使用我国第一座深水半潜式钻井平台"海洋石油981"钻井），我国自营井的海洋钻井作业的最大水深为540米，与国际先进水平（3052米）有较大差距。在钻LW6-1-1井之前，我国南海海域作业水深超过1 000米的深水井作业者均为国外公司，且均为租用国外深水钻井平台/钻井船。2008—2020年中海油合作钻深水井数量为每年8口，同时自营钻井数量逐渐增加，从2010年的每年3口增加至每年7口。2008—2020年共需钻井约150口。如此大的钻井工作量只依靠"海洋石油981"显然不足，因此有必要增加深水钻井装备。

另外，可以参照世界上其他深水油田的开发经验来判断我国深水开发对海上钻井装备的需求。西非深水油田开发至今有14年，这期间深水区发现可采储量29 962.2百万桶油当量，占同期发现总可采储量的85.1%，深水油田发展极为迅速。目前我国南海深水油气田开发刚起步，类似于西非深水油气田开发起步时期（1995年）。根据统计数据，西非深水区域到2006年年底年产量达到8 000万吨左右，钻井数量900余口（探井数400余口）。如果总公司深水钻井数量和产量的比例按照西非的情况考虑，未来20年内南海深水区年产量达到5 000万吨时，钻井数量将超过500口，年平均钻井25~50口。因此，未来需要4~7座深水钻井平台长期在南海作业。从单个油田的开发方面看，AKPO油田最高产量17.5万桶/日（相当于年产量870万吨）、钻44口生产井、高峰期动用4条钻井船，如果按照上述数据进行类比，则南海深水油田需要10~20座钻井平台。由于世界深水油气田的开发技术已有很大提高，因此南海深水油气田发展速度完全可能超过西非，未来的深水钻井平台需求量还可能大于这个数量。

通过建造"海洋石油981"，我国在深水钻井装备设计建造方面的水平得到大幅提升，已经具备了深水半潜式钻井平台详细设计、建造、安装调试能力，并开发出自主知识产权的船型。但是由于国内深水半潜式钻井平台钻机研究起步较晚，技术水平和经验与国外先进水平还有一定差距，我国深水钻井装备主要存在以下问题和挑战。

（1）深水钻井装备中，主要设备国产化率低，钻井装备上的重要船体设备、钻井设备和辅助设备大部分依赖进口，国内不具备深水钻井装备成套设计和制造能力；深水钻机以及深水防喷器、隔水管、推进器、主发电机、中控制系统、动力定位系统、甲板起重设备等均需进口。

（2）创新能力有待提高。例如国外已设计建造出圆筒形深水钻井平台，而国内缺乏类似的创新，或者即使有创新但是未能投入工程实际。

（3）国内半潜式钻井平台数量少，而且未形成水深系列，目前作业水深500米以下半潜式平台有4座，作业水深750米的半潜式钻井平台3座，作业水深为3 000米的半潜式钻井平台1座。目前还没有完全形成作业水深差异化的海洋钻井作业船队。有必要未来建造不同作业水深的钻井装备，形成差异化的船队。

（4）深水半潜式钻井平台的概念设计和基本设计能力有待提高。

(5) 深水半潜式钻井平台与钻机的操作培训必须依赖国外，国内缺乏平台和钻机操作培训的硬件和软件。

(6) 国内没有深水钻井船或者其他类型的深水钻井装备（Tender钻机、圆筒形钻井平台、FDPSO），特别是缺乏深水钻井船制约了我国对远海深水油田的开发。

2. 修井装备

海洋钻井装备主要包括平台修井机、自升式修井平台、Liftboat、半潜式修井平台和多功能服务船等。其中平台修井机、自升式修井平台、Liftboat用于浅水油田修井作业。我国浅水修井装备的设计建造已实现国产化。半潜式修井平台和多功能服务船主要用于深水油田的修井作业。目前我国还没有深水修井装备，随着我国深水油田的开发，必然需要大量深水修井装备进行修井作业。

"十一五"期间我国建造的深水海洋工程装备主要是勘探、工程、钻井装备，没有建造专用的修井装备，但是在今后随着深水油田的开发，特别是南海"深水大庆"的建设，不可避免地要进行深水油气田的修井、增产等作业。目前我国没有专用的深水修井装备，水下修井作业还依赖于外国公司，应尽早开展深水修井研究，储备深水修井作业、修井装置等方面的技术，为我国深水油田建设提供支持。

3. 铺管起重船

我国的起重、铺管船主要适用于浅水常规海域作业需求，而当前国内浅水开发趋于饱和。深水是当今世界油气勘探开发的热点，也是我国具有前景的勘探开发领域。我国南海深水区蕴藏着丰富的石油和天然气资源，研究表明其中约70%蕴藏于深水区。但国内目前的整体深水装备状况、技术能力不能满足我国的海洋石油发展战略，也难以适应国家海洋战略的要求及国际海上权益与资源之争的形势。为加快推进发展深水勘探装备的进程，力争深水领域早日获得突破，实现我国的深水发展战略，必须尽快建立具有自主知识产权的深水船队和配套装备。而深水起重、铺管船作为深水油气田开发的不可或缺的装备之一，其发展速度和成熟度将直接影响到我国深水油气田资源的开发力度和水平。

铺管起重船是深水海洋油气开发作业船队中铺最重要的装备之一，水下管道电缆的铺设、大型装备、结构物以及大型生产设施的安装，都离不开深水铺管起重船舶。

中海油已经在 2010 年建成我国第一座深水铺管起重船"海洋石油 201"（船型），填补了我国深水铺管起重船的空白。但只有一座深水作业船舶很难满足国内外从中国南海到伊朗、尼日利亚、缅甸等区块的施工要求；同时，深水结构物的显著特点就是大型化，起重能力为 16 000 吨的半潜式起重铺管船将可以满足此方面要求，因此还非常有必要建造超大起重能力的深水半潜式起重铺管船。深水铺管起重船的建成将有效提高我国深水油气田自主开发的能力，为我国深水油气资源的开发提供有力的支撑和保障，也为我国海洋工程企业走向国际提供技术和装备支持。

4. 油田支持船

针对远离大陆的深水区域作业，海洋平台依旧是海上油气开采的主力，但从工程配套技术角度，多功能的平台工程船所提供的后勤支援（诸如：拖曳、锚作、供应、移位和就位、值班守护、对外消防、抢险救助、溢油回收等）是海洋平台深水作业、实现深远海油气有序开发的必要条件。基于深远海特殊的海况，这样对深水平台提供支持供给保障的工程支持船提出了更高的要求，同时，基于岸基传统的平台工程支持船的给养体系也显得不合时宜，面临供给成本上升等诸多难题。因此，开发南海必须要建立具有中转功能的大型浮式工程支持船，做到岸基前移，以该大型浮式支持船为中心，创建深水油田工程支持船队，创新性的提出南海大物流深海油气开发的供给模式已经显得尤为重要（图 2-2-39）。从某种意义上讲，南海油气能否安全开发取决于能否在南海建立深远海油气开发工程支持保障系统。

5. 多功能水下作业支持船

在深水油气资源开发中，相对水面各种形式的浮式系统，使用水下系统可避免建造昂贵的海上采油平台，节省大量投资，且受灾害天气影响较小、可靠性强。

水下系统具有高科技、高难度和高风险的特点，其安装施工、故障的应急处理等工程非常复杂。多功能水下作业支持船可为深海油气田水下系统日常维护、保养、监控、检修用的 ROV（水下机器人）和 HOV（载人潜

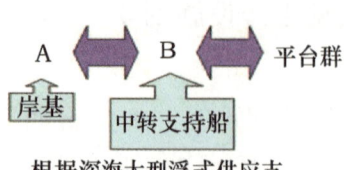

图 2-2-39 南海油气开发工程支持系统示意图

水器）提供一个有效载体（工作母船），以便顺利地实施完成 ROV 和 HOV 的布放及回收操作，为深海油气田的正常水下作业提供强有力的支持和保障。

由于目前国内缺少多功能水下作业支持船（简称 MPV），近几年大量租用国外的船舶，而且世界上大型 MPV 资源紧张，这已经成为制约国内水下工程业务发展的"瓶颈"。

（三）海上油气田生产装备的战略需求

1. 生产平台

海洋石油工业向着深远海进军，导管架平台已逐渐让出了海洋石油开发主角的位置，取而代之的是浮式生产平台，其中包括：张力腿（TLP）平台、深吃水立柱式（SPAR）平台、半潜式（SEMI-FPS）平台和浮式生产储油装置（FPSO）。各类海洋油气生产平台类型见图 2-2-40。

世界深水海域的油气开发进展迅速，其中最热点地区集中在美国墨西哥湾、西非海域和巴西 Campos 盆地三大地区，也称金三角地区。

墨西哥湾

墨西哥湾长期以来一直扮演着重要角色，在钻井、浮式生产平台和地震数据采集等诸多方面一直处于领先地位，是率先进入深水领域进行油气开发的主要区域。

美国国会自 1995 年通过矿区使用费补助法案以来，大大刺激了墨西

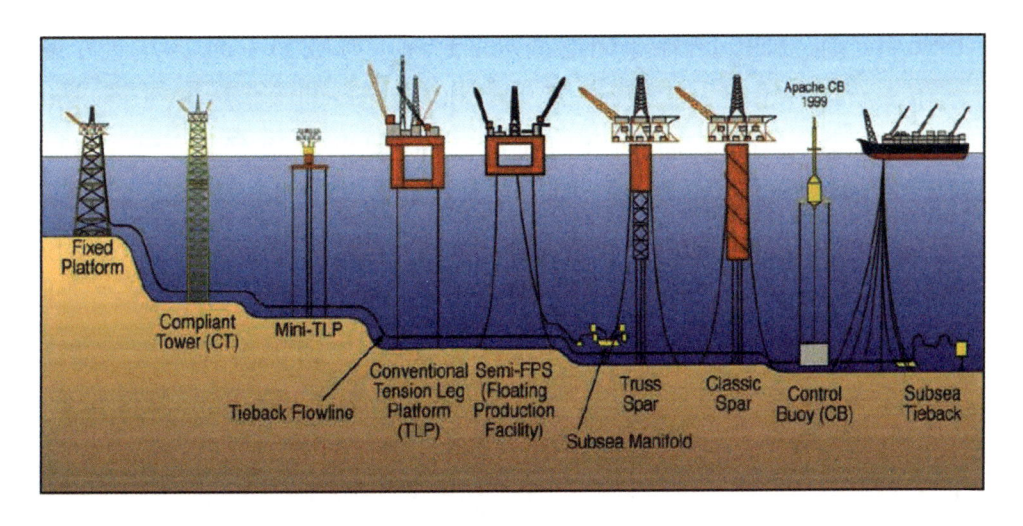

图 2-2-40　海洋油气生产平台类型

哥湾深水勘探和开发，租出的矿区急剧增加。BP 公司 1999 年发现的 Crazy Horse 油田是该深水区的最大油田，储量近 10 亿桶。另外在其西北 8 千米外密西西比峡谷 776 区块又发现了 Crazy Horse North 油田。2000 年，美国墨西哥湾大于 300 米的深水区的石油产量已达到 2.71 亿桶，深水区的产量第一次超过了浅水区。而 2001 年接近于 60 个的深水油田原油产量为 130 万桶/日。深水油气产量不断增长的辉煌成就刺激了向墨西哥湾离岸更远和更深海域的油气勘探目标发展。

西非海域

西非海域的开发较晚，虽然 20 世纪 60 年代在安哥拉已经有了第一个发现，但由于当时科学技术水平的限制而无法开发，直到 90 年代墨西哥湾深水海域开发经验的应用才大大推动了西非深水海域的开发。由于能在深水和超深水海域使用新式的钻机和开发设施，才使该海域成为深水勘探开发的热点地区。由于没有像墨西哥湾那样有可利用的现有设施，从而使该海域深水油气开发的成本大大提高。但石油公司们还是愿意进入该海域，主要的吸引力在于该海域有着重大发现。

1993 年第一个深水区块的授标，到 1998 年勘探水深已经达到 1433 米，2000 年德士古石油公司和其伙伴公司在 Ikijal 的钻井水深达到 1849 米。从这时起，尼加拉瓜海域深水开发进入了新的阶段，挪威国家石油公司在 Nwa 1 区域，埃克森 - 美孚石油公司在 Erha 1 和 Erha 2 区域，壳牌石油公司在 Bonga 区域发现了大油田。

1996年石油公司们开始了向尼加拉瓜超深水海域 31 – 34 区块进军的行动，埃尔夫石油公司在大于 1 219 米（4 000 英尺）的深水区发现了 Girassol 油田。而埃克森 – 美孚石油公司已开始在 15 区块投资 30 亿美元新建 Kizomba 项目，它是西非深水最大的开发项目，目标是开发 Hungo 和 Chocalho 油田，水深在 1 006 ~ 1 280 米范围。Kizomba A 项目 2004 年投产，Kizomba B 项目 2006 年投产。

2000 年赤道几内亚的 Zafiro 油田投产，2001 年阿美雷得海斯石油公司证实在 Okume 项目的两个区块有重大发现，水深分别是 553 米和 634 米。加蓬 – 道达尔 – 埃尔夫海上公司开创了钻井水深的新纪录，在 Renee 的钻井水深是 2 438 米（8 000 英尺），在 Judy 的钻井水深超过 2 743 米（9 000 英尺）。至此，西非海域的深水油气勘探开发进入了快速发展时期。

巴西 Campos 盆地

巴西 Campos 盆地吸引众多石油大公司目光的最主要原因是该海域的重大发现，在巴西 Campos 盆地广泛使用了墨西哥湾深水勘探开发专门技术。

巴西石油公司在 20 世纪 80 年代中期进入 Campos 盆地里约热内卢附近的深水海域开发，1988 年 Marlim 和 Albacora 油田的发现使储量提高了 3 倍。2000 年，巴西石油日产量近 130 万桶，其中 70% 来自 400 ~ 2 000 米的深水区。2001 年巴西石油公司在 Roncador 油田的巨大发现，成为首批深水海域原油产量超过 10 亿桶的两个公司之一（另一个为壳牌石油公司）。

2. 水下生产系统

深水油气资源开发可以使用浮式生产平台模式和水下生产系统模式，相对于浮式生产系统来讲，使用水下生产系统可以避免建造昂贵的海上采油平台，节省大量建设投资，且受灾害天气影响较小，可靠性强。随着技术的不断成熟和发展，水下生产系统在深水工程中的应用越来越多。在世界范围内，墨西哥湾、巴西、挪威和西非海域的深水开采活动最为活跃，水下生产系统也得到了蓬勃的发展，2003 年全球水下生产系统有 2 100 多套，而到 2007 年则达到 5 700 多套。并且近几年随着向更深水域发展，水下生产系统的应用也有明显的增加趋势。据 Offshore Magazine 网站的统计，截至 2009 年，墨西哥湾的 251 个深水油气藏中，有 159 个采用了水下系统的开发方案。

1）水下采油树

水下生产系统的核心是水下采油树，水下采油树是深水油气开发中必不可少的装备，随着我国南海"深水大庆"的建设，对水下采油树的需求将迅速增加。

目前，我国水下采油树的研制工作处于刚刚起步的阶段，采油树的开发更是一片空白。从我国现今的生产技术水平来看，国内各大石油公司及相关海洋石油钻采设备厂商并不具备自主生产的能力，而国际上采油树的生产也主要由几家大的公司所垄断，其技术受到专利保护，而且国外对我国实行严格技术封锁，严重制约了我国深水油气田的开发和发展。因此需要对水下采油树的关键技术进行攻关，通过消化吸收国外的先进技术，实现具有独立知识产权的水下采油树的国产化，满足我国深水油气资源开发的需求，从能源角度保障国家经济的高速发展与运行安全。

2）水下管汇

水下管汇作为水下生产系统的重要组成部分，具有体积大、重量重、造价高、应用多的特点。水下管汇本身包含有多个设备，如多相流量计、传感器、水下控制模块、阀门、连接器等。长期以来，水下管汇设计与建造技术一直由国外少数几家公司所掌握（如 FMC、CAMERON、GE、Aker-solution 等），基本形成了垄断。另外，水下管汇供货周期也较长，少则半年以上，多则一两年，这在一定程度上制约了整个项目周期，从而影响了我国深海油气资源的开发。为了打破国外垄断局面，保障我国油气资源开发，进行水下管汇研制是十分紧迫和必要的。

3）水下控制系统

水下控制系统肩负着保证水下油气田安全运行的重任，是水下生产系统同上部设置之间金雄沟通的桥梁。随着液压、电力电子、通信技术的发展，水下控制系统由早期的潜水员手动操作发展为远程液压控制、电气–液压复合控制乃至全电控制，通信方式也由电力载波通信向全光纤通信方向发展。这为海上油气田开发向更深、更远海域进军提供了技术支持。

水下控制系统包括水上和水下两部分，主要设备包括有主控站、液压动力源、电源、调制解调器、不间断电源、水面脐带缆终端、化学药剂注入站、水下脐带缆终端、水下控制模块、水下传感器、液压飞线及控制飞线等。长期以来，水下控制系统主要设备的核心技术控制在少数几家外国公司手中，基本形成垄断。其结果是水下控制系统关键设备采办周期长，费用高，影响到我国深海油气资源的开发。为了打破国外垄断局面、保障我国油气资源开发，对水下控制系统，特别是掌握水下控制系统主要设备的关键技术，加快其国产化进程是十分必要且紧迫的。

3. FLNG/FDPSO

FLNG

天然气作为清洁的新兴能源，在我国将得到快速发展。《国民经济和社会发展第十个五年计划纲要》指出：发展我国天然气要实行油气并举，加快天然气勘探、开发和利用，统筹生产基地、输送管线和用气工程建设，引进国外天然气，提高天然气消费比重。积极利用国外资源，建立海外石油、天然气供应基地，维护国家能源安全。同时开发煤层气资源。这是"十五"期间发展我国石油、天然气工业的指导方针，对开展石油和天然气行业管理、加强宏观调控所提出的迫切要求。

随着世界对于清洁能源的需求越来越大，作为主要清洁能源的天然气在全球能源消费结构中的比例越来越高，但由于受到项目建设成本上升、地缘政治等因素的影响，特别是一些计划中的LNG项目屡屡推迟，使得目前世界天然气市场处于供不应求的局面。而且随着陆上可采资源越来越少，各大能源公司都瞄准了海上天然气的开发。然而，海上天然气开发项目的技术难度要明显大于陆上项目。典型的海上天然气开发是依靠搭建井口生产平台（通常是导管架），铺设海底管道和建设陆上液化天然气站进行的。

海洋天然气开发工程，一般包括海上平台建筑、海底天然气输送管道铺设，以及岸上天然气液化工厂、公路和LNG外输港口的建造。通常这种传统的开发方式投资大、建设周期长、现金回收慢，而且具有一定的局限性。例如，如果气田距离海岸太远，或者气田规模较小，则使用这种方式开发的经济效益会比较低，甚至无法收回巨额投资；而且如果铺设海底管道存在困难，也不能使用这种开发方式。另一方面，现在海上油田开发过程中也伴随产出大量天然气，这些天然气或被重新注入海底，或只能被燃烧掉，造成大量资源的浪费。

目前我国在南海已进入深水海洋油气开发攻坚阶段，随着南海油气开发的深入，南海深远海的油气开发提上议事日程。同时，目前我国发现的南海深水气田离岸距离较远，并且我国南海油气开发区域管网不发达，可依托工程设施少。适合南海深远海天然气开发的工程装备成为制约我国南海深远海天然气开发的关键技术问题。

据此，浮式液化天然气生产储卸装置（LNG/FPSO）成为解决我国南海深水天然气开发的关键技术装备。LNG/FPSO 能够漂浮在海上，具有开采、处理、液化天然气的功能，并可储存和装卸 LNG。通过与穿梭 LNG 船的搭配使用，可以实现海上天然气的开采和运输，替代传统的天然气开发方式。

FDPSO

浮式钻井、生产储卸油装置（FDPSO）是集海上钻井、油气处理、储油和卸油、发电、供热、控制、生活功能为一体的浮式容器状生产系统，具有初投资小、建造周期短、储油能力大、适应水深范围广、迁移方便、可重复使用等优点，广泛适用于深海油田及深海边际油田的开发。

深水油田开发考虑的因素非常多，如油藏规模和油品性质、投产时间、开采周期、水深、环境条件、工程地质条件离岸距离、可依托设施、施工建造和海上安装能力等。只有综合考虑以上因素，才能确定合理的开发模式。目前我国南海深水海域处于开发的早期阶段，对于油藏的具体情况了解不充分，这种情况下比较适合对有一定发现的区块进行早期试生产，然后逐步滚动开发，较适合采用 FDPSO 作为生产装置——既有钻井功能又有采油、储油功能，有可能大幅降低油田初期开发费用，及早投产及早回收投资。

FDPSO 的应用模式有早期试生产系统、油田分阶段开发模式、Azurite 油田模式和可转换模式等。目前 FDPSO 的应用模式还在不断探索中，如何设计适合我国南海开发的模式是当前 FDPSO 研究的重点。

（四）海上应急救援装备的战略需求

在深水油气资源开发中，相对于水面各种形式的浮式系统来讲，使用水下系统可以避免建造昂贵的海上采油平台，节省大量建设投资，且受灾害天气影响较小，可靠性强。随着技术的不断成熟和发展，水下生产系统在深水工程中的应用越来越多。据 Offshore Magazine 网站的统计，截至 2009 年，墨西哥湾的 251 个深水油气藏中，有 159 个采用了水下系统的开发方案。随着国际深水油气资源的大规模勘探开采，水下工程技术得到了很大的发展，该领域的研究开发重点已从常规有人潜水技术向大深度无人遥控潜水方向发展，载人潜水器（HOV）、常压潜水服（ADS）、遥控水下机器人（ROV）、智能作业机器人（AUV）等潜水装备被广泛应用于深水海洋工程的勘探、开采、监测、检测和维修。ROV、ADS、HOV等常压潜水作业装备避免了人的水下高气压极端环境暴露，根本改变了人和水下环境间的关系，降低了人的危险，但同时也改变了人的作业方式，由直接变为间接。这必然限制了人的许多能力特性的发挥，形成水下作业能力的"死角"。

此外，海洋油气资源开发中的重大原油泄漏事故不仅造成了巨大的经济损失，而且带来了巨大的环境和生态灾难，特别是2010年墨西哥湾BP公司重大原油泄漏事故导致的灾难性影响，使得人们对海洋石油开发的安全问题提出了一些质疑。因此，针对深海石油设施溢油事故研究其解决方案和措施，研制海上油气田水下设施应急维修作业保障装备就显得非常迫切。

用于海上应急救援的设备主要包括：载人潜水器、无人遥控潜水器、无缆的自治水下机器人、单人常压潜水服作业系统、饱和潜水作业系统。我国经过10多年的努力，在潜水装备技术方面有了突破性的进展，特别是在7 000米载人潜水器、6 000米自治潜水器和4 500米级深海作业系统等的研究过程中，通过引进、消化和吸收，掌握了一批关键技术。然而，与世界先进国家相比，我国的深海技术和装备目前还处于起步阶段，服务于深水油气资源开发的深海装备技术水平尚有较大差距，尤其是在装备和技术体系的建设方面差距较大，且大量关键核心装备与技术依然依赖进口，引进中存在着技术封锁和贸易壁垒。同时由于应用机制不健全，且缺少国家级的公共试验平台，工程化和实用化的进程缓慢，产业化举步维艰。潜水器整体装备水平落后的状况制约着我国深海油气资源勘查和开发利用活动的开展，限制了我国深海海上作业的整体水平的提高。因此，研制具有自主知识产权、实用化的潜水装备作业系统，实现装备研制的国产化，初步形成服务于南海的深水油气资源开发的深海探查和作业装备体系，同时提高我国在潜水、高气压作业方面的产业技术水平以及自主创新能力和综合竞争实力，这对于我国在21世纪开发深海资源具有重要的战略意义和历史意义。

第二章 我国海洋能源工程战略装备面临的主要问题

一、我国海洋能源工程战略装备面临的主要问题

（一）海上勘探装备的国内外水平比较

物探船

1. 国内物探船与国际水平的差距

目前，我国拖缆物探船最大作业能力为 12 缆，国际领先水平已达到 24 缆以上的作业能力。此外，我国物探船所配备的关键专业设备全部为国外进口设备，由于涉及高科技出口对中国的限制，尽管引进时考虑升级更新，仍难以赶上国际有关技术快速发展的步伐，致使我国物探船在高精度地震数据采集方面受到很大限制。因此，迫切需要提高我国海洋物探装备和技术的自主研究发展能力。

中海油服拥有高端物探船（6 缆以上）3 艘，全球高端物探船共计 73 艘，其中西方奇科 16 艘，CGG 公司 15 艘，PGS 公司 13 艘（其中在建 2 艘），其余每个公司 2~3 艘，占总数一半以上。

PGS 的物探船船队主要为其自行设计的 Ramform 系列，包括早期的 Ramform 1 系列、Ramform 2 系列，和目前船队主力的 Ramform V 系列、Ramform S 系列，以及新开发的第五代 Ramform 系列船——宽船尾 Ramform W 系列。Ramform 1 系列、Ramform 2 系列船艉可容纳 8~12 缆；Ramform V 系列和 Ramform S 系列船艉宽 40 米，可容纳 16~18 缆；Ramform W 系列船艉宽 70 米，可容纳 24~26 缆。

物探船专业设计公司主要有挪威的 Skipsteknisk、Ulstein、Marin Teknikk 和英国的 Rolls-Royce。Skipsteknisk 设计了 ST-256L、ST-327、ST-327L CD 等型号物探船，上海船厂崇明基地为中海油服建造的 12 缆物探船即为 Skipsteknisk 设计的 ST-327L CD 型。

挪威 Ulstein 设计了 SX124、SX133、SX134 等型号物探船，采用 X-BOW 船体，迪拜物探船船东 Polarcus 的 5 艘物探船和 3 艘在建物探船均采用 Ulstein 的设计，分别在迪拜 Drydocks World 和 Ulstein 船厂建造。

Rolls-Royce 设计了 UT 830 CD 型物探船，2010 年 12 月中石化上海海洋石油局在上船公司订造的物探船即采用该型设计。该物探船长 100 米、宽 24 米，可容纳 65 名船员。

此外，挪威 Marin Teknikk 设计了 MT 6007 型电磁勘探船，挪威船厂 Fosen Yard AS 为挪威电磁勘探船船东 Electromagnetic Geoservices（EMGS）建造了两艘——"BOA Galatea"和"BOA Thalassa"。

2. 国内物探装备与国际水平的差距

目前所有物探船所装备的勘探装备几乎全部依赖进口，拥有自主知识产权的装备较少，与世界主要勘探公司差距巨大，设备进口以及维修费用极高，在勘探成本上占有较大比例。因此，中国海油亟须拥有自主知识产权的海洋地震勘探装备技术体系，摆脱一直以来依赖进口的不利局面。

深水高精度地震勘探对采集装备提出了新的、更高的要求，中国海油在深水勘探领域的采集装备研发处于起步阶段，中国海洋石油总公司所属勘探单位正在加快研发自主知识产权的海上勘探装备。

（1）地震采集系统方面。中海油服通过承担"十五"和"十一五"国家 863 计划课题，成功研制了"海亮"高密度地震采集系统，所采集地震资料具有频带宽、主频高、分辨率高等优点，随着近几年的海试和改进，该系统已初步具备了二维和三维勘探能力。

（2）综合导航系统方面。小道距采集技术、全网声学定位技术，对综合导航系统的定位和解算提出了更高的要求，现有的导航系统影响着装备的整体性能，例如，"海亮"地震采集系统设计每条拖缆采集道数为 4 000 道，而进口导航设备只具备 1 000 道检波点解算能力，制约拖缆采集系统的推广应用。

国际上的主要油田服务公司和物探设备生产商如 Schlumbeger、CGG-Veritas、ION 都在加大海上地震勘探综合导航系统的开发和技术升级。目前，国内没有相关产品，BGP、COSL 所应用的综合导航设备几乎全部依赖进口，设备昂贵，每年还要支付大量资金用于系统的升级和维护。造成海上地震勘探生产成本和维护成本较高。BGP 经过最近几年的努力，研制了一套浅滩海物探导航系统（HydroOffice），但在海洋勘探三维作业以及深水勘探领域没有相关产品。

由于综合导航系统的研发技术难度极大，涉及地球物理、计算机、测绘、控制等众多领域，我国在此领域技术力量薄弱，海洋地震勘探综合导航系统及配套系统一直以来依赖进口。近年来，中国海油开始在此领域投入精力，研制具有中国自主知识产权的综合导航系统，结合地震采集系统，拖缆定位于控制系统以及枪控系统等，形成一整套具有自主知识产权的海洋石油勘探装备技术体系，全面提升中国海油在海洋勘探领域的核心竞争力。

（3）拖缆定位与控制系统方面。拖缆控制和定位方面，目前主要是使用 I/O 公司的 DigiCourse、DigiFin 系统和 SONADYE 公司的 SIP1、SIP2 声学定位系统，这是一种外挂在拖缆上，用来控制拖缆工作深度，测量拖缆位置的装备。Q-Marine 系统在拖缆中集成了一种新的海上拖缆控制系统，它不仅能控制电缆的深度，而且也能控制电缆的横向变化。利用这种新的控制系统，能使海上拖缆从正常的拖缆羽状角转动几度。该系统还具有一个用于水下地震拖缆的新的定位系统，其声学测距网络从头到尾覆盖整个水下拖缆。而常规的定位方法由于仅利用了拖缆头部、中部和尾部的声学测距网络。

目前中海油服自主研发了拖缆定位与控制系统，该系统已完成了工程化样机并在近几年的海试中进行了初步应用，下一步准备在物探船上推广应用。

工程勘察船

1. 国内工程勘察船现状

目前，国内具有一定规模和能力的海洋工程物探调查单位有国家海洋局、国土资源部、中国科学院等，所采用的设备基本上都是从国外引进的。部分勘察机构只有调查设备，没有配备专业调查船。除中国海洋石油总公司新建的"海洋石油 708"船外，其他只是具有约 300 米水深内的浅孔钻探取心作业能力。

当前国内最先进的海洋调查船是 2002 年改造的"大洋一号"，船长 104.5 米，宽 16.0 米，吃水 5.80 米，排水量 5 600 吨，主机功率 2×2 570

千瓦，单桨单舵推进，全速16节，定员75人，船上配置先进的工程物探调查和海底表层取样设备，25吨A架、13吨带衡张力吊机，可以适应深水工程物探作业和4 000米水深保真沉积物取样作业，动力定位DP-2，主要用于大洋科学考察和研究；没有配备深水钻探取样设备（钻机）。

中国科学院"科学一号"考察船，长104米，宽13.8米，3 300吨级，11 000马力，100张床位，A型架16吨，配置工程物探勘察设备和海底表层取样设备，没有动力定位和工程地质钻孔设备。

2009年10月完成建造的广州海洋地质调查局的综合调查船设计长106米，带有飞机平台，动力定位DP-1，A型架初步设计30吨，配备有先进的海洋调查仪器（如多波束、浅层剖面仪、海洋重力仪、海洋磁力仪综合系统、数字单道地震系统等，但没有设计配置工程地质钻孔设备。

"海洋石油708"船是全球首艘集起重、勘探、钻井等功能的综合性工程勘察船。"海洋石油708"船作业水深3 000米，钻孔深度可达海底以下600米。"海洋石油708"船成功投入使用标志着我国成功进入海洋工程深海勘探装备的顶尖领域，填补国内空白，极大提高了我国深海海洋资源勘探开发能力和提升了海洋工程核心竞争能力（表2-2-4）。

而在国外，几家大的从事海上工程勘察的专业公司都已拥有动力定位钻探船，其海上工程地质钻探能力已进入到水深3 000米以深的水域。

据了解，目前国外海底表层土质取样所采用的设备类型同国内基本相同。目前我国还没有国产的海上原位静力触探（CPT）设备，国内也仅有为数极少的一两家勘察单位同国外公司合作做过原位CPT测试。而在国外，CPT测试技术在海洋石油开发工程勘察中已得到广泛的应用。

表2-2-4 国内勘察船能力对比

船名	主要用途	所属单位
滨海218	工程地质钻探船，船长55米，作业水深小于100米，钻孔深度小于150米	中海油服
滨海521	1975年造，长50米，海底灾害性地质调查，近海浅水作业	中海油服
南海503	综合勘察船，船长78米，钻孔300米水深、150米钻探能力，物探最大作业水深600米，无CPT	中海油服

续表

船名	主要用途	所属单位
海洋石油709	综合监测船，船长79.9米，DP-2，设计钻孔作业能力：水深小于500米，未配置钻机，缺少必要的取样工作舱室、泥浆储藏舱，无直升机平台；该船不能满足深水勘察的要求	中海油服
勘407	综合勘察船，长55米，作业水深小于150米，钻孔深度小于120米	中石化总公司
奋斗5号	综合勘察船，长67米，作业水深小于150米，钻孔深度小于120米	国土资源部
大洋一号	综合性海洋科学考察船，船长104米，可进行深水物探和海底取样，无钻孔设备，主用于科学考察和研究	中国大洋协会
海监72/74	海底灾害性地质调查，船长76米，作业水深300米	国家海洋局
海洋六号	2009年10月建造，以天然气水合物资源调查为主，兼顾其他海洋调查，船长106米，宽18米，电力推进，动力定位DP-1，最大航速17节，配置深水多波束、深海水下遥控探测（ROV）系统、深海表层取样和单缆二维高分辨率地震调查系统等，没有设计配置工程地质钻孔设备	国土资源部广州海洋地质调查局
海洋石油708	2011年12月建造，船长105米，宽23.4米，电力推进，动力定位DP-2，最大航速14.5节，适应作业水深3 000米，配置深水多波束、ADCP、名义钻深3 600米作业能力的深水工程钻机、深水海底23.5米水合物保温保压取样装置、150吨工程克令吊等，可在7级风3米浪的海况下作业	中海油服

2. 国外深水勘察船现状

据了解，世界上目前具有动力定位性能、能够从事深水工程地质勘察的地质钻探专业船舶约有10艘，主要装备有深水工程钻机、井下液压取心系统和静力触探（CPT）系统，并能进行随钻录井（LWD），目前的工程地

259

质钻探作业水深超过3 000米,水深1 600米时的最大钻探深度达610米。

表2-2-5 国外深水勘察船能力对比

船名	Bucentaur	Bavenit	Fugro Explorer	Newbuilding102	Bibby Sappire	SAGAR NIDHI
作业类型	2 000米水深钻孔40米、3 000米水深6米长取样	13~3 000米水深钻孔、CPT原位测试	3 000米水深地质钻孔、CPT原位测试、25米取心	多功能调查,ROV作业	ROV作业/工程支持	海洋调查和工程支持(多/单波束测深,地貌,地层剖面等)
建造时间	1983年	1986年	1999年建2002年改造	2000年	2005年	2006在意大利建造 2008年交船
船长、宽、深	78.1米×16米×8.4米	85.8米×16.8米×8.4米	79.6米×16.0米×6.3米	83.9米×19.7米×7.45米	94.2米×18米	103.6米×19.2米×5.5米,作业甲板面积700平方米
最大航速	12节	10节	12节	15节	16节	14.5节
主功率	4×1 200千瓦	4×1 420千瓦	2×1 860千瓦	4×2 500千瓦	4×3 200千瓦+640千瓦	4×1 620千瓦;港口发电机500千瓦
推进	2个CP艏侧推	2个850千瓦艏侧推	2个800马力艏侧推,1个800马力艉侧推	2个1 000千瓦艏侧推,1个1 000千瓦伸缩推,2个1 000千瓦艉侧推	电推,5个推进器(2个艏推1个伸缩,2舵桨主推)	全电力推进,2×1 000千瓦侧推;舵桨主推2×2 000千瓦
DP系统	DP-2	DP-2	DP-2	DP-2	DP-2	DP-2
月池		?	3.05米×3.05米	5.5米×5.4米	8.0米×8.0米	无
飞机平台			19.5米×19.5米	不详	19.5米×19.5米	无

续表

船名	Bucentaur	Bavenit	Fugro Explorer	Newbuilding102	Bibby Sappire	SAGAR NIDHI
吊装设备	45吨A架；3吨×1和1吨×2甲板克令吊	5吨A架和2台5吨甲板吊	20吨A架	不详	150吨/18米工程吊一台；10吨/15米甲板吊一台	200吨/19米×1台；24吨/8米×2台；10吨/10米×2台；艉A架60吨；左舷A架10吨
其他			装四点锚泊			75个床位

表2-2-6 国外工程地质钻孔船能力对比

船名	Fugro Explorer	Bavenit	Bucentaur	日本无敌	Miss Marie	Miss Clementine	Bodo Supplier
所属公司	Fugro	Fugro	Fugro	日本	马来西亚 Miss Marie	马来西亚 Miss Marie	马来西亚
作业类型	工程支持地质钻孔	工程支持地质钻孔	工程支持地质钻孔	工程支持地质钻孔	工程支持地质钻孔	工程支持地质钻孔	工程支持地质钻孔
作业水深	3 000米	3 000米	2 000米	>3 000米	约1 500米	约1 500米	2 000米
建造时间	1999年建 2002年改造	1986年	1983年	2004年	1995年	1998年	1972年
船长和宽	79.6米×16米	85.8米×16.8米	78.1米×16米	126米×20米	75米×18.3米	75米×18.3米	—
DP系统	DP-2	DP-2	DP-2	DP-2	DP-2	DP-2	DP-1
备注	20吨A架 四点锚泊	5吨A架	45吨A架	科考为主	原为工程支持船	原为工程支持船	原为工程支持船

注：辉固公司（Fugro）除上述3艘深水钻孔船外，另外还有两艘分别为600米和1 000米作业水深的专用地质钻孔船.

表 2-2-7 我国海洋"石油 708"船与国外深水钻探船主要参数对比

	参数	中国"中国海洋石油 708"	美国"决心"号	日本"地球"号
1	船长/米	105	143	220
2	船宽/米	23.4	21	38
3	吃水深度/米	7.4	7.45	9.2
4	最大航速/节	15	—	—
5	自持力/日	75	—	180
6	额定载员/人	90	114	256
7	甲板载货面积/米²	1 100	1 400	2 300
8	主机功率/千瓦	14 000	13 500	35 000
9	工作水深/米	50～3 000	8 230	①500～2 700 ②500～4 000 ③500～7 000
10	海底以下钻孔深度/米	600	2 111	7 000
11	钻机钩载能力/吨	225	240	1 250
12	升沉补偿距离	4.5 米（主动）	4.5 米（主动）	4 米（主动）
13	钻探方法	非隔水管	非隔水管	隔水管
14	随钻取心方式	绳索取心	绳索取心	绳索取心
15	海况条件	浪高 3 米 蒲福 7 级	浪高 4.6 米 蒲福 10 级	浪高 4.5 米 蒲福 9 级
16	动力定位	DP-2	Dual redundamt	DPS

表 2-2-8 我国深海钻机和美国、日本深海钻机性能对比

参数	中国"海洋石油 708"	美国"决心"号	日本"地球"号
钻探名义深度/米	4 000	9 144	10 000～12 000
最大静钩载/千牛	2 250	5 360	12 500
最大作业水深/米	3 000	8 230	初期 2 500 后期 4 000
钻探海底以下/米	600	2 111	7 000
额定功率/马力	400	1 000	—
输出扭矩/（千牛·米）	30.5	83	—
存放钻杆数量/米	3 200	9 000	12 000
升沉补偿能力/米	±2.25	±3	—
井架高度/米	34.5	62	107

3. 国外深水工程勘察技术发展情况

（1）工程地质钻探：采用常规液压动力头顶驱钻机，动力定位船，高强度大直径（6.5~7英寸）铝质钻杆，以减轻井架起吊荷重（钩载），便于使用高效井下液压/振动取心和钻孔 CPT 测试工具设备，钻探船的最大作业水深可达到 8 200 米，配置随钻测井、随钻保温保压水合物取样和测试等设备。能满足深水半潜式平台锚泊、深水采油装置基础工程分析和设计以及科学研究钻探等的技术要求。我国的"海洋石油 708"船目前没有配置随钻测井、随钻保温保压水合物取样和测试等设备。

（2）深水海底表层取样及海底 CPT 测试：最大工作水深在 1 500~6 000 米，取样/CPT 测试深度范围为海底以下 10~40 米，可满足半潜式平台和 SPAR 式平台锚系留力分析的要求及海底管线路由调查。

（3）水合物保温保压取样技术：我国不具有随钻保温保压水合物取样和测试设备，海底水合物保温保压取样技术世界领先。目前中海油服公司与北京探矿工程研究所合作研制的深水随钻取样技术和取样工具，已经在"海洋石油 708"船成功取出原状不扰动的砂样、土样，钻探深度 300 米深地层，取样成功率达 100%。

（4）海底地层声学探测：目前我国具有深水作业能力的深水剖面系统为深拖系统或船体安装浅地层剖面仪，最大工作水深为 3 000 米。目前由于浅剖的能量及频率要求，表面拖的系统一般工作水深都限制在 1 000 米以内，在国外对于更深水采用 ROV、深水 AUV 或 TAUV 携带声学探测系统来进行。

（5）单波束测深系统：最大工作水深 10 000 米。我国与国际水平相当。

（6）多波束测深系统：国际上具有代表性的仪器主要有 SeaBeam 1050 系列和 SeaBeam 3012 系列。根据所搭配的探头的工作主频的不同 SeaBeam 1050 系列分别具有 3 000 米（50 千赫探头）和 11 000 米（20 千赫探头）水深的作业能力。而 SeaBeam 3012 的换能器的主频为 12 千赫，具有最大 11 000 米作业深度的能力。我国"海洋六号"（全海洋深度海底地形地貌调查）、"大洋一号"、"海洋石油 708"（测深范围 7 000 米）船都装有深水多波束。与国际水平相当。

（7）旁侧扫描声呐系统：目前比较有代表性的地貌系统有 klein 3000 双频声呐系统，工作频率 100 千赫和 500 千赫，标准型工作水深 1 500 米，通过增加可选配件可增大到 3 000 米或 6 000 米深度。"大洋一号"和"海洋六号"配置数字侧扫声呐系统,与国际水平相当。

(8) 高分辨地震勘探:高分辨地震技术被广泛应用。用于海洋勘察的数字地震系统通常为 120~260 道高分辨系统,穿透地层深度约 1 500~2 000 米,主要识别浅层气、断层、盐丘等潜在地质灾害特征。中海油服公司的高分辨地震技术以及"海洋六号"、"大洋一号"配置的高分辨地震设备与国际水平相当。

(9) 海洋地磁测量:海洋磁测常用的海洋磁力仪主要有磁通门式质子旋进式和光泵等类型。磁通门式磁力仪为相对测量仪器,可测地磁场的垂直分量、水平分量和总强度。质子旋进式(或称核子旋进式)磁力仪能测定地磁场总强度值,是目前应用最普遍的海洋磁力仪。我国"海洋六号"、"大洋一号"配置的海洋磁力仪综合系统与国际水平相当。

(10) 深拖系统:深拖系统是深水区作业的一种常用手段,深拖是将一种或几种海洋调查仪器进行组合然后将其安装在一条深水拖鱼(体)上通过将拖体沉放到预定深度来减少水体对仪器的影响。目前国际上比较流行的深拖系统有 SIS-3000 系统,其工作水深 3 000 米。中海油服配置的深拖系统达到国际水平。

(11) 深水 ROV 和 AUV:由于深拖系统存在拖体深度不易控制,作业效率较低等缺点,现在较为先进的深水调查手段为深水 ROV,AUV 或 TAUV,其中 ROV 提供了一个由甲板单元控制的水下工作平台,可在其上搭载各种调查设备,而 AUV 系统是智能化的自主水下运载平台。最大作业深度 3 000 米,可搭载多波束测深、地貌、浅剖等调查仪器。由于 AUV 具有丢失风险,国外有的公司也研究采用 TAUV 搭载调查仪器(如测深仪、地貌仪、地层剖面仪、磁力仪等)。我国"十一五"国家科技重大专项研制的深水 AUV,作业水深 3 000 米,待进行现场验收试验,国际上有代表性的深水 AUV 是 KongsBerg 公司生产的 AUV 系统,最大作业水深 4 000 米,而且下潜速度、续航力也具有一定优势。

(12) 水下管道泄漏检测技术:国内在陆地管道泄漏检测方面达到了国际先进水平,但是在水下管道泄漏方面还落后于国际水平,目前国际上一般采用压力流量法、光纤法、巡检法等检测技术,在"十三五"期间,我国可以自主成功研制一种新型的能够广泛应用的水下泄漏检测技术。

（二）海上施工作业装备的国内外水平比较

1. 钻井装备

深水钻井平台和钻井船建造经验最丰富的国家是新加坡和韩国，其中新加坡的 Keppel FELS、Jurong Shipyard 船厂和韩国的 Dawoo、Sumsung 船厂承建了多座深水半潜式钻井平台和钻井船，是建造深水钻井装备最多的几家船厂。国内有几家船厂具有深水半潜平台的建造经验，包括大连船舶重工、烟台莱富仕船厂、上海外高桥船厂、中远船务等，但是在详细设计、生产设计、建造工期、重量控制等方面和国外先进水平还有差距。总的来说，国内半潜式钻井平台设计建造技术现状可以概括为以下 6 个方面。

（1）初步形成了设计能力：依靠国内技术力量完成了概念设计，与国外公司联合开展了基本设计，在此基础上依靠国内设计力量完成了详细设计，设计方案通过船级社审查并应用于国内第一座第六代半潜式钻井平台的建造。

（2）初步掌握了半潜式钻井平台系统集成技术：初步掌握了钻井系统、工艺流程系统、公共动力系统、辅助支持系统、安全防护系统一体化集成设计技术，形成了高效、节能、环保的平台系统集成方案。

（3）初步具备了选型和结构规划能力：完成半潜式钻井平台总体尺度结构规划设计软件的开发，初步掌握了平台选型技术。

（4）基本掌握了运动性能及结构强度分析技术：开展了平台稳性、运动性能、气隙、锚泊系统、结构总体强度、结构局部强度、疲劳以及碰撞等数值计算，基本掌握了相关软件的使用方法和技巧。

（5）具备了建造能力：开展并完成了半潜式钻井平台建造规范研究、建造方案研究、涂装表面处理控制技术、特种涂料的应用技术以及复杂节点的焊接实验研究，形成了总体建造方案、分段合龙方案，建造能力在"海洋石油 981"建造项目中得到了检验。

（6）模型试验能力正在逐步提高：建立了深水海洋工程试验水池，开展了水池模型试验、形成了试验能力，同时与另外一些高校在风洞模型试验上也取得了可喜的进展。

国内的半潜水钻井平台与国际先进水平比较仍然有一定差距。深水半潜式钻井平台开发设计技术集中在美国和欧洲，以前也仅在美、欧建造。

20世纪90年代以后，日本、韩国和新加坡通过引进技术和设计图纸，实现了半潜式平台的建造，而且由于造价和周期上的竞争优势，亚洲国家已成为半潜式平台建造的主要承担者，但开发设计仍是美国和欧洲的天下。

目前涉及半潜式平台设计和建造的半潜式平台型式、结构型式、系泊系统、建造材料和模块连接器等各个核心领域的技术基本为国外专利技术，约120项技术在美国、日本等国家申请了专利。国内相关技术专利申请尚处于起步阶段，而且国内仍缺乏具有自主知识产权并经工程实践验证的深水半潜式钻井平台船型，基本设计能力与国际水平差距较大，设计技术体系有待完善和成熟，设计经验还有较大的提高空间，在现场建造方面也缺乏统一的建造检验技术。同时，世界上现存的深水半潜式钻井平台作业水深能力可分为12 000英尺（3 658米）、10 000英尺（3 048米）、7 500英尺（2 286米）、5 000英尺（1 524米）4个级别，而我国现役深水钻井装备中仅有1座平台在此行列，尚未形成系列和梯队，在装备的配套互补、差异化配置上有明显不足。此外，关键设备研发能力与国际水平差距较大，例如深水钻机市场几乎由MH和NOV两家公司垄断，国内仅能提供技术含量不高的零部件。

国外深水钻井船、Tender钻机的技术已经成熟，深水钻井船的作业水深达到3 600米，主流Tender钻机的作业水深也达到2 000米，圆筒形钻井平台（作业水深达3 000米）、FDPSO也得到工程应用。而以上类型的钻井装备国内均没有。

2. 修井装备

我国深水油田开发刚刚起步，目前还没有专用的深水修井装备，现有的海洋修井装备有平台修井机，自升式修井作业平台和Liftboat，这些修井装备只能在浅水作业。目前国内已有的浅水海洋导管架平台修井机在数量和水平上与国外先进水平相差不大，但是国内移动式修井装备无论是数量和种类水平与国外先进水平均还有一定差距，例如在美国墨西哥湾服役的Liftboat有上百座，而国内仅有两座Liftboat。

由于我国深水开发刚刚起步，因此我国在深水专用的修井作业装备方面还是空白。不过由于我国目前已经具备建造深水半潜式钻井平台的能力，因此建造专用的深水修井装备并不存在技术"瓶颈"，需要迎头赶上的是深水修井装备的设计能力和深水修井专用设备的设计制造能力。

3. 铺管起重船

虽然我国起重铺管船经过近30多年的发展，已经初具规模化，但同时也可以看出我国起重、铺管船发展过程中出现的一些问题，这也是未来起重、铺管船产业发展所必须克服和解决的困难和问题。

（1）起重船船型单一，起重机和起重类型单一。我国的起重船的船型主要为驳型单体船，主要包含固定臂架式起重机和旋转式起重机，起重机和船舶形式单一。

（2）起重铺管船作业范围在浅水，深水作业船舶少。随着我国海洋油气田勘探开发力度的不断加大，海洋油气资源对应的水深也在不断加深，目前新立项的海洋油气田水深大部分处于100米以上海域。尤其是我国第一个深水气田项目——"荔湾3–1"项目，其最大作业水深已达到了1 480米。而现实情况是我国的起重铺管船能适应100～200米水深仅有"蓝疆"号和"海洋石油202"船，能适应荔湾项目铺管的仅有"海洋石油201"船。相比国外海洋工程公司的船队配置，我国的深水起重、铺管作业船舶不论在数量上还是质量上（除新建船外）已远远落后。这也与我国日益增长的深水油气田勘探开发需求不相符。

（3）起重铺管同时兼备，缺乏单独的专业铺管/缆船舶。从目前铺管船的发展来看，类似的起重、铺管功能融合在一起的海洋工程船舶也逐渐突显出其不足之处。例如：船舶结构形式复杂、单船动复员费用高、起重铺管功能相互受限制约等。尤其是进入深水后，海洋结构物呈现比浅水区更大、更重的特点，海管结构则呈现长距离、大管径、高温高压等特点，这些问题的解决都需要有更专业的施工船舶来完成，如果仍采用传统的起重铺管相结合的方式，将大大增加船舶设计、建造的难度和成本，同时还不利于保证海上施工作业的效率和安全性。为了更好地实现海上施工作业，国内已经设计建造了一些大型海洋工程起重船舶，这在很大程度上缓解了深水大型结构物的安装需求。但尚没有专业的深水铺管船舶的设计建造项目设立，这一方面不利于我国深水油气田开发中海底管道的铺设施工作业；另一方面也不利于我国深水铺管关键装备设计、建造等相关产业的发展。

（4）铺管船只具有S型铺设系统，尚无J型、Reel型铺管船。海底管道铺设按照铺设方法来分，主要可以分为拖拽式铺管法、S型铺管法、J型铺管法和卷管式铺管法。

S型铺管法虽具有能铺设浅水和深水的特点，但受其铺设方式的限制，对于超深水大管径或者长距离高效铺管都不及另两种铺管方式。同时，随着深水开发模式的不断升级完善，水下系统加长输管道的模式应用将越来越多，而S型铺设对于水下结构物的安装具有先天的限制。

从我国目前铺管船的现状来看，铺管船基本上都是S型铺管船，他们都存在着上述S型铺管船的不足之处。为了我国后期深水油气田项目、尤其是南海油气田资源的顺利开发，有必要研发、设计并建造适用于我国的深水J型和Reel型铺设工程船，在进一步完善我国深水铺设船队的基础上，充分保障我国深水油气田资源的顺利开发，同时进一步促进我国的深水铺管关键装备产业发展。

深水铺管起重船"海洋石油201"的建造大大提高了我国深水铺管起重船的技术水平，通过该船的建造形成了如下技术：

- 国内首次研究出海洋工程装备超大型分段吊运方法并申请了专利；
- 研究的大型可伸缩式推进器船坞安装的技术，属于国内首次实施，填补了国内此类海洋工程核心设备安装技术的空白；
- 开发出的多功能管子装卸机项目，在国内属于首次开发，该项目各项指标均能满足多功能管子装卸机项目的要求，符合API规范及各船级社规范的要求，满足用户的预期深海作业使用要求，总体上处于国内领先水平，达到国际先进水平；
- 掌握了铺管设备和张紧器、A&R绞车等特种设备的安装精度控制和超大、超长钢缆排缆技术，达到国内先进水平。

与国际水平比较，我国首座深水铺管起重船"海洋石油201"已经达到了国际领先水平，并且通过建造"海洋石油201"，使我国基本形成了深水铺管起重船的设计和建造能力，起重和铺管设备的制造、安装调试水平也大大提高，但是与国际发达国家相比，在数量和种类上仍存在一定的差距。

世界上主要海洋工程公司代表性的铺管起重船舶参数见表2-2-9。通过和表2-2-5我国起重、铺管船主要参数列表比较，可以看出国内外的具体差距。

表 2-2-9 世界主要海洋工程公司代表性船舶参数

序号	公司	船舶	类型	主尺度 总长×型宽×型深	主要装备
1	Technip	Deep Blue	Reel-lay 及 J-lay	206.5 米×32.0 米×17.8 米	动力定位系统：DP2；最大吊重：400 吨；铺设管径：4～28 英寸；最大张力 770 吨；月池：7.5 米×15 米；搭载 2 台工作级 ROV
2	Technip	Apache II	Reel-lay 及 J-lay	136.6 米×27 米×9.7 米	动力定位系统：DP2；最大吊重：2 000 吨；最大铺设管径：16 英寸；最大张力 300 吨；搭载 2 台工作级 ROV
3	Technip	Deep Energy	Reel-lay 及 J-lay	194.5 米×31 米×15 米	动力定位系统：DP3；最大吊重：150 吨升沉补偿吊机；最大铺设管径：24 英寸；最大张力 500 吨；搭载 2 台工作级 ROV
4	Technip	Deep Orient	Flexible-lay & Construction	135.65 米×27 米×9.7 米	动力定位系统：DP2；月池：7.2 米×7.2 米；搭载 2 台工作级 ROV
5	Technip	Global 1201	S-lay	162.3 米×37.8 米×16.1 米	动力定位系统：DP2/DP3；最大吊重：1 200 吨；铺设管径：4～60 英寸；最大张力 640 吨
6	Acergy	Sapura 3000	S-lay	157 米×27 米×12	动力定位系统：DP2；最大吊重：3 000 吨；铺设管径：6～60 英寸；最大张力 240 吨
7	Acergy	Polar Queen	Flexible-lay & Construction	147.9 米×27 米×13.2 米	动力定位系统：DP2；最大吊重：300 吨；最大张力 340 吨；搭载 2 台工作级 ROV
8	Acergy	Seaway Polaris	S-lay 及 J-lay	137.2 米×39 米×9.5 米	动力定位系统 DP3；最大吊重：1 500 吨；最大铺设管径：60 英寸；最大张力 200 吨；搭载 2 台工作级 ROV

续表

序号	公司	船舶	类型	主尺度 总长×型宽×型深	主要装备
9	Saipem	Saipem 7000	J-lay	197.95 米×87 米×43.5 米	动力定位系统 DP3；最大吊重：14 000 吨；最大铺设管径：60 英寸；最大张力 550 吨
10		Castorone	S-lay 及 J-lay	290 米×39 米	动力定位系统 DP3；最大吊重：600 吨；最大铺设管径：60 英寸；最大张力 750 吨
11		Saipem FDS2	J-lay	183 米×32.2 米×14.5 米	动力定位系统 DP3；最大吊重：1 000 吨；最大张力 2 000 吨；搭载 2 台工作级 ROV
12		Castoro Otto	S-lay	191.4 米×35 米×15 米	最大吊重：2 177 吨；铺设管径：4～60 英寸；最大张力 180 吨
13	Allseas	Solitaire	S-lay	300 米	动力定位系统 DP3；最大吊重：300 吨；最大张力 1 050 吨
14		Pieter Schelte	S-lay	382 米×117 米	动力定位系统 DP3；最大起重：48 000 吨；铺设管径：6～68 英寸；最大张力 2 000 吨
15		Audacia	S-lay	225 米	动力定位系统 DP3；最大起重：550 吨；铺设管径：2～60 英寸；最大张力 525 吨
16		Lorelay	S-lay	183 米	动力定位系统 DP3；最大起重：300 吨；铺设管径：2～36 英寸；最大张力 175 吨

续表

序号	公司	船舶	类型	主尺度 总长×型宽×型深	主要装备
17	Subsea 7	Seven Seas	Reel-lay	153.24 米× 28.4 米×12.5 米	动力定位系统 DP2；最大起重：350 吨；铺设管径：2～24 英寸；最大张力260 吨；搭载2台工作级 ROV
18	Subsea 7	Normand Seven	Reel-lay	130 米×28 米×12 米	动力定位系统 DP3；最大起重：250 吨升沉补偿吊机；最大铺设管径：500 毫米；最大张力200 吨；搭载2台工作级 ROV
19		Skandi Neptune		104.2 米×24 米×10.5 米	动力定位系统 DP2；最大起重：140 吨升沉补偿吊机；最大张力100 吨；月池：7.2 米×7.2 米；搭载2台工作级 ROV
20	McDermot	DB50	起重船	497 英尺×151 英尺×41 英尺	最大起重：4 400 sT
21	McDermot	DB101		479 英尺×171 英尺×122 英尺	最大起重：3 500 sT
22	Heerema	Thialf	起重船	165.3 米×88.4 米×49.5 米	动力定位系统 DP3；最大起重：14 200 吨
23	Heerema	Balder	J-lay	137 米×86 米×42 米	动力定位系统 DP3；最大起重：7 000 sT；铺设管径：4.5～32 英寸；最大张力175 吨
24		Hermod	起重船	137 米×86 米×42 米	动力定位系统 DP3；最大起重：8 100 吨

4. 油田支持船

目前国内拥有的油田支持船舶是国外的设计建造的二手船，尤其体现在大马力船舶上更为明显，我国在对于 8 000 马力三用工作船及 6 000 马力平台供应船上，已有较多的成熟船型，在国内选择有资质的设计单位完全可以满足设计要求。但在超过 8 000 马力三用工作船及 6 000 马力平台供应船虽有部分设计研究，但几乎没有实船建造。对于深水特殊的海况而言，我国深水三用工作船及供应船基本处在一个纸上谈兵的状态，鲜有实用性的应用例子。针对小于350米的浅水海域，我国曾自主开发了一系列船型并实船建造，取得了一定的成果，但缺乏船型系列化研究，存在技术分散性。对于这种差异一个原因就是我国对海洋工程船舶起步较晚，理论十分薄弱，对国外技术消化不彻底，并不能完全掌握有关设计理念和设计思路。在海洋石油工程船专用和通用设备上，也同样存在相同的问题，无论在设备的可靠性、工作能力、操作的便捷及自动化程度上都有很大的差距。

5. 多功能水下作业支持船

近几年来，随着对外合作的加深和自身开发技术的发展，我国海洋油气发展的战略正从浅海向深海扩展，未来深水开发项目必将成为主流。为了实施深水战略，我国深水装备建设正在快速推进，深水钻井船、深水铺管船、深水地震船、深水勘察船、深水抛锚船等项目已经实施，深水系列船队已经基本成型，但还不能完成深水项目的整体开发，最重要的水下结构物安装、脐带缆铺设等需要多功能水下工程船来完成，所以深水多功能水下工程船是我国深水船队中缺少的最关键一环。

目前国际上有3个主要的水下工程公司：Saipem/Sonsub、Acergy、Subsea7。另外 Technip 的水下板块业务能力也很强。参考图2-2-41可以看出国际上不同功能、能力的 MPV 船型各公司拥有情况。

广州中船黄埔造船有限公司与海油工程股份有限公司于2012年4月在北京签订"海洋石油286"项目建造合同，该船是我国首艘3 000米水深多功能水下作业支持船，由挪威的 Skipsteknisk 公司进行基本设计，上海船舶研究设计院进行详细设计，广州中船黄埔造船有限公司负责生产设计及建造。

"海洋石油286"是一艘专业设计，可在大多数气候状况下作业，并且具有极好的操纵性、耐波性的先进的全钢质、双底双壳多功能水下工程船（MPV），定位能力达到最高级别的 DP-3 级，主要作业功能有：深水大型结构物（如采油树、水下管汇等）的吊装和海底安装（其装备具有升沉补偿功能的400吨大型海洋工程起重机）；海底深水柔性管敷设（主甲板下的卷管盘可装载2 500吨电缆）；ROV 作业支持，最大作业水深达3 000米；饱和潜水作业支持；海洋工程的综合检验、维护和修理；深水锚处理和锚泊

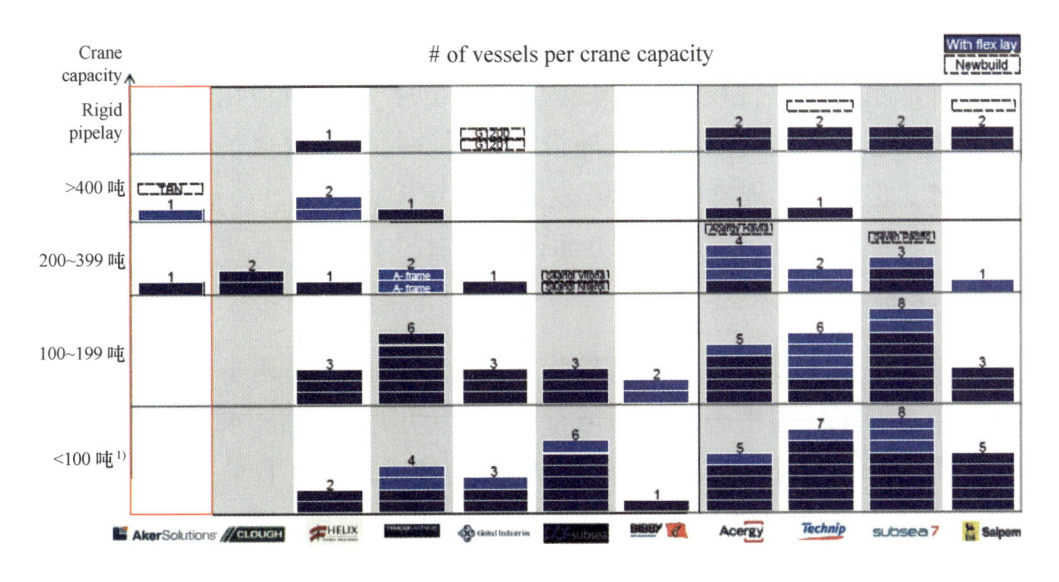

图 2-2-41　全球各公司不同类型、能力 MPV 船拥有分布情况

作业，如深水锚系处理和 FPS（张力腿，半潜，Spar，FPSO）的锚泊作业，包括锚桩安装，系泊腿预铺设、连接、回收和修复。

总体来讲，我国仍然处在造船产业链的末端，既加工设计及船舶建造部分。对于船型开发、专用船舶设备、动力定位系统研发等仍依赖国外进口，自主研发仍处于空白状态。

（三）海上油气田生产装备的国内外水平比较

1. 生产平台

"十一五"期间，在国家 863 计划和重大科技专项的支持下，中国海洋石油总公司在 TLP、SPAR、SEMI-FPS 为典型代表的深水浮式平台方面开展了大量探索性的工作，例如"深水平台工程技术"、"灾害海洋环境下结构安全性分析"、"深水油气田开发浮式平台技术研究"等课题。

总的来说，可以概括为以下 4 个方面：①初步形成了概念设计能力，与国外公司联合开展了概念设计，同时依靠国内技术力量完成平行的设计任务。②初步具备了选型和结构规划能力，完成各类平台总体尺度、结构规划设计软件的开发，初步掌握了平台选型技术。③基本掌握了运动性能及结构强度分析技术，开展了平台稳性、运动性能、气隙、锚泊系统、结构总体强度、结构局部强度、疲劳以及碰撞等数值计算，基本掌握了相关软件的使用方法和技巧。④模型试验能力正在逐步成熟，建立了深水海洋工程试验水池，开展了水池模型试验、形成了试验能力。

国外深水浮式平台设计技术较为成熟，已经有大量应用实例，并呈现稳步增长的态势。国内虽然在国外设计公司的帮助下完成了各类型平台的概念设计，但在设计理念、船型开发方面存在较大差距，在基本设计技术、详细设计、系统集成、建造技术方面存在空白。

2. 水下生产系统

目前水下生产技术在国外已较为成熟，从北海、墨西哥湾到巴西的深海油气田、乃至我国南海东部海域都有一定的应用基础。水下生产系统是经济、高效开发边际油田、深海油田的关键技术之一，目前水下生产系统基本部分如水下采油树、管汇及控制系统等相关设施在国外已较为成熟。目前，国外在水下管汇设计、建造、测试技术方面已经较为成熟和完善，设计能力也已达水深 3 000 米以上。

自 1995 年以来，由总公司与阿莫科东方石油公司（Amoco Orient Petroleum Compsny）采用水下生产技术联合开发了"流花 LH11－1"水下油田以来我国在南海东部已经相继开发了"陆丰 LF22－1"、"惠州 HZ32－5"水下油田。中国海洋石油总公司作为主要作业者，通过以上油气田的生产过程，已经在水下生产系统的操作，运行和维护方面积累了丰富现场经验。2006 年通过中海油收购的尼日利亚 OML130 区块深水油田开发项目，也为中海油走向深水和获得水下生产系统关键技术积累了大量海外经验。该项目一期采用了浮式储油轮＋水下生产系统的开发模式。依托"流花 11－1"原有设施对"流花 4－1"油田进行开发，则是中海油在南海东部又一个采用水下生产系统开发模式的油田。2008 年该油田通过水下生产系统基本设计外委国外公司，中方参与设计的方式为设计人员掌握水下生产系统设计打下了基础。"荔湾 3－1"深水气田的开发是中海油在南海真正走向深水开发具有标志性的一个项目，该项目采用了水下回接浅水平台天然气处理后再输送上岸的开发模式。为此项目中海油派出一批骨干人员参加了外方设计决策的过程，为海总实现深水水下生产技术的突破迈出了关键的一步。

1）水下采油树

国内水下采油树的研制刚刚起步，目前国内使用的水下井口装置及采油树均需进口。国内存在的主要技术"瓶颈"如下：

- 缺乏产品设计经验。国内井口设备厂家设计人员对深水钻完井工艺了解甚少，对水下生产系统的安装、操作和维修的工艺流程不熟悉，不能充分掌握产品设计的关键点。

- 关键的非金属密封件国内还不能生产或质量不过关，需依赖进口。
- 悬挂系统的锁定和密封机构设计，水下节流阀和驱动器设计。
- 水下生产控制系统的设计和制造。
- 国内厂家缺乏国际招标的经验，没有生产和使用业绩，在与国外知名公司竞标时处于明显劣势，很难进入市场。

目前国内水下采油树的生产制造水平仅相当于国外 20 世纪 80 年代的水平。

2）水下管汇

目前，我国在水下管汇设计及建造方面已经积累了一些经验，但还没有形成一整套完整的体系，同国外存在较大差距。

在深水测试，试验设施方面，目前我国还没有建立水下生产系统测试及仿真模拟系统的试验设施和设备。例如水下生产系统地面试验支持平台及联合测试场地及设施等。这也直接制约了国内水下生产系统的技术发展。

3）水下控制系统

目前我国国内已有采用水下生产系统进行开发的油气田，其水下控制系统主要采用两种方式：一种是将其作为整体 EPIC 包发包给同一家国外公司，由其负责从设计到安装的全过程；另一种是将水下控制系统整体从设计到制造外委给一家国外公司或将整个系统分为水上、水下两部分，分别外委给两家国外公司进行设计、制造，最终由我方进行海上安装的方式。水下控制系统设计基本依靠外方，主要设备、部件，特别是水下的设备、部件如水下阀门、脐带缆等目前国内没有厂商能够提供商业产品，可以说是尚属空白。

3. FLNG/FDPSO

1）FLNG

目前，世界上尚未有 LNG FPSO 正式投入运营，但按目前建造计划，2013 年将有 FLNG 正式投入生产，迄今为止，根据目标气田共计约有 8 种不同的 FLNG 方案，分别是 Flex LNG FPSO "LNG producer"、SBM LNG FPSO、Hoegh LNG FPSO、Aker LNG FPSO、Shell's LNG FPSO "Prelude FPSO"、Saipem LNG FPSO、ConocoPhillips LNG FPSO、BW offshore LNG FPSO，其分

别采用不同的货物维护系统、外输方式、液化工艺处理方式。可以说，目前国外 FLNG 设计、建造、应用方面已经达到工业应用的水平。

我国仅沪东中华造船（集团）有限公司承建过 LNG 运输船，并且每艘运输船都要向液货维护系统专利持有者——法国大西洋船厂缴纳大笔专利费用。FLNG 设计建造研究更是处于起步阶段，在"十一五"期间，仅完成了 FLNG 的总体方案和部分关键技术研究。在 FLNG 液化工艺技术、液货维护系统、外输系统及关键外输设备方面，国内几乎处于空白状态，与国外差距巨大。

2）FDPSO

世界上第一座 FDPSO 在非洲 Azurite 油田已投入使用，并且一座新的 FDPSO（MPF-1000）目前在建。国外目前开发了圆形、半潜式、船型、碗形、倒梯形和圆柱组合型等 FDPSO 概念。但由于 FDPSO 应用模式的不同和南海特殊海洋环境条件，FDPSO 的南海适用性问题成为研究的关键。目前我国船厂仅建造过船型 FDPSO，但并不掌握设计、应用核心技术。我国目前仅完成了 FDPSO 的总体方案和部分关键技术研究。要完全掌握 FDPSO 设计建造核心技术还需要大量研究工作。尤其是在 FDPSO 总体设计技术、FDPSO 的南海适用性及钻井装备方面，仍与国外存在较大差距。

（四）海上应急救援装备的国内外水平比较

1. 载人潜水器

近些年来我国在载人潜水器领域所取得的成绩是很大的，该领域的研究水平已处于国际先进行列，目前与国际上的差距主要体现在以下几方面。

（1）载人潜水器应用方面：国外载人潜水器的应用已经非常成熟，例如"阿尔文"号载人潜水器已经进行了 5 000 次下潜，"深海 6500"也进行了大量的下潜与水下作业工作，上述两台载人潜水器在水下调查、作业等方面发挥了巨大的作用，其他如俄罗斯、法国等国家在载人潜水器的应用方面也取得了很大的成绩，在我国载人潜水器的应用方面主要集中在军事领域，在民用领域的应用还不是很多，因此相比而言我国在载人潜水器的应用方面与国外尚存在一定差距。

（2）载人潜水器门类方面：根据前文所述可将载人潜水器根据用途分为 3 类，我国经过几十年研究与探索在载人潜水器研究方面取得了很大的进展,但相比国外而言我国载人潜水器门类还有待于完善。例如,我国载人潜水器在海洋开发专用载人潜水器设计方面尚属空白,因此我国载人潜水器门类还有待于完善。

2. 重装潜水服

中国船舶重工集团公司第 702 研究所是我国重装潜水服唯一研制单位。该所从 20 世纪 80 年代开始研究重装潜水服。80 年代后期,中国船舶重工集团公司第 702 研究所成功研制了 QSZ-Ⅰ型重装潜水服(图 2 - 2 - 42)。该系统的四肢采用球形关节,工作深度 300 米。其本体部分没有配备推进器。操作员以常压状态进入水下,以观察为主,作业能力有限。但是,通过该型装具系统的研制,解决了 300 米级球形关节设计、耐压壳体制造、生命支持等关键技术问题,为后续发展奠定了基础。

在 QSZ-Ⅰ型重装潜水服进行改进的基础上,我国在 90 年代中期成功研制出 QSZ-Ⅱ型重装潜水服(图 2 - 2 - 43)。它主要是增加了 4 个螺旋桨推进器,水下电视和传感器等,并改善了计算机控制系统,使潜水员在水下的活动更加方便、快捷,潜水员在水下的活动半径可达 50 米,工作深度 300 米。它既可用作观察型载人潜水器,也可用作观察型 ROV,同时通过夹持器,水下作业工具进行相关作业。受到国内投入的限制,我国还没开发第三型重装潜水服。在"十二五"期间,中国船舶重工集团公司第 702 研究所将研制完成Ⅲ型潜水系统,缩小与国际先进水平差距,服务于海洋开发。

3. 遥控水下机器人(ROV)

我国深海装备包括重载作业级深海潜水器作业系统的技术水平与国际发达国家尚有一定差距,存在的主要技术差距和问题在于:①尚未建立完整的深海作业装备和技术体系,装备技术发展不能够完全满足深水油气资源开发及作业的需求。②先进装备不能在应用中得到不断改进,同时由于应用机制不健全,且缺少国家级的公共试验平台,工程化和实用化的进程缓慢,产业化举步维艰。③部分单元技术和基础元件薄弱,大量关键核心装备与技术依然依赖进口,且引进中存在着技术封锁和贸易壁垒。

目前上述问题和技术"瓶颈"正通过国家深海高技术发展规划的实施逐步解决。

(1)通过官、产、学、研、用结合,以及国家政策和重大科研项目支持，建立国家级的深海技术公共试验平台，逐步建立起完整的深海作业装备和技术体系、作业方法和作业能力。

图 2-2-42　QSZ-Ⅰ重装潜水服　　　　图 2-2-43　QSZ-Ⅱ重装潜水服

（2）吸收国外先进的深海技术和体制，掌握重载作业级深水油气工程维修 ROV 及作业系统设计、制造、集成、调试技术并形成重载作业级深水油气工程 ROV 作业技术及作业能力，推动深海装备工程化、实用化和产业化的进程。

（3）通过大型工程和科研项目培养一支国家级的科研和工程队伍，形成我国自主设计、制造、操作、维护、作业和技术支持的专业队伍，打破应用国外设备所带来的受制于人的局面，大大提高使用和作业效率，降低运行使用成本。

4. 智能作业机器人（AUV）

通过近十几年的研究工作，国内自主水下机器人（AUV）技术取得了一系列的进展和突破，特别在作业水深和长航程技术方面已经达到了国际先进水平。但是，我国现有深海机器人的调查功能比较单一，深海海底调查与测量技术手段尚不够完整，还缺少对深海海底进行大范围、长时间、高精度、多参数测量的综合调查能力，高新技术缺少验证和应用的平台，在水下机器人技术与应用结合方面有待加强。

将 AUV 应用于海底资源勘查、海洋科学研究等领域，已经成为国际海洋装备技术研究的必然趋势。国外的相关研究成果表明，AUV 在海底资源调查、海洋科学研究中已经扮演了重要的角色，是水下机器人重要的应用领域。当前海底资源调查、海洋科学研究逐渐从近海向深远海方向发展，因此，AUV 技术也随之朝着深远海、高智能、多功能、作业型等方向发展。表 2-3-10 为国内外主要自主调查系统汇总表，从表 2-2-10 中可以看出，国内自主调查系统在作业深度上达到了国际先进水平，但对复杂海底地形的适应能力较差，不具备采样作业能力。

表 2-2-10　国内外主要自主调查系统汇总

潜水器	国家	作业深度/米	作业能力	工作模式	机动性	状态
ABE	美国	4 500	观测调查	自主模式	优	运行
Sentry	美国	6 000	观测调查	自主模式	优	试验
Nereus	美国	11 000	观测调查、取样、机械手作业	自主模式、遥控模式	良	试验
SAUVIM	美国	6 000	观测调查、机械手作业	遥控监控模式	中	试验
UROV7K	日本	7 000	观测调查、机械手作业	遥控监控模式	中	运行
MR-X1	日本	4 200	观测调查、机械手作业（待扩展）	自主模式	优	运行
R2D4	日本	4 000	观测调查	自主模式	良	运行
ALISTAR	法国	3 000	观测调查	自主模式	良	运行
HUGIN	挪威	4 500	观测调查	自主模式	中	运行
DeepC	德国	4 000	观测调查	自主模式	良	运行
ALIVE	法国	未知	观测调查、机械手作业	自主模式、水声通信遥控	中	试验
Swimmer	法国	未知	观测调查、机械手作业	自主模式、水声通信遥控	中	试验
CR01	中国	6 000	观测调查	自主模式	中	运行
CR02	中国	6 000	观测调查	自主模式	良	运行

我国深海装备包括自主水下机器人（AUV）的技术水平与国际发达国家接近，存在的主要技术差距和问题在于：①装备技术发展与实际应用需

求脱节；②先进装备不能在应用中得到不断改进；③部分单元技术和基础元件薄弱。目前这些问题和差距正通过国家深海高技术发展规划的实施和建立国家深海基地的方式逐步进行解决。

5. 应急救援装备以及生命维持系统

在我国，潜水高气压作业技术主要面向军用，民用深水潜水作业技术供求矛盾突出，主要表现在以下几方面。

（1）技术体系不够完善。迄今我国尚无完整、系列的保障水下作业安全及从业人员健康的潜水及水下作业规则或规程。为加强潜水行业管理，保障潜水人员健康和人身安全，促进交通安全和科技发展，建立与发达国家从业资格对等互认机制，提供我国潜水行业融入国际市场的必备条件，利于国际间的合作，迫切需要制订我国的潜水及水下作业的技术规则和操作程序。此外，我国现已制订和颁布各类与潜水及水下作业安全和技术相关的标准有60多项，但系统性、完整性和可操作性与国际潜水组织和西方潜水技术先进国家的安全规程还存在较大差别。

（2）潜水装备和生命支持保障技术自主研发能力欠缺。我国虽已成为潜水装备的需求大国，但关键装备仍主要依靠进口，现有的少量产品科技含量较低，工艺落后，国际竞争力弱。由于装备的落后，制约了我国潜水行业的自主发展，主要体现在现有潜水装备性能不能满足大深度潜水要求、缺乏适用于污染水域的潜水装备、潜水疾病的后送救治能力较弱、无系统的潜水作业环境安全性和工效评价手段、潜水装备保障技术及装备研发的基础研究欠缺等方面。因此，必须围绕产业化需求，依靠科技创新，提高自主研发能力，改善重大装备和技术主要依赖进口的局面，才能满足经济建设、国防安全对潜水关键装备的需要，提高行业的国际竞争能力，形成具有自主知识产权的水下应急维修技术及相关能力。

（3）海上大深度生命支持保障能力欠缺。目前模拟潜水深度的世界纪录为701米（氢氦氧）和686米（氦氧），海上实潜深度纪录为563米（美国）。继美、法在大深度潜水的基本程序取得突破之后，在20世纪的最后20年间，德国着眼于军事意图，在400~600米深度进行了近百人次饱和潜水实验，旨在通过潜水程序和作业技术的规范化改善这一深度下潜水作业技术和人员生存环境。自90年代初至今，同样处于潜水技术相对落后的邻国日本的海上自卫队大深度饱和潜水研究始终处于活跃期，以每年平均一次的频率在 400~440 米深度进行模拟饱和潜水研究和训练,并在此基础上于 2010 年初在其援潜救生母船——"千代田"号上实现了海上 450 米饱和潜水实际作业能力的技术储备,成为亚洲潜水技术的领先者。

我国于 2010 年完成了实验室模拟水深 480 米饱和到水深 493 米巡回潜水载人实验研究,使我国的模拟潜水深度达到了 493 米。但海上实潜能力的发展一直滞后,目前我国海上大深度实潜纪录依然是海军南海舰队防救船大队 2001 年进行的水深 150 米饱和到 182 米巡回潜水训练,海上实际作业深度仅为 120 米左右。

随着国家海洋战略的发展,形成大深度潜水自主作业和保障能力,缩小与国际的差距,是必然的要求和趋势。因此,迫切需要将实验室形成的理论技术成果转化为实际应用,这就需要系统地对大深度潜水技术进行梳理研究,形成可在海上实际应用的潜水程序、医学监护、干预措施,提高我国海上大深度实潜能力。

二、我国"十二五"末所处的水平以及与国际水平的差距

(一) 海上勘探装备"十二五"的预期水平

1. 物探船与装备

到"十二五"末,我国将具备自主设计、建造 12 缆以上多缆物探船能力,船舶设计、建造能力达到国际中上游水平。

"十二五"末,自主知识产权的勘探装备将装配物探船,具备二维、三维高精度地震勘探能力。重点发展 8 缆以上高端物探船、海底电缆队和油田管理船队;具有高密度采集技术、上下源、上下缆中深层地震采集能力,掌握宽方位、全方位拖缆采集技术,海底电缆多波多分量和宽方位采集技术得到应用和推广。2020 年具备四维勘探能力,具有自主知识产权的高精度地震采集设备广泛用于生产,具有自主知识产权的地震采集技术市场化。

中海油计划在"十二五"期间,加大勘探装备(拖缆、水下测量设备、电缆控制设备、仪器等)、软硬件系统(综合导航系统、地震数据采集系统、拖缆定位与控制系统、抢控系统等)及配套设备、控制箱体的研发,重点攻克高密度拖缆采集装备技术、高精度控制与定位技术、海上综合导航技术、气枪震源装备技术,争取在"十二五"末形成自主知识产权的海

洋石油勘探装备体系，建立海上勘探品牌，降低生产成本，提高在此领域的核心竞争力，推动国际勘探市场的开拓，逐步缩小与世界先进物探装备之间的差距。

2. 工程勘察船

我国拥有 300 余万平方千米的海域，深海油气资源十分丰富。在南海，与我国传统海疆线相关的新生代沉积盆地有 17 个，其中南海中南部 16 个盆地，蕴藏着丰富的油气资源。南沙海域面积约 116 万平方千米，总地质资源量约 581 亿吨油当量，相当于我国近海油气资源量的 1.9 倍。南沙海域我传统疆界内约 83 万平方千米，总地质资源量为 372 亿吨油当量（大部分在大于 1 000 米水深的海域，最大水深达 3 200 米）。南海北部无争议深水区油气资源量 134 亿吨油当量。然而，我国海洋石油钻井及装备活动的规模仅列世界第 10 位。我国海洋石油钻井的工作水深一般未超过 500 米，目前油气资源开发主要是在浅于 200 米水深的海域。

由于我国海域勘探程度低，发展潜力巨大，这也预示着今后海洋钻井工作量及井场工程勘察作业量将持续增加，注定了市场对深水勘探开发装备的迫切需求。但是，目前我国的深水工程勘察装备与技术与国际知名公司相比还有一定差距，例如，满足深水工程勘察所需求的船舶数量和性能、深水工程钻机能力、深水随钻保温保压取样和测试装备和技术等。

（二）海上施工作业装备"十二五"的预期水平

1. 钻井装备

"十二五"期间，在国家重大专项资助下，中海油将继续与国内有关院校和研究所合作，在"十一五"研究成果及"海洋石油 981"设计建造技术成果的基础上，开展深水半潜式钻井平台船型设计研究和关键系统设计研究，开发新型深水半潜式钻井平台方案、形成自主设计能力；逐步建立半潜式钻井平台建造标准；研究大型模块化制造及总组方案，增加舾装完整性、减少总组时的坞内占用时间；开展部分专用及配套设备制造技术研究，通过自主设计、样机制造、零部件仿制等手段，掌握部分钻井系统专用与配套设备的设计制造关键技术，提高深水装备的国产化率。

"十二五"结束时，在设计技术方面，将形成钻井系统关键设备选型布置及工艺流程优化方法、半潜式钻井平台关键系统设计方法，开发一型半潜式钻井平台总体设计方案并完成平台概念设计；在规范标准方面，将编写专门针对半潜式钻井平台的建造检验指南，为半潜式钻井平台的建造检验提供专业的技术支持，填补国内半潜式钻井平台建造检验技术标准的空白；建造技术方面，将掌握深水半潜式钻井平台大型模块化制造总组技术、建立深水半潜式钻井平台设计建造标准体系，开发与生产设计软件相结合的重量控制软件、实现动态重量控制；在配套设备方面，将掌握水下防喷器组及控制系统的设计、制造、检测关键技术，掌握水下防喷器先导液压控制系统及应急安全控制系统关键技术，完成深水钻机管子处理系统关键设备的研制。

2. 修井装备

"十一五"期间，中海油承担的国家重大专项就开始对深水修井装备开展前瞻性研究，并且在"十二五"期间继续深化该研究。由于国内深水油田开发起步比较晚，而且目前主要集中在气田开发（气田修井频率较低），因此对于深水修井装备的需求不如对深水钻井装备的需求那样迫切。预计在"十二五"末国内开始进行深水修井船（包括半潜式修井平台、多功能修井船、深水轻型修井船等）以及相关设备的设计和研制。

3. 铺管起重船

"十二五"期间，中海油承担的国家重大专项"深水工程重大装备"继续开展深水铺管起重船相关技术研究，主要是研究起重能力为 16 000 吨的半潜式起重铺管船的关键技术，开展半潜式起重铺管船的基本设计、2 × 8 000 吨船用大型起重设备设计、动力定位系统设计等。通过该项目的研究，在"十二五"末我国深水铺管起重船的技术水平与国际先进水平的差距将进一步缩小。

为了我国后期深水油气田项目、尤其是南海油气田资源的顺利开发，将在"十二五"期间成功研发、设计并建造适用于我国的深水 J 型和 Reel 型铺设工程船，在进一步完善我国深水铺设船队的基础上，充分保障我国深水油气田资源的顺利开发，同时进一步促进我国的深水铺管关键装备产业发展。

4. 油田支持船

随着国家"深水战略"的开展我国在"十一五"积极引进国外先进船

型的基础上,力争开发有自主产权的新船型,并有望在船型方案设计上及船舶概念设计上有所突破,以期达到深远海支持服务船从概念设计开始直到建造完全在国内完成,进而对针对南海的大物流综合补给技术展开全方位的研究,形成适合南海油气开发的后勤补给服务支持系统。有力地配合国家深水战略的开展。从海洋石油工程支持船重要装备的研制上讲,在"十二五"末引进单点系泊系统,完成国产化制造。研制出350吨级大型船用拖缆机与5吨多功能机械手,首次完成海洋工程支持船3兆瓦级电力推进系统的国产化,初步实现海工耗材-高强度钢丝绳自主研制。随着一系列样机或样品的研制成功,有望在2015年末达到国外发达国家20世纪90年代初的水平。

5. 多功能水下作业支持船

中海油在水下工程上同国际著名的水下工程公司还存在比较大的差距,专业设备和产值也有较大差距。国际著名水下工程公司都有属于自己的多条MPV,体现着公司整体实力和综合作业水平,是进入深水作业高端领域能力的体现,这对于承包大型EPCI项目至关重要。中海油目前大力发展水下工程,因此也在积极建造MPV,缩小与国外的差距。"海洋石油286"建成后可以达到国外先进水平,但是"十二五"期间MPV无论从数量和种类与国外先进水平仍然有较大差距。

(三)海上油气田生产装备"十二五"的预期水平

1. 生产平台

"十二五"期间,在国家重大专项资助下,中海油将继续与国内有关院校和研究所合作,在"十一五"概念设计成果基础上,围绕TLP、SPAR、SEMI-FPS开展适合于我国南海海洋环境条件的深水浮式新型平台和船型开发,开展浮式平台的基本设计技术研究,形成具有自主知识产权的工程设计软件和设计方法,加快深水平台现场监测装置研制,建立深水平台海上现场监测系统,形成具有自主知识产权的深水平台成套工程软硬件技术系列。

2. 水下生产系统

(1) 水下采油树。国内相关厂家已经积极开展水下采油树设计研制工作,金石集团和美钻公司已经生产出水下采油树样机,国内其他厂家如宝鸡石油机械责任有限公司、江钻集团等已经开展了相关研究，预计到"十二五"末，国内有能力研制出常规水下采油树并在生产中得到实际应用，但是少量关键部件、材料以及水下采油树的控制系统仍然需要从国外进口。预计到"十二五"末，国内水下采油树的生产制造水平可相当于国外20世纪90年代中期水平。

（2）水下管汇。"十二五"末，我国将完成水下管汇工程样机研制，相关的技术体系也将逐渐形成，届时将具备水下管汇工程样机设计、建造能力。同时，水下管汇上的关键部件，如水下连接器、阀门等也将陆续完成工程样机研制。

测试是水下管汇投入工程应用前的一个重要环节，在水下管汇样机的工程应用前，为了验证其可靠性，应进行一系列严格的陆上试验及海试，需相应进行测试基地的建设，目前我国在这方面还属于空白。

尽管"十二五"期间将完成工程样机的研制，但由于起步较晚，基础比较薄弱，水下管汇、阀门、连接器的可靠性方面还需长时间进行试验及工程应用加以验证。

（3）水下控制系统。"十一五"和"十二五"期间，我国通过863计划以及科技重大专项，对水下生产系统主要装置自主研发、国产化进行了支持。届时将初步具备水下阀门、水下生产用铠装钢管脐带缆初步的自主设计和制造能力。但是对水下控制系统整体而言，还无法形成整体性国产化能力。水下控制系统的上部、下部主要装备如：HPU、EPU、UPS、CIU、TUTA、SUTA、UTA、电气飞线、液压飞线，电力载波通信系统、特别是水下控制单元国内属空白，不具备基本的设计能力，更无法提供相应产品。

3. FLNG/FDPSO

（1）FLNG。"十二五"期间，通过攻关研究，在国家重大专项的支持下，将完成适应南海环境条件的FLNG/FLPG船型研发、概念设计和基本设计，并完成FLNG液化中试装置的研制，初步形成具有自主知识产权的FLNG/FLPG新型装置的关键技术系列。通过系统技术集成，引进、消化、吸收国外先进技术的方法，可以初步形成FLNG/FLPG的设计能力，在设计技术方面与国外缩小差距。但是在一些关键核心装备和核心技术方面，如货物维护系统、外输系统、核心液化工艺设备、单点系统方面仍将处于空白状态，若建造 FLNG/FLPG 将必须依赖国外厂商提供这些设备。

（2）FDPSO。"十二五"期间，通过攻关研究，在国家重大专项的支持下，将完成适应南海环境条件的 FDPSO 船型研发、概念设计和基本设计，形成具有自主知识产权的 FDPSO 新型装置的关键技术系列。在设计技术和建造技术方面大大缩小与国外的差距。但是在一些关键核心装备和核心技术方面，如钻井系统方面仍存在较大差距，若建造 FDPSO，钻井系统部分核心设备必须依赖国外厂商提供。

（四）海上应急救援装备"十二五"的预期水平

1. 载人潜水器

经过"十二五"整个载人潜水器领域的技术水平将会更加完善，主要体现在以下两方面。

（1）载人潜水器应用方面：目前"蛟龙"号已经赶赴太平洋进行 7 000 米海试，在海试完成后将交付大洋协会使用，我国已建立了专门的基地进行该载人潜水器的使用与维护，因此在"十二五"末我国将会建立起比较完善的载人潜水器应用体系，在载人潜水器的应用方面将取得长足的进展，载人潜水器将会有更大的用武之地。

（2）载人潜水器门类方面："十二五"期间在国家重大专项的支持下开展了深水重载作业型 HOV、深水轻载作业型 HOV 的概念设计工作，两型 HOV 的主要应用领域为海洋油气开发，设计完成后具备开展工程化的能力，因此两型 HOV 设计完成后将填补国内该领域空白，同时在国家的支持下还开展了其他几型载人潜水器的研究工作，因此，"十二五"末我国将载人潜水器的门类将更加齐全。

2. 重装潜水服

20 世纪 80 年代后期，中国船舶重工集团公司第 702 研究所成功研制了 QSZ-Ⅰ型重装潜水服，并在此基础上，于 90 年代中成功研制出 QSZ-Ⅱ型重装潜水服。截至目前，我国还尚未开发第三型重装潜水服。在"十二五"期间，702 所力争完成Ⅲ型潜水系统的研制工作，缩小与国际先进水平的差距，服务于海洋开发。

3. 遥控水下机器人（ROV）

"十二五"末我国将完成 4 500 米级深海作业系统和 1 500 米重载作业级深海油气田维修专用 ROV 系统的研发工作。

（1）4 500 米级深海作业系统：①最大工作深度 4 500 米；②潜水器最大功率 100 马力；③最大作业海况 4 级；④具有浮游和爬行两种运动模式，浮游模式最大纵向航行速度 2 节；⑤空气中重量 2 500～3 500 千克；⑥有效载荷 200 千克；⑦具有高精度水下定位能力；⑧7 功能和 5 功能机械手各一只；⑨具有水下搜索、观察、数据传输和记录能力，提供爬行装置和作业工具的接口。

（2）1 500 米重载作业级深海油气田维修专用 ROV 系统：①最大工作深度 1 500 米；②载体功率 150～200 马力；③最大作业海况 4 级；④主尺度约 3.0 米×2.0 米×2.5 米；⑤空气中重量 3 500～4 500 千克；⑥最大有效载荷 300～350 千克；⑦具有高精度水下定点作业能力；⑧7 功能和 5 功能机械手各一只；⑨具有水下搜索、观察、数据传输和记录能力，能够携带大功率水下作业工具完成水下采油树、水下管汇和跨接管、水下控制缆和水下连接系统等设备的水下作业支持，能够实施深海油气工程故障的应急维护和抢修作业等功能。

从上述技术指标来看，国内研制的重载 ROV 系统在主尺度、最大载体功率、最大有效载荷、空气中重量、作业工具液压备用接口、机械手作业能力等关键技术参数都达到了国外同类产品的技术指标，初步形成了服务于南海的深水油气资源开发的深海探查和作业装备体系，这些装备的研发工作正逐步缩小我国与发达国家的技术差距。然而，由于缺少海洋工程装备工程化和产业化的持续支持，离工程化、实用化和产业化尚有一段距离。因此，通过探索深海装备工程化、实用化和产业化之路，并探索海洋装备技术和体系有效的运行、应用机制和管理模式，这对于我国在 21 世纪开发深海资源具有重要的战略意义和历史意义。

4. 智能作业机器人（AUV）

"十二五"期间，哈尔滨工程大学联合深圳海油工程水下技术有限公司在工业和信息化部、财政部的支持下将开展海洋探测智能潜水器（AUV）工程化技术研究，项目总投资为 3 000 万元。"十二五"末，该项目将完成海洋探测智能潜水器（AUV）的工程化，并完成南海的2 000米深潜试验和指定范围内的深海探测试验，实现海洋油气管道的自主探测、海底表面特征的探测、海底地形地貌的探测扫描和海底浅层剖面测量等目标，为海洋工程，特别是深海油气工程的前期考察、施工监测和后期维护检测等提供急需的和实用化的海洋自主探测装备。到"十二五"末，该项目的成功实施将进一步缩小我国AUV在海洋工程领域与国外发达国家的差距，提升我国在该技术领域的研究、设计和制造水平。

5. 应急救援装备以及生命维持系统

随着深海油气所占的比重也会越来越大，加上原有海上油田设施的不断老化，水下维修和检测的工作量将会增加。因此，在发展无人潜水器和常压载人潜水装备的同时，大深度人手成为未来水下应急救援和生命支持技术的发展重点之一。到"十二五"末，应构建完整的海洋石油工程大深度潜水作业生命支持保障技术体系，突破海上500米水深人手直接作业能力，提高自主知识产权的潜水装备性能，构建潜水装备评估技术平台，完善ADS、HOV等常压载人设备水下应急救生技术，进一步提升我国海洋工程水下应急抢险维修作业和保障能力，缩小与国际的差距。

（五）雷达图

1. 我国当前所处水平（图2-2-44）

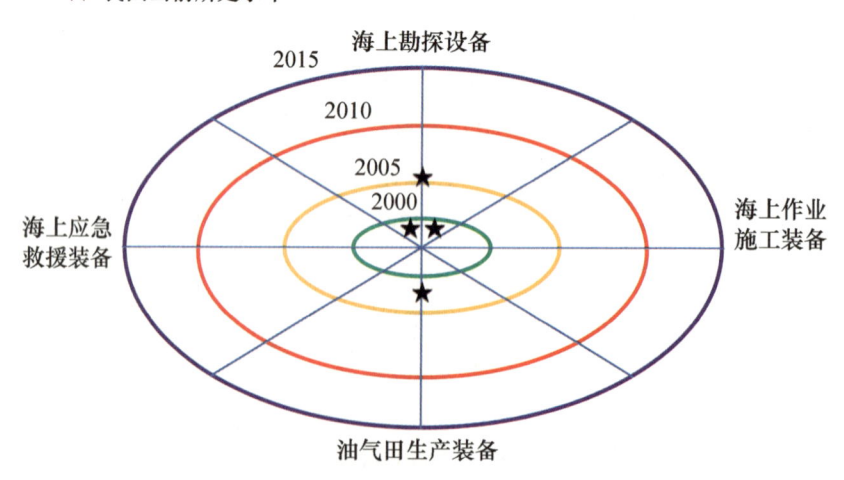

图2-2-44 我国海洋能源装备当前（2012年）水平

第二部分 中国海洋能源工程科技发展战略研究专业领域报告

2. 我国"十二五"末水平（图2-2-45）

图2-2-45 我国海洋能源装备"十二五"末的水平

3. 我国与国际水平的比较（图2-2-46）

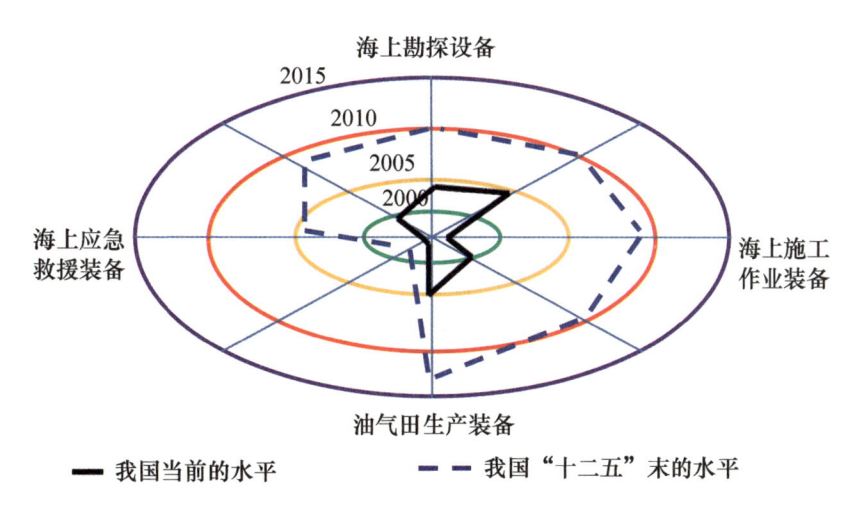

图2-2-46 我国海洋能源重大装备当前水平

289

第三章 世界海洋能源工程战略装备的发展现状与趋势

一、世界海洋能源工程战略装备发展现状与主要特点

（一）世界海上勘探装备的现状与特点

1. 物探船与物探装备

1）物探船

据 Offshore Magazine 的统计，目前全世界物探船保有量为 164 艘，由 26 家物探船船东持有。物探船船东主要集中在欧洲，尤以挪威为甚。挪威同时也是物探船配套设备和建造船厂最集中的国家。欧洲之外拥有较多物探船的国家是美国、中国和阿联酋。

全球约 62% 的物探船船龄超过 20 年，28% 的船龄超过 30 年，根据船舶平均寿命在 30 年左右推算，未来几年内将会有大量的物探船退出市场。此外，深海勘探的难度增加和油气开采成本不断攀升将导致石油公司对物探技术和物探精确度提出更高的要求，部分技术装备较为落后的二维物探船将加速退出市场。因此在未来一段时期，物探船队面临着较明显的老旧船舶淘汰更新需求。

物探船船东主要为专业的物探服务承揽商。英国 Western Geco、法国 CGGVeritas 和挪威 Petroleum Geo-Services 是传统的三大物探作业承揽商，随着 Western Geco 收购 EasternEcho 和 Petroleum Geo-Services 收购 Arrow Seismic 的完成，物探船运营市场更加集中。上述三大物探作业承揽商加上荷兰 Fugro 和挪威 TGS-Nopec 等 5 家海洋物探服务商占据全球海洋物探服务市场份额的 75% 以上。

中国有物探船船东 5 家，拥有 19 艘物探船。主要集中在中国海洋石油总公司旗下的中海油田服务股份有限公司，此外中国石油天然气集团公司

下属东方地球物理勘探有限责任公司、中国石油化工集团公司下属上海海洋石油局、国土资源部广州海洋地质调查局也拥有少量物探船。国内物探船队不仅数量少,而且物探能力也有限,仅有12缆三维物探船1艘、8缆三维物探船1艘、6缆三维物探船2艘、4缆三维物探船2艘,其余皆为二维2~3缆的小型物探船。

2)物探装备

目前世界海上物探技术装备市场呈现少数大物探公司寡头垄断的局面。主要装备提供商包括WesternGeco、CGG/Secel、ION这几家公司(表2-2-11)。

表2-2-11 主要几个公司及海上物探装备

项目	CGG/Sercel	WesternGeco	ION
地震采集系统	Seal 系统	Q-Marine 系统	MSXTM 系统
拖缆控制系统	NAUTILUS 系统	Q-Fin 内置声学	DigiBird DigiRange DigiFin
综合导航系统	SeaPro Nav	Trinav	Concept
震源系统	G-Gun	刻度震源	Sleeve

(1)地震采集系统。海上地震采集系统装备供应商呈现二强竞争的局面,其中ION公司主推产品是MSXTM海上拖缆地震仪;CGG/Sercel公司主推产品是Seal系统。这些海上地震勘探采集系统以其优越的性能和高可靠性、实用性占据目前海上地震勘探装备市场。这两个公司的地震采集系统都是基于检波器组合接收地震数据,同时由于涉及对我国地震行业的技术保密,及尖端技术的出口限制,目前国内市场使用的仪器普遍是12.5米和25米道距的电缆,采用24位$\Delta-\Sigma$进行A/D转换,仪器的动态范围大多在114分贝(@12 dB Gain),谐波畸变在0.0005%以内,由于采用大道距接收,每段电缆的道数较少,例如SEAL系统每段150米长的电缆只有12道地震接收道。

另外WesternGeco这些年也凭借其性能优异的Q-Marine系统,保持其装备技术的领先地位。Q-Marine系统采用基于单检波器采集地震数据,与传统的基于组合检波器接受地震波相比,传统组合检波器方式在压制膨胀噪声的同时,对有效信号也进行了空间滤波,压制了有效频率,而 Q-Marine 系统通过高密度的单检波器来记录地震数据,然后在室内进行组合和数字滤波,可以对个别检波器灵敏度变化和溢出作校正,以及进行扰动校正,因而更有效地去除噪音,改善地震信号的信噪比。目前 Q-Marine 系统只提供服务,其产品不出售。

(2) 拖缆控制与定位系统。世界上主要有美国 ION 公司、法国的 CGG/Sercel 公司和英国 Sonardyne 公司提供拖缆控制系统产品。其中 Sonardyne 公司只有水下定位装置。ION 公司的 DigiCOURSE 拖缆控制系统包括全系列产品:定深控制器 DigiBird,声学定位器 DigiRange 和水平控制器 DigiFin。CGG/Sercel 公司 2009 年正式推出了集声学定位、定深与水平控制的一体鸟 NAUTILUS。目前海上地震拖缆采集系统大多采用 ION 公司的 DigiCOURSE 拖缆控制系统。斯伦贝谢公司在其 Q-Marine 拖缆地震采集系统中集成了 Q-Fin 电缆控制系统,其特点是不仅能够控制电缆垂向深度,而且能够控制电缆的水平位置。目前,ION 公司正在研制一种 MSXTM-DigiSTREAMER 的水下拖缆、APS (Advanced Positioning System) 拖缆控制系统。APS 是具有水平位置控制功能一体化装置。

(3) 综合导航系统。目前从事产品研发的国外公司主要有以下 3 家:ION、CGG/Sercel 和 Western-Geco。其中 Trinav 是 Western-Geco 公司自主开发、独家使用的系统,它只提供地震勘探服务,不出售相关产品。因此,现在国际市场上能购买到的综合导航系统主要为:ION 公司的 Concept 系统和 CGG/Sercel 公司的 SeaPro Nav 系列产品。Concept 系统推出的时间比较早,目前使用广泛;SeaPro Nav 是 2009 年才正式推出。上述两种产品都具有支持多船、多源进行三维地震勘探作业的能力。

(4) 气枪震源技术。目前采用的都为国外引进系列,主要是 BOLT I-O SERCEL 公司的产品,气枪阵列的设计软件也大多引进 PGS 公司的产品气枪技术在国内应该说是空白,国内目前在气枪理论方面包括:气泡阻尼震荡理论、单枪理论、相干枪理论、阵列子波以及气枪阵列设计软件等与国外都有很大的差距。

目前商业化应用的气枪震源主要包括美国 Bolt 公司的 BOLT 枪、美国 ION 公司的 Sleeve 枪和法国 CGG/Sercel 公司的 G 枪(图 2-2-47 至图 2-2-49)。

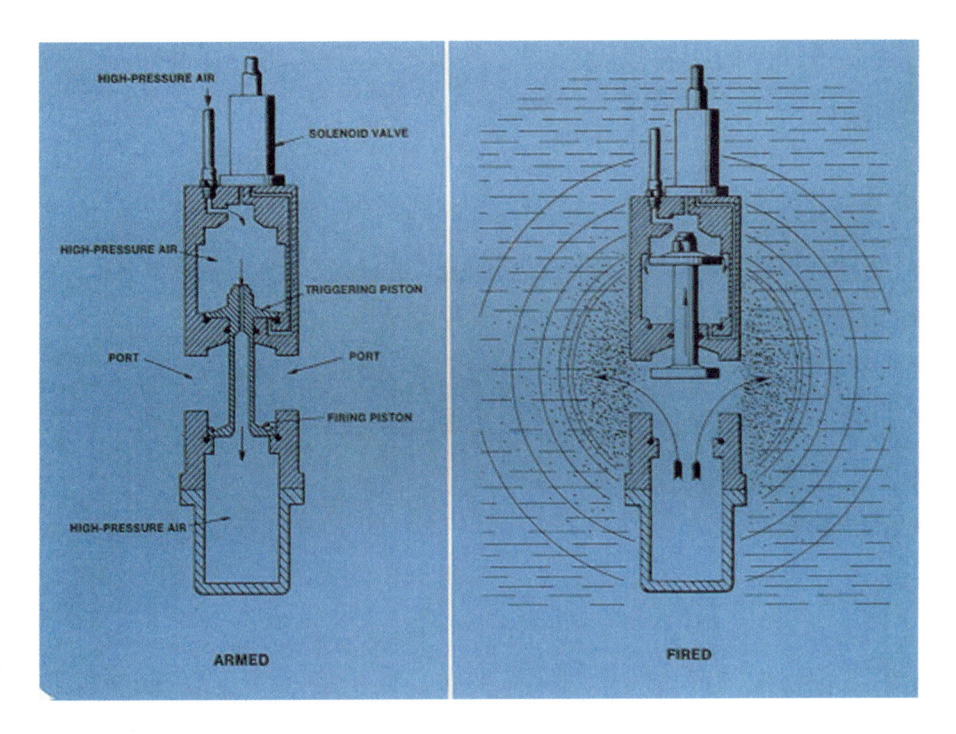

图 2-2-47　Bolt Air Gun

图 2-2-48　ION Sleeve Gun 　　　图 2-2-49　CGG/Secerl G-Gun

2. 工程勘察船

随着陆上和海上浅水区油气勘探难度增加,深水油气勘探不断升温。目前有 60 多个国家进行了深水油气勘探,引导深水勘探的石油公司主要是英国石油公司、巴西国家石油公司、埃克森美孚石油公司和英荷壳牌集团等跨国能源巨头。

深水工程勘察与常规水深工程勘察作业不同，常规水深调查的局限性主要有：

- 调查船较小，自持力和抗风浪能力相对较差；
- 调查仪器通常安装在船底，或采用表面拖方式；
- 调查仪器的能量较低，且一般都不具备耐外部高压静水能力；
- 常规水深工程地质钻探一般采用四点锚泊方式就位。

深水工程勘察主要具有以下特点：

- 一般采用动力定位调查船，自持力和抗风浪能力强，有较大的作业甲板面积，可安放各种专用绞车、吊机、ROV/AUV 设备和工程地质钻探设备；
- 工程物探调查一般采用深拖技术，或采用 AUV（Autonomous Underwater Vehicle）或 ROV 搭载的方法；
- 采用声学定位系统为水下设备精确定位；
- 由于深水作业海域一般离岸较远、海况复杂，作业工期较长，故深水勘察船的自持力和续航能力强，且一般都安装有直升机平台。

目前世界范围内深水勘探技术发展迅速，推动了深水工程勘察装备和技术相应发展，并逐步成熟，作业主要集中在墨西哥湾、北海、西非和南美等海域。工程勘察作业水深已达到 4 000 多米。根据南海实际环境状况和深水工程勘察的特点，我国的深水勘察技术和装备明显不足，深水工程勘察装备的建造和技术还有很大的发展空间。

（二）世界海上施工作业装备的现状与特点

1. 钻井装备

1）半潜式钻井平台

半潜式钻井平台已经经历了第一代到第六代的发展历程：第一代建成时间为 20 世纪 60 年代中后期，作业水深 90～180 米，锚泊定位；第二代建成时间为 70 年代，作业水在 180～600 米，锚泊定位；第三代建成时间 1980—1985 年，作业水深在 450～1 500 米，锚泊定位；第四代建成时间 1985—1990 年，并且在 1990 年以后对一些早期第三代半潜式平台进行升级改造，作业水深 1 000~2 000 米，定位方式以锚泊定位为主，有少量为动力定位；第五代建成时间 2000—2005 年，作业水深在 1 800~3 600 米，定位方式以动力定位为主，部分配置了双井架；目前半潜式钻井平台已经发展到第六代，作业水深在 2 550~3 600 米，采取动力定位，可适应更为恶劣的海洋环境。

各代钻井平台特点见表 2-2-12。

表 2-2-12 各代半潜式钻井平台基本特点

项目	建造时间	作业水深范围/米	钻深能力范围/英尺	定位方式
第一代	20 世纪 60 年代中后期	90~180		锚泊
第二代	20 世纪 70 年代	180~600	20 000~25 000	锚泊
第三代	1980—1985 年	450~1 500	25 000 为主	锚泊
第四代	1985—1990 年 1998—2001 年	1 000~2 000	25 000~30 000	锚泊为主
第五代	2000—2005 年	1 800~3 600	25 000~37 500	锚泊+动力定位
第六代	2007 年至今	2 550~3 600	30 000 以上	动力定位为主

半潜式钻井平台由浮箱、立柱、上船体组成，根据立柱数量的不同，可以将半潜式平台划分为 3 立柱、4 立柱、5 立柱、6 立柱、8 立柱及更多立柱平台。目前深水半潜式平台主要有 3 种：4 立柱、6 立柱和 8 立柱平台，主要归属以下 4 家设计公司：美国的 F & G，挪威 Aker Solution，瑞典 GVA Consultants AB 和荷兰 Gusto MSC。其中，半潜式钻井平台以 4 立柱、双浮箱、箱形甲板船型最为常见，6 立柱、8 立柱平台多用于欧洲北海地区。

深水半潜式钻井平台主要船型见表 2-2-13。

表 2-2-13 深水半潜式钻井平台主要船型

国家	公司名称	8 500~10 000 英尺船型	5 000~7 500 英尺船型
瑞典	GVA	GVA 7500	GVA 5800
美国	Friede Goldman	E & D	Trendsetter
荷兰	Gusto MSC	DSS51/DSS21	MSC TDS 2000/DSS 21
挪威	Aker Solution	Aker H-6e	Aker H-4.2
挪威	MOSS Maritime	Moss CS50 Mk. II	

续表

国家	公司名称	8 500～10 000 英尺船型	5 000～7 500 英尺船型
美国	Ensco	Ensco 8500	
荷兰	Huisman	JBF 14000	
挪威	GLOBE MARITIME		GM5000
挪威/新加坡	FRIGSTAD	FRIGSTAD D90	
挪威	SEVAN MARINE	SEVAN Driller（非半潜式平台）	

Aker Maritime 和 Kvaerner 在合并为 Aker Kvaerner（后又更名为 Aker Solution），两公司合并后业务进行了整合，出现了原有设计产品转售到其他公司及设计人员扩散的情况，导致挪威出现了很多深水半潜式钻井平台设计公司，这些公司所设计的平台类型比较相似，如 MOSS Maritime、GLOBE MARITIME、SEVAN MARINE、FRIGSTAD 等所设计的平台中均与 AKER KVAERNER 平台设计形似。

各种船型的半潜式钻井平台横撑也有很大区别，平台横撑数量有双横撑、4 横撑、多横撑以及无横撑（JBF 14000），横撑形式有圆管形、椭圆管形、大翼形（GVA 7500）和 K 形等典型钻井平台见图 2-2-50。

2) 钻井船

钻井船，通常是在机动船或驳船上布置钻井设备，并能在漂浮状态下进行钻井工作的一种可移动式钻井装置。钻井船靠锚泊或动力定位系统定位。按其推进能力，分为自航式和非自航式；按船型分，有端部钻井、舷侧钻井、船中钻井和双体船钻井；按定位分，有一般锚泊式、中央转盘锚泊式和动力定位式。钻井船的优点是：航速高，移动灵活，停泊简单；造价比半潜式低，易维护；可变载荷大。缺点是：稳定性差，受海上气象条件的影响大。根据 Rigzone 的统计，目前世界上有 100 多座钻井船（包括在建的钻井船），大部分作业水深超过 4 000 英尺。

自 1956 年世界首艘钻井船"Cuss I"号建造以来，世界钻井船市场经过了 50 年多的发展，形成了一定的产业规模。20 世纪 70 年代中期、90 年代至 21 世纪初以及 2008 年至今 3 个时间段是钻井船的建造高峰期，其中 1999 年和 2000 年的完工量分别达到 7 艘和 6 艘。

图 2-2-50　各种类型的半潜式钻井平台

根据统计资料，美国和挪威是世界上拥有钻井船最多的两个国家，分别占世界钻井船船队的 53.3% 和 22.2%。其中实力最为雄厚的是美国 Transocean 公司，该公司不仅拥有世界上 1/3 的钻井船，而且船舶性能较为优异，每艘钻井船的工作水深均超过 2 400 米，钻井深度超过 7 600 米。

钻井船作业水域主要分布在巴西水域、西非水域、南亚水域和美国墨西哥湾。

目前世界钻井船的工作水深大多分布在 1 200~3 000 米（4 000~10 000 英尺），其中"Neptune Explorer"号钻井船的工作水深最小，仅为 228.6 米（745 英尺），工作水深最大的钻井船是韩国三星重工建造的"KG1"号，达到 3 657.6 米（12 000 英尺）。而钻井船的钻井深度大多分布在 6 000~10 700 米（20 000~35 000 英尺），其中钻井深度最大的是"Discoverer clear leader"号钻井船，约为 12 192 米（40 000 英尺）。据世界已建钻井船的工作水深分布统计，工作水深为 10 000 英尺以上占 40%，工作水深为 5 000~9 999 英尺占 24%，工作水深为 5 000 英尺以下占 36%。目前世界船厂手持订单中，钻井船工作水深基本为 3 000 米和 3 650 米两种，钻井深度基本为 10 600 米和 12 200 米。

从钻井船的技术发展趋势看，目前新一代钻井船的长度普遍在 200 米以上，排水量在 10 万吨左右，最大工作水深均超过 3 000 米，最大钻井深度均超过 10 000 米，且全部配备了 DP3 级动力定位系统，定位系统冗余度很高。

深水钻井船的 VDL 普遍大于同等水深的深水半潜式钻井平台。其中 Transocean 公司于 2000 年投入使用的深水钻井船"GSF C. R. Luigs"号和"GSF Jack Ryan"号 VDL 已经达到 26 000 吨，而其作业水深和最大钻深只分别是 10 000 英尺（3 000 米）和 35 000 英尺（10 668 米）。

从动力系统配备来看，最近新投入使用的深水钻井船动力系统总功率与同期同入使用的深水半潜式钻井平台接近，为 44 000 千瓦左右，但其可用最大单机功率明显超出深水半潜式钻井平台，最大可达到 8 700 千瓦。且配备方式越来越趋向配置多台同等功率的主发电机。

锚泊定位系统方面，从资料来看，20 世纪 90 年代后期改造和建造的深水钻井船，均不带锚泊定位系统或只带靠港锚泊系统，其海上作业定位全部采用动力定位系统。

3）其他类型钻井平台

Tender 钻机有两种形式：半潜式和驳船式，早期驳船式 Tender 钻机的作业水深 300~650 英尺，2000 年以后驳船式作业水深达 6 500 英尺，而半潜式 Tender 钻机的作业水深 6 500 英尺。Tender 钻机主要用于支持导管架平台（驳船式）、Spar 平台和 TLP 平台（驳船式和半潜式）等生产平台；钻井作业时用 Tender 钻机上的吊机将钻机的钻井模块安装到生产平台上，而支持系统还在 Tender 钻机上，一般 Tender 钻机为锚泊定位，和生产平台之间通过管线连接而且与生产平台之间有栈桥连接（图 2-2-51）。

图 2-2-51　Tender 钻机作业

有一种特殊结构的圆筒形平台——Sevan 平台也可作为钻井平台，这种平台不是由浮箱、立柱、上船体组成的半潜式钻井平台，但是各方面性能与半潜式钻井均比较接近（图 2-2-52）。

浮式钻井生产储卸油装置（FDPSO）是一种可用于深水油田开发的钻井、生产、储卸油一体的浮式装置。FDPSO 是在 FPSO 的基础上发展起来的概念，即在 FPSO 上扩展增加钻井功能。FDPSO 的概念是 20 世纪末被提出的，但直到 2009 年，世界上第一座 FDPSO 才在非洲 Azurite 油田投入使用，而且目前世界上在用的 FDPSO 仅此一座。该 FDPSO 为旧油轮改造而成（图 2-2-53）。

海底钻机概念已成为 ITF（工业技术前导）先导项目的一部分，得到了 6 家海洋石油作业公司的支持并获得英联合王国贸易工业部 Smart 奖。该钻机的概念在 2003 年的 OTC（海洋工程年会）上首次提出，在 OTC 15328 论文中得到了详细论述。近年来对海底钻机的研究不断有新的进展，目前在

图 2-2-52　Sevan Driller 钻机示意图

图 2-2-53　FDPSO 在 Azurite 油田作业

挪威国家石油公司的资助下已试制出海底钻机原理样机（图 2-2-54）。

2. 修井装备

能够进行深水修井作业的装备有深水钻井平台/钻井船和专用的深水修井平台/修井船。深水钻井平台和钻井船主要功能是进行深水钻完井，且费用高昂，用于修井经济型很差，因此深水修井平台和深水修井船为主要的

第二部分 中国海洋能源工程科技发展战略研究专业领域报告

图 2-2-54 海底钻机示意图与原理样机

深水修井设备。

国外深水修井装备已经发展了 30 多年,半潜式修井平台、多功能服务船、压裂酸化船等深水修井装备技术已比较成熟。

典型的深水多功能修井装备有:"Q4000"深水多功能平台、"Skandi Aker"深水修井船、"Seawell"轻型修井船、"Regalis"多功能船、"Island Frontier"多功能船、"Island Wellsever"多功能船等,其中"Seawell"、"Regalis"、"Island Frontier"、"Island Wellsever"多功能船均配置无隔水管修井装置;典型的增产作业船有"Big Orange XVII"增产作业船、"HR Hughes"增产作业船、"Blue Dolphin"增产作业船等。

(1)"Q4000"深水多功能平台(图 2-2-55)。这是一种半潜式海上动力定位平台,甲板面积大而开阔,配套有修井机、修井隔水管、连续油管、钢丝绳作业设备、ROV 等设备,特别适合完成多项作业。"Q4000"可以进行水下油井修理、油井解堵以及油井废弃、进行侧钻等作业。"Q4000"的功能非常强大,配置的修井机最大钩载为 600 吨,后来由于深水钻井平台日费高昂,"Q4000"被改造成钻井平台使用,并参与了 2010 年墨西哥湾漏泄事故的处理。

(2)"Skandi Aker"号深水修井船(图 2-2-56)。挪威 Aker Solutions 的"skandi Aker"号是目前全球现有深水修井船中最大最先进的一艘,该船也是一艘多用途船。该船总长 157 米,由 STX 挪威海洋工程公司设计。

图 2-2-55　Q4000 深水多功能平台

该船能在各种复杂环境下作业,工作水深达 3 000 米。该船设有一个很大的甲板空间,安装有一台大功率海底起重机,有很强的适航性,具有动力定位系统,航速达到 18 节。同时,该船还安装有模块处理系统和一台 400 吨 AHC 吊机。该船不执行修井任务时,该船可进行深水安装作业。能将 225 吨的重装备吊入 3 000 米海底进行作业。

图 2-2-56　"Skandi Aker"号深水修井船

(3)"Seawell"无隔水管修井船(图 2-2-57)。"Seawell"修井船设

计在北海地区进行无隔水管修井作业,该修井船配置了一套高可靠行的 SIL 系统,可以在井下带压的情况下入钢丝绳或者电缆进行修井作业。

图 2-2-57 "Seawell"号无隔水管修井船

(4)"Blue Dolphin"号深水压裂、增产、防砂作业船(图 2-2-58)。贝克休斯的"Blue Dolphin"号动力定位增产作业船,具有酸化、压裂、防砂等功能,并装配 8 个大功率泵,具有先进的控制系统。

图 2-2-58 "Blue Dolphin"号

3. 铺管起重船

国际上从事海上安装的海洋工程公司主要有"Saipem"、"Technip"、"Acergy"、"Allseas"、"Global"、"Subsea 7"、"Heerema"、"Mcdermot"等。这些公司都拥有自己的深水作业船队,这些船队基本上涵盖了目前世界范围内的主要起重和铺管方式。国际上深水铺管起重船发展迅速,深水铺管起重船技术已经很成熟。目前国外的深水铺管起重船在向大型化、专业化发展,特别是国外一些发达国家,铺管能力已经达到 3 000 米。例如

"Saipem 7000"，起吊能力超过 14 000 吨，可用于较为恶劣环境下铺管和海洋平台的建设（图 2－2－59）。大型铺管起重船的参数见表 2－2－14 和表 2－2－15。

图 2－2－59　"Saipem 7000" 铺管起重船

表 2－2－14　大型起重船起重性能

船　名	船东	船型	船体平台类型	建造年份	起重能力 固定起吊	起重能力 起吊回转
Hermod	Heerema	SSCV	半潜平台	1978	3 628 吨 ×39 米 4 536 吨 ×40 米	2 700 吨 ×30.5 米 4 536 吨 ×32 米
Balder	Heerema	SSCV	半潜平台	1978	2 720 吨 ×33.5 米 3 600 吨 ×37.5 米	1 980 吨 ×27.5 米 2 970 吨 ×33.5 米
DB101	J. Ray McDermott	SSCV	半潜平台	1978	3 500 吨 ×24 米	2 700 吨 ×24 米
Thiaf	Heerema	SSCV	半潜平台	1985	7 100 吨 ×31.2 米 7 100 吨 ×31.2 米	7 100 吨 ×31.2 米 7 100 吨 ×31.2 米
Saipem 7000	Saipem	SSCV	半潜平台	1986	7 000 吨 ×42 米 7 000 吨 ×42 米	6 000 吨 ×45 米 6 000 吨 ×45 米

续表

船　名	船东	船型	船体平台类型	建造年份	起重能力 固定起吊	起重能力 起吊回转
DB 27	J. Ray McDermott	MHCV	单船体	1974	2 400 吨×30.5 米	1 400 吨×35 米
DB 30	J. Ray McDermott	MHCV	单船体	1975	3 080 吨×33.5 米	2300 吨×24.4 米
Saipem 3000	Saipem	MHCV	单船体	1976	2 177 吨×39.6 米	2 177 吨×39.6 米
大力	上海打捞局	MHCV	单船体	1980	2 500 吨×45 米	500 吨×35 米
Stanislav Yudin	Seaway Heavy Lifting	MHCV	单船体	1985	2 500 吨	2 500 吨
DB 50	J. Ray McDermott	MHCV	单船体	1988	4 400 吨×36.9 米	3 527 吨×25 米
Castoro 8	Saipem	MHCV	单船体		2 177 吨×39.6 米	1 814 吨×33.5 米
蓝疆	海油工程	MHCV	单船体	2001	3 800 吨×30 米	2 500 吨×44 米
华天龙	广州打捞局	MHCV	单船体	2007	4 000 吨×40 米	2 000 吨×45 米
Sapura 3000	SapuraAcergy	MHCV	单船体	2008	2 952 吨×27 米	2 156 吨×31 米
威力	上海打捞局	MHCV	单船体	2010	3 000 吨×40 米	2 060 吨×27.4 米
OlegStrashnov	Seaway Heavy Lifting	MHCV	单船体	在建	5 000 吨×32 米	5 000 吨×32 米
Borealis	NordicHeavyLift	MHCV	单船体	在建	5 000 吨×34 米	4 000 吨×41 米
海洋石油 201	中海油	MHCV	单船体	在建	4 000 吨×43 米	3 500 吨×33 米

表 2–2–15　大型起重船主要性能

船　名	主尺度 总长/米	主尺度 型宽/米	主尺度 型深/米	主尺度 最小吃水/米	主尺度 最大吃水/米	人员/人	航速/节	动力定位	锚泊定位
Hermod	154	86	42	11.5	28.2	336	6	No.	12 点
Balder	154	86	42	11.5	28.2	392	6.5	DP3	12 点
DB101	146.3	51.9	36.6	7.5	23.5	268		No	10 点
Thiaf	201.6	88.4	49.5	11.8	31.6	736	6	DP3	12 点
Saipem 7000	197.95	87	43.5	10.5	27.5	725	9.5	DP3	16 点
DB 27	128	39	8.53	5.33	5.79	270	No	No	12 点
DB 30	128	48.2	8.53	3.66	5.79	294	No	No	12 点
Saipem 3000	162	38	9		6.3	206	10	DP3	8 点
大力	100.0	38.0	9.0	3.7	5.2	236	5	No.	8 点
Stanislav Yudin	183.2	36	13	5.5	8.9	143	12	No	8 点

续表

船 名	主尺度					人员/人	航速/节	动力定位	锚泊定位
	总长/米	型宽/米	型深/米	最小吃水/米	最大吃水/米				
DB 50	151.48	46	12.5	9.45	11.9	234		DP2	8点
Castoro 8	191.4	35	15	6.7	9.5	359	8	No	12点
蓝疆	157.5	48	12.5	5.95	8	278	能移船	No	12点
华天龙	174.8	48	16.5	8	11.5	300	5	No	8点
Sapura 3000	151.2	37.8	9.1	4	6.5	330	8	DP2	No
威力	141	40	12.8	6	8.5	240	12	DP2	8点
OlegStrashnov	183	37.8/47	18.2	8.5	13.5	395	14	DP3	8点
Borealis	180.9	46.2	16.1	6	9	400	14	DP3	8点
海洋石油201	204.65	39.2	14	7	11	380	12	DP3	

4. 油田支持船

传统浅水海洋石油服务支持船的供给模式及装备能力远远不能适应深远海石油资源的开采。因为服务于深远海钻井平台的一个突出特点是远离大陆，平台多以半潜式为主，平台的自重及所需要的锚泊系统较大，这就需要为其服务的工作船具有更大的马力，如10 000马力以上才适合在深水作业。对于深水供应船而言则需要至少在6 000马力以上，才适合在深水作业，为保证平台的安全性，则要求海洋工程船舶或装备具有足够的强度和动力定位能力。综上所述，深远海支持服务船及综合补给技术主要体现以下主要特点：

- 从经济性考虑，深远海支持船不但是单船能力的体现，更多的是深远海支持服务船及综合补给技术形成的系统保证深水油气的开发的综合能力；
- 传统的岸基为适应深远海油气田的开发要适度前移，同时以大型浮式支持船作为中转基地，提供移动的供给基地；
- 直接服务平台的支持船需要更大的马力，供应船同时要具有足够的储货能力；
- 专用设备要有更高的强度；
- 船舶的自动化程度高、可操纵性要好，具有一定的定位能力；
- 普遍采用柴电混合推进模式；

- 船舶货舱应具有良好的兼容性以便液货、散料的输送。

5. 多功能水下作业支持船

目前世界上绝大多数深水多功能水下工程船被 Saipem/Sonsub、Acergy、Subsea7 等几家世界著名的水下工程公司垄断，我国海工公司只能依靠租用国外船舶来实施项目，不仅费用极高，而且资源紧张，有时外租的船舶在技术规格方面并不能完全满足工程需要，但由于工程急需也不得不勉强接受。"海洋石油 286"的建造，是我国掌握水下工程作业关键技术的重要尝试。该船建成后，可以满足在南海、东南亚、中东、墨西哥湾等世界主要海区的作业要求，总体作业能力在国际同类船舶中将处于一流水平。

多功能水下作业支持船种类繁多，船形、外观、大小根据需要各不相同，船内配备动力定位系统，主要作为 ROV、饱和潜水、脐带缆铺设等设备的支持船进行海洋工程项目的施工与开发。目前一条先进的多功能水下作业支持船造价近 2 亿美元，日租金达到 20 万美元，与铺管船、起重船等所谓的主力作业船舶在造价和日租金方面非常相近。

多功能水下作业支持船具有如下特点：①多功能水下作业支持船配备锚系处理系统、柔性管线或刚性卷轴管线铺设系统，在深水海域能够发挥出其最大的功用，在 ROV 的协助下，可以完成深水/超深水浮式设施系泊系统安装、深水管线铺设、深水水下生产设施（如水下管汇、水下跨接管、水下泵站、水下采油树）安装等作业。②多功能水下作业支持船配置工作月池或潜水月池，从而在很大程度上方便了 ROV、饱和潜水设备的运作，ROV 及其支持设备可放置于月池周围或舷侧甲板上，并可通过 ROV 的机械手进行深水水下维护和应急维修作业。在柔性管线、刚性卷轴管线垂直铺设时，工作月池还可以作为海底管道的入水设施。

（三）世界海上油气田生产装备的现状与特点

1. 生产平台

浮式生产平台技术相对成熟和固定，已有多年的应用历史，除了早期的设计方案外，各类平台的创新设计也有相应的专利保护，例如 Trass SPAR、MinDoc SPAR、MOSES TLP 等。为了突破上述专利限制，同时也为了简化安装、建造和提高经济性，中海油在"十一五"和"十二五"期间在新船型的开发上投入了大量精力。

2. 水下生产系统

1）水下采油树

1967年，美国的FMC公司生产出了第一套水下采油树，用在墨西哥湾，适应水深为20米。经过几十年的发展，水下采油树的设计制造得到了快速发展，工作水深达到3 000米，工作压力达到105兆帕。从有导向绳的结构到无导向绳的结构，开发出了卧式和立式两种适应深水的水下采油树。目前，在国外，水下采油树的设计开发、生产制造技术已非常成熟。世界上已有6 400套水下采油树应用在超过250个水下油气开发项目开发中。

水下采油树经历了干式、干湿混合、沉箱式和湿式采油树阶段。目前使用的水下采油树普遍为湿式采油树，即采油树完全暴露在海水中。根据采油树上3个主阀组的布置方式不同，水下采油树分为立式（图2-2-60）和卧式采油树（图2-2-61）。

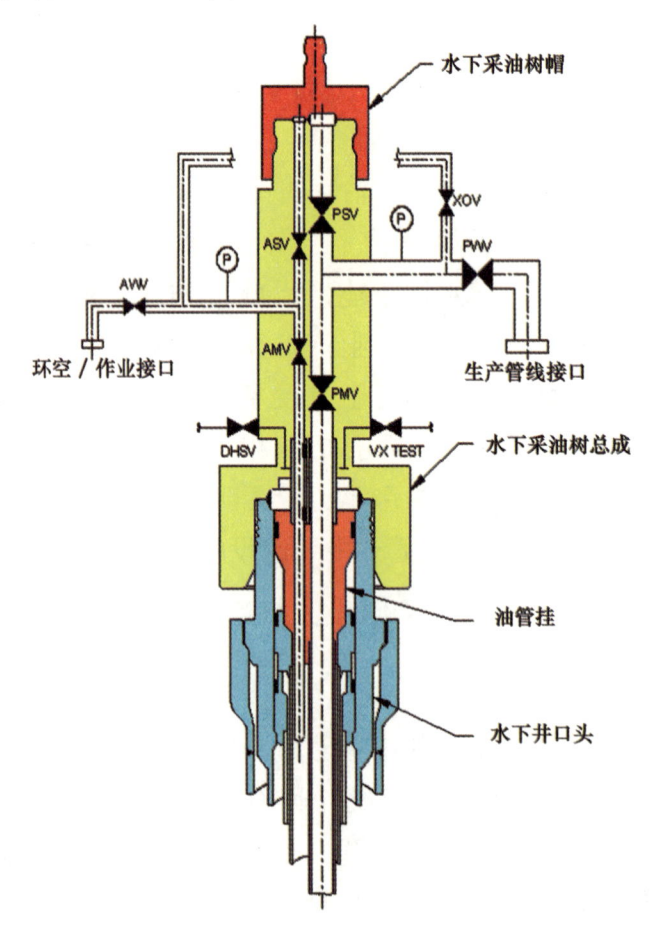

图2-2-60 常规立式采油树

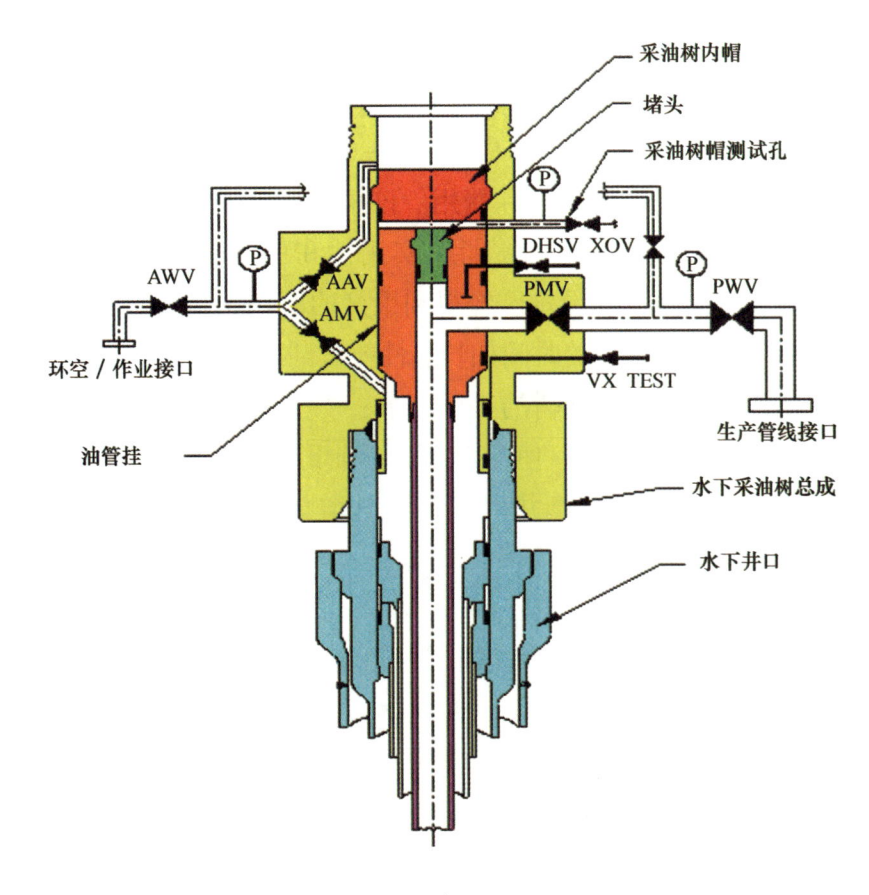

图 2-2-61 水下卧式采油树

水下井口和水下采油树主要生产厂家为：FMC、Cameron、GE Vetco、Drill-quip、Aker Solution，另外 Argus 公司也设计生产了一种新型水下采油树，并申请了水下采油树专利。

表 2-2-16 国外厂家井口和采油树

序号	厂家	水下井口	水下采油树
1	FMC	UWD-10，UWD-15 等	TFT, HXT, EHXT, VXT, CM-1
2	GE Vetco	SG-5，SG-5XP，MS-700 等	DHT, DVT, SHT, SVT
3	Cameron	STM-15，STC-10 等	DC Subsea Electric Tree, Modular Dual Bore, Modular SpoolTree,
4	Aker Solution	Innovative，& robust	SVT, DVT, DHT, HPHT
5	Drill-Quip	SS-10，SS-10C，SS-15 等	Single Bore, Dual Bore
6	Argus	—	AZ-10 型（立式）

其中最具有技术特点的是 Cameron 公司的电动采油树、Aker Solution 的侧阀采油树以及 FMC 公司的增强型卧式树。

Cameron DC 海底电动采油树（图 2-2-62）代表了在控制海底生产的一种突破，减少因停产造成的高修井费用。该采油树具有独特的由直流电带动的全电动系统，充分改善了其可靠性、实用性和可维修性。该系统无电池，液压、蓄电池和常规的电动设备已经得到很好的简化。总之，Cameron DC 海底电动采油树使得正常生产的时间加长、性能得到很好改善，节约了投资。

Cameron 的水下电动采油树的特征如下：

- 具有 99% 的可靠性，使深水和边际油田正常生产的时间加长；
- 降低了操作费用和修井费用，同时增加了产量。包括脐带、液压流体、安装和运行在内的总投资费用降低；
- 适用于深水和边际油田；
- 由于消除了液压提供动力和信号，动力系统的控制能快速、高精度地控制流体流动；
- 具有高速通信和实时条件监测特性；
- 无需传统液压驱动。

Aker Solution 设计的侧阀采油树见图 2-2-63，在侧阀采油树产品中提供了可以安装在生产油管柱尺寸变化范围：3.5~7 英寸，压力变化范围为：34.5~103.4 兆帕，水深可达 3 038 米。

图 2-2-62　Cameron DC 水下电动采油树

图 2-2-63　侧阀采油树

侧阀采油树可以安装在水深为2 000米，5英寸生产油管，2英寸环空井筒，额定压力为68.9兆帕的水下生产系统上面。侧阀采油树主要包括：WCT GLL 1000、WCT GLL 2000、H-WCT GLL 3 000水平采油树3种系列。

FMC公司的增强型卧式树EHXT和传统的水下卧式树有很大区别（图2-2-64和图2-2-65）。与传统的卧式树HXT相比，EHXT具有如下优点（特点）：

- 消除内树帽，节省安装时间，取消传统的"内树帽+堵塞器"的压力屏障组合，直接在油管挂内安装上、下两个堵塞器，以荔湾3-1-8井Cameron的HXT为例，安装内树帽计划0.67天，占计划的总完井时间5%，实际用1.33天，完井综合日费高达100万美元左右；

- 油管挂能提供更多穿越的井下控制管线，多分枝智能完井管柱需要比普通完井管柱更多的井下控制管线，这点尤其重要；

- 油管挂顶部增加辅助锁紧机构THISL，进一步改善工况变化热膨胀引起的油管挂密封完整性问题；

- 改善采油树布置，结构平衡设计，树重量不影响井口装置的水平度；

- 从工作筒至环空的通道更短。

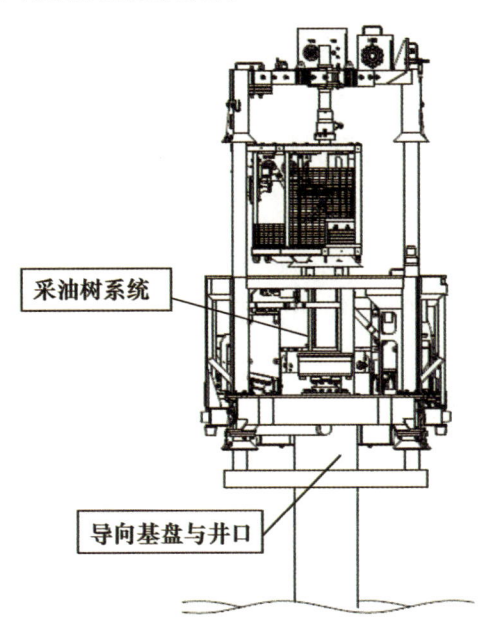

图2-2-64 水下卧式树EXHT示意图

水下采油树的关键技术如下：

图 2-2-65　水下卧式树 EHXT

- 水下采油树本体高强度材料及加工工艺；
- 水下采油树阀组的设计制造；
- 水下采油树电液控制系统；
- 水下采油树连接、密封技术；
- 下放安装水下采油树的配套工具与工艺。

2）水下管汇

目前，水下管汇主要由国际上的 4 家水下设备供应商 FMC、Cameron、Vetcogray 以及 Aker 所垄断，到 2010 年，全球正在使用的水下管汇数量约为 1 000 套左右。

目前，主要的管汇形式有丛式管汇（Cluster）和基盘式（Integrated Template）管汇两种。

丛式管汇（图 2-2-66）：

➢ 丛式管汇的优点：

- 钻井和水下连接及安装活动相对独立，不互相牵制；
- 适用于复杂的油藏系统，即井位分布不规则；
- 可以大大提前投产的时间，即"第一桶油"的时间；
- 管汇尺寸、重量相对小，对安装船能力要求低。

➢ 丛式管汇的缺点：

- 使用刚性跨接管时，安装工艺要求高；柔性跨接虽可以解决此问题，但价格昂贵；
- 跨接管的制造、安装有时成为项目"瓶颈"；
- 对落物和拉拽损害的防护较难实现。

图 2 - 2 - 66　丛式管汇

基盘式管汇（图 2 - 2 - 67）：

基盘式管汇是将钻井基盘和管汇整合在一个整体结构中，管汇的结构不仅可以用来支持钻修井而且可以支撑采油树。

图 2 - 2 - 67　基盘式管汇

基盘式管汇的优、缺点与丛式管汇的优、缺点基本相反。

目前，在深水油气田开发中，绝大多数采用的是丛式管汇形式，基盘式管汇应用较少，主要集中在北海区域。

3）水下控制系统

水下控制系统涵盖了脐带缆、位于依托设施上的脐带缆上部设施（上部脐带缆终端总成、脐带缆悬挂器等）、位于水下的脐带缆下部设施（脐带缆端头、脐带缆终端总成、水下脐带缆终端总成、水下分配单元、电气飞线、液压飞线、脐带缆接头等）、位于依托设施上的过程控制系统、紧急关断系统、主控站、电动力单元（或电力通信单元）、不间断电源、液压动力单元、化学注入单元等装置。此外还有如限弯器、防弯器、水下多路快速连接器、水下接头等附件（图2-2-68）。

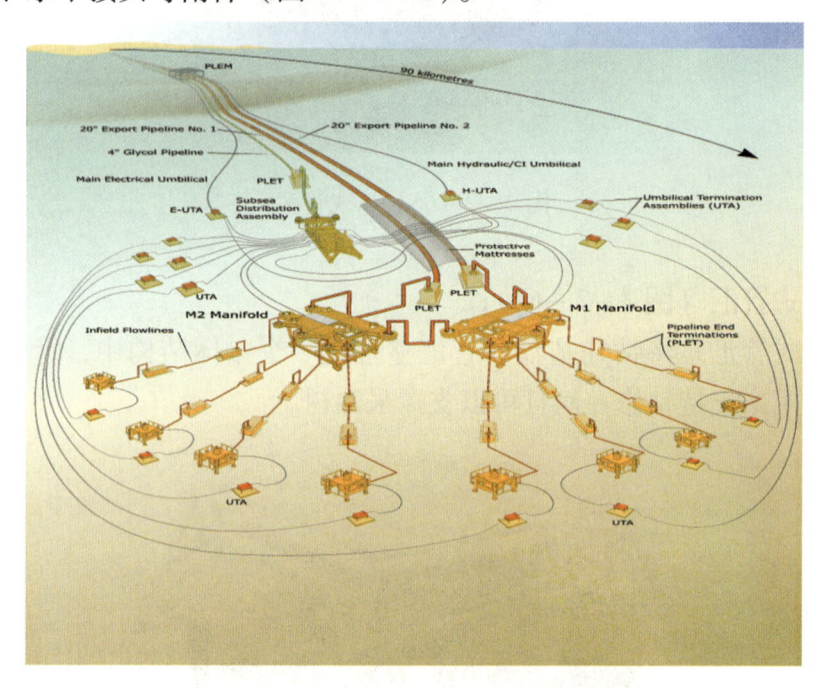

图2-2-68　典型水下控制系统配置

主要的脐带缆系统提供商包括有DUCO、JDR、AkerSolution、Oceaneering等。脐带缆产品同具体油气田项目有关，其内部单元种类、数量、截面形式、单根缆长度受油气田开发方案、海上施工设施条件制约，属于单件小批量形式生产的产品。其典型动态脐带缆截面形式见图2-2-69。

水下控制系统一般采用整体发包，水上/水下两部分分别发包的形式。上述水下脐带缆系统主要设备是具备分配功能的水下结构物。目前整体性水下控制系统的方案提供商主要有FMC、Cameron、Akersolution、Oceaneering等。各主要设备根据油气田生产项目的不同，采用分别独立的设计，不

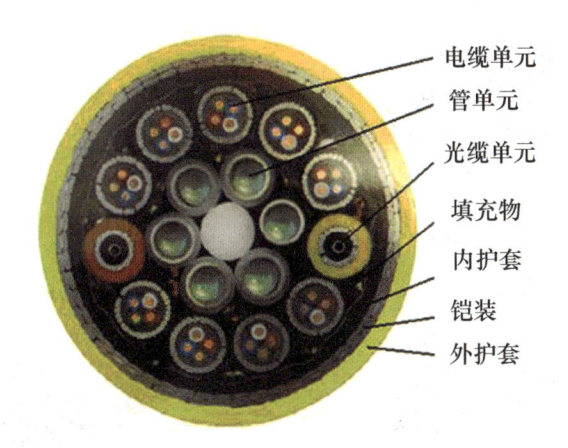

图 2-2-69 典型动态脐带缆截面

同公司的设计方式各不相同。图 2-2-70 为 Cameron 公司典型 UTH SDU 产品。

图 2-2-70 UTH SDU 产品

此外，水下控制系统当中处于各终端装置（管汇、采油树等）上还有水下控制模块（SCM）。SCM 是水下控制系统中技术含量相对较高的重要装置，其一般安装在水下设备上，同水下设备一同安装下放。典型 SCM 示意图见图 2-2-71。

除上述圆柱形结构外，SCM 的主要形式还有长方体结构。SCM 的设计高度也依赖于油气田整体开发方案及施工方案情况，以决定其液压蓄能器

图 2-2-71　SCM 产品示意图

选型，通信模块形式等。FMC、Cameron、Akersolution 是主要的 SCM 产品提供商。

3. FLNG/FDPSO

（1）FLNG：FLNG 为大型复杂系统集成工程，需要船厂、船级社、关键设备和系统供应商协同工作，才能完成 FLNG 设计建造这一复杂的系统工程。目前国外是相关厂商组成研发联盟的形式开展研发工作，以期在未来的竞争中取得优势。

（2）FDPSO：由于 FDPSO 的不同油田开发工程模式和不同海洋环境条件，针对不同海域和不同油田开发模式的 FDPSO 工程模式研究是目前研究的热点。同时，国际海洋工程专业公司根据油藏情况、海洋环境条件和经济性原则对新型 FDPSO 进行了大量的研究，提出了多种适应不同开发工程模式的 FDPSO 新船型。

（四）世界海上应急救援装备的现状与特点

1. 载人潜水器

世界上第一艘载人潜水器叫"Argonaut the First"，是由西蒙·莱克于 1890 年制造的。1932 年载人潜水器"弗恩斯-1"号问世。1948 年瑞士物理学家奥古斯·皮卡尔根据气球原理设计建造了世界上第一台不用钢索而又能独立行动的"Trieste"号潜水器。20 世纪 60 年代以后,世界上第一台能够行走的动力推进式潜水器在法国诞生。

美国是较早开展载人深潜器的国家之一。1964 年建造的"阿尔文"号载人潜水器是世界上比较优秀的潜水器之一,可以下潜到 4 500 米的深海。1985 年,它找到"泰坦尼克"号沉船的残骸,如今已经进行过近 5 000 次下潜,是当今世界上下潜次数最多的载人潜水器。美国于 1968 年还建造了 6000 米级潜深的载人潜水器"海涯"号,重量为 26 吨。根据调查,特别是"阿尔文"号即将面临退役,他们为了继续保证深海研究领域的优势,曾准备改造"海涯"号和"阿尔文"号,但经过反复论证,搞一艘新的潜水器更加合理,因此 Woods Hole 研究所做出了建造一条新的 6500 米载人潜水器的决定。

法国 1985 年研制成的"鹦鹉螺"号潜水器最大下潜深度可达 6 000 米,重量为 18.5 吨,可载 3 人,水下作业时间为 5 小时(图 2-2-72)。它具有重量轻、上浮下潜速度快、能侧向移动、观察视野好、可携带一个小型水下机器人等特点,已完成过多金属结核区域、深海海底生态调查以及搜索沉船和有害废料等任务。

图 2-2-72 "鹦鹉螺"号潜水器

俄罗斯是目前世界上拥有载人潜水器最多的国家,比较著名的是 1987 年建成的"和平-1"号(图 2-2-73)和"和平-2"号两艘 6000 米级潜水器,带有 12 套检测深海环境参数和海底地貌的设备,最大特点就是能源比较充足,可以在水下待 17～20 小时,2005 年 8 月 4 日俄一艘 AS-28 型小型深海工作艇被困堪察加半岛别廖佐瓦湾 190 米深海底。该艇实际上执行情报收集与海底监听线阵列的检查等任务。俄从 20 世纪 80 年代末 90 年代初开始在舰队装备了4艘。AS-28是一种载人自航设备,具有坚固的圆柱形外壳。配备操纵装置、生命保障系统、通信设备和科学考察仪器。执行深海考察、情报侦察、海底设备维护任务。最大潜深1 000米、定员3~7人。

图2-2-73 "和平-1"号潜水器

日本1989年建成了下潜深度为6 500米的"深海6500"号载人潜水器,重量为26吨,水下作业时间为8小时,装有三维水声成像等先进的研究观察装置,可旋转的采样篮使操作人员可以在两个观察窗视野下进行取样作业。它曾下潜到6 527米深的海底,创造了载人潜水器深潜的世界纪录。"深海6500"载人潜水器已对6 500米深的海洋斜坡和断层进行了调查,并被用于对地震、海啸等的研究。

2. 重装潜水服

在国外,单人常压潜水系统的发展最早从1690年开始的概念实践,到1930年开发出比较成功的JIM型潜水装具,直至1994年开发出性能优越的HARDSUIT型潜水装具,已经有了300多年的发展历史。目前其应用范围已涉及深水打捞作业、近海工业水下操作、援潜救生潜水作业等多个领域;特别是其四肢关节活动能力的极大提高,可以替代传统的潜水员,完成许多先前只有潜水员才能完成的复杂的水下作业,大大减少潜水医学上的一系列问题(减压病和高压神经综合征)。

从世界各国来看,除了民用以外,在军用方面,美国、英国、日本等国家的援潜救生系统中都有常压潜水装具系统参与水下作业支援。由于援潜作业固有的复杂性和作业深度的不断加大,饱和潜水系统(300米)已无法满足大深度(600米)水下打捞作业和援潜作业的需要,所以世界各海军强国都非常重视发展常压潜水装具系统，尤其是大深度常压潜水装具系统。

美国海军 NUWC 海岸系统局（CSS）曾于 1994 年在巴拿马城、佛罗里达州对常压潜水装具系统进行了一系列的性能测试评估，认为：常压潜水装具（ADS）有着灵巧的操纵性和巡航能力，其优势在于本体小巧、轻便，可进入到一些特定区域，并能完成大部分先前只有潜水员才能完成的复杂水下作业。根据评估结论，美国海军把常压潜水装具（ADS2000）确定为未来潜艇援救所需要的水下评估/作业系统中的首选装备，工作深度升级至 610 米，以满足美国海军的深潜标准 ADS2000 为快速测定失事潜艇位置、进行沉艇状态评估、舱口盖清理、应急生命补给筒的投放等提供了快速响应能力。到 2010 年，美国海军已装备 8 套潜深达 600 米的常压潜水装具，为美国海军下一代潜艇援救系统，执行"快速水下评估作业"使命。

俄罗斯自库尔斯克号潜艇沉没后，非常重视援潜救生技术及装备，在 2002 年 7 月，俄罗斯购买了 8 套 300 米单人常压潜水装具和 4 套收放系统，同年 11 月完成了单人常压装具的应用和作业培训，投入使用。

法国、意大利和加拿大同样也非常重视并采用单人常压潜水装具进行快速评估和水下作业，装备了数套 300 米常压潜水装具。在海上油气开发方面，美国已经配备了 10 余套，用于水下管路安装、检查等作业。

3. 遥控水下机器人（ROV）

世界第一套商用 ROV 诞生于 1974 年，是 Hydroproducts 公司研制的 RCV-225。据美国 TEXAS A & M UNIVERSITY 的 Robert J Wagner 负责的课题组进行的世界 ROV 调查结果，目前世界上大型 ROV 主要厂商 30 余家，拥有各种大型 ROV500 余套。下潜最深的 ROV 是日本国家海洋地球科学与技术中心（JAMSTEC）投资 45 亿日元研制的 KAIKO ROV，1994 年曾到达 11 000 米海底进行海底板块俯冲情况调查，后于 2003 年在一次深海作业中丢失。美国伍兹霍尔海洋研究所 2007 年成功开发了 Nereus 混合型水下机器人，并于 2009 年 5 月 31 日成功地下潜到马里亚纳海沟 10 902 米水深。

美国、日本、俄罗斯、法国等发达国家目前已经拥有了从先进的水面支持母船，到可下潜 3 000～11 000 米的遥控潜水器系列装备，实现了装备之间的相互支持、联合作业、安全救助，能够顺利完成水下调查、搜索、采样、维修、施工、救捞等使命任务，充分发挥了综合技术体系的作用。美国伍兹霍尔海洋研究所的 Alvin 载人潜水器（4 500 米）、ABE 自治潜水器

(4 500 米)、Jason 遥控潜水器（6 500 米）在深海勘查和研究中以其技术先进性和高效率应用而著名。

欧洲各国为保持现有的经济实力，在高技术领域内增强与美、日等发达国家的竞争力，迎接新兴工业国的挑战，克服国家小、资源和资金不足、国力有限的弱点，制定了"尤里卡计划"，走联合、优势互补的路线，遥控潜水器的技术发展和技术体系较为完善。日本在海洋研发方面重点在遥控潜水器计划，其水下技术处于世界领先水平，国家投入巨资支持 JAMSTEC 的发展，建设了水面母船支持的多类型遥控潜水器。基于这些装备，日本和美国、法国联合对太平洋、大西洋进行了较大范围的海底资源和环境勘探。

尽管目前在通信电缆维护和海洋油气领域存在大量商用的 ROV 系统，但对于应用于深水探测和油气开发作业的潜水器必须具有专业化设计，只有少数机构拥有。表 2-2-17 为国际上典型的 3 000 米重载 ROV 型号及主要性能指标对比情况。

表 2-2-17 国际上重载 ROV 主要型号和功率对比

项目	I Tech7, Inc The Hercules	SMD Quantum	ISE HYSUB 150	Perry Slingsby Triton XLX 18
系统分类	重载作业级	重载作业级	重载作业级	重载作业级
最大工作深度	3 000 米	3 000 米	3 000 米	3 000 米
主尺度	2.4 米 × 1.85 米 × 2.05 米	3.3 米 × 1.9 米 × 1.9 米	3.02 米 × 1.8 米 × 1.9 米	3.22 米 × 1.8 米 × 2.1 米
最大载体功率	120 马力	125 ~ 200 马力	150 马力	150 马力
最大作业海况	4 级	4 级	4 级	4 级
空气中重量/千克	2 750	4 500	3 800	4 900
最大有效载荷/千克	150	350	200	550
系轴推力/千克	705	900	900	110
设计航速	—	纵向 3.2 节，横向 3.0 节，垂向 2.0 节	—	—
底框架挂载能力/千克	—	3 000	3 000	3 000

续表

项目	I Tech7, Inc The Hercules	SMD Quantum	ISE HYSUB 150	Perry Slingsby Triton XLX 18
作业工具液压备用接口压力×流量	可选	15/（升·分$^{-1}$），35/（升·分$^{-1}$），66/（升·分$^{-1}$）	可选	可选
强作业型5功能机械手	1	1	0	1
强作业型7功能机械手	1	1	2	1
作业能力	最大工作水深3 000米，具有水下搜索、观察、数据传输和记录能力；能够携带大功率水下作业工具完成水下采油树、水下管汇和跨接管、水下控制缆和水下连接系统等设备的水下作业支持；能够实施深海油气工程故障的应急维护和抢修作业等功能	最大工作水深3 000米，具有水下搜索、观察、数据传输和记录能力；能够携带大功率水下作业工具完成水下采油树、水下管汇和跨接管、水下控制缆和水下连接系统等设备的水下作业支持；能够实施深海油气工程故障的应急维护和抢修作业等功能	最大工作水深3 000米，具有水下搜索、观察、数据传输和记录能力；能够携带大功率水下作业工具完成水下采油树、水下管汇和跨接管、水下控制缆和水下连接系统等设备的水下作业支持；能够实施深海油气工程故障的应急维护和抢修作业等功能	最大工作水深3 000米，具有水下搜索、观察、数据传输和记录能力；能够携带大功率水下作业工具完成水下采油树、水下管汇和跨接管、水下控制缆和水下连接系统等设备的水下作业支持；能够实施深海油气工程故障的应急维护和抢修作业等功能

上述重载作业级ROV的主要技术指标及特点为以下几方面。

（1）强力：推进功率达到150~200马力，系轴推力可达1~1.5吨，具有强大的顶流和顶撞辅助作业能力，而常规作业型ROV的载体功率小于100马力。

（2）重载：具有大功率水下作业工具的携带和驱动能力，有效负载可达 500 千克；常规作业型 ROV 的有效载荷小于 200 千克。

（3）突出的作业能力：重载作业级（Heavy-Duty Work Class）ROV 系统是针对海洋油气工程的大功率系列特种作业工具进行系统配置的，配置压力 20 兆帕，流量 50 升/分以上的驱动接口；常规作业型 ROV 一般不支持大功率水下作业工具。

世界上最大型的 ROV 系统当属 UT1 TRENCHER 系统（图 2-2-74）。它是一套喷冲式海底管道挖沟埋设系统，主尺度 7.8 米×7.8 米×5.6 米，像一所房子那样大，空气中重量达 60 吨，最大作业水深 1 500 米，最大功率 2 兆瓦（约 2 680 马力）。图 2-2-75 为用于海洋石油水下作业的重载作业型 ROV Canyon 系统 Triton XLX 18，其最大工作水深 3 000 米，功率 150 马力，最大有效负载 550 千克，主尺度 3.22 米×1.80 米×2.1 米，空气中重量 4 900 千克。用于海上钻井支持、海上建造支持、平台清洁和检测、海底埋缆、深水救捞、遥控作业工具布放和海底管道布放等作业。

图 2-2-74　世界上最大的 ROV 系统——UT1 TRENCHER

近几年，国际上深海潜水器的开发研究逐渐朝着综合技术体系化方向发展，其任务功能日益完善，重载作业级深水油气工程 ROV 作业系统被广泛应用于深水海洋工程的勘探、开采、监测、检测和维修。重载作业级深水油气工程 ROV 作业系统将对我国南海深水油气田开发、水下装备的检测和应急维修提供强有力的支撑，是目前最有效的深水油气田水下作业和保障装备。

图 2-2-75　强作业型 ROV Triton XLX 18

4. 智能作业机器人（AUV）

国外在研究开发海洋智能潜水器，并利用其完成海洋环境探测与数据采集方面进行了多年探索。到目前为止，美国在该技术领域始终处于领先地位，有包括海军、研究所、专业化公司和高等院校在内的十几家单位正在从事该技术领域的研究和开发。另外，日本、英国、俄罗斯、法国和挪威等国家在应用海洋智能潜水器完成海洋探测方面也都取得了明显的、各有特色的成果。其中日本、英国和俄罗斯在应用海洋智能潜水器完成海洋环境探测，特别是海洋地质、海洋环境数据获取等方面成果显著；法国和挪威在应用海洋智能潜水器完成海底管道探测、海底地形地貌探测方面业绩突出。

美国的 REMUS（Remote Environmental Monitoring Units）系列海洋智能潜水器是美国 Hydroid 公司的产品，共有 REMUS-100，REMUS-600 和 REMUS-6000 等多个型号。REMUS AUV 性能卓越（图 2-2-76），已经被多国采购。科学家们利用 REMUS 海洋智能潜水器完成了大量的海洋环境观测和数据采集试验。美国研制的新一代深海智能探测潜水器"海神"（图 2-2-77），可实现遥控操作和自主操作，主尺度为 4.26 米 × 2.44 米 × 1.22 米，重量为 2 800 千克，最大潜深 11 000 米，航速 3 节，续航时间为 20 小时。科学家希望使用这一海洋智能潜水器探测深海秘密，研究形成海洋新底壳的中央山脊和新的生命形式。该深海智能探测潜水器将广泛用于地球物理学考察、海洋科学考察、与深海相关的传感器开发研究等。

图 2-2-76　美国 REMUS 海洋智能潜水器

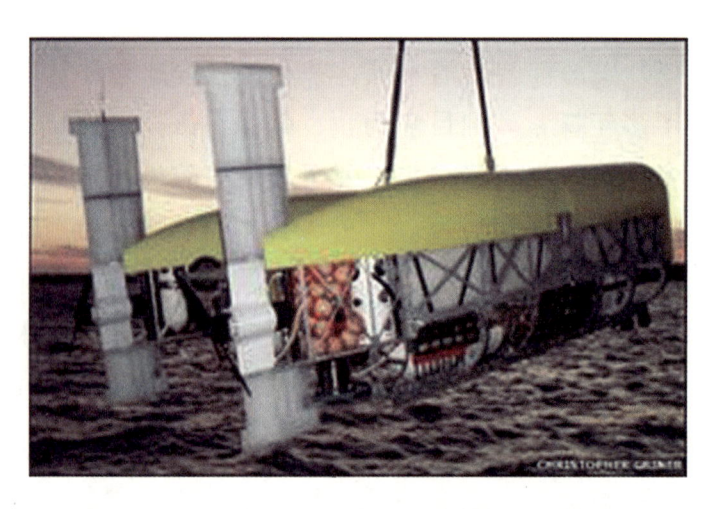

图 2-2-77　美国"海神"深海智能探测潜水器

英国研制的 AUTOSUB AUV 系列（图 2-2-78）也是深海智能探测潜水器中的典型代表之一，已成功地进行了多次海洋探测，特别是冰下探测，其控制和导航系统经受住了严峻的考验，从规避冰山和海底山坡到与母船汇合点的临时改变，控制和导航系统表现了较高的自主能力。目前研制的 AUTOSUB-6000 是英国最新的潜水器，长 5.5 米，直径为 0.9 米，重 2 800 千克，最大潜深达 6 000 米，在 2 节的航速下续航力为 400 米。而且它不需要任何水面控制，能够自主完成海底科考任务，搜索和定位海底火山口。

日本的海洋智能探测潜水器技术也已达到世界先进水平。近年研制的

图 2-2-78　英国 AUTOSUB 深海智能探测潜水器

r2D4 深海智能探测潜水器（图 2-2-79）主要用于深海及热带海区矿藏的探察。目前已多次完成日本海和印度洋中脊 2 000 米海床的水下环境观测、数据采集和地形测绘任务。

图 2-2-79　日本 r2D4 深海智能探测潜水器

法国 ECA 公司开发的 ALISTAR 3000 是一种调查型 AUV，主要用于海底管道铺设工程中的海底底质调查（图 2-2-80）。在铺设前利用 ALISTAR 3000 对水下环境进行调查，为海底管道铺设提供科学依据。铺设完海底管道后，利用 ALISTAR 3000 对管道铺设状况进行调查和探测。ALISTAR 3000 的最大工作水深为 3 000 米，航行速度 2.5 节，最大速度可达 6 节，可以搭载多种探测传感器。

图 2-2-80　法国 ALISTAR 3000

挪威近年先后推出 HUGIN1、HUGIN1000 和 HUGIN3000 三种海洋智能探测潜水器。其中，HUGIN3000 型（图 2-2-81）已经为 8 个国家完成了约 3 万千米的海底地形调查以及多项水下探测作业项目。HUGIN 3000 潜水器长 5.35 米，最大直径 1 米，空气中重量 1 400 千克，以 4 节速度航行，工作水深 3 000 米，携带的电池可维持大约 40 小时的水下自主航行，续航力约为 290 千米。HUGIN 3000 使用了多种导航系统及相关传感器：惯性导航系统、多普勒测速计、压力传感器、高度计、前视声呐、超短基线或长基线定位系统等。根据测量，在 2 000 米的水中，其实定位精度为 12 米，经过处理后可提高到 3.5 米。

图 2-2-81　挪威 HUGIN 深海智能探测潜水器

据美国《The World AUV Market Report 2010—2019》的数据分析预测，截至 2009 年年底，市场上使用的 AUV 已经达到 629 个。从 2010 年开始的 10 年里，市场对 AUV 的需求是 1 100 多个，包括，近 400 个大型的，近 300 个中型的和 400 多个小型的。按照这个预测，未来 10 年 AUV 市场的总价值将会是 23 亿美元。

二、面向 2030 年的世界海洋能源工程战略装备发展趋势

（一）世界海上勘探装备的发展趋势

1. 物探船及作业装备

物探船

20 世纪 90 年代，海上三维地震勘探技术取得了飞速发展，特别是物探船多源、多缆技术的高度发展，极大地降低了三维地震勘探费用，使三维地震资料在海洋油气勘探中得到广泛的应用，高分辨率地震技术也得到长足的进步。1992—1996 年，物探船的主流单船拖缆为 4～6 缆，1998—1999 年提高到 6～8 缆，而 2007—2009 年增加到 8～12 缆，目前的主流单船拖缆数量为 12～16 缆。

进入 21 世纪，海上拖缆物探船的作业效率和采集技术得到了进一步提高，目前达到拖带 24 条、6 000 米以上采集电缆进行高密度采集作业的能力。

发展趋势：

- 拖带更多、更长的电缆，预计不久将出现 30 缆以上的物探船；
- 安全、高效的收放存储系统，多缆施工必须有高效的辅助设备以保证施工效率；
- 高性能及高可靠的专业勘探设备；
- 提高勘探设备水下维修能力。

物探装备

未来世界石油海洋勘探对深水高精度勘探装备提出了更高的要求，随着油气勘探程度的不断提高，勘探目标变得越来越复杂，转向岩性隐蔽油气藏和深层构造油气藏。随着地球物理理论的进步和对勘探新技术的需求，地震资料采集方法在不断地发展和进步，近年来通过创新物探装备技术，

实现新型地震资料采集方法，来提高地震数据分辨率，同时成像精度的方法不断发展，物探装备技术的提高，使得宽方位、宽频带、高密度、多波多分量等采集技术得以实施，这将是海上采集的发展趋势。

1）地震采集技术发展趋势

（1）海上宽方位采集技术：由于施工设计技术、采集方法的革新出现诸如宽方位角、富方位角、环形施工等采集新技术应用实例，能够较好地解决复杂构造成像，提高勘探成功率。与常规地震勘探相比，这些新的采集施工技术具有较大的纵横比、均匀的炮检距和方位角分布，因而能获得纵横向均等的地震波场信息和覆盖次数，突出了叠加各方向有效信息的能力。通过保真处理，可以最大可能地提炼有效信息。在相同的解释技术条件下，具有更强的识别断裂和储层的能力，更好地解决岩性圈闭识别等技术难题。

（2）海上宽频采集技术：近年来国外主要地球物理服务公司相继提出宽频地震采集的思想，通过革新采集技术方法，从采集手段上来拓宽资料的频带，也即采集资料获得更低的低频和更高的高频，在提高浅层资料分辨率的基础上，兼顾中深层成像，提高中深层构造的成像质量，并已在墨西哥湾、北海、巴西海域等获得大量的成功采集案例。这些宽频地震资料采集技术主要包括 PGS 公司的双检拖缆采集技术（Geostreamer & GS）、WesternGeco 公司的上下缆（Over/under）采集技术和 CGG 公司的斜缆（BroadSeis）采集技术。

（3）海上高密度采集技术：减小面元尺度，增加空间采样率，是提高分辨率的重要手段。高密度采集技术具有保证空间采样足够和面元属性均匀的小尺度方形面元、接收道数多的显著特点。国外在海上已普遍推广应用高密度空间采样技术，如 PGS 的海上 HD3D 拖缆采集技术，WesternGeco 的 Q-Marine 技术。

（4）海上多波多分量地震采集技术：随着海上油田开发的深入，勘探难度不断加大，常规的单分量纵波勘探技术面临诸多挑战性的问题，如对尖灭、小幅构造、小断层、礁体、古潜山的准确定位，对非构造油气藏的勘探，真假亮点的识别，气烟囱内部成像，裂缝发育带分析，流体识别与监测等。多波多分量地震勘探对解决上述难题具有独到的优势。

在数据采集方面，还要针对渤海二次三维勘探、南黄海的中古生界盆地的成像、南海深水盆地勘探等问题，与石油公司共同开展技术攻关。同时，我们不仅要在常规三维技术上占主导地位，还要进一步完善上下源、上下缆、高密度和宽频地震等深水地震勘探技术，在高端技术领域也要迎头赶上国际一流物探公司，迅速占领深水勘探市场。

2）地震采集装备

（1）采集系统的大容量和高精度。当前海上地震勘探向着长电缆和多缆三维勘探方向发展，为满足高精度地震勘探的需要，采用单检波器小道距（小于5米）采集技术已成为迫切需要，相应地增加了采集系统的记录道数，例如电缆长12千米，检波器间距3.125米，单缆的采集道数就达3 840道；为提高地震作业效率和资料品质，采集系统需要有多缆同时作业能力，现在基本要求采集系统能达到16缆同时作业能力。

适应多缆长电缆采集的超大容量地震采集系统逐步发展起来：①随着电子和计算机技术的发展，目前地震采集设备普遍采用超大规模集成电路，FPGA超大规模门阵列芯片，将数字信号处理功能引入到数据采集过程，完成数字滤波、抽取、FFT及叠加等多种功能；②广泛采用24位$\Delta-\Sigma$ADC技术，大大提高瞬时动态范围，减少畸变，减少了模拟电路带来的相位及频率畸变，同时功耗更低；③采样率高达0.25毫秒、0.5毫秒，提高了地震波场的采样率，获得更高信噪比、更高保真度的采集资料，最终有利于得到更好的地震成像剖面；④仪器操作控制软件人性化，人-机交互处理界面，软件图形处理能力、实时相关处理能力越来越强，噪声编辑及叠加算法不断改进，系统具有更完善、快捷、高自动化程度的故障检测和状态测试功能，系统具有较为强大的实时数据分析处理和现场QA/QC功能；⑤此外新型数字地震传感器的研制，集成微型化24位$\Delta-\Sigma$ADC芯片，数据传输和命令同步控制，具有高动态范围、低谐波畸变、零相位高平坦度地震频带，全数字信号输出的新型数字检波器，必将推动新一代全数字地震仪系统的发展。

（2）小道距和点接收。在检波器组合和道距选择方面，各公司产品都可根据勘探目标的需要定制，通过软件或硬件设置，可以配置实现不同道距和检波器组合，以提高地震资料的横向分辨率和信噪比，实现高分辨勘探。

目前另一种先进的采集方法是采用单检波接收的勘探方法。地震勘探资料中出现采集足迹的主要原因就是空间采样率不足，单点采集增加了勘探区空间采样率，消除采集足印，提高地震数据质量；避免了组合勘探的采集资料频率损失，减小地震波的失真度；单点接收对噪音波场具有充分地采样，采用单点接收将基本采样定律扩展到了空间域，能够校正由于虚假振幅变化对地震数据的影响，从而获得高分辨率、高信噪比的地震资料。

单检小道距系统目前以 WESTERN_ GECO 的 Q-Marine 系统为代表，处于世界领先水平（图 2-2-82），从采集到处理一套完整的技术体系，采用单检、小道距、高密度电缆，震源校验功能、检波器校验功能、全电缆声学定位系统、电缆横向控制，并开发了相应处理软件，采用数字组合滤波技术，用户可根据需要在数据处理过程中选择合适的道距，并利用相关的噪音滤除技术可保证在有效信号不受损失的情况，提高了地震信号的带宽和保真度。大大提升了地震资料的品质，目前已经配备了 5 条船，其战略是始终保持技术上的领先优势，所以只提供服务不出售设备。

图 2-2-82 Q-marine 单检小道距地震采集系统

（3）固体电缆。海上石油勘探电缆目前一般采用充油电缆，充填航空煤油来调整电缆浮力和保证声学性能，但作业中漏油污染海洋环境，维修不方便，影响物探作业效率，随着物探装备技术的发展，目前国外物探仪器生产厂家开发出了固体拖缆系统，它具有液体电缆无法比拟的优点：降低了由于天气变化海浪波动引起的噪音，扩大了地震作业的时窗；可以应用于海况比较复杂的海域进行物探作业；野外作业中，固体电缆比较液体电缆要稳定，损坏率低，电缆局部受损不影响整条电缆的使用；电缆的制作过程中使整条电缆密度均匀，密度接近海水的密度，电缆平衡易于调整；检修方便，个别检波器工作不正常，可以在船上完成检修工作；采用固体封装电缆可以避免环境污染；基于以上优点，固体电缆的使用会提高地震资料品质，提高物探作业效率。

目前 SERCEL 公司的 SENTINEL 是非常可靠的固体电缆设备（图 2-2-83），采用特殊的压电检波器、全固体材料的结构设计，提高了电缆的整体声学性能。SENTINEL 固体缆被誉为目前海上拖缆中最耐用最可靠的拖缆阵列，其检波器安装方法也被证实能有效地降低噪声、工作更可靠、防水效果好。

图 2-2-83　SENTINEL 固体电缆

INO 和 PGS 公司开发了固体填充材料，在整体电缆结构不改变的情况下，以固体填充材料代替传统的液体充填，避免了海上施工带来的环境污染，提高了电缆的可靠性和稳定性（图 2-2-84）。

图 2-2-84　ION 固体电缆

（4）电缆横向控制和全网络声学定位。电缆横向控制技术：为提高采集系统的整体定位精度,提高作业效率,满足勘探需求,目前各个地震仪器生产厂家都开发了各自的电缆横向控制系统,以提高定位精度。

全网络声学定位:目前声学和深度控制系统普遍采用独立工作的方式,随着多缆长电缆勘探的发展,拖缆定位和控制系统要求实现更高精度定位和更高空间采样。采用定深定位一体化和 INLINE 声学定位系统的全声学网络定位技术成为拖缆定位系统发展的方向。

全网络地震综合定位系统,实现高精度长电缆、宽排列勘探作业要求。通过对每条勘探电缆、枪阵和尾靶上布设声学定位装置,进行相互间和船体间的全网测距,精确测量整个拖缆阵列形态和每个水听器的相对位置。

当前全球拖缆定位与控制系统市场,主要厂商包括美国的 ION 公司、英国的 Sonadyne 公司等。在全网络声学定位方面,已经面世的产品主要是 Sonadyne 公司的 SIPS-Ⅱ系统,和 Western-Geco 公司的置于电缆内部带横向控制功能的 Q-FIN 系统(图 2-2-85),实现拖缆从头到尾的完全声波网络测量,可使拖缆偏差误差减少 30%。最高可实现拖缆间隔达 25 米的可重复高精度地震采集,并且减少了拖缆缠绕的风险,得到更好的地震波场空间采样。

图 2-2-85　Q-FIN

目前 ION 公司即推出其研制的新一代全网声学定位与控制系统,其他诸如 OYO GEOSPACE 等仪器生产厂家也在寻求与 SONADYNE 进行技术合作,共同开发定深和声学定位一体的控制系统,提高定位精度。

高分辨率 3D 地震勘探是要求地震船拖多缆作业,虽然近期很多公司计划采用多达 20 缆的托缆作业,但是目前常规的 3 维平均拖缆数是 8 缆船,随着单船拖缆数目和电缆长度的增加,精确的电缆控制成为必要,在理想状态下,水下电缆应该是保持在一定深度,在 INLINE 方向互相平行的状态下，并且能够尽可能小的横向间距，以满足良好的空间分辨率，改善地震资料的成像品质，但是影响电缆水下状态的因素很多，船航向、涌浪、风向等影响，由于这些不可控制因素造成电缆在水下状态的不稳定，横向面原尺寸和整体资料分辨率决定于电缆的姿态控制，所以出现了先进的全网络声学定位技术和电缆横向控制系统。目前具有代表性的产品，Q-FIN，DIGIFIN，要实现电缆的横向控制，必须要有电缆的精确位置的确定作为前提，所以在开发横向控制系统的同时，Western-Geco 开发了全网络声学定位系统，原始的基于前网、中网、尾网的声学定位方式（图2-2-86），新的全网声学定位模式，电缆上平均200米一个节点，每个节点可以收到8个 RANGE 数据，用于精确计算每个节点的位置，运用了并行和快速计算机以保证实时数据处理和精确位置计算。

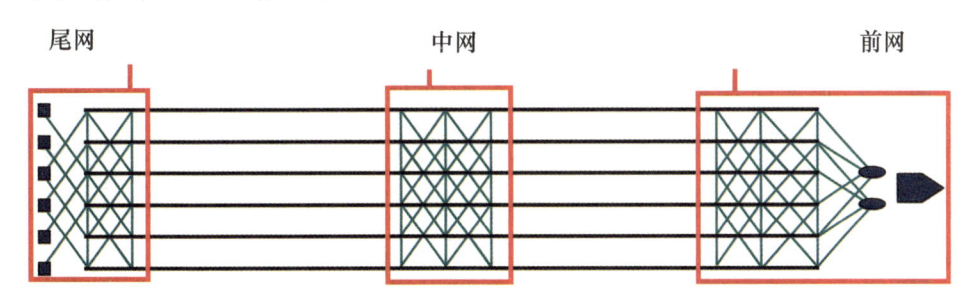

图 2-2-86 传统的声波定位方法

（5）PGS 双检地震拖缆采集系统。PGS 公司推出一种革命性的双传感器地震拖缆采集系统——GeoStreamer，并已投放市场。这项技术在海上地震记录研发中具有重要的里程碑意义，并成为首个成功将压力和速度传感器整合在一起的拖缆，大大提高了地震分辨率和深部探测能力，可以提供高质量清晰的地震图像。GeoStreamer 专有技术允许在采集过程中同时记录压力和速度场。且与常规的采集技术相比，能够提供无噪的更为有效的操作环境。通过该技术获得的波场信号经过 PGS 专有处理技术的处理，能够将上行、下行波场信号分离，并去除检波器记录的虚反射，得到宽频带地震数据及深部复杂构造的图像，减少勘探和开发决策中的不确定性。

3）新型检波器

（1）数字检波器。地震检波器近年来取得较大进展的是以 MEMS 技术为核心的数字检波器，美国 INO 公司和法国 Sercel 公司都相继推出了数字检波器，国内有关检波器厂家和科研单位也开展了数字检波器的研究，取得了一定的效果。

MEMS 数字检波器具有高精度、正交三分量、最小轴间串音和足够大的带宽等优点，非常适合作为矢量采集的检波器。矢量采集不仅可以获得多分量数据，而且可以利用全波场记录和矢量滤波压制 P 波数据的噪音和各种干扰。MEMS 机械震动系统由质量体、弹簧、端盖、框架构成，质量体的两面镀有金属导电物，在端盖与质量体相对的面上也就是顶盖和底盖上也镀有金属，这样就形成了一个差动电容器，加上相应的电路就可以成为电容式加速度传感器。MEMS 是由 4 片独立晶片组合而成为完整的微机械震动系统。

（2）布拉格光栅（FBG）检波器。布拉格光栅（FBG）检波器是一种新型的光纤检波器，是根据光纤折射率随照射光强的变化而变化的光敏特性制成的，能将地震波转换为光的变化来传输。FBG 传感器探头尺寸小，与光纤耦合损耗小，抗干扰能力强，性能稳定。一根光纤中可串接数以千计的检波器，传输过程中不必考虑衰减的影响，没有电磁干扰影响，地震信号不失真，而且野外施工方便，费用低。因此 FBG 传感器有以下技术优势：①探头尺寸小（图 2-2-87）；②易于与光纤耦合，耦合损耗小；③波长调制型，抗干扰能力强；④集传感与传输于一体，具有很强的复用能力，易于构成传感器网络；⑤测量对象广泛，易于实现多参数测量；⑥可以直接检测温度和应力应变，实现其他许多物理量和化学量的间接测量；⑦重量轻、耐腐蚀、抗电磁干扰、使用安全可靠。FBG 传感器的这些优点使其在地震勘探领域具有良好的应用前景。

（3）双光路迈克尔逊加速度检波器。双光路迈克尔逊加速度检波器工作原理见图 2-2-87。主要由单模全光纤迈克尔逊干涉仪简谐、振子、信号处理系统 3 部分组成，激光器发出的 1 300 纳米激光注入 3 分贝分束器后分为两路，一路为参考臂；另一路为信号臂。高反射铝膜直接镀在两根光纤的端面上，从而起到反射镜的作用。信号光与参考光经全反射膜反射后，按原路返回，在分束器中重新回合产生干涉。光电探测器 PIN 将干涉光强转换为电信号。信号处理系统则是利用交流相位跟踪零差补偿（PTAC）把待测信号拾取出来。在双光路全光纤迈克尔逊加速度检波器中，压电陶瓷的作用是把调制波的电信号转化为光波的相位变化，并在一个干涉臂中产

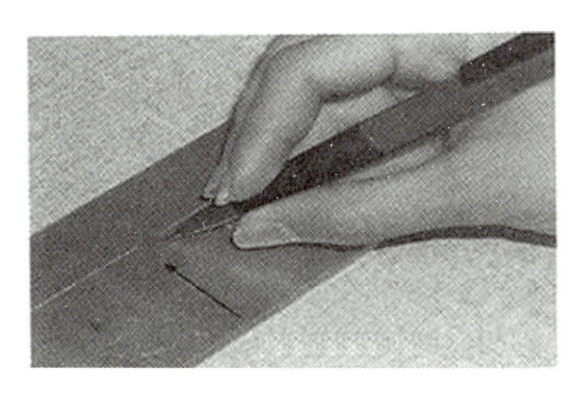

图2-2-87　FBG传感器

生补偿相位，用来消除背景相位差和温度等原因产生的相位噪声。图2-2-88中，空心PZT陶瓷圆柱体的外径为22.5毫米，其上缠绕了3圈光纤，PZT陶瓷圆柱体的直径随外界电信号变化使缠绕在它上面的光纤随之伸缩，从而实现相位补偿。

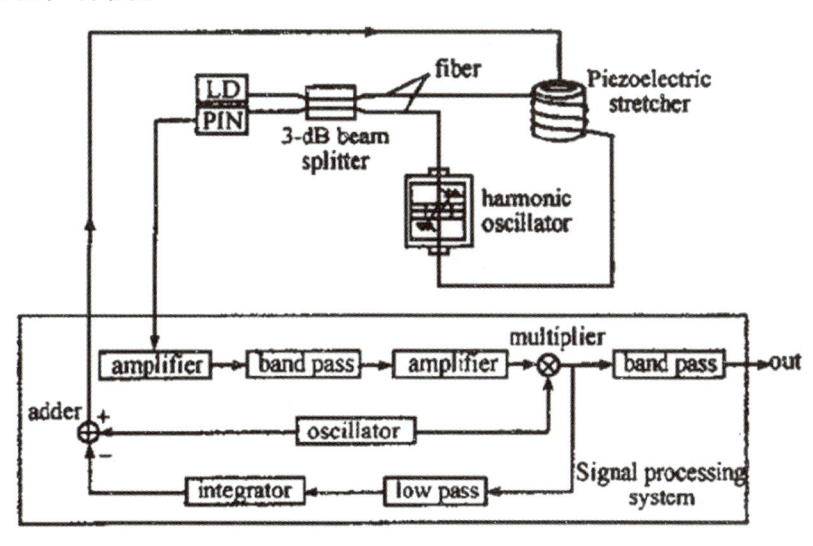

图2-2-88　双光路迈克尔逊加速度检波器的原理

综观近年来地震检波器的发展，目前地震勘探还会在相当长一段时间内依赖于模拟检波器，模拟检波器技术还需在降低失真、减小技术指标允差、提高假频和提高可靠性等方面不断取得新的发展。数字检波器的研制成功，将给地震勘探新技术和新方法的发展带来新的活力，引起地震检波器技术新的突破。

虽然数字检波器采集的数据高频成分能量强，频带宽，高保真性；而且单个数字检波器比组合的模拟检波器在浅层有较高的分辨率,深层低频信号频率有所提高,但在深层的信噪比相对模拟检波器来说较低,同时,单个数字检波器接受的地震数据也存在着严重面波和随机噪音。因此有效地处理数字检波器采集的地震数据(比如采用室内数字检波器组合),以压制面波干扰和随机噪音。提高地震资料的信噪比,并保证其高分辨率和高保真特性。

最近出现的光栅检波器,由于其检测的是光的相位移动,不必考虑幅度衰减的影响,因此其灵敏度高;而光栅检波器靠的是光纤传输,因此不受电磁信号干扰,地震信号从检波器到仪器不会产生失真。它优越的性能是不言而喻的,它代表了下一代检波器的发展方向。

2. 工程勘察船

1)勘察装备

(1)深水工程物探。调查采用船底安装深水多波束、深水浅地层剖面仪以及采用 AUV(Autonomous Underwater Vehicle)或 ROV 搭载技术(测深、地貌、磁力、浅地层剖面),采用声学定位系统为水下设备精确定位;AUV 系统向高速、小型化、大续航能力、智能化以及低使用需求和维护需求的低成本方向发展。

(2)地震调查作业。多道(256 道以上)单电缆高分辨率二维数字地震调查作业,并配有现场资料处理和解释设备和技术。

(3)深水工程地质勘察(井场、路由和平台场址)。包括:4 000 米水深工程地质钻孔和随钻取样作业(包括保温保压水合物取样和测试)技术和装备、深水海底表层采样及水合物取样;海底原位测试 CPT(Cone Penetration Testing)。目前中海油服公司与北京探矿工程研究所已合作研制了深水随钻取样技术,经过试验已取出原状不扰动的砂样、土样,依据现有的"海洋石油 708"钻探船、随钻取样钻杆、取样钻具系统技术,研究"随钻深水保温保压天然气水合物取样技术"以及相应试开采技术是可行的,是能够取得成功的。主要研制产品包括回转冲击式钻具和冲击压入活塞式钻具。

(4)深水海底管道水下泄漏检测技术和装备研究。我国自主研制的一种新型的能够广泛应用的水下泄漏检测技术和相关装备,实现对水下泄漏的高效、高灵敏的长期实时监测,将达到世界海底管道水下泄漏检测技术水平。

2）不同钻井装置适应的场址勘察项目

目前国外深水油气勘探开发平台主要有顺应式平台（Compliant Platform）、张力腿平台（Tension Leg Platform）、SPAR 平台（SPAR）和浮式生产系统（FPS），包括装备有钻探和采油设备的半潜式平台。其中顺应式平台、张力腿平台、SPAR 平台、浮式生产系统的基础深度一般位于海底以下一定深度，因此需要一定深度的工程地质钻孔资料。此外，钻井装置类型不同，需要查明的灾害性地质因素不同，勘查项目也有区别。

对于半潜式钻井平台（semi-submersibles），勘察项目主要为：水深测量、底层海流观测、海底地貌调查、浅地层剖面（0~300 米）、高分辨率二维数字地震、海底取样，必要时可增加 ROV/AUV 探测项目，锚位钻孔和海底 CPT 测试。需要分析和评价的灾害性地质条件主要包括海底冲刷、滑坡、坍塌（包括气体溢出）、崎岖和峭壁海地、非常软和液化海底、海底障碍物体、硬质海底、海底砂波/砂丘、磁异常体、海底浅表层土的实验和分析、锚的系留力计算和分析、浅层气、天然气水合物、断层、埋藏较浅的岩石（基岩）、大洋浊流沉积及浅层高压水等。

对于张力腿式平台（适合软黏土海底地基），勘察项目为水深测量、测流、海底地貌调查、浅地层剖面（0~300 米）、高分辨率二维数字地震、海底浅表层取样和较深的工程地质钻孔取样、CPT 测试。需要分析和评价的灾害性地质条件主要包括海底冲刷和滑坡、海底软泥、硬质海底、流速流向、大洋浊流、浅层高压水、浅层气、天然气水合物、断层、浅层埋藏古河道和古砂丘、埋藏较浅的岩石（基岩）、浅表层土的工程地质力学计算和分析等。

对于只采用动力定位（推进系统）的平台，勘察项目为多波束水深测量、测流、水合物取样、高分辨率二维数字地震调查即可。需要分析和评价的灾害性地质条件主要包括水深、流速流向、浅层气、天然气水合物、浅层高压水等。

对于 SPAR 平台，勘察项目以及需要分析和评价的灾害性地质条件与半潜式钻井平台基本相似，但勘察的面积不像半潜式钻井平台场址那么大。

（二）世界海上施工作业装备的发展趋势

1. 钻井装备

1）作业水深向超深水发展

钻井船、半潜式钻井平台、Tender 钻机等的作业水深不断增加，目前最大水深已经达到 3 600 米（12 000 英尺），例如 Noble Jim Day 和 Scarabeo 9，近期交船和在建的深水半潜式平台，只有 3 艘工作水深不足 2 000 米。

2）半潜式钻井平台外形结构不断优化

深水半潜式钻井平台船型与结构形式越来越简洁，立柱和撑杆节点的数目减少、形式简化。立柱数量由早期的 8 立柱、6 立柱、5 立柱等发展为 4 立柱、6 立柱，仅 Aker H-6e-种船型保持 8 立柱。立柱以带圆角的方形立柱为主，斜撑数目由早期的 14~20 根大幅降低，有些船型已经取消斜撑。

减少立柱的数量、增加单根立柱的截面积有利于提高平台的稳性。斜撑的减少以至取消减少了平台结构的 K 型和 X 型结构节点，且降低了焊接、建造工艺难度，减少了疲劳破坏的可能，有利于平台寿命的提高。采用箱形浮箱虽然导致拖航阻力的增加，但提高了平台的强度，增加了平台的装载能力。

高强度钢在深水半潜钻井平台的建造中广泛使用，在平台的重要结构上还采用了强度更高（屈服强度 700~827 兆帕）的钢材。这些材料的使用，可以在保证平台强度的前提下减轻平台结构自重，提高可变载荷与平台自重之比。

3）环境适应能力更强

半潜式钻井平台仅少数立柱暴露在波浪环境中，抗风暴能力强，稳性等安全性能良好。一般深水半潜式平台都能生存于百年一遇的海况条件，适应风速达 100~120 节，波高达 16~32 米，流速达 2~4 节。半潜式钻井平台在波浪中的运动响应较小，钻井作业稳定性好，在作业海况下其运动幅值和漂移较小。随着动力配置能力的增大和动力定位技术的新发展，半潜式钻井平台进一步适应更深海域的恶劣海况，甚至可达全球全天候的工作能力。

4）可变载荷稳步增加

由于船型设计的不断改进和先进材料的采用，钻井船和半潜式钻井平台自重相对减轻、可变载荷不断增大，为适应更大的操作水深和钻深提供了可能。平台可变载荷的增大，使得平台的自持能力增强。同时，甲板空间增大为设备的布置提供了方便。采用先进的材料和优良的设计，半潜式钻井平台自重相对减轻，可变载荷不断增大。平台可变载荷与总排水量的比值，如我国的"南海 2 号"为 0.127，Sedco 602 型为 0.15，DSS20 型为

0.175，新型半潜平台将超过0.2。

5）平台装备持续改进

半潜式钻井平台的设备改进主要体现在钻井设备、动力定位设备、安全监测设备、救生消防设备和通信设备等方面。同时，平台的人员生活和居住条件也在不断改善。平台的自动化、效率、安全性和舒适性都有所提高。

超深水钻机具有更大的提升能力和钻深能力，钻深达10 700~11 430米，电动绞车功率达5 000~7 200马力，60.5英寸大通径转盘与之配套使用。液缸升降型钻机、全静液传动钻机、全自动控制钻机成为海上石油钻井装备发展的重要方向。新一代的顶驱系统以交流变频驱动取代AC-SCR-DC驱动，静液驱动的比率有所提高，并出现了短尺寸紧凑型组合顶驱。变频电驱动、大功率的高压泥浆泵得到应用，并发展了一种特轻型泥浆泵，该泵为静液驱动、无曲轴、无连杆、可调排量与压力型。防喷器组工作压力更大，闸板BOP封井工作压力达138兆帕，环形BOP达69兆帕。BOP尺寸和重量进一步降低，配置更安全。并发展了高压旋转BOP，以及适应深水的特殊水下设备控制系统。

深水半潜平台配备大功率的主动力系统和高精度动力定位系统，动力定位采用先进的局部声呐定位系统和差分全球定位系统（DGPS）等。电力设备有单机功率达3 800千瓦、性能优越、寿命长的柴油发电机组和800千瓦以上变频机组，单机功率大于300千瓦、性能优良、运转可靠、启动便捷的应急发电机组等。

6）不断出现新型钻井平台和钻机

新型钻井平台包括FDPSO和圆筒形钻井平台。新型钻机包括挪威MH公司设计的Ramrig钻机和荷兰Husiman的DMPT钻机。这些新型平台和钻机将会逐步推广。此外，海底钻机也将逐渐从概念设计走向工程实际。

7）平台多功能化和系列化

深水半潜式钻井平台的造价较高，如BP SSEDHOSE造价为4.4亿美元，F & G ExD型的3 000米水深半潜式钻井平台造价达5.5亿美元以上。因此，最大程度地利用平台在实际运营中受到关注，许多平台具有钻井、修井、采油、生产处理等多重功能。配有双井架的平台，可同时进行钻修井作业，钻井平台上增加油、气、水生产处理装置及相应的立管系统、动力系统、辅助生产系统、生产控制中心等，即成为生产平台，平台利用率的提高降低了深海油气勘探开发的成本。为了降低设计建造周期和成本，一部分平台将以姊妹船的方式投入批量性建造，如 Amethyst 系列建造了 6 座，Bingo 9000 系列建造了 4 座。

2. 修井装备

目前世界上深水修井装备的发展趋势如下：①修井船的作业水深增加，修井能力增加。②轻型无隔水管修井装备的应用，使得修井费用大大降低。近年来 Island Offshore Management，FMC 和 Maritime 等公司研制出新型的无隔水管轻型修井系统，无隔水管轻型修井系统为模块化设计，方便下电缆和连续油管，作业船均采用动力定位方式的轻型作业船，作业费用远低于常规水下修井。目前该系统已逐渐得到推广使用。③深水修井装备采用动力定位，使得修井效率大大增加；④深水修井平台的功能，特别是多功能修井船可以完成起下油管修井、连续油管作业、钢丝绳修井作业、压裂、水下设施海上安装等作业。

3. 铺管起重船

国际上深水铺管起重船发展迅速，主要发展趋势如下：

- 铺管能力和作业水深不断增大；
- 一座铺管船可使用不同类型的铺管系统（J 型、R 型、S 型铺管系统），铺管船舶作业方式趋于综合化，新型起重、铺管方式和系统不断推出；
- 动力定位能力加大，施工作业的环境窗口加大；
- 铺管作业技术趋于完善，作业效率高；
- 深水起重、铺管船由一船兼备转为单船具备单项主作业功能；
- 起重量不断增大，使起重船趋向大型化；
- 要求的航速有所提高；
- 良好的水动力性能以及抗风暴能力；
- 全电力驱动及电力推进成为动力系统的发展趋势；
- 安全、环保、节能。

4. 油田支持船

到 2030 年，随着深远海石油及矿产资源的发现，以大型浮式支持船为基地的深远海支持服务船及综合补给技术系统会成为海洋石油开采后勤支持保证的主流模式，相应的船舶会体现系列化，船用设备高度自动化，并且环保节能技术将大量采用，以新型燃料为燃料的船舶将会逐步应用。

5. 多功能水下作业支持船

到 2030 年，多功能水下作业支持船主要有以下发展趋势。

低能耗船舶

与材料科学、阻力降低和推进系统相关的那些技术，会为面向 2030 年研发的低能耗概念船研发做出贡献。市场力量、技术进步、安全考虑和法规修改是激发创新的主要驱动因素。目前燃料价格高企、市场不确定性增加、竞争激烈、气候变化和全社会的环保压力都要求全球船舶在未来 10 年采用新技术和新概念。

（1）混合材料。通过降低船体重量可以降低污染排放，节约燃料。小型船舶和二级结构采用轻质材料，例如玻璃钢、铝和钛。可以采用多层金属板和高分子复合材料层压板制造复合材料。纤维－金属层压板具有金属性能（高抗冲击性、耐用性、生产灵活）以及复合材料的性能（强、硬度/重量比例高、抗疲劳和腐蚀性能高）。金属层可以是铝或钢板，而高分子夹心层可采用碳纤维或玻璃纤维强化。这些材料在航空业和特种船中的应用为航运界做出了示范。

（2）无压载水船舶。压载水保证船舶在空载时的吃水、强度和稳定性。但如果压载水在排放时未经处理，那么压载水中含有的入侵物种会威胁到海洋生态系统。采用梯形船体和横向倾斜船底可以保证空载时的稳定性和吃水，不需要压载水。

（3）组合推进系统。螺旋桨的效率受到单一设计速度、大桨叶、二冲程柴油发动机和直驱推进的限制。组合推进系统概念综合采用了螺旋桨、吊舱和增效设备（例如前涡旋翅和后涡旋翅）。通过流体动力优化，可以把反转吊舱螺旋桨布置在螺距可调整的主螺旋桨后面，在飞羽化中心线螺旋桨旁设置可转向吊舱，提高能效。这些系统利用了各部分的流体动力优点，通过优化发动机负荷，扩大了有效操作范围。

绿色燃料船舶

随着环保法规的实施和燃油价格的上涨，天然气和混合生物燃料会成为可行的解决方案。绿色燃料船舶标志着传统燃料逐渐终结。随着海运面临着越来越严格的环境法规要求以及燃油价格的攀升，天然气和可再生能源越来越被认为是可行的替代性能源。液化天然气、混合生物燃料或更激进的能源（例如风能或核能）都有开发潜力。

（1）天然气。尽管天然气与燃油相比，二氧化碳减排量只有25%，但存在释放未燃甲烷的问题。航运所面临的挑战之一是液化天然气储罐占用空间一般是柴油储罐的2~3倍。天然气必须以液态或压缩状态储存，储罐成本也更高。根据我们近期积累的经验，以液化天然气为燃料的船舶的新建成本比同等的以柴油为燃料的船舶高10%~20%。预计在未来10年中，很大一部分新船将采用天然气作为燃料，特别是近海航运。另外可以预计的是，在未来有些船舶会改造为采用液化天然气作为燃料。

（2）生物燃料。这是一种可再生能源，可极大地降低生命周期的二氧化碳排放量。原则上现有的柴油发动机都可以使用混合生物燃料。生物柴油有很多问题需要解决，包括燃料不稳定性、腐蚀性、容易生长微生物、对管路和仪表有负面影响，低温流动性不良等问题。尽管在2030年之前可以解决这些技术问题，但在航运中广泛采用生物燃料还取决于价格、刺激政策和供给能力。

（3）核能。核电站在操作过程中没有温室气体排放，特别适合于动力需求变化慢的船舶。商用核能动力船需要使用低浓缩铀。开发的陆地原型是一个小反应堆（与大型船用柴油发动机相比），功率输出可达到25兆瓦。生命周期以10年左右计算，能源价格为200万美元/兆瓦。这项技术要求进行广泛测试和严格的质量认证，意味着到2030年之前民用航运还不能实现商用。

电动船

综合了多种可再生能源的混合型电动船概念将在特种船上实现。岸电供应计划、船用燃料电池和高温超导体也会得到发展。引入电动船概念会提高船舶的整体效率，综合采用各种可再生能源。采用大量嵌入组件会提高系统的复杂程度，要求更谨慎的设计、性能监控和动力管理。混合概念首先将引入到特种船中，例如海工补给船和渡轮。

（1）混合动力船舶。当船舶在单一的规定条件下操作时发电效率最高，动力需求或供应的波动会降低发电效率。切换到电力推进系统和动力供应，使用多个动力源，可以提高灵活性和效率。到2030年混合电动船可能采用各种传统和超导电动机和发电机、燃料电池和其他电池。混合动力概念把各种可再生能源的动力组合到一起，例如太阳能板或伸缩式风力发电机。性能监控、动力管理和冗余是关键因素。这些概念在未来10年将应用于工作船、客船和小型货船。对于大型货船，只能用作辅助动力。

（2）船用燃料电池。为了提高动力生产效率，可以考虑燃料燃烧之外的其他措施。燃料电池通过一系列的电化学反应把化学能直接转换为电能，理论效率可以达到80%（氢）。可以采用天然气、生物燃气、甲烷、乙烷、柴油或氢气作为燃料。液化天然气燃料电池与柴油发动机相比，每千瓦可实现最高50%的二氧化碳减排。随着污染排放控制区的建立，会倾向于采用液化天然气燃料电池，目前的船用燃料电池原型可提供0.3兆瓦的动力。

（3）高温超导体。电阻会造成发电机、电动机、变压器和传输电缆的能量损失。高温超导体（HTS）的电阻（在－160℃时）为零，超导体电缆与相同尺寸的铜电缆相比可允许150倍的电流通过，大大缩小电动机和发电机的尺寸。超导体线圈还可以用于储存电能。但是，这些材料需要通过液态氮和特殊热屏蔽等进行低温冷却。主要风险是低温冷却发生故障，导致丧失超导性能。冗余是采用高温超导技术进行船舶设计所面临的主要问题。

数字船舶

将广泛采用E－航行解决方案来提高安全性能和优化保安、经济和环保性能。航运界的领袖企业目前正在积极应用E－航运技术，到2030年很多船舶都将跟随这个潮流。E－航运技术把准确的位置数据、气候和监控数据、船上和远程传感数据、船舶具体特征和响应模式组合到一起，能够预防事故，优化安全、经济和环境性能。船上电子海图是电子船舶的统一平台，汇集并直观呈现与船舶安全、航海风险、驶入港口和气候导航等领域相关应用程序的信息。

（1）ECDIS。船舶触礁事故经常发生，会造成严重的财产损失、人员伤亡甚至石油污染事故。电子海图展示和信息系统（ECDIS）采用电子导航图（ENC），把触礁可能性减低了30%。IMO新规则要求大部分船舶在2030年之前采用ECDIS。ECDIS是一项关键的e－导航技术。通过与非导航系统结合，它的优势就会不仅仅局限于保证安全导航，还会延伸到港口排期和清关系统。

（2）先进的气候导航系统。从传统上来说，气候导航主要关注与安全导航、避免恶劣的气候。气候导航也可以优化燃料消耗（可节省10%左右）

和到达时间,提高船员和乘客的舒适度,降低船舶疲劳度。预计在2030年之前通过远程和船上传感器的数据收集,将会提高海洋实时信息和预报数据的空间–时间分辨率。

(3)海盗侦测与震慑船舶。保险费率提高反应了以船员和船舶为目标的武装抢劫、海盗和恐怖主义的猖獗。在未来10年这些威胁不会减弱。成功降低威胁要求及早侦测,并采取有效的远程控制的震慑措施(例如水、声音和电击)。商船高性能雷达的侦测范围是标准导航雷达的4倍,可以侦测到4海里以外的小物体,到2030年可以提高到10海里。将来的船上报警系统会处理雷达、声呐、摄像头以及远程卫星采集的实时数据。在未来10年,预计反海盗服务商会通过卫星提供海盗预警服务,这个系统可以集成到船上系统中。

极地级船舶

北极地区未来夏季可能会出现积冰消融,这个地区的海运量会增加。未来10年夏季海冰规模会减少,随着碳氢化合物燃料价格不断升高,各国将勘探开发新资源,北极航运交通量也会增加,与北极相关的技术会迅猛发展,例如冰区路线优化软件,船体负荷监控系统以及新的破冰概念。经验不丰富的船员可以通过冰区培训模拟装置针对冰区航行做好准备。传统船舶救生艇或救生筏不是针对极地冰区条件下的安全逃生而设计的,未来会开发出新型双栖逃生船。

(1)新型破冰船。被护卫船舶的船首两侧区域比破冰船宽,会遇到未破碎的冰块,导致冰块阻力增加。采用为侧向破冰而特殊设计的斜型船体的破冰船可以开拓宽一些的航道,通过采用多个可360°旋转的Z推进器可实现侧向操作。这种破冰船在护卫小型船舶时首先采用船首部分破冰,在护卫较宽的船舶时会采用侧向破冰。采用这种设计允许宽度为20米的破冰船开出40米宽的航道。这样未来一艘破冰船就可以护卫较宽的船舶,而到目前为止还是需要两艘传统的破冰船。通过测试表明在采用倾斜操作模式时,速度是正常速度的一半。在未来10年,这种新型破冰概念将广泛地应用于北极航运操作。

(2)北极救生船。北极救生艇针对冰区航行进行了强化,并采用了防冻措施。救生艇需要穿越冰区(例如冰脊),还要穿越开阔水面。到2030年,这类船舶将采用阿基米德的螺旋式运动概念。在船舶两侧会设计两个大型螺旋式浮筒。设计难关包括浮筒材料及其连接，必须承受极端温度条件下的碰撞负荷。北极船舶的常规防冻措施应该考虑救生艇的防冻，例如防止结冰，预热发动机。

（三）世界海上油气田生产装备的发展趋势

1. 生产平台

（1）工作水深逐步增加：各类浮式平台的工作水深已经突破了几年前的上限，目前 TLP 已经达到 1 581 米，SPAR 已达到 2 383 米，SEMI-FPS 已达到 2 415 米，FPSO 已达到 2 150 米。

（2）规模逐渐减小：TLP、SPAR、SEMI-FPS 对上部载荷比较敏感，在全年大部分时间内需要持续生产，并需要在百年一遇甚至更恶劣的海况条件下得以自存，因而除 FPSO 外的浮式平台逐渐向小型化发展，ETLP、MOSES TLP、Seastar TLP、MinDoc SPAR 的出现已经验证了上述趋势。

（3）干式采油成为发展方向：TLP 因其较小的竖直方向的运动幅值而适于干式采油，SPAR 既可以干式采油、也可以采用水下生产设施，SEMI-FPS 通常只能与水下井口配合生产。而目前设计者采用深吃水或者增加垂荡板的方法提高 SEMI-FPS 的运动性能，已适应于干式生产模式。

2. 水下生产系统

（1）水下采油树。随着水下采油树的应用增加，世界上主要水下采油树制造商也加大投入开发新的产品，水下采油树水平在不断发展中，在很多方面取得技术突破：

- 采油树的作业水深将会不断增加；
- 工作压力增加；
- 水下采油树油管尺寸增大；
- 维修操作更方便；
- 高温高压成为趋势；
- 控制系统更先进，可靠性更高；
- 可远程操控，通过 ROV 控制、安装和回收。

（2）水下管汇。随着技术的发展，特别是随着深水油气田的开发，全水下生产系统将成为一种趋势，管汇的功能也将趋于多样化，水下处理设备，如分离设备、增压设备等也将集成到管汇上，管汇的体积和重量也会相应增加。

(3) 水下控制系统。随着海洋油气开发项目的增加和水下控制技术自身的发展，目前该领域的主要技术发展方向有：全电控制系统；远距离光线通信；水下高压直流输电技术；水下自治式控制系统。

3. FLNG/FDPSO

(1) FLNG 主要发展趋势如下：安全、节能、环保、操作流程简单的 FLNG 液化工艺流程；高效、大型 LNG 液化核心装备；安全、可靠的 LNG 外输核心设备（包括装卸臂和软管）；安全、经济的新型 FLNG 船体形式；安全、经济的新型货物维护系统。

(2) FDPSO 主要发展趋势如下：适应恶劣海洋环境条件的新型 FDPSO 船体形式；适应恶劣海洋环境条件安全、经济的外输方式；采用动力定位等新型定位方式；FDPSO 生产设施模块配置，灵活应对不同油田开发模式，提高经济性。

(四) 世界海上应急救援装备的发展趋势

1. 载人潜水器

国外的深海载人潜水器发展是从 20 世纪 40 年代的浅海潜水器开始，发展到今天先进的 6 000 米级深海潜水器，装备质量由大到小，从 19 吨到 180 吨；工作深度由浅到深，从 100 米至 1 000 米至 3 000 米至 6 000 米。目前，美、俄等仍在筹建新型的深海载人潜水器，以期保持和扩大在海洋领域高技术的优势，确保其在海洋的巨额经济利益，美国在论证 6500 米级载人潜水器时对应用科学家做了一个调研，提出了如下衡量载人潜水器技术先进性的指标：更大的下潜深度；更大的载人球，更好的舱内人 – 机 – 环设计；电池功率更大；在工作深度更长的工作时间；更好的观察视野，驾驶员和科学家的观察视野有重叠；更好的内部电子电路；更大的科学有效负载；更好的照明和成像系统；更强的推进马力（更好的操纵性）；更好的数据采集和仪器接口；更好的悬停作业能力。将目前深海载人潜水器的发展趋势大致可以概括为：①力求增加载人潜水器本身的综合作业能力；②增加水下续航能力，扩大水下作业的空间范围；③力求降低总重量，提高水下灵活性，向小型化发展；④向极限海底深度发展；⑤加快潜水器上浮下潜的速度，并尽量降低在上浮下潜过程中消耗的能量；⑥解决在任何海况条件下均能保证潜水器实施作业的全天候工作能力；⑦具备多种潜水器（HOV、AUV、ROV 等）水下协同作业的能力，以适应未来海洋开发的要求。

2. 重装潜水服

从国际技术发展来看，重装潜水服有两个显著发展趋势。

（1）工作深度逐渐提高。为了适应深海作业的发展需求，重装潜水服的工作深度由最初的几十米逐渐提高到 300 米、600 米。目前世界上最大深度的是加拿大 Oceanworks 公司研制的 600 米级潜水系统。该公司近期目标是将工作深度提高到 750 米，远期目标是将工作深度提高到 1 500 米。

（2）大力发展关节技术。关节是该系统的核心部件。随着工作深度的提高，关节的发展经历了轴承关节、球形充油关节、柱形旋转关节等阶段。目前最先进的是柱形关节，国外已形成专利保护，没有公开技术细节。

3. 遥控水下机器人（ROV）

ROV 作业系统广泛应用于深水海洋工程的勘探、作业、监测、检测和维修，是进行深水开发必不可少的装备。目前应用于深水油气田水下作业的重载作业型遥控潜水器都必须进行专业化设计，只有少数机构拥有，而我国的水下作业技术和手段还不能满足南海深水油气田开发的需求。水下装备的落后造成了在技术上长期受制于人的局面，严重制约了我国向深水挺进的步伐，因此，迫切需要研制重载作业型遥控潜水器作业系统以满足南海深水油气田开发中水下设施应急维修作业需求，实现装备的国产化并为产业化奠定基础，初步形成我国自主的、服务于南海深海油气开发的水下运载、作业体系和作业能力，为海上油气田安全生产提供保障，并进一步促进和带动我国深海装备技术的发展。

4. 智能作业机器人（AUV）

各国研究机构及制造厂商在 AUV 关键技术及关键部件的研制方面取得了一些成果，但由于工作环境及任务要求等因素的限制，仍存在一些技术难点。面向 2030 年的世界 AUV 技术发展趋势主要体现在以下几个方面。

（1）材料：AUV 材料技术开发的重点是廉价的轻型材料，这类材料应具有大浮力、大强度、耐腐蚀及抗生物附着等特点。材料类型包括塑料、玻璃钢、陶瓷和合成物等，可以用玻璃纤维和石墨碳复合材料制造高强度轻型非铁质壳体。使用石墨复合材料的难点是穿透壳体零件的密封、壳体连接、肋骨配置形式以及散热问题。

（2）低阻力技术：设计 AUV 形状时，需综合考虑其内部空间的使用情况及释放/回收的难易程度等因素。目前各研究机构正在继续研发 AUV 的新型流体动力设计，但近期的设计大多采用鱼雷形状。

（3）低速控制：水下航行器的低速控制装置包括控制水下航行平衡和攻角的可变压载系统、六自由度定位的垂直和横向推进器、为高速航行提供升力的艉控制面和控制前进/后退运动的轴向推进器。目前已对 AUV 的低速控制进行了成功模拟，并将非线性自适应滑动方式控制理论应用于水下航行器上。试验证明，滑动方式控制可以有效地进行精确跟踪和控制。

（4）推进/能源系统：铝－氧化银和铝－过氧化氢新型电池能给 AUV 提供 2 天的工作时间，而燃料电池可为 AUV 提供数周的作业时间。美国海军水下武器中心（NUWC）达尔根分部正在开发的充电式锂钴电池的能量密度和使用寿命预计比现有的 AUV 电池都有所提高。此外，锂电池的运行效率在低温（零下 2℃）下是银锌－氧化物电池的 4 倍。由于采用了具有良好的电化稳定性的液体甲酸盐电解液，这种锂电池的充电速度也得到提高（10 小时）。

（5）导航系统：由于受到尺寸、重量及电源使用的限制，要在水下无人航行器上实现非常精确的导航系统是相当困难的，再加上对 AUV 的一些其他要求，如：高可靠性、恶劣环境下的作业及全球作业等，就使得 AUV 的导航更加复杂化了。目前，AUV 导航系统仍面临许多问题：由于传感器固有的误差，惯性导航系统不能满足所有水下无人航行器的导航要求；功率及尺寸等要求使速度声呐受到限制；尽管全球定位系统接收机可提供理想的修正装置，但需要航行器浮出水面定位。针对这些问题，目前各研究机构及制造商都在努力开发新的传感器。在惯性导航系统的制造商们追求先进的陀螺及加速仪技术的同时，速度声呐的生产厂商努力研制综合多普勒速度声呐及相关速度记录仪。此外，美国海军水下战中心也在发展非传统性导航技术（NTN），该技术包括海底地形匹配、地形跟踪及引力导航，其目标是利用宏导航与微导航发展一种深海测量地形匹配技术。

除上述几个方面外，AUV 的关键技术还涉及传感器技术、图像处理、视频图像的水声传输、位置偏差等修正方法的。如通过开发更精确的速度传感器可延长大地定位间隔的时间，从而增加 AUV 在作业场所的时间；新型的换能器技术和计算机技术将为目标探测、避障和目标识别提供高分辨率的图像；在研的 AUV 多任务智能管理器/控制器将推进 AUV 智能化管理的进程。

5. 应急救援装备以及生命维持系统

我国海上应急救援装备以及生命维持系统研发才刚刚起步，因此构建完整的海洋石油工程大深度潜水作业生命支持保障技术体系，尽快突破海上 500 米水深潜水员作业能力，还需开展以下工作，以进一步缩小与国际的差距。

- 完善我国现有潜水作业规则和程序，建立我国潜水与水下作业规则体系；
- 建立我国潜水及水下作业人员健康与医学标准体系；
- 船载 500 米饱和潜水系统基本设计技术；
- 潜水作业环境安全性和工效评价技术研究；
- 潜水装备评估技术平台研究；
- 500 米潜水装具设计研究；
- 大深度潜水装具配套设备研究；
- 适用于污染水域的潜水装具设计研究；
- 潜水疾病后送救治装备和技术研究；
- ADS、HOV 等常压载人设备应急救生技术研究。

三、国内外经验教训（典型案例分析）

（一）典型事故分析

1. 海上勘探装备

随着海上油气田开发进程加快，海底管道和油气井与日俱增，一旦发生泄漏事故，危害巨大且很难控制，而有效的监测手段匮乏成为困扰人们的主要问题。以下是近年国内外海上油气田以及海底管道泄漏事故案例。

2011 年 6 月初，位于渤海的蓬莱 19-3 油田发生溢油事故（图 2-2-89）。此事故导致至少 840 平方千米海水变为劣四类，造成了巨大的经济损失和环境污染。

2011 年 12 月 19 日晚，中国海洋石油有限公司珠海横琴天然气处理终

图 2-2-89　"蓬莱 19-3"油田溢油事故现场

端附近海底天然气管线发生泄漏,泄漏量 432.12 万米^3/日,直接经济损失 80 万美元/日。由于没有泄漏监测系统,事故发生几天后才被周边渔民发现。泄漏现场如图 2-2-90 所示。

(a)　(b)

图 2-2-90　珠海天然气管道泄漏现场

2012 年 3 月 25 日,法国能源巨头道达尔公司一个位于英国北海的油气田生产平台附近发生严重天然气泄漏事故(图 2-2-91)。该公司认为泄漏是来自深度在 4 000 米的主要储存区以上的岩层,封堵需 6 个月。

目前国际上常用的压力流量法、光纤法、巡检法等主要用于海底管道的泄漏检测,不适用于海底油气井和地层等的泄漏检测。

2. 海上施工作业装备

从半潜式钻井平台的发展历程看,虽然船型设计多种多样,但都遵循

图 2-2-91　英国北海油气田平台天然气泄漏现场

"安全、能力、效率"至上的原则,因此,以往出现的事故有可能对未来的设计和应用有重要的参考价值。从目前半潜式钻井平台事故案例中可以看出,钻井过程中 BOP 等设备的故障、火灾、平台作业或建造过程中的临时气候突变均可能造成安全事故。

(1) Transocean Actinia 平台井喷事故。1982 年,Transocean Actinia 半潜式钻井平台由日本 Nagasu Shipyard 船厂建造,1997 年之前为 South Africa's Actinia Shipping 所有,之后被 Sedco Forex 买走。1993 年 2 月,在钻井时遇到浅层气和井喷,BOP 遭到破坏,平台倾斜 15 度,喷出油气污染了近 2 000 平方米的海面,最后由于压力降小井喷自然停止。幸运的是,该事故未造成平台沉没(图 2-2-92 和图 2-2-93)。

(2) Jim Cunningham 平台意外火灾事故。1982 年,Jim Cunningham 平台由韩国船厂 Daewoo Shipbuilding & Heavy Machinery Ltd 建造,船型为 Friede & Goldman 9500 Enhanced Pacesetter。平台拥有者为 Transocean Inc 公司。1989—1998 年平台连续 9 年未发生影响作业进度的重大事故。2004 年 8 月,平台在地中海埃及海域实施钻井作业时发生井控事故并引发火灾,火灾迅速延伸到钻井区域,幸运的是所有员工全部安全撤离,后来有人重新上平台以保持平台姿态。火灾未造成平台倾覆,改造后平台继续服役(图 2-2-94 和图 2-2-95)。

图 2-2-92 Transocean Actinia 平台正常作业

图 2-2-93 事故后的 Transocean Actinia 平台

图 2-2-94 Jim Cunningham 平台正常作业

图 2-2-95 事故后的 Jim Cunningham 平台

(3) Ocean Odyssey 平台（现在已经改造成卫星发射平台）。1983 年 3 月 Ocean Odyssey 平台由日本 Sumitomo Heavy Industries 船厂建造完成并交付船东 ODECO。Ocean Odyssey 平台属于那个年代最先进的平台，可以在北海等极端恶劣、极寒海域实施作业，并可用于高压井作业。1983 年 4 月开始在阿拉斯加州和加利福尼亚州海域实施钻井作业。1988 年 2 月，被派往北海海域。1988 年 9 月平台在钻井过程中发现严重井漏，操作人员试图通过提升钻杆来实现泥浆回收循环，导致套筒压力变大，最后导致井喷、火灾、爆炸。事故后平台被泊放于英国 Dundee docks，最后被改造成海上卫星发射平台（图 2-2-96 和图 2-2-97）。

图 2-2-96　事故中的 Jim Cunningham 平台

图 2-2-97　改为卫星发射装备的 Jim Cunningham 平台

（4）PSS Chemul 平台撞桥事故。2005 年，PSS Chemul 平台在 Bender Shipbuilding yard 建造过程中遭遇飓风，在飓风引起的涌浪作用下平台的锚泊缆被拉断，平台被推向钢筋混泥土大桥（图 2-2-98 和图 2-2-99）。

（5）墨西哥湾深水地平线事故。"深水地平线"号钻井平台，建于 2001 年，属于第 5 代动力定位的半潜式钻井平台。平台上拥有自动钻井系统以及 103.5 兆帕的 BOP 系统，作业水深大于 9 000 英尺，已钻最大井深达 35 055 英尺。Transocean 已经同 BP 签订了该平台在墨西哥湾 9 年的服务合同。2010 年 4 月 20 日，"深水地平线"号钻井平台在墨西哥湾进行钻 Macon-

图 2-2-98　建造中的 PSS Chemul 平台

图 2-2-99　事故中的 PSS Chemul 平台

do 井作业时，Macondo 井发生井喷和爆炸，平台最终沉入海底，接下来发生大量的原油泄漏（图 2-2-100）。深水地平线事故的影响非常巨大，这场灾难已给世界海洋石油开采开发的模式敲响了警钟，使对现有的海上钻井风险和利益平衡进行重新考虑，迫使美国等国家对能源政策进行重新评估调整。

（6）"皇族海豚"号沉船事故。"皇族海豚"号（Bourbon Dolphin）为一艘起抛锚/拖带/供应船。该船于 2007 年 4 月 12 日在设得兰（Shetland）海岸外的北海执行钻井平台拖航任务过程中倾覆。此次事故中共有 8 人遇难，包括船上 6 名船员、船长及其 14 岁的儿子。该事故为近海供应船的安

图2-2-100 事故中的"深水地平线"号平台

全运营敲响了警钟,并促使人们重新评估大型起抛锚/拖带/供应船的安全设计和运营。挪威司法和警察部派出一个事故特别调查委员会调查此次事故的原因并提出预防措施,以防止类似事故的再次发生。特别调查委员会的调查结论可大致归结为以下几点原因。事故直接原因:天气和海流等外力因素;未根据外力作用调整船舶航向;轮机故障并导致船舶的操纵性降低;拖销功能下降并改变了受力的角度;装载状况和船舶稳性特征。非直接原因:船舶设计上的缺陷;由于多种因素导致的系统失灵。

(二)国外典型经验

1. 油田支持船

海洋石油工程船舶经过近百年的发展,从船舶设计到船舶设备制造均积累了大量丰富的经验,在海洋工程船舶高度发达的造船国家,船舶信息技术大量应用于数字化设计、数字化制造和数字化管理3个方面。数字化设计是利用CAD/CAE/CAPP/PDM、虚拟现实、可视化仿真、知识工程等技术,进行基础技术研究,实现产品设计手段和管理手段的数字化,以缩短产品开发周期,提高企业的产品创新能力。数字化制造通过发展生产装备的数字化并运用虚拟制造与仿真技术,进行工艺流程优化,实现数字化的车间作业控制,提高产品精度、加工效率,有效控制制造成本。数字化管理是利用管理软件对企业资源与生产过程进行全面管理与控制，以实现企业内外部管理的数字化和最优化，提高企业管理水平。

海洋工程船舶信息化技术大幅度提升了海外船舶设计、制造业创新能力、大幅度提高造船效率、缩短造船周期、降低造船成本。总体来讲国外关于船舶的设计、制造与管理已普遍在应用甚至依赖信息化手段。信息技术已渗透到船舶产业的各个领域。高度发达的船舶信息化技术促使国外具有很强的顶层设计和系统性设计开发能力，致使在船舶性能计算、三维设计、产品数据管理等主要应用领域远远超前于我国。

2. 多功能水下作业支持船

在船舶设计领域，被誉为近海工程船领域明星的挪威乌斯坦集团业务涉及多个领域。与其他竞争对手不同的是，它集船舶设计、建造、生产、电气与控制系统以及航运业务于一身，尤其是在近海工程船领域，其研发的 X 船首更是在全球享誉盛名。堪称惊世之作的 X 船首技术 X 船首和传统船首对比试验 X 船首是乌斯坦集团所特有的技术，出自于 Ulstein Design & Solutions 公司之手。为了走出一条不同于传统和惯例的道路，乌斯坦集团自 2000 年起就开始了 X 船首的研发。首艘采用 X 船首的船舶是 2005 年建造的 "Bourbon Orca" 号 AHTS。船型设计为 AX104 型，入选了《Skipsrevyen》和《Offshore Support Journal》评出的 2006 年经典船型。问世后，X 船首吸引了全球船舶行业的注意力，不仅是近海工程领域，包括传统航运业，堪称惊世之作。

X 船首从外形上看有点类似于卡车造型，从功能上看，集成了穿浪技术、船首膳宿区等特点，使船舶在恶劣海况下拥有更高的航速，同时还可降低油耗，提升环保性。相比传统船首，X 船首的特殊造型可柔和地切入波浪，减少了纵摇、垂荡，消除了砰击、振动，从而减少了能量损失，提升了航速。此外，船员的舒适度和安全性也获得了较大改善。

X 船首的卓越特性获得了用户的一致肯定，需求量也随之大大提升，目前公司交付或在建的 X 船首船型已达到 40 艘左右。最初 X 船首概念的应用对象为近海工程船，如 AHTS、PSV、OCV 和地震船等，现在该技术应用范围已扩大到重型近海工程船和沿海运输船等船型。

在船舶建造领域乌斯坦集团所涉及的船型多种多样，主要分重型近海工程船、近海支援船和沿海运输船等。

1）重型近海工程船

乌斯坦集团的重型近海工程船业务主要集中在近海钻井、建造以及特种海上运输市场，船型包括钻井船、起重铺管船、重吊船和风机安装船。

2）近海支援船

近海支援船是乌斯坦集团的主力产品，船型主要包括三用工作船、平台供应船、地震测量船、检查船、维护修理船、轻型井口维修船和备用打捞船等。三用工作船（A系列）：随着石油勘探和生产转向更深更远的海域，乌斯坦的A系列船也在根据市场需求不断更新。这些船基本为大功率船型，系柱拉力高，货物装载能力大，适用于所有重型海上作业。该A系列船的其他特点包括噪音等级低，稳定性好，在恶劣环境下能保证较高的可操作性。此外，船上还装有减摇系统。

A系列中，值得一提的是采用A122型设计的"Olympic Zeus"号及其姐妹船"Olympic Hera"号。该两艘船长93.8米，宽23米，系柱拉力250吨，是乌斯坦所设计的最大三用工作船。该型船的创新之处在于采用了混合动力推进系统，既可单独使用柴油动力或柴电动力，也可联合使用两种动力，使能效最优化，从而在增强了环保性的同时，也提升了经济效益。该型船的动力定位能力达到DP2级，设有1个ROV库，膳宿支持68人。

3）"Olympic Zeus"号三用工作船

平台供应船（P系列）：乌斯坦的P系列平台供应船是基于"标准化设计"而开发的，是一种多功能平台。其建造采用了一系列可选择的预制模块，从而大大提高了生产过程中的灵活性，确保了完工时间。该系列船的特点为货物装载能力大，噪声等级低、油耗小、适航性好，操作性佳。与A系列相同，P系列也安装有减摇系统，且拥有DNV的"清洁"和"舒适"船级符号。

P109是P系列中为满足未来近海工业需求而新近开发的一型平台供应船，拥有快速、大型、可靠等优点，可运载散货和杂货。在货物装载能力和处理能力上完全超越当前的行业标准，能效方面同样达标。该船总长93米，船宽19.5米，最大吃水7米，载重量5 400吨，航速18节。

4）"P109"型平台供应船

特种和多功能船（S系列）：乌尔斯特恩公司的S系列海洋工程船可根据客户要求进行针对性改造，具有高度专业性。该系列船均具有功能性强、装载能力大、噪声小、油耗低、适航性好的特点，并配备有减摇系统，可作业于恶劣环境。同时，该系列船均拥有DNV的"清洁"和"舒适"船级符号。继采用SX 121型设计的"Viking Poseidon"号海底建造船入选《2009年经典船型》之后，另一艘采用SX 120型设计的"Oceanic Vega"号地震研究船又入选了《Solutions》评出的2010年经典船型。"Oceanic Vega"号的技术含量非常高并配有先进设备，可执行3D、4D或高清任务。该船采用X船首，拥有140吨拉力，16缆，最高可配置20缆，缆长可达8 000米，缆内设有水听器。船上设有一直径26米的直升机甲板，仪表室位于船尾部。该船满足DNV推进冗余要求和"清洁设计"标准，两个机舱里布置有4台12缸的瓦锡兰26系列柴油发电机，转速900转/分时功率3 745千瓦，以及两台6缸该系列发电机，转速900转/分时功率1 870千瓦。两个导管推进器分别由两个独立的变速电动机驱动。此外，该船还拥有DNV C级冰级符号，可在高纬度区域作业。

丰富的经验、先进的技术、固定的优秀团队以及良好的管理能力是乌斯坦成功的关键因素，值得一提的是另外两个最重要因素是抓住机遇、寻求改变。最初乌斯坦只从事渔船业务，从20世纪70年代开始对航运市场进行投资。在经营和贸易方面的投入使得对市场需求有着较深的了解。在航运市场的经验为乌斯坦指明了一条通向制造市场的道路，使之能更好地抓住机遇，从而在船舶设计、建造以及动力和控制系统领域闯出一片天地。在学习乌斯坦成功经验的同时，可以从乌斯坦的船型开发情况了解当前和未来近海工程船的市场趋势——工作海域更远，工作水深更深；根据作业环境有针对性地开发船型，操纵性、灵活性、适航性、稳定性、安全性、舒适性更好；大部分船型船体更大、装载能力更强；小部分船如钻井船则往紧凑型发展以降低能耗。

深水海底管线维修系统DPRS（Deepwater Pipeline Repair System），主要集中在BP、Shell、ENI、Statoil等大型油气公司的深水油气田里，主要由Sonsub、Oceaneering、Oil States、Statoil、Subsea7等提供深水海底管线维修系统所需的方案、工具和设备，并逐步形成许多公司油气田作业公司组成联盟共同投资拥有DPRS，以降低成本和增加其利用率。一套完整的DPRS工具和设备主要包括夹具、提管设备、切割设备、外涂层和焊缝清除工具、管线终端修理工具、龙门托架组块、夹紧和密封液压连接器GSHC（Grip and Seal Hydraulic Connector)、管线回收工具 PRT（Pipeline Recovery Tool）、连接设备、焊接设备、管线终端测量系统 PMS（Pipe Measurement System）、跨接管膨胀弯等，以及 ROV、具有重型吊装能力的 DP 船等。

最为典型的 DPRS 为深水油气田 Mardi Gras 项目（2004 年开发、水深 1 350～2 190 米）的 DPRS。INTEC 在承包 BP 的 Mardi Gras 项目之初，BP 就要求 INTEC 在海管安装和营运中具备维修能力，故 INTEC 推荐 Sonsub 为其提供 DPRS，该系统集 DPRS 先进技术、方案、工具与设备于一体。Sonsub 具备 500 米以下海底管线维修技术，拥有完整的 DPRS 系统。

第四章 我国海洋能源工程战略装备的定位、目标与重点

一、定位

（一）海上勘探施工作业装备

开展深水勘探船、深水钻井船、铺管起重船、油田支持船的应用技术研究，进一步系统完善深水勘探钻井、起重、铺管作业技术，建立船型合理、装备优良、技术先进、队伍精干的海洋油气田勘探开发作业船队，形成我国3 000米深水油气田开发作业能力，形成我国深水石油开发的施工作业装备队伍。

（二）海上油气田生产装备

油气田生产装备定位是：研制适用于在南海环境条件，适应于中国在南海深远海油气田开发的新型海洋油气生产装置。目前深水平台、水下设施的设计建造诸多关键技术仍为国外工程公司掌握，在未来研究中应遵循"以我为主、引进、消化、吸收再创新"的原则，突破多型装置在南海应用和国内自主建造所面临的技术"瓶颈"，为未来南海油气田开发和参与世界海洋油气开发竞争提供技术支持。

（三）应急救援装备

深海工程应急救援装备的设计研发是我国海洋工程装备发展的"瓶颈"，通过研究突破若干关键技术、系统地提高设计研发能力，推进我国海洋装备产业和深海资源开发的全面发展。

二、发展思路

（一）海上勘探施工作业装备

在已有深水勘探船、深水半潜式钻井平台、铺管起重船、油田支持船

等的基础上,通过对船设计技术的消化、吸收并进行优化、创新,形成具有自主知识产权的 3 000 米工作水深深水作业船队设计建造技术,钻井深度 10 000 米以上钻井平台、起重能力在 4 000 吨以上的大型起重铺管船的设计和建造能力,提出相应的技术标准。在具备单个船舶技术发展的基础上,掌握了船舶设计和建造技术后,针对船队配置进行船舶设计,使单船的功能与船队匹配。

(二)海上油气田生产装备

针对生产平台、水下生产系统以及 FLNG 和 FDPSO 的关键技术开展攻关,首先解决有无的问题,针对现有国外成熟技术进行跟踪研究,随后在此基础上进行自主研发,力争形成具有自主知识产权的技术体系。

(三)应急救援装备

通过跟踪世界先进国家开展无人无缆遥控潜水器(AUV)等应急救援装备的研究工作,引进世界上最先进的高新技术,实现载体性能和作业要求的一体化。同时开展非线性水波动力学共性问题的研究,突破若干关键技术、系统地提高国内对应急救援装备的设计研发能力。

三、发展目标

(一)2020 年目标

1. 海上勘探施工作业装备

基本实现海洋石油勘探钻井船、铺管船、起重船、支持船等深水施工作业船舶的自行设计、建造,形成设计理论,完善相应的规范。自主研发深水勘探船、钻井船、铺管船、起重船、支持船的关键技术和关键设备。

2. 海上油气田生产装备

具有生产平台建造能力、水下生产系统独立设计制造能力、FLNG 和 FDPSO 系统集成能力,并可利用国内外现有成熟技术和设备建造 FLNG 和 FDPSO。

3. 应急救援装备

加速 11 000 米潜水器等方面的研究工作,并以此带动我国深海工程研究和装备水平的提高。

(二) 2030 年目标

1. 海上勘探施工作业装备

国内完全自主掌握深水勘探能力，建成 5~6 艘具备 10~20 缆的物探船。开展深水多功能海管及结构物安装船，包括水下钻机在内的深水钻修井装备的自主研发。建立较为完善的作业标准，完成两个移动供应补给基地形式的作业船队的建设。完全解决南海深远海的钻井、铺管和远程供应服务支持作业难题，建立安全可靠、经济的海上施工作业系统。

2. 海上油气田生产装备

具有新型生产平台的设计制造，开发设计自主知识产权的水下采油树，针对 FLNG 和 FDPSO 关键技术进行自主研发，形成具有自主知识产权的 FLNG 和 FDPSO 关键技术。

3. 应急救援装备

掌握载人潜水器、重装潜水服、ROV、AUV 等应急救援装备的关键技术，形成设计、制造能力。

(三) 2050 年目标

1. 海上勘探施工作业装备

自主研发世界领先的深水先进物探船多功能海管及结构物安装船、海上钻修井装备等海上施工作业设备。建立现代化、信息化的深水施工作业体系，针对各个海区不同的海况及气象条件下基本实现全天候作业。实现程序化管理，施工水平处于国际领先行列，并且成为国际上从事海上施工作业服务的顶级服务商。

2. 海上油气田生产装备

形成系统的生产平台、水下生产系统设计制造能力，具有完全自主知识产权的核心技术体系，形成具有全部自主知识产权的 FLNG 和 FDPSO 关键技术体系，达到国际领先水平。

3. 应急救援装备

自主开发先进的载人潜水器、重装潜水服、ROV、AUV等应急救援装备，应急救援设备的设计、制造能力以及应急救援作业能力达到领先水平。

四、重点任务与关键技术

(一) 重点任务

1. 海上勘探施工作业装备

建造10~20缆的物探船，形成深水半潜式铺管起重船的应用，形成专业铺管船和起重船的设计能力。

2. 海上油气田生产装备

大型单点系泊系统研制；适应恶劣海洋环境条件安全、经济的外输方式及相关设备研制；高效、大型LNG液化核心装备研制；LNG外输设备研制；Spar/TLP平台设计建造技术；水下采油树和下放工具总体设计技术，FDPSO油田开发模式研究等。

3. 应急救援装备

开发单人常压潜水装具ADS、水下机器人ROV水下设备以及深海载人潜水器Human-bery，同时配合水下作业工机具及深水工程支持船舶，实现最大工作水深1 500米的水下应急维修技术的突破。

(二) 关键技术

1. 海上勘探装备

掌握高精度地震勘探技术，形成高精度地震勘探成套装备体系，并最终形成国际先进的地震勘探装备技术体系。

2. 海上施工作业装备

深水S型铺管技术、深水施工应急技术、深水高效专业S型铺管船舶的设计技术。

3. 海上油气田生产装备

复杂应力条件下海洋土的变形与强度特性的试验研究与理论分析；新

型深水海洋基础型式的建造与施工技术、海洋工程地质灾害与土工破坏的监测技术与实时监控系统、海洋工程设施的腐蚀与防护技术;适应恶劣海洋环境条件的新型 FDPSO 船体形式;新型 FLNG 船体形式;动力定位等新型定位方式等。

4. 应急救援装备

工作水深达 11 000 米潜水器的研究设计技术,作业型单人常压潜水装具 ADS 工程样机、重载作业级深水油气工程维修专用 ROV 工程样机、深海载人潜水器 HOV 试验样机的设计制造技术。

五、发展路线图

(一) 发展路线图

深水勘探装备发展路线见图 2-2-101。

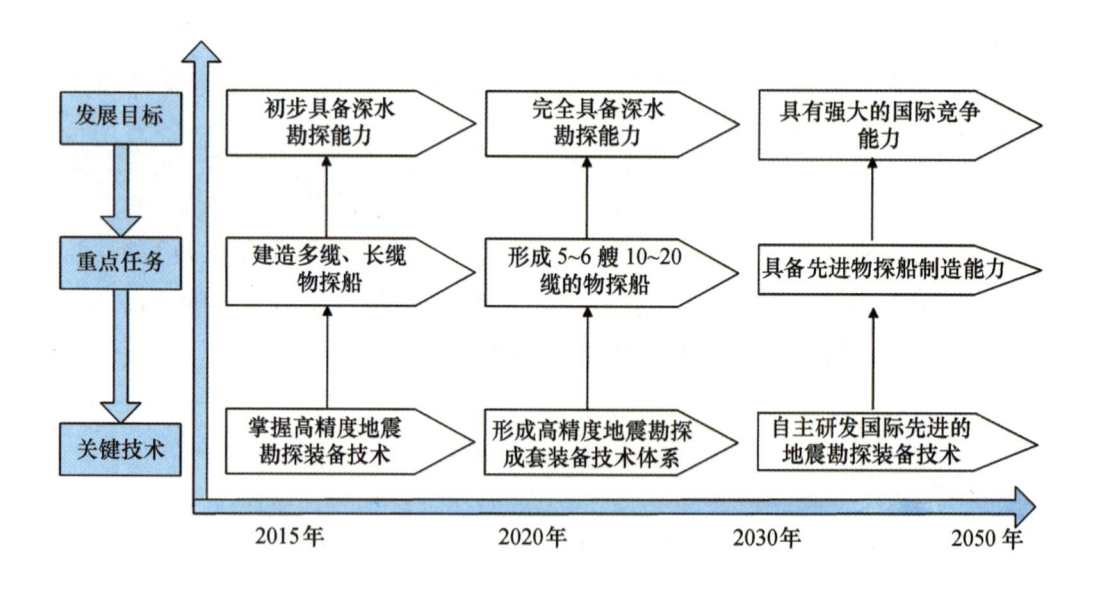

图 2-2-101 深水勘探装备发展路线

(二) 不同装备的发展路线图

不同装备的发展路线见图 2-2-102。

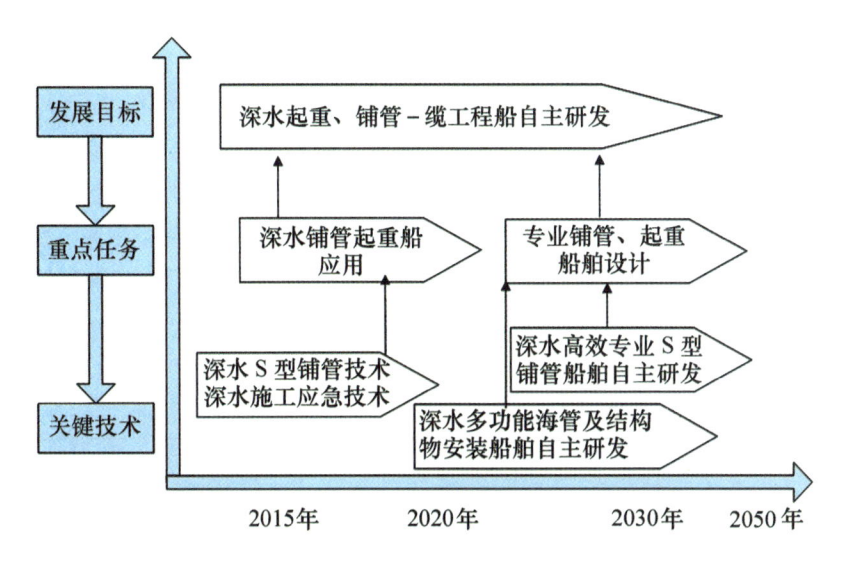

图 2-2-102　铺管起重船发展路线

表 2-2-18　深远海支持服务船及综合补给技术

项目	2015 年	2020 年	2030 年	2050 年
发展目标	初步实现通用海洋石油工程支持船的设计，设备研制，工程耗材研制	基本实现海洋石油工程支持船自行设计和建造，形成设计理论，完善相应的规范	建立较为完善的作业标准，完成两个移动供应补给基地形式的作业船队的建设，完全解决南海的远程供应服务支持作业难题，建立安全可靠、经济的支持系统，做到一站式服务	建立基于现代物流体系的信息化物流后勤补给体系，针对各个海区不同的海况及气象条件下实现全天候不间断补给，实现程序化管理，供给水平处于国际领先行列，国际上从事海洋工程后勤补给服务的顶级服务商
重点任务	1. 开展大型中转站支持船的技术研究 2. 深水三用工作船设计研究 3. 深水供应船设计研究	1. 大型中转站供应船专用设备研制 2. 大型中转站自动场区设计研究 3. 南海大物流理论探索	1. 集成化作业标准研究 2. 针对集中补给模式下的单船设计研究	1. 传统海上石油采区供给模式研究 2. 基于现代化物流的远海物流信息化管理

续表

项目	2015 年	2020 年	2030 年	2050 年
关键技术	1. 深水三用工作船及配套技术研究 2. 深水供应船及配套技术研究 3. 大型中转站供应船设计	1. 高端海洋石油工作船研制 2. 高端海洋专用设备国产化研制 3. 南海大物流供给经济模式研究	1. 海洋石油专用船舶研制 2. 远海补给系统作业系统标准研究 3. 船舶建造规范修订	1. 针对不同产油海区的供给模式研究 2. 海上物流信息化软件管理体系建立

表 2-2-19 FDPSO 与 FLNG

类别	2020 年	2030 年	2050 年
FLNG	自主 FLNG 船型，独立系统集成，建造 FLNG	自主 FLNG 船、自主液化工艺、自主 LNG 液化核心装备、自主 LNG 外输设备，建造 FLNG	具有完全自主知识产权的核心技术体系，建造 FLNG
FDPSO	自主 FDPSO 船型，独立系统集成，建造 FLNG 和 FDPSO	自主 FDPSO 船型，自主钻井系统，建造 FDPSO	具有完全自主知识产权的核心技术体系和工程开发模式，可进行针对不同工程模式 FDPSO 的完全自主建造

表 2-2-20 水下采油树

类别	2020 年	2030 年	2050 年
水下采油树	独立设计制造水下采油树的能力	掌握水下采油树和送入工具的关键技术，开发自主知识产权的水下采油树	具有完全自主知识产权的核心技术体系，达到国际领先水平

第二部分　中国海洋能源工程科技发展战略研究专业领域报告

第五章　我国海洋能源工程战略装备领域的相关建议

一、重大工程领域相关建议

（一）深水物探作业船队建造工程

1. 必要性

由于陆上石油勘探程度高、开发难度越来越大，主要海洋国家已将开发海洋油气资源特别是深海油气资源作为重要战略举措之一。2000 年以后的全部油气发现中，深水区块占了近 50%。

中国海域特别是深海海域油气资源探明程度远远不够，油气的发现率比较低，极具勘探开发潜力。根据中海油各分公司对资源量滚动评价的结果，我国近海石油地质资源量达 106 亿吨，天然气地质资源量达 9.1 万亿立方米，石油探明程度仅为 23%，天然气探明程度仅为 9%，油气勘探还有巨大空间。我国深海主要位于南海海域，南海海域面积约 350 万平方千米，海域内 21 个新生代沉积盆地蕴藏油气资源总量约 571 亿吨，我国传统海疆内面积超过 200 万平方千米，初步估算油气资源总量达 230 亿~300 亿吨。其中水深大于 300 米的深水区面积达 157 万平方千米，占南海传统海疆内面积的 75%。深水油气勘探开发将成为我国未来油气资源勘探开发的重要领域，而地震资料不足已成为南海深水海域特别是南海中南部海域开展下一步工作的重要技术"瓶颈"。

为更好地开发我国海洋油气资源，特别是深水油气资源，确保国家能源安全，建立一支装备优良技术先进的适合深、远海勘探的地震作业船队成为迫切需要。

2. 总体目标

"战略展开，物探先行"。为适应新的地震勘探需求及深水地震勘探作业，获得高品质的地震资料，提高油藏评价的准确性，提高钻井成功率和钻井质量，从而降低勘探风险和勘探费用，急需打造一支先进的深水物探作业船队。

根据目前的地震勘探水平和工作量，近期首先建造两艘 12～16 缆深水物探船，1 艘长缆大震源二维物探船及两艘深水物探采集作业支持船，到 2030 年，建造成 4～5 艘 12～20 缆深水物探船，两艘长缆大震源二维物探船及 5 艘深水物探采集作业支持船的国际先进深水物探船队。使我国深水物探作业能力进入国际先进水平行列。

3. 主要任务

主要任务包括：
- 海洋二维物探船建造；
- 海洋多缆物探采集船建造；
- 海洋物探采集作业支持船。

4. 关键科技问题

形成一套多缆船的设计、建造、设备引进及系统集成、评估体系，使多缆船装置及工艺技术能力逐步提高到国际先进水平。

关键技术包括：
- 多缆船设计技术；
- 物探作业设备集成技术；
- 采集电缆及气枪震源拖带及操控技术；
- 海上作业航行补给装置及技术；
- 相关配套技术。

（二）深远海支持服务船及综合补给技术

1. 必要性

在目前全世界油气新发现中，超过 5 亿桶油当量（6 820 万吨）的巨型油气田共有 76 个，总可采储量达到 980 亿桶油当量（133.697 亿吨），其中 17 个为可采储量大于 10 亿桶油当量（1.36 亿吨）的超巨型油气田。在这 76 个新发现的巨型油气田中陆上占 36%，海洋占 64%。

我国国土资源部宣布：我国管辖南海海域又圈定的 38 个沉积盆地，海上油气资源可达 400 亿吨以上的油当量。

南海南端尤其是南沙群岛周边海域为油气资源的富集区，是我国南海石油开发的主要方向，但现阶段尚存在两大地缘限制因素：①南沙及周边海域远离祖国大陆，距海南岛也有近 1 400 千米，但却靠近与我有争议的东南亚国家。②经过几十年的蚕食，南沙群岛大部分岛礁已被国外势力占据。目前南沙岛礁割据形势是，越南：29 个；菲律宾：8~9 个；马来西亚：10 个；文莱：0 个；中国：8 个（太平岛为台湾地区占据）。

上述因素导致了我国在该区域"近争岛礁、远望大陆"的不利局面，由此会给远海石油生产带来以下问题。

1）相比于南海海区，国际上其他知名深海油气开采区域如新墨西哥湾油田区、巴西深海油田区距离本土距离均较近，保障补给运输方便，不会出现直线距离达上千千米的情况。在远离陆地保障设施的条件下，作业人员长期在相对狭窄空间工作，人员心理生理压力大，作业平台、工程船舶机件损耗大且自行维修能力有限，仅依靠船运存在补给批量少、周期长、成本高，受沿途气象或其他因素干扰不能定期送达等缺点，限制了远海油气田开发持续高效的进行。

2）国外深海油气田靠近本国海岸线，可进行持续有效的安全保卫和公务部门的巡逻执勤，保障生产正常进行和人员设施的安全。但我国南海海区周边多为争议国家，且存在海盗或其他不法组织活动的可能，在无固定基地支撑的情况下很难保证我方石油生产的正常开展。

深海、超深海域拥有极为丰富的油气资源，全球 44% 油气储量在深水，再加上勘探程度比较低，可见油气发现潜力巨大。随着陆地和近海油气产量的下降，深海已成为全球油气勘探开发新的热点区域。特别是我国经济的高速发展，能源需求急剧增加，南海具有丰富的油气资源和天然气水合物资源，石油地质储量约 230 亿~300 亿吨，占我国油气总资源量的 1/3，属于世界四大海洋油气聚集中心之一，有"第二个波斯湾"之称。加快南海资源开发已成为我国海洋战略的重要组成部分，我国海洋石油 2015 年远景规划，开发 30 多个油田，中海油计划在未来 20 年内投资 2 000 亿元，加大开发南海油气资源的力度，建成一个"深海大庆"。

但目前南海深远海油田补给困难制约了油气资源的开发进程，一方面南海 70% 的资源蕴藏于平均水深 1 212 米、最深 5 567 米的深海区域，海况恶劣；另一方面油田分布区域广、距离岸基远，最远处甚至长达数千海里，这些因素给油田群的人员、物资周转带来巨额的运输成本和巨大的运输风险，迫切需要建立一种高效安全的供应模式。

通过在深远海建立海洋工程浮式物流供应基地，使用专用运输船将供输物资先运送到基地，然后再由平台支持船将物资运送到各个作业油田，实现安全高效的油田补给模式。同时以此为基础使传统物流向现代物流转变，更好地服务油田。

通过本课题研究，突破海洋工程深远海浮式物流供应基地设计研究的关键技术，立足国内完成深远海大型浮式供应基地的总体研发及关键研制技术研究；以此为基础，推进深远海大型浮式供应基地的产业化，增强南海深远海油田作业的供应能力，为南海资源开发提供有力支撑。

2. 总体目标

针对南海深远海油气资源开采配套补给航程长、海况恶劣、供应困难的难题，开展深远海油气田开发大型浮式支持船研究，突破大型浮式支持船总体设计、深水单点系泊、靠泊装卸系统海上宾馆设计及干散货钻屑泥浆一体化运输等关键技术，实现深远海油气田开发大型浮式支持船的自主研发，为南海深远海海洋作业群的生产作业提供高效优质的后勤保障与作业支持，提升我国深远海油气资源开发的综合能力。

3. 主要任务

1）南海及其他深远海区域大物流模式研究

在深远海建立海洋工程浮式物流供应基地具有高效、安全可靠的特点。通过专用运输船将供输物资先运送到基地，然后再由平台支持船将物资运送到各个作业油田，实现安全高效的油田补给模式。同时以此为基础使传统物流向现代物流转变，更好地服务油田。

2）深远海油气田开发大型浮式支持船总体设计研究。

基本数据见表（2-2-21）。

表 2-2-21　大型浮式支持船基本参数

总长/米	Loa	~288.00	
垂线间长/米	Lpp	280.00	
型宽/米	B	68.00	

续表

型深/米	D	33.00	
设计吃水/米	T	23.00	
载重量/吨		300 000	
载客量/人		1 000	
甲板载货区面积/米^2	S	8 400	
甲板均布负荷/(吨·米$^{-2}$)	p	10	
甲板载货量/吨	w	50 000	
燃料油舱/米^3		~89 000	
淡水舱/米^3		~213 000	
钻井泥浆舱/米^3		~18 000	
散装水泥舱/米^3		~14 000	
盐水舱/米^3		~27 000	
基油/米^3		~5 000	
船底水沉淀舱/米^3		~600	
液压油舱/米^3		~600	
滑油舱/米^3		~800	
燃油泄放舱/米^3		~450	
燃油溢油舱/米^3		~750	
生活污水舱/米^3		~300	
污滑油舱/米^3		~400	
灰水舱/米^3		~500	
泡沫舱/米^3		~500	

（1）环境载荷与船体运动性能研究。根据深远海油气田开发大型浮式支持船作业位置海域的环境资料，确定各种概率意义下的风、浪、流的设计参数及水深、地形、地貌相互作用的相应设计参数，采用非线性理论、势流与粘流理论对深远海油气田开发大型浮式支持船在各种风浪流中的性能开展研究，掌握深远海油气田开发大型浮式支持船非线性运动性能分析和载荷预报技术（图2-2-103）。通过模型试验验证，使研发的预报方法的精度达到工程使用的要求。

（2）总体布置及结构疲劳设计研究。综合考虑作业、安全等各方面要

图 2-2-103　深远海区域大物流模式示意图

求，并结合深远海油气田开发大型浮式支持船运动性能一起考虑，对船体的结构形式、主甲板面布置、海上星级宾馆、存储装卸系统及直升机抵离安全区进行总体布置，使各个区域相互协调。综合考虑不间断的海浪及运输船频繁靠泊对深远海油气田开发大型浮式支持船体的疲劳损伤，结合基地的总体布置对船体的结构疲劳热点进行疲劳评估及优化设计，达到 40 年以上的疲劳寿命要求。

（3）单点系泊系统总布置方案研究。针对深远海系泊的需求，开展系泊缆和立管数量尺寸选择、内转塔形式、尺寸以及在船体中布置等研究，进行系泊系统的总体布置，保证船体及海下各个设备之间不干涉，使深远海油气田开发大型浮式支持船全服役周期能承受最恶劣的设计海况，并且满足船级社的相关要求。

（4）靠泊及装卸系统研究。针对深远海油气田开发大型浮式支持船的各种类别运输供应船包括供水船、供油船、水泥船及工作船等船型的靠泊装卸需求，研究不同船型串靠及旁靠的靠泊模式，分析不同物资包括淡水、燃油、水泥、泥浆及干散货等装卸需求，结合深远海油气田开发大型浮式支持船所处深远海海况及船体运动性能，研究多船靠泊、多类别物资的装卸模式，有效防止多船体靠泊碰撞，提高装卸效率，并提出对装卸系统的技术指标与设备选型要求。

（5）换乘波浪补偿栈桥研究。深远海油气田开发大型浮式支持船人员往来频繁，人员数量较多。针对船舶干舷高影响换乘的特点，研究各种情况下的换乘转移方法，包括普通人员从专用客船、油田作业人员从工作船中转等；综合考虑深远海的海况情况，研究波浪补偿栈桥，实现海浪情况下的人员安全换乘。

（6）海上宾馆舒适性设计研究。深远海油气田开发大型浮式支持船对海上宾馆的舒适性及安全性要求较高，通过主尺度及船型优化设计，研究耐波性及稳性俱佳的船型。研究海上宾馆的外观设计与总体布置，对空调、通风、采暖系统及内装进行优化设计，研究减振降噪措施，提高乘客的舒适性。

（7）干散料及钻屑泥浆一体化运输系统研究。针对深远海油气田开发大型浮式支持船对海上平台复杂混合散料与泥浆供应、钻屑油水混合物中转的需求，研究钻屑的输送与存储系统，防止钻屑黏稠度升高而凝固；研究泥浆及油水混合物的输送方法，提高输送系统效率；进行浮式基地与工作船输送系统匹配性研究，实现干散料及泥浆、钻屑的同步装卸，提高输送效率。

4. 关键科技问题

（1）南海大物流供应问题。根据深远海浮式物流供应基地支持的钻井平台群的物流分析，考虑台风等对海况、气候的影响，优化物流网络结构，制定专业物资基地划分及物资采购、准备，人员就位的计划，由此确定各专用船舶的出勤需求。使用专用运输船舶从陆地后勤基地直接向本平台进行长途物资、人员供应。提高专业分工效率，减少运输船舶的总用量，降低传统模式中物资的提取、打包、装卸工作量。使用石油钻井平台供应船、工作船、直升机对深海供应平台和钻井平台群之间的人员、物资进行科学合理的短程调配流通。

（2）深远海浮式物流供应基地结构疲劳计算与分析。由于浮式基地的结构强度设计和船体结构疲劳要满足百年一遇的恶劣海况及长寿命、免维护的苛刻要求，以及必须满足内转塔单点系泊系统安装和海上宾馆布置的特殊要求，从结构设计和可靠性的角度，对浮式基地结构强度进行分析和评估，研究浮式基地在整个生命周期内可能受到的波浪诱导载荷和结构的强度。在最危险的载荷和波浪条件下，校核船体所有结构疲劳热点区域的强度是否满足40年工作寿命。

（3）深远海浮式物流供应基地系泊系统总布置。深海系泊技术是深远海浮式基地的核心内容，国际上流行的系泊定位方式主要有多点锚泊系统、内转塔式单点系泊系统以及动力定位系统，目前仅为国际上几个国家所掌握。对于深远海浮式基地，可能的系泊方式是采用内转塔单点式系泊方式或者是动力定位两种模式。对国外深水系泊系统关键技术进行分析消化，进行系泊模式的优劣对比分析，完成深远海浮式基地系泊系统选取、计算、布置、疲劳分析等技术研究，同时开展深远海浮式基地模型水池试验技术研究，找出最佳安全经济的深远海浮式基地系泊系统。

（4）深远海干散料及钻屑泥浆一体化运输。分析钻屑的粉碎与存储过程，采用链式旋转工艺实现管道中的物料搅拌，采用可装卸式叶轮实现存储罐内的物料进行搅拌，防止运输过程中黏稠度升高，发生凝固。采用铅垂配重块用于引导输油软管寻找连接点，完成输油软管的连接，大幅提升输送系统的连接效率。通过浮式物流供应基地与供应船的输送系统匹配，使得钻屑与泥浆、散料、淡水等输送同步进行，提高工作效率。

（5）深远海船型功能如何配置。本方案需要较为完备的人员、工作船、深海钻井、开采作业保障的功能及开发南海旅游和教育培训条件，主要有：

- 远海海区长期安全系泊；
- 对三用工作船或其他船舶的靠帮干货物资及液货物资补给；
- 平台群常用钻井耗材维护及维修；
- 钻探用泥浆制备；
- 30万吨货物储存；
- 500人生活保障；
- 救护医疗功能；
- 6架直升机的起降保障；

- 近区防卫和区域监控；
- 南海旅游资源开发模式及配置研究；
- 海上石油开采及工程船舶培训教育基地。

二、重大科技专项相关建议

（一）深水高效专业 S 型铺管船舶自主研发科技专项

1. 必要性

从目前铺管船的发展来看，国内主要的铺管船舶基本都自带大型起重机以提高船舶的功能性。但类似的起重、铺管功能融合在一起的海洋工程船舶也逐渐突显出其不足之处。例如：船舶结构形式复杂、单船动复员费用高、起重铺管功能相互受限制约等。尤其是进入深水后，海洋结构物呈现比浅水区更大、更重的特点，海管结构则呈现长距离、大管径、高温高压等特点，这些问题的解决都需要有更专业的施工船舶来完成，如果仍采用传统的起重铺管相结合的方式，将大大增加船舶设计、建造的难度和成本，同时还不利于保证海上施工作业的效率和安全性。为了更好地实现海上施工作业，国内已经设计建造了一些大型海洋工程起重船舶，这在很大程度上缓解了深水大型结构物的安装需求。但尚未有专业的深水铺管船舶的设计建造项目设立，这一方面不利于我国深水油气田开发中海底管道的铺设施工作业；另一方面也不利于我国深水铺管关键装备设计、建造等相关产业的发展。

2. 总体目标

以满足深水长距离大管径油气管道及配套设施安装为需求，研究开发新型高效 S 型海管铺设系统和水下设施安装系统，以及相应的搭载船舶，构建专业化的高效深水海管施工平台，提高海上施工效率，更好地实现深水海管设计要求和质量要求，保障深水海管施工的安全性。

3. 重点研究项目与关键技术

- 深水高效 S 型铺管作业工艺设计；
- 深水 S 型铺管主作业线设计；
- 深水 S 型铺管预制作业线设计；
- 深水 S 型铺管应急维修方案设计；

- 大张力海管张紧器及收放绞车设计；
- 升沉补偿系统设计；
- 适用于高效 S 型铺设作业线的搭载船舶设计。

(二) 深水多功能海管及结构物安装船舶自主研发科技专项

1. 必要性

从我国目前铺管船的现状来看，目前铺管船基本上都是 S 型铺管。S 型铺管法虽具有能铺设浅水和深水的特点，但受其铺设方式的限制，对于超深水大管径或者长距离高效铺管都不及另两种铺管方式。

从国外现在已有的铺管船舶及其在建船舶可以看出：J 型和 Reel 型复合的多功能海管及结构物安装系统正被多家海洋工程公司所采用。该系统综合了 J 型和 Reel 型铺设系统以及水下设施安装系统的多种功能于一体，可以实现上述 3 种安装系统的功能。

为了我国后期深水油气田项目、尤其是南海油气田资源的顺利开发，有必要研发、设计并建造适用于我国的深水 J 型和 Reel 型铺设工程船，而上述深水多功能海管及结构物安装船舶可以在很大程度上满足我国在此方面的需求，同时也有利于在进一步完善我国深水铺设船队的基础上，充分保障我国深水油气田资源的顺利开发，进一步促进我国深水铺管关键装备产业的发展。

2. 总体目标

通过设计、研发深水多功能海管及结构物安装船舶，以进一步扩充我国的深水海管及水下结构物安装船队，满足多类型深水长距离油气管道和油气田内小管道及配套设施的安装需求，实现优化合理的海上作业，提高海上作业效率，为我国未来深水油气田勘探开发提供更高效的海上施工船队和装备，培养相关装备设计研发和海上施工人才。

3. 重点研究项目与关键技术

- 深水 Reel 型铺管作业工艺设计；
- 深水 J 型铺管作业工艺设计；
- 深水水下设施安装工艺设计；
- 深水 J 型、Reel 型铺管关键装备设计；
- 深水水下设施安装关键装备设计；
- 适用于深水多功能海管及结构物安装的搭载船舶设计。

第二部分　中国海洋能源工程科技发展战略研究专业领域报告

（三）深水高精度地震勘探设备研制与应用科技专项

1. 必要性

随着油藏复杂程度的提高、油田开发难度的加大，特别是对深海油气藏和隐蔽油气藏的勘探，要求获得进一步提高时空采样频率和更高频率的全矢量波场地震信息，对地球物理勘探技术提出了更高的要求，而勘探技术的基础是地震勘探装备技术。

目前，国际上先进的地震勘探装备技术主要掌握在法国的 SERCEL 公司和美国的 ION、斯仑贝谢、PGS 等少数几家公司，这些公司的资金、技术力量雄厚，市场竞争能力强，在海上拖缆地震勘探装备领域处于主导地位。并且这些国外厂商为了保持技术先进与技术垄断，对先进的地震勘探装备技术采取技术限制，比如小于 12.5 米道距的拖缆地震采集系统禁止向中国出口。

这些技术限制和技术垄断妨碍了国内海上高分辨地震勘探的发展，装备技术的落后约束和限制了勘探方法的应用，诸多技术限制不利于我国油气资源的勘探开发，特别是深水油气的勘探开发。同时进口设备存在价格昂贵，维修比较困难，备件采办周期长，进行大量的设备备件储备需消耗额外的维护费用等问题，增加了海上地震勘探的作业成本，降低了生产效益。

地震采集技术的进步可分为效率的提高（成本下降）或分辨率的提高（价值的提高）。分辨率的提高和成本的降低都是由数据采集开始的。但如果直接面向地震数据采集的研究资金有限，这样也许在降低成本的效果上短期会产生效果，但实际上通过加速地震采集装备技术的革新，不断地提高地震数据的分辨率将会获得长期的效益。因此开展海上高精度地震勘探仪器装备技术研究具有重大的战略意义和现实意义：①有利于技术储备，形成具有自主知识产权的国产海上勘探仪器装备；②突破国外地震勘探仪器厂商对我国高精度勘探仪器装备领域的技术封锁，提高国内海上高分辨勘探能力；③降低海上地震勘探成本，增强国内海上地震勘探企业的市场竞争能力；④地震勘探仪器研发将推动相关领域的技术发展。

海上高精度地震勘探仪器装备研制将提升我国海洋油气藏开发的能力，特别是对复杂地层和隐蔽油气藏的勘探开发能力，全面提升海上油气资源地震勘探技术水平，更有效地解决海上油气开发生产中精细构造解释、储层描述和油气检测的精度问题，提供深水勘探战略强有力的技术支撑，有利于充分开发蓝色国土，缓解我国能源短缺的压力。

2. 总体目标

开发深水油气资源勘探技术与装备，解决制约我国深海油气勘探技术与装备开发"瓶颈"性问题，掌握具有我国特色的、拥有自主知识产权的深水油气勘探核心技术，研制具有国际先进水平的深水高精度地震勘探设备，包括：海上高精度拖缆地震数据采集设备、拖缆定位与控制设备、高精度数据地震处理解释技术以及相应软件系统，地震综合导航设备、震源控制设备，形成具有自主知识产权的海上高精度地震勘探成套装备及技术系列，并广泛地应用于实际勘探作业中，满足我国海洋油气资源勘探开发的需要。到2015年，基本掌握深水油气勘探的系列核心技术，培养深水油气勘探人才，打破国外的技术垄断，实现我国深水油气勘探技术的跨越式发展，为我国大规模开展深水区域和海外区块油气田开发提供强有力的科技支撑。到2020年，自主研制的海上勘探设备广泛应用于生产实际中。

3. 重点研究项目与关键技术

围绕总体目标及海上高精度地震勘探的需要，开展高精度拖缆地震勘探装备技术及配套技术的研究。

1）海上高精度拖缆地震采集系统研制

研制海上高精度拖缆地震采集系统，研究高精度的单检和组合方式的采集拖缆技术，系统最大采集接收能力达到24缆，每缆4 000道（1毫秒采样），并开展新型固体线阵技术研究，加强工程技术、成缆工艺研究和海上试验测试，提高设备的稳定性和可靠性，满足海上地震勘探生产作业要求。

2）拖缆定位与控制系统研制

研制高精度的拖缆深度及航向控制装置（罗经鸟）、拖缆横向控制装置（水平鸟）和水下拖缆声学定位装置（声学鸟），同时研究自主水鸟控制系统，实现多缆长缆的全网声学定位、拖缆的深度及横向方位控制。开展工程工艺研究，加强试验测试，提升实用性与可靠性，满足海上实际作业要求。

3）海洋地震勘探综合导航系统研制

开展海上综合导航定位技术研究，研制海洋地震勘探综合导航系统，实现海上地震勘探实时导航、实时坐标解算与定位、面元统计与分析，完成地震作业质量控制。逐步满足海上不同宽频、宽方位的新的地震采集方法的需求。

4）气枪震源控制系统研制

开展气枪震源的数字化控制技术研究，研制高精度海上数字式气枪震源控制系统，实现对大阵列大容量气枪震源的高精度控制及对辅助信号（近场、压力和深度）的采集，降低气枪震源控制系统的故障率，提高数据采集的精度和数据传输的稳定性，满足海上高精度地震勘探要求。

5）高精度地震资料处理解释应用研究

开发高精度数据地震采集、处理、解释技术以及相应软件系统，针对高分辨、高精度成像、解释和反演要求，进一步发展能充分挖掘资料潜力的更有效的去噪、成像、解释和反演配套技术，形成观测系统设计、去噪、成像、反演、解释的一体化处理技术，实现高精度地震系统工程化，实现实际资料高精度地震处理技术的示范应用。关键技术包括以下几方面。

（1）海上高精度地震拖缆采集技术：①高采样率－高动态范围采集电路技术；②水下采集数据的高速电传输技术；③大容量实时地震数据采集与存储技术；④长电缆低功耗电源技术；⑤高可靠结构、工艺技术。

（2）高精度拖缆控制与定位系统技术：①水鸟通信控制技术，研究一体化通信控制平台，用于声学鸟、罗经鸟和水平鸟在多缆、长缆、全网声学定位下的通信控制技术；②声学定位数据的处理技术，研究水平鸟、声学鸟的声学测距、处理和定位算法，以及拖缆水平控制算法；③水平鸟横向控制技术，为水平鸟增加声学接收装置，以及研究有效的拖缆水平控制算法；④水鸟长距离通信技术，研究3种水鸟在15千米拖缆长度、全网情况下的长距离通信技术。

（3）海上综合导航系统技术：①适合多种施工方法的导航设计技术；②多缆、长缆、多类型导航观测量的数据采集；③高精度实时坐标解算技术；④全网声学定位技术；⑤实时面元统计分析技术。

（4）数字式气枪震源控制技术：①数字式高精度气枪震源控制技术；②大阵列大容量气枪控制技术；③高精度辅助信号采集技术。

（5）高精度地震数据处理与解释技术：①高精度外源干扰消除、潮汐及船动校正等提高信噪比技术；②高密度空间插值、规则化等针对高精度采集方式的处理技术；③高密度空间采样采集方式的模拟试验研究；④高精度叠前速度建模、叠前深度偏移等前沿技术；⑤半定量/定量化岩石地球物理研究；⑥多种单属性集成融合的地震准属性的技术体系研究；⑦高维地震信号分析解释方法；⑧定量化岩石物性反演等半定量/定量解释技术配套方法。

（四）深水水下应急维修作业设备研发科技专项

1. 必要性

全球深水海域油气资源丰富，近年来已逐渐成为全球油气资源开发的热点。据统计，海上油气资源有44%分布在300米以深的水域，已于深水区发现了33个储量超过8 000万立方米的大型油气田。就我国而言，南海海域具有丰富的油气资源和天然气水合物资源，石油地质储量约为230亿~300亿吨，占我国油气总资源量的1/3，属于世界四大海洋油气聚集中心之一，有"第二个波斯湾"之称，其中70%蕴藏于深海区域。"荔湾3-1"、"流花34-2"、"流花29-1"等重大深水油气发现，预示着南海深水油气田开发的前景十分广阔。

在深水油气资源开发中，相对于水面各种形式的浮式系统来讲，使用水下系统可以避免建造昂贵的海上采油平台，节省大量建设投资，且受灾害天气影响较小，可靠性强。随着技术的不断成熟和发展，水下生产系统在深水工程中的应用越来越多。但是，水下工程技术的高风险、高科技特点，使得水下系统的事故所带来的后果更严重，对事故、故障的应急处理更复杂、更重要。由于"深水地平线"平台爆炸导致的墨西哥湾漏油事故，致使当地的海洋生态环境受到严重威胁，经过长期的努力，虽然尝试了各种办法，但依然没有阻止原油泄漏，油田的所有者英国石油公司（BP）则将面临美国政府的巨额罚款。因此，为了尽可能减小水下生产系统设施发生故障后的影响，需要对水下设施应急维修系统开展深入研究。

水下设施应急维修系统中最核心的内容是水下作业装备、工具和水下作业技术与工艺。近年来世界水下工程技术的研究开发重点已从常规有人潜水技术向大深度无人遥控潜水方向发展，ADS、ROV、HOV等潜水器被广泛应用于深水海洋工程的勘探、开采、监测、检测和维修。目前深水水下作业装备基本被少数几个发达国家所垄断，严重制约了我国深水油气田开发，亟须研发深水水下作业装备。

2. 总体目标

针对海上油气田水下设施应急维修作业的需求，以不同水深级别的不同应急维修方案为主线，开发单人常压潜水装具 ADS、水下机器人 ROV 水下设备以及深海载人潜水器 HOV，同时配合水下作业工机具及深水工程支持船舶，实现最大工作水深 1 500 米的水下应急维修技术的突破，为海上油气田安全生产提供保障，形成深水水下工程维修技术及相关能力。

3. 重点研究项目与关键技术

- 作业型单人常压潜水装具 ADS 工程样机的研制；
- 重载作业级深水油气工程维修专用 ROV 工程样机的研制；
- 深海载人潜水器 HOV 试验样机的研制。

（五）海洋石油工程支持服务体系科技专项

1. 必要性

深远海综合补给技术是实现经济模式下开采深远海资源不可或缺的环节，其保证深远海资源开采成为可能，南海 70% 的资源蕴藏于平均水深 1 212 米、最深 5 567 米的深海区域，且油田分布区域广、距离岸基远，最远处长达数千海里，给油田群的人员、物资周转带来巨额的运输成本和巨大的运输风险，必须研究高效、安全可靠的后勤补给来实现我国南海油气资源开发。在深远海建立浮式物流供应保障基地具有高效、安全可靠的特点。通过专用运输船将供输物资先运送到基地，然后再由平台支持船将物资运送到各个作业油田，实现安全高效的油田补给模式。同时以此为基础使传统物流向现代物流转变，更好地服务油田。通过浮式基地中转，实现海洋平台物资运输和人员转运，缩短了供应周期，降低了运输成本，提高了物流供应的安全性。与此前提下，是我国有能力为世界油公司提供专业的物流供给保障，为探索深海的资源开此提供可能。

2. 总体目标

建成多功能集团化船队，实现创新的远海物资补给理论，在国际率先实现现代化的海上远程不间断的最经济的模式，实现海上远程补给技术，可以为深远海作业提供支持服务，从而使我国在海上物流补给方面跻身于世界顶级水平。

3. 重点研究项目与关键技术

（1）南海大物流供应技术。根据深远海油气田开发大型浮式支持船所支持的钻井平台群的物流分析，考虑台风等对海况、气候的影响，优化物流网络结构，制定专业物资基地划分及物资采购和准备、人员就位的计划，由此确定各专用船舶的出勤需求。使用专用运输船舶从陆地后勤基地直接向本船进行长途物资、人员供应。提高专业分工效率，减少运输船舶的总用量，降低传统模式中物资的提取、打包、装卸工作量。使用石油钻井平台供应船、工作船、直升机对深远海油气田开发大型浮式支持船和钻井平台群之间的人员、物资进行科学合理的短程调配流通。

（2）深远海油气田开发大型浮式支持船结构疲劳计算与分析技术。由于深远海油气田开发大型浮式支持船的结构强度设计和船体结构疲劳要满足百年一遇的恶劣海况及长寿命、免维护的苛刻要求，以及必须满足内转塔单点系泊系统安装和海上宾馆布置的特殊要求，从结构设计和可靠性的角度，对深远海油气田开发大型浮式支持船结构强度进行分析和评估，研究浮式基地在整个生命周期内可能受到的波浪诱导载荷和结构的强度。在最危险的载荷和波浪条件下，校核船体所有结构疲劳热点区域的强度是否满足40年工作寿命。

（3）深远海油气田开发大型浮式支持船系泊系统总布置技术。深海系泊技术是深远海油气田开发大型浮式支持船的核心内容，国际上流行的系泊定位方式主要有多点锚泊系统、内转塔式单点系泊系统以及动力定位系统，目前仅为国际上几个国家所掌握。对于深远海油气田开发大型浮式支持船，可能的系泊方式是采用内转塔单点式系泊方式或者是动力定位两种模式。对国外深水系泊系统关键技术进行分析消化，进行系泊模式的优劣对比分析，完成深远海油气田开发大型浮式支持船系泊系统选取、计算、布置和疲劳分析等技术研究，同时开展深远海油气田开发大型浮式支持船模型水池试验技术研究，找出最佳安全经济的深远海油气田开发大型浮式支持船系泊系统。

（4）深远海干散料及钻屑泥浆一体化运输技术。分析钻屑的粉碎与存储过程，采用链式旋转工艺实现管道中的物料搅拌，采用可装卸式叶轮实现存储罐内的物料进行搅拌，防止运输过程中黏稠度升高，发生凝固。采用铅垂配重块用于引导输油软管寻找连接点，完成输油软管的连接，大幅提升输送系统的连接效率。通过深远海油气田开发大型浮式支持船与供应船的输送系统匹配，使得钻屑与泥浆、散料、淡水等输送同步进行，提高工作效率。

(六) FLNG 科技专项

1. 必要性

大型浮式液化天然气装置 FLNG 是近年来海洋工程界提出的集海上天然气/石油气的液化、储存和装卸为一体的新型生产装置，具有对海上气田开采投资成本低、开发风险小，以及便于迁移、安全性高等特点。

传统的海上天然气田开发采用生产平台和海底管道的方式进行。与采用 FLNG 开发天然气田相比，传统的开发方式具有一定的局限性。如果气田距海岸太远或规模较小，使用传统的开发方式经济效益会降低，甚至无法收回投资。同时，如果海底管道铺设存在困难，传统的开发方式也难以实现。

随着 FLNG 应用技术的逐步成熟，FLNG 概念的工程化已被众多能源公司所接受。利用 FLNG 进行海上气田开发结束了海上气田只能采用管道运输上岸的单一模式，节约了运输成本，且不占用陆上空间，而且，该装置可以安装在远离人群居住的地方，安全环保。此外，FLNG 还可以在气田开采结束后二次使用，安置于其他天然气田，经济性能较高。FLNG 的上述优势使其成为开发离岸较远的中小型边际气田的首选装备。

我国南海大陆架已知的主要含油盆地有 10 余个，面积约 85.24 万平方千米，几乎占到南海大陆架总面积的一半。中国国土资源部的数据显示，南海有含油气构造 200 多个，油气田 180 个。按照最为乐观的估计，南海地区潜在石油总藏量约为 550 亿吨，天然气 20 万亿立方米，绝对堪称"第二个波斯湾"。南海台风频繁，内波频发，海洋环境条件恶劣，大部分油气资源离岸距离远，从而全海式开发南海天然气资源成为主要工程模式，因此，FLNG 成为开发南海天然气资源必需的海洋工程装备。我国 FLNG 研究刚刚起步，关键技术和装备在国内处于空白状态，因此必须加大 FLNG 总体和关键设备的研究，支持我国南海天然气资源的开发。

2. 总体目标

针对深远海气田开发，基于南海特殊海洋环境条件，开发 FLNG 新船型，具备 FLNG 基本设计、详细设计和自主建造的能力，形成自主知识产权的 FLNG 液化工艺，形成自主制造 FLNG 关键核心设备能力，进而形成完整的 FLNG 工程技术体系。

3. 重点研究项目与关键技术

FLNG 工程技术体系研究，研究内容包括以下关键技术：
- FLNG 液化工艺研究；
- 大型 LNG 液化核心装备研制；
- LNG 外输设备研制；
- 新型 LNG 货物维护系统研究；
- 大型单点系泊系统研制；
- 新型 FLNG 船体形式研究；
- FLNG 工程应用风险分析。

（七）FDPSO 科技专项

1. 必要性

浮式钻井生产储油卸油装置 FDPSO 是另一种新型式的浮式生产储油卸油装置（FPSO），其通过在 FPSO 船体月池上添加钻机设备（钻井月池），增加钻探功能，集钻探、生产、存储及装卸为一体，具有单独开发油田的能力，大大缩短了油田开采的周期，节约了成本。

FDPSO 应用模式有早期试生产系统、油田分阶段开发模式、Azurite 油田模式和可转换模式等。目前 FDPSO 的应用模式还在不断探索中，如何设计适合我国南海开发的模式是当前 FDPSO 研究的重点。

中国南海台风频繁，内波频发，海洋环境条件恶劣，大部分油气资源离岸距离远，开发工程模式多，而 FDPSO 适应工程模式广泛，可有效降低海上油田开发的成本与风险。我国 FDPSO 研究刚刚起步，而南海环境条件对 FPSO 的应用存在诸多限制，因此大力开展 FDPSO 总体和关键设备的研究，形成适应于南海的 FDPSO 工程技术体系，对我国南海油田开发具有重大意义。

2. 总体目标

针对深远海气田开发，基于南海特殊海洋环境条件，开发 FLNG 新船型，具备 FLNG 基本设计、详细设计和自主建造的能力，形成自主知识产权的 FLNG 液化工艺，形成自主制造 FLNG 关键核心设备能力，进而形成完整的 FLNG 工程技术体系。

3. 重点研究项目与关键技术

FDPSO 工程技术体系研究，研究内容包括以下关键技术：
- 适应南海恶劣海洋环境条件的新型 FDPSO 船体形式研究；
- 适应恶劣海洋环境条件安全、经济的外输方式及相关设备研制；
- 动力定位等新型定位方式研究；
- FDPSO 油田开发模式研究；
- FDPSO 工程应用风险分析。

三、其他相关建议

（一）把建设海洋工程科技强国列为国家战略

随着我国经济的迅猛发展，对能源需求量日益增加，石油消费不断攀升。目前我国对进口石油的依存度已超过 40%，并且还在不断增加。南海油气资源丰富，其中约 70% 蕴藏于深水区，而我国深水勘探开发技术与装备远落后于国际先进水平，深水海洋工程技术面临复杂的油气藏特性以及恶劣的海洋环境条件，必须加强深水海洋工程技术和装备的攻关。

（二）建立健全海洋工程与科技管理体制

科技部、国家发改委及工信部等部委对我国深水海洋工程技术发展的迫切性都有着非常深刻的认识，也通过各种渠道对我国涉及深水海洋工程技术和装备的企事业单位进行了有针对性的引导和支持。通过"十一五"、"十二五"以及"十三五"科技立项，很好地促进了我国深水海洋工程技术的发展，在此基础上，建议从顶层考虑建立健全我国的海洋工程和科技管理体制，更好地服务于未来的深水海工工程开发需求。

（三）加强海洋工程与科技的资金投入

海洋工程开发属于典型的高风险、高投入和高回报型领域，尤其是深水海洋工程领域。相关开发装备和技术的前期投入要求很高，这对于单个单位而言将给其带来很大的投资风险，在一定程度上会限制一些高新技术的推广应用。建议国家加强海洋工程与科技的资金投入，一方面可以降低相关单位的资金投入量，保障其资金运作的流畅性；另一方面可以更好地促进相关单位在海洋工程技术研发领域的资金投入，加快相关高新技术的成熟度，缩短技术推广应用周期，及早实现海洋工程技术的产业化。

（四）加强海洋工程与科技的人才队伍建设

通过制定各类专项优惠政策，吸引有丰富经验的海洋工程和科技人才。同时在专项资金支持下，建设多个专项的海洋工程和科技试验室，提高海洋工程科技基础知识的积累程度，培养和锻炼具有专业知识的技术骨干，然后通过实际工程项目，以老带新，逐步构建层次系统、技术全面、能实战的海洋工程人员梯队。

（五）发展海洋文化和培育海洋意识

海洋工程的发展离不开广大群众对海洋的理解和认识。因此，需要通过多种形式的教育、宣传手段，普及海洋知识，发展海洋文化，让海洋意识根植于普通民众，这样后期发展海洋工程和科技才能得到更多人们的理解和支持。

（六）建设有利于我国海洋工程与科技发展的海洋国际环境

海洋作为世界面积的主要构成部分，其也是连接各个国家和地区的枢纽。开发海洋资源必须全面考虑周边国家的有利和不利影响。为了更好地开发我国海洋资源，尤其是东海和南海地区资源，就必须处理好与东亚、东南亚和南亚诸国的关系，营造有利于我国海洋工程与科技发展的海洋国际环境，形成"双赢"、"多赢"的国际合作局面。

主要参考文献

白勇．李清平．2012. 水下生产系统设计手册．哈尔滨：哈尔滨工程大学出版社．
2013. 南海东部海域海上油气田设施腐蚀与防护应用技术．北京：石油工业出版社．
《海上采油工程手册》编写组．2001. 海上采油工程手册．北京：石油工业出版社．
曾恒一，周守为．海上工程设计手册．北京：中国石化出版社．

主要执笔人

周守为	中国海洋石油总公司	中国工程院院士
李清平	中海油研究总院	教授级高工
陈祥余	中国海洋工程股份有限公司	教授级高工
金晓剑	中国海洋石油总公司	教授级高工
李新仲	中海油研究总院	教授级高工
李志刚	中国海洋工程股份有限公司	教授级高工
刘　健	中海油研究总院	高　工
李迅科	中海油研究总院	高　工
朱　江	中海油研究总院	教授级高工
张亚东	中国海洋工程股份有限公司	高　工
朱耀强	中国海洋工程股份有限公司	高　工
秦　蕊	中海油研究总院	高　工
周洋瑞	中国海油油田服务有限公司	教授高工
冯　伟	中海油研究总院	高　工
姚海元	中海油研究总院	高　工
郑利军	中海油研究总院	高　工